絵とき
シーケンス制御読本
入門編 改訂4版

大浜 庄司 著

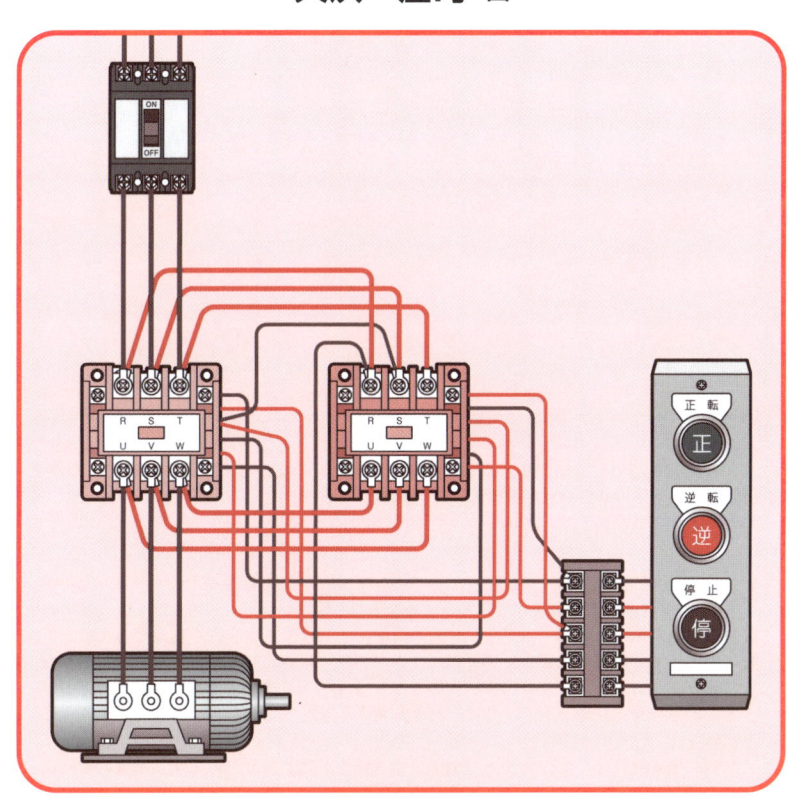

Ohmsha

本書を発行するにあたって，内容に誤りのないようできる限りの注意を払いましたが，本書の内容を適用した結果生じたこと，また，適用できなかった結果について，著者，出版社とも一切の責任を負いませんのでご了承ください．

はじめに

　この本は，新たな構想のもとに，シーケンス制御の基礎を「**よりわかりやすく**」をモットーに，実際の制御機器の操作と関連させて，その動作の順序を二色に色分解し，全ページを絵と図で説明するという，これまでの本には見られない，新しい解説法をとった「**絵とき版シーケンス制御入門の書**」といえます．この本の内容と特徴は，次のとおりです．

（1）　シーケンス制御を理解するために用いられるおもな用語を，イラストの絵をもとにやさしく解説してあります．

（2）　シーケンス制御を構成する機器の構造を，実物に基づき立体的に図示し，その機能と動作をわかりやすく説明してあります．

（3）　JIS C 0617（電気用図記号）に基づく，シーケンス図に記載するおもな機器の電気用図記号とその書き方を，一覧表にまとめてあります．

（4）　開閉接点には，「メーク接点」「ブレーク接点」「切換接点」があり，その動作を押しボタンスイッチ，電磁リレーを例にして，わかりやすく示してあります．

（5）　シーケンス図には，構成する機器の名称を文字記号または制御機器番号で記載されるので，これらを一覧表にまとめてあります．

（6）　シーケンス図の書き方を，実際の回路例により順序だって説明してあります．

（7）　シーケンス制御装置に関し実際の配線図を図示して，全体の構成が実感として受け取れるようにし，そのシーケンス図を示してあります．

（8）　シーケンス制御の動作を，その順序に従って一つ一つのシーケンス図に分解して示す「スライド方式」を用いることにより，その動作が系統的に容易に理解できるようになっております．

（9）　シーケンス動作回路を色矢印で示すとともに，動作順序を動作番号で示すことにより，どの回路がどの順序で動作しているかを「目で見てすぐわかる」ようになっております．

＊　　　　　　＊　　　　　　＊

　この本は，初めてシーケンス制御を学ぶ人や企業内の再教育用のテキストとして，きっとご満足いただけるものと思います．

2018 年 7 月

オーエス総合技術研究所・所長　**大浜　庄司**

絵とき
シーケンス制御読本［入門編］
（改訂4版）

目　次

改訂４版の発行にあたって

　各国の規格・基準の国際的整合化と透明性の確保は，貿易上の技術的障害を除去または低減し，世界的な貿易の自由化と拡大のためには，必要不可欠といえます．わが国においても，国内規格が非関税障壁とならないように，国際規格との整合性を図るため，JIS（日本工業規格）の国際規格との整合化が図られてきました．

　本書は，JIS C 0617（電気用図記号）シリーズに規定された電気用図記号を採用しております．JIS C 0617：2011は，国際規格 IEC 60617（Graphical symbols for diagrams）に準拠して規定され，整合性が図られています．

　本書のオリジナル版は 1974 年 11 月に月刊雑誌『新電気』の臨時増刊号として発行され，翌 1975 年に書籍化されて，その後，制御技術の進歩とともに歩みつづけ，2000 年に大幅な改訂を行い「改訂３版」としました．以来、現在まで長年にわたって，現場の技術者の方々にご愛読いただいております．

　この度，2000 年以来の技術改新に伴い，この本のさらなる内容の充実を図るため，「開閉接点の名称」などを見直し，JIS C 0617（電気用図記号）への一層の整合化を図ることを含め，本書の細部にわたって点検を行い，書き改めて，装を新しくして「改訂４版」といたしました．

　旧版同様，ご愛読いただければ幸いです．

　2018 年 7 月

オーエス総合技術研究所・所長　**大浜　庄司**

第1章

シーケンス制御に用いられる用語

さあ，シーケンス制御について学びましょう．

❖ まず，"制御"とはどういうものかといいますと，

- ● **制御**とは，操作または動作などにより，ある目的に従って，量の増減または状態の変化を行わせるか，量または状態を一定に保つことをいいます．
- ● 制御には，シーケンス制御のほかに，自動制御，フィードバック制御，遠方制御，計算機制御，数値制御などがあります．

❖ **自動制御**とは，制御装置によって自動的に行われる制御をいいます．

❖ **フィードバック制御**とは，フィードバックによって制御量の値を目標値と比較し，それらを一致させるように動作を行う制御をいいます．

❖ **遠方制御**とは，特定の装置を用いて互いに離れている構成要素で，信号の授受または操作ができるようにした制御をいいます．

❖ **計算機制御**とは，制御装置の中に制御用計算機を取り入れ，その高度な機能を利用する制御をいいます．

❖ **数値制御**とは，工作物に対する工具の位置を，それに対応する数値情報で指令する制御をいい，"NC"（Numerical Control）ともいいます．

この章のポイント

では，シーケンス制御に用いられる用語から始めましょう．

1. まず最初に，この本を読むにあたって，どうしても知っておかなくてはならない，シーケンス制御の機能に関する用語を覚えましょう．
2. 次に，シーケンス制御に用いられる機器に関する用語として，スイッチ，検出スイッチ，リレー，操作用機器などの用語を，やさしく解説してありますので，おわかりいただけると思います．

1-1 機能に関する用語

❶ 動作・復帰などに関する用語

※ シーケンス制御では，いろいろな用語が用いられておりますが，まず最初に，シーケンス制御の機能に関する用語から説明することにいたしましょう．

動 作 ●Actuation●

※ **動作**とは，ある原因を与えることによって，所定の作用を行うことをいいます．

＝押しボタンスイッチの動作＝

押す

復 帰 ●Reset●

※ **復帰**とは，動作以前の状態に戻すことをいいます．

＝押しボタンスイッチの復帰＝

もとに戻す

開路（切） ●Open（off）●

※ **開路**とは，電気回路の一部をスイッチ，リレーなどで「開く」ことをいいます．

＝ナイフスイッチによる開路＝

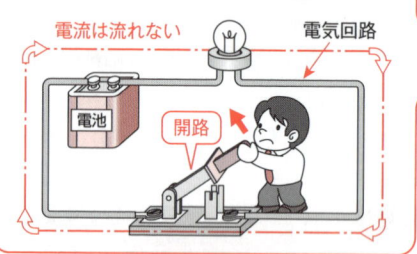

電流は流れない　　電気回路

電池　開路

閉路（入） ●Close（on）●

※ **閉路**とは，電気回路の一部をスイッチ，リレーなどで「閉じる」ことをいいます．

＝ナイフスイッチによる閉路＝

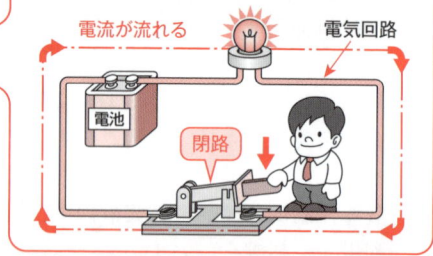

電流が流れる　　電気回路

電池　閉路

付 勢

※ **付勢**とは，例えば電磁リレーの電磁コイルに電流を流し，励磁することをいいます．

＝電磁リレーの付勢＝

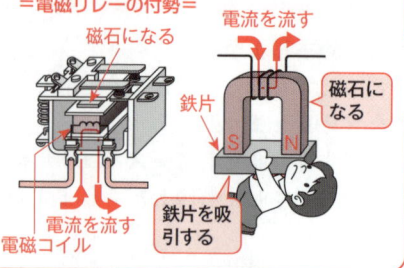

磁石になる　　電流を流す

鉄片　　磁石になる

電流を流す　鉄片を吸引する

電磁コイル

消 勢

※ **消勢**とは，例えば電磁リレーの電磁コイルに流れている電流を切り，消磁することをいいます．

＝電磁リレーの消勢＝

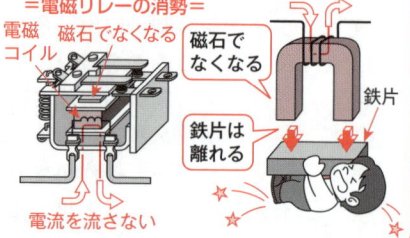

電流を流さない

電磁コイル　磁石でなくなる　　磁石でなくなる

鉄片

鉄片は離れる

電流を流さない

❷ 始動・運転などに関する用語

始　動　　　　　●Start●

※**始動**とは，機器または装置を休止状態から
運転状態にする過程をいいます.

スイッチを入れる

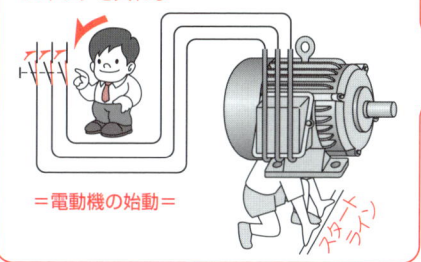

＝電動機の始動＝

運　転　　　　　●Run●

※**運転**とは，機器または装置が所定の作用を
行っている状態をいいます.

＝電動機の運転＝

回転して
いる

制　動　　　　　●Braking●

※**制動**とは，機器の運動エネルギーを電気的
または機械的エネルギーに変換して，機器
を減速または停止させること，あるいは状
態の変化を抑制することをいいます.

＝電動機の制動＝

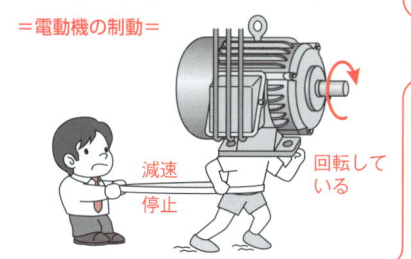

減速
停止

回転して
いる

停　止　　　　　●Stop●

※**停止**とは，機器または装置を運転状態から
休止状態にすることをいいます.

＝電動機の停止＝

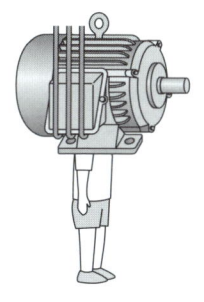

寸　動　　　　　●Inching●

※**寸動**とは，機械の微小運動を得るために，
微小時間の操作を1回または繰り返し行う
ことをいいます.

スイッチ
を　　入れる
　　　切る

回る

止まる

＝電動機の寸動＝

GoGo　　　　Stop

微　速　　　　　●Crawling Speed●

※**微速**とは，機械などを極めて低速度で運転
させることをいいます.

＝電動機の微速＝

ゆっくり
回る

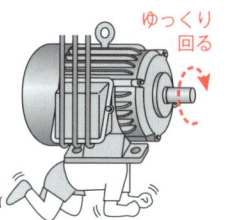

9

❸ 投入・遮断などに関する用語

投　入　　●Closing●

※**投入**とは，開閉器類を操作して，電気回路を閉じ，電流が流れる状態にすることをいいます．例えば，断遮器を「投入する」というように用います．

＝遮断器の投入＝

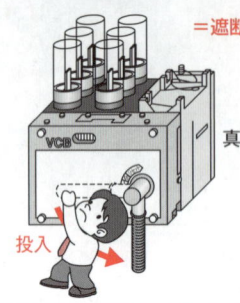

真空遮断器

投入

遮　断　　●Breaking●

※**遮断**とは，開閉器類を操作して，電気回路を開き，電流が流れない状態にすることをいいます．例えば，遮断器を「遮断する」というように用います．

＝遮断器の遮断＝

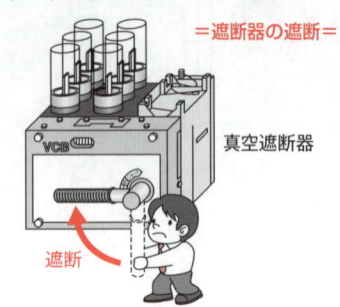

真空遮断器

遮断

操　作　　●Operation●

※**操作**とは，人力またはその他の方法によって所定の運動を行わせることをいいます．
※**直接手動操作**とは，機器に直接取り付けられている操作とってなどにより手動で操作することをいいます．

＝トグルスイッチの操作＝

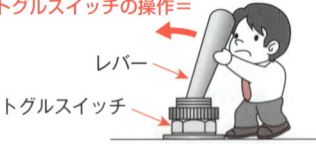

レバー

トグルスイッチ

動力操作　　●Power Operation●

※**動力操作**とは，機器を電気，スプリング，空気などの人力以外の動力によって操作することをいいます．

「ON」　「OFF」

機器

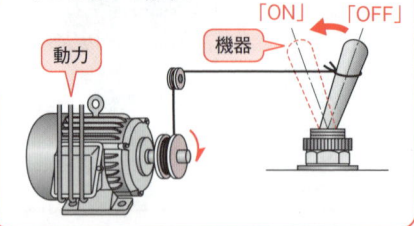

動力

引きはずし　　●Tripping●

※**引きはずし**とは，保持機構をはずし，開閉器などを開路させることをいいます．

＝遮断器の引きはずし＝

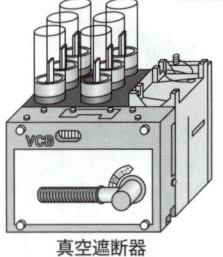

真空遮断器

引きはずし

遮断器の引きはずしには，過電流引きはずし，電圧引きはずし，コンデンサ引きはずし，不足電圧引きはずしなどがあります．

引きはずし自由　　●Trip-free●

※**引きはずし自由**とは，遮断器などが投入操作中であっても，引きはずし指令が与えられれば引きはずしを行い，かつ投入指令が持続して与えられていても，投入を阻止することをいいます．

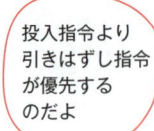

投入指令より引きはずし指令が優先するのだよ

④ 保護・警報などに関する用語

保 護 ●Protect●

※**保護**とは，被制御対象品の異常状態を検出して，機器の損傷を防ぎ，被害の軽減をはかり，その波及を阻止することをいいます．

警 報 ●Alarm●

※**警報**とは，あらかじめ定めた状態になったとき，それについて注意を促すために信号を発すること，またはその信号をいいます．

Ri Ri Ri Ri
煙
Moku Moku
Bell
＝電動機の焼損＝

インタロック ●Interlocking●

※**インタロック**とは，複数の動作を関連させるもので，ある条件が成立するまで動作を阻止することをいいます．

＝断路器の機械的インタロック＝

（閉路）　フック棒　（開路）フック棒
安全クラッチ
ブレード　　　ブレード

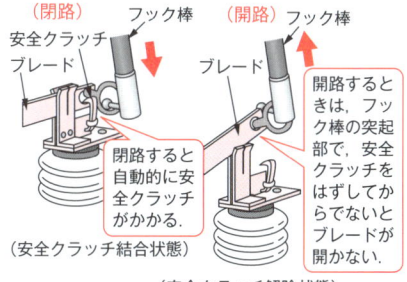

閉路すると自動的に安全クラッチがかかる．

（安全クラッチ結合状態）

開路するときは，フック棒の突起部で，安全クラッチをはずしてからでないとブレードが開かない．

（安全クラッチ解除状態）

連 動 ●Cooperation●

※**連動**とは，複数の動作を関連させるもので，ある条件が具備したとき動作を進行させることをいいます．

＝断路器と遮断器の連動＝

（閉路）　　　　　　　　（開路）

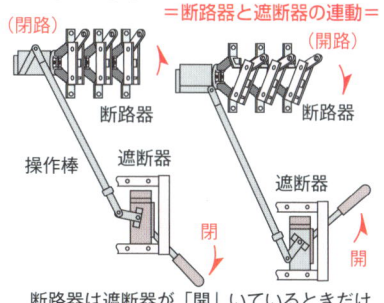

断路器　　　　　　　　断路器

操作棒　遮断器　　　　遮断器

閉　　　　　　　　開

断路器は遮断器が「開」いているときだけ「開路」することができる．

調 整 ●Adjustment●

※**調整**とは，量または状態を一定に保つか，あるいは一定の基準に従って変化させることをいいます．

変 換 ●Converting●

※**変換**とは，情報またはエネルギーの形態を変えることをいいます．

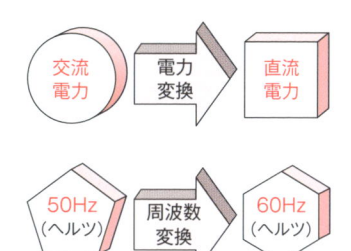

交流電力　電力変換　直流電力

50Hz（ヘルツ）　周波数変換　60Hz（ヘルツ）

11

❺ リレー（継電器）の機能に関する用語

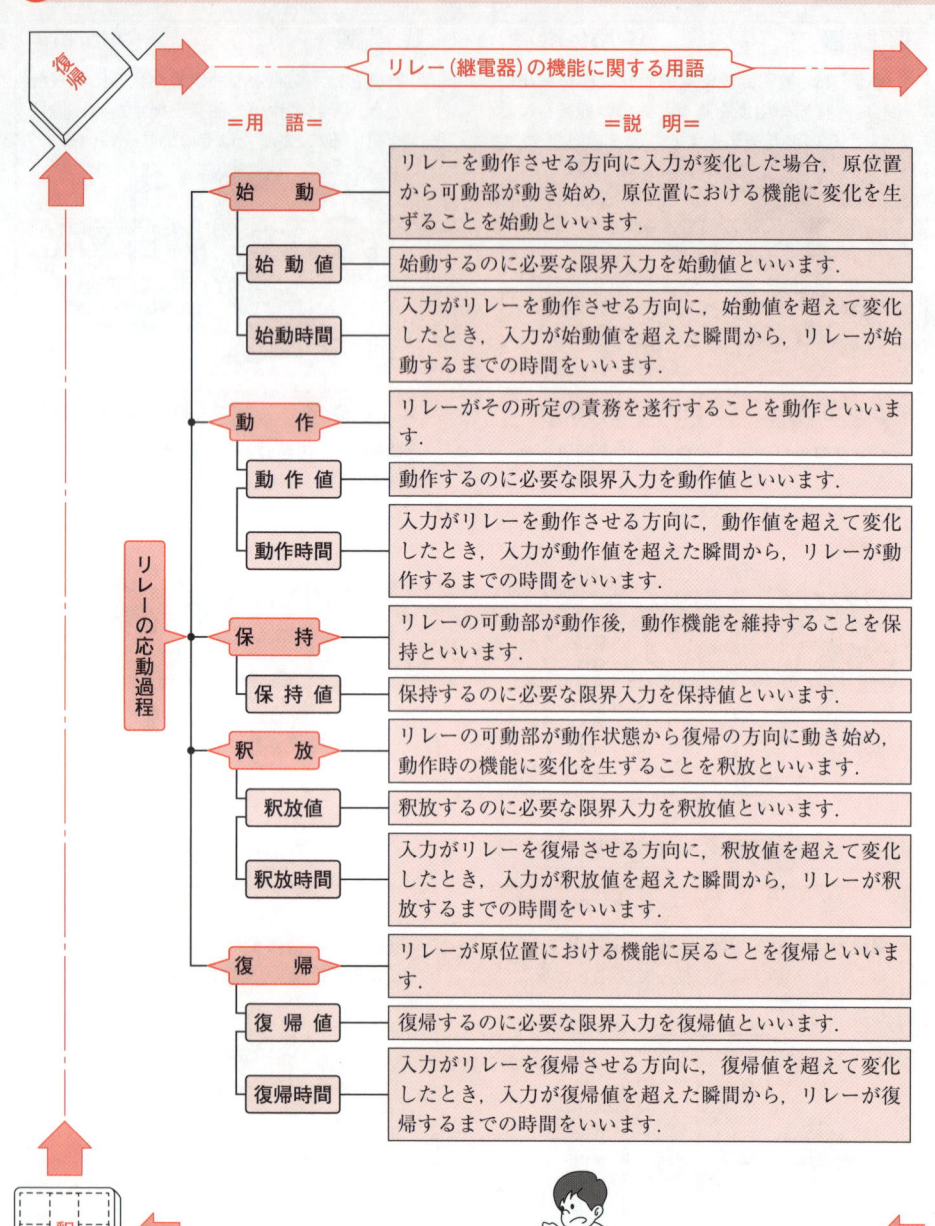

リレー（継電器）の機能に関する用語

=用　語=　　　　　　　=説　明=

始　動
リレーを動作させる方向に入力が変化した場合，原位置から可動部が動き始め，原位置における機能に変化を生ずることを始動といいます．

始 動 値
始動するのに必要な限界入力を始動値といいます．

始動時間
入力がリレーを動作させる方向に，始動値を超えて変化したとき，入力が始動値を超えた瞬間から，リレーが始動するまでの時間をいいます．

動　作
リレーがその所定の責務を遂行することを動作といいます．

動 作 値
動作するのに必要な限界入力を動作値といいます．

動作時間
入力がリレーを動作させる方向に，動作値を超えて変化したとき，入力が動作値を超えた瞬間から，リレーが動作するまでの時間をいいます．

保　持
リレーの可動部が動作後，動作機能を維持することを保持といいます．

保 持 値
保持するのに必要な限界入力を保持値といいます．

釈　放
リレーの可動部が動作状態から復帰の方向に動き始め，動作時の機能に変化を生ずることを釈放といいます．

釈放値
釈放するのに必要な限界入力を釈放値といいます．

釈放時間
入力がリレーを復帰させる方向に，釈放値を超えて変化したとき，入力が釈放値を超えた瞬間から，リレーが釈放するまでの時間をいいます．

復　帰
リレーが原位置における機能に戻ることを復帰といいます．

復 帰 値
復帰するのに必要な限界入力を復帰値といいます．

復帰時間
入力がリレーを復帰させる方向に，復帰値を超えて変化したとき，入力が復帰値を超えた瞬間から，リレーが復帰するまでの時間をいいます．

リレーの応動過程

釈放

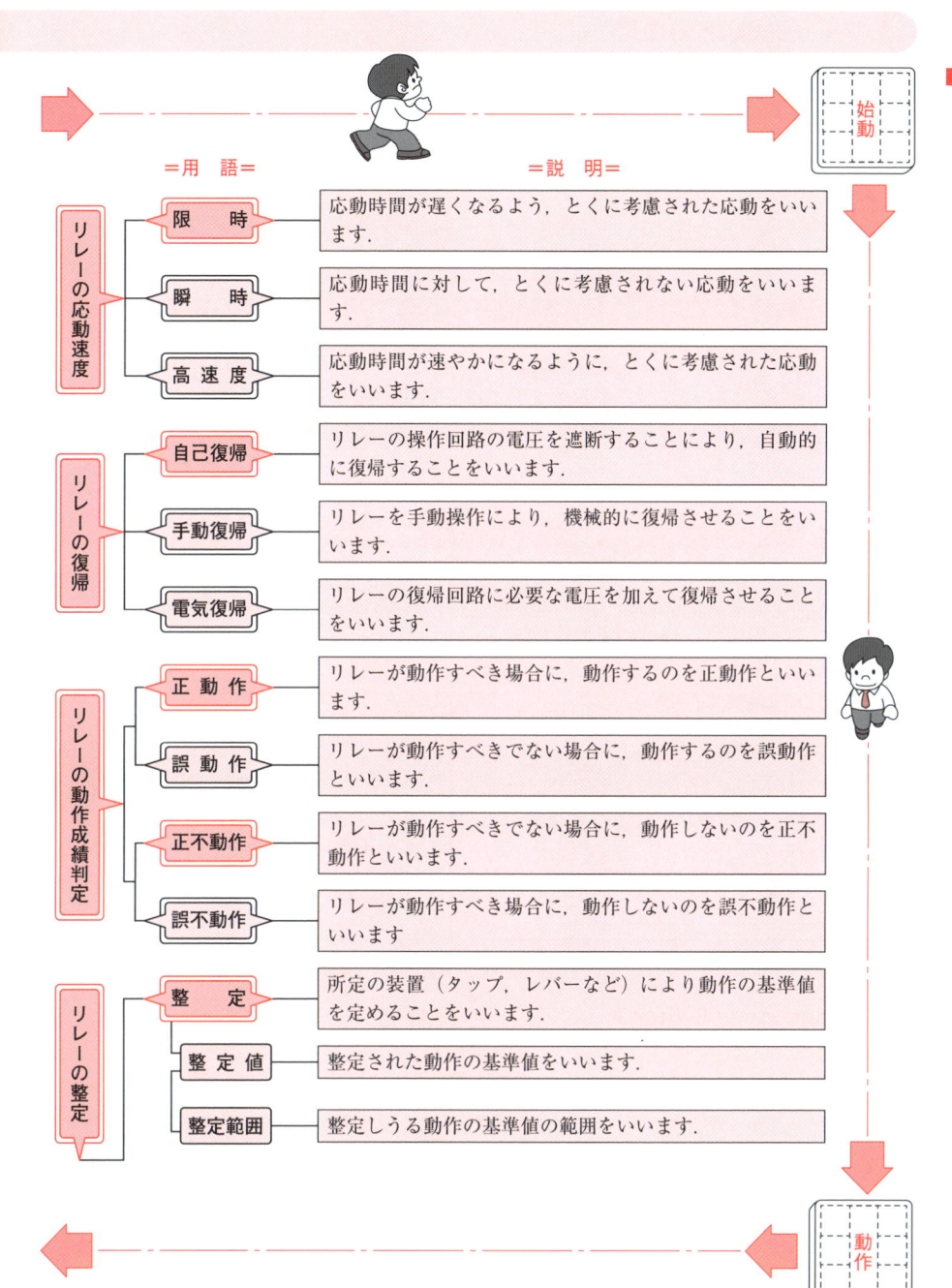

始動

=用語=　　　　　　　　　　　　　　　=説　明=

リレーの応動速度	限　時	応動時間が遅くなるよう，とくに考慮された応動をいいます．
	瞬　時	応動時間に対して，とくに考慮されない応動をいいます．
	高速度	応動時間が速やかになるように，とくに考慮された応動をいいます．

リレーの復帰	自己復帰	リレーの操作回路の電圧を遮断することにより，自動的に復帰することをいいます．
	手動復帰	リレーを手動操作により，機械的に復帰させることをいいます．
	電気復帰	リレーの復帰回路に必要な電圧を加えて復帰させることをいいます．

リレーの動作成績判定	正動作	リレーが動作すべき場合に，動作するのを正動作といいます．
	誤動作	リレーが動作すべきでない場合に，動作するのを誤動作といいます．
	正不動作	リレーが動作すべきでない場合に，動作しないのを正不動作といいます．
	誤不動作	リレーが動作すべき場合に，動作しないのを誤不動作といいます

リレーの整定	整　定	所定の装置（タップ，レバーなど）により動作の基準値を定めることをいいます．
	整定値	整定された動作の基準値をいいます．
	整定範囲	整定しうる動作の基準値の範囲をいいます．

動作

13

1-2　機器に関する用語

❶ スイッチ(開閉器)の用語

制御スイッチ

● Control Switch ●
※**制御スイッチ**とは，制御回路および操作回路の制御，インタロック，表示などに使用されるスイッチの総称をいいます.

制御用操作スイッチ

● Manual Control Switch ●
※**制御用操作スイッチ**とは，電気機器を操作するのに用いる制御スイッチをいいます.

スイッチ(開閉器)

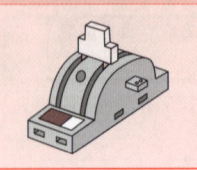

● Switch ●
※**スイッチ**とは，電気回路の開閉または接続の変更を行う機器をいいます.

主幹スイッチ

● Master Switch ●
※**主幹スイッチ**とは，開閉器，リレーおよび他の遠隔操作する機器の主要操作をする制御用操作スイッチをいいます.

=電磁リレーの主幹スイッチ=

電磁リレー

遠隔操作

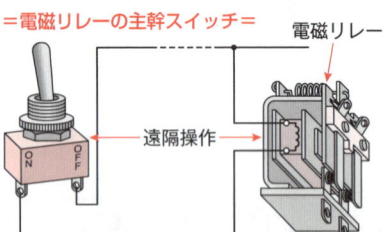

非常スイッチ

● Emergency Switch ●
※**非常スイッチ**とは，非常の場合に，機器または装置を停止させるための制御用操作スイッチをいいます.

=非常停止ボタン=

煙

切換スイッチ

● Change-over Switch ●
※**切換スイッチ**とは，二つ以上の回路の切り換えを行う制御スイッチをいいます.

電動機

=電動機の切換スイッチ=

運　転

始　動

停　止

START RUN
OFF

❷ 検出スイッチの用語

温度スイッチ

● Thermo Switch ●

※ **温度スイッチ**とは，温度が予定値
に達したときに動作する検出スイ
ッチをいいます．

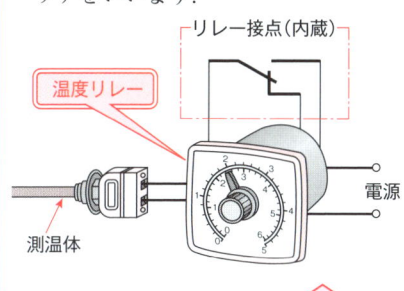

リレー接点(内蔵)

温度リレー

電源

測温体

電気炉の温度制御〔例〕

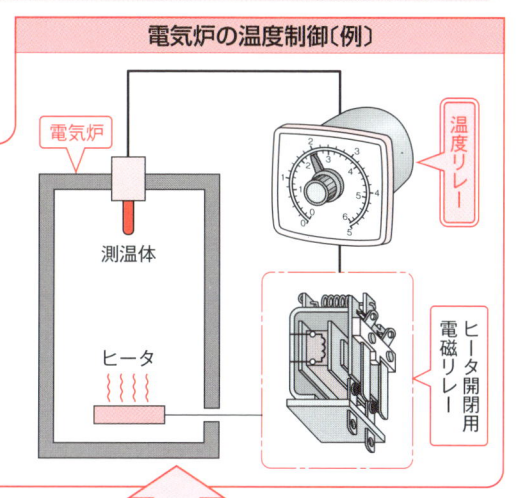

電気炉

温度リレー

測温体

ヒータ

ヒータ開閉用
電磁リレー

リミットスイッチ

● Limit Switch ●

※ **リミットスイッチと**
は，機器の運動行程中
の定められた位置で動
作する検出スイッチを
いいます．

検出スイッチ

● Pilot Switch ●

※ **検出スイッチ**とは，予定
の動作条件に達したと
きに動作する制御スイ
ッチの総称をいいます．

近接スイッチ

● Proximity Switch ●

※ **近接スイッチ**とは，物
体が接近したことを無
接触で検出するスイッ
チをいいます．

光電スイッチ

● Photo Switch ●

※ **光電スイッチ**とは，光を媒体とし
て，物体の有無または状態の変化
を無接触で検出するスイッチをい
います．

(注) 光電スイッチの
詳しい説明は，
8-2項②(132ペー
ジ)をご覧になっ
てください．

シャッタ開閉制御〔例〕

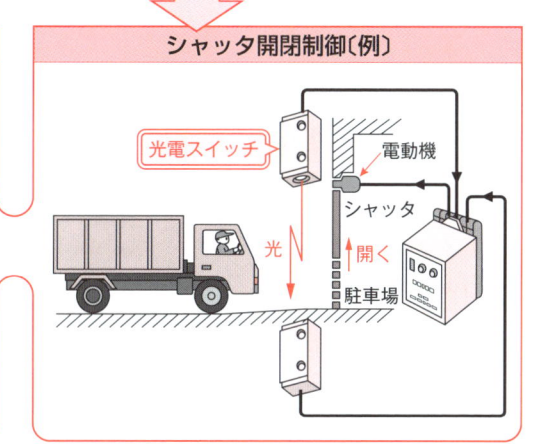

光電スイッチ

電動機

シャッタ

光

開く

駐車場

フロースイッチ

●Flow Switch●

※フロースイッチ（流量スイッチ）とは，気体または液体が流れたとき，または流量が予定値に達したときに動作する検出スイッチをいいます．

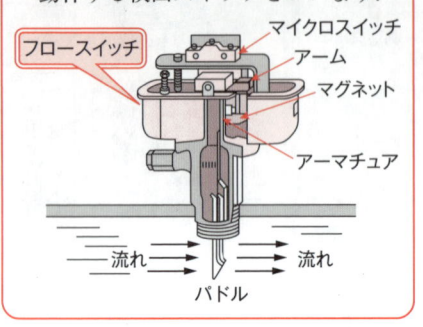

フロースイッチ／マイクロスイッチ／アーム／マグネット／アーマチュア／流れ／流れ／パドル

圧力スイッチ

●Pressure Switch●

※圧力スイッチとは，気体または液体の圧力が予定値に達したときに動作する検出スイッチをいいます．

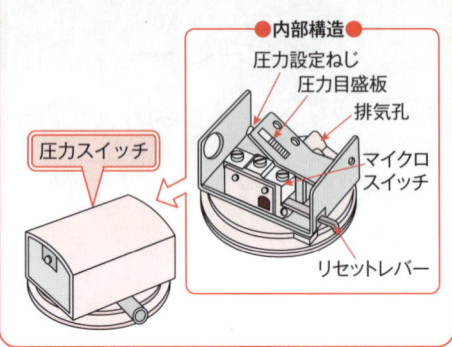

●内部構造●
圧力設定ねじ／圧力目盛板／排気孔／マイクロスイッチ／リセットレバー／圧力スイッチ

レベルスイッチ

●Level Switch●

※レベルスイッチとは，対象物の定められた位置を検出するスイッチをいいます．

レベルスイッチによる給水制御〔例〕

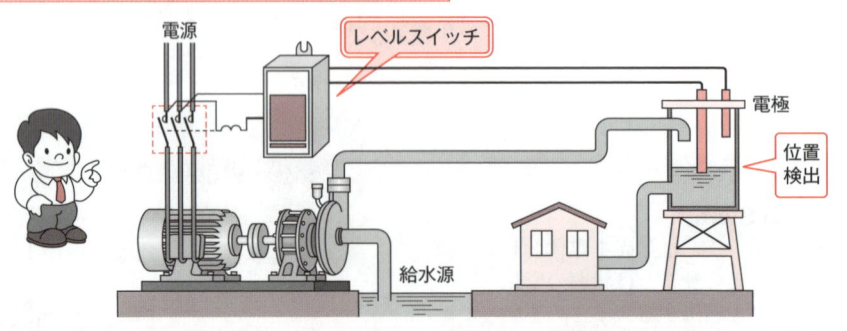

電源／レベルスイッチ／電極／位置検出／給水源

フロートスイッチ

●Float Switch●

※フロートスイッチとは，液体の表面に設置したフロート（浮子）により，液位の予定位置で動作する検出スイッチをいいます．

速度スイッチ

●Speed Switch●

※速度スイッチとは，機器の速度が予定値に達したときに動作する検出スイッチをいいます．

16

❸ リレー（継電器）の用語

制御リレー

● Control Relay ●

※制御リレーとは，制御回路および操作回路の制御，インタロック，表示などに使用されるリレー（継電器）をいいます．

制御用電磁リレー

● Electromagnetic Control Relay ●

※制御用電磁リレーとは，制御に用いる電磁リレーをいいます．

（注）　電磁リレーとは，電磁力によって接点を開閉する機能を持った装置の総称をいいます．

リレー（継電器）

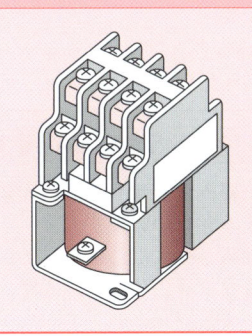

● Relay ●

※リレー（継電器）とは，あらかじめ規定した電気量または物理量に応動して，電気回路を制御する機能を有する機器をいいます．

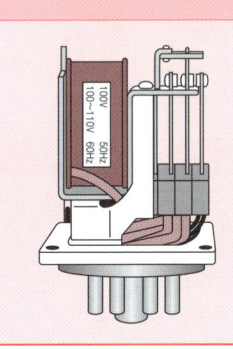

保護リレー

● Protective Relay ●

※保護リレーとは，電気回路の事故その他の異常状態を検出し，その状態を報知するか，または電気回路の健全部分を分離するなどの機能を目的としたリレー（継電器）をいいます．

補助リレー

● Auxiliary Relay ●

※補助リレーとは，保護リレーや制御リレーなどの補助として使用し，接点容量の増加，接点数の増加または限時の付加などを目的とするリレー（継電器）をいいます．

17

❹ 操作用機器の用語

電動機　　　　　　　　　　　　　　　　　　　　● Motor ●

誘導電動機（例）

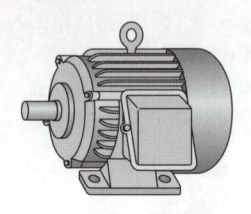

❖電動機とは，電力を受けて機械動力を発生する回転機をいいます.

● 直流電動機（DC Motor）とは
直流電力を受けて機械動力を発生する電動機をいいます.

● 誘導電動機（Induction Motor）とは
交流電力を受けて機械動力を発生し，定常状態において，あるすべりを持った速度で回転する交流電動機をいいます.

遮断器　　　　　　　　　　　　　　　　　● Circuit Breaker ●

真空遮断器（例）

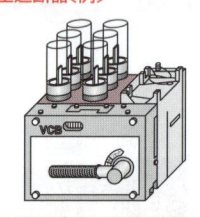

❖遮断器とは，通常状態の電路のほか，異常状態，とくに短絡状態における電路をも開閉しうる機器をいいます.

● 配線用遮断器（Molded Case Circuit-Breaker）とは
開閉機構，引きはずし装置などを絶縁物の容器内に，一体に組み立てた気中遮断器をいいます.

● 真空遮断器（Vacuum Circuit-Breaker）とは
電路の開閉を真空中で行う遮断器をいいます.

電磁弁　　　　　　　　　　　　　　　　● Solenoid Valve ●

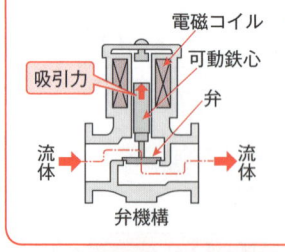
電磁コイル
可動鉄心
吸引力
弁
流体
流体
弁機構

❖電磁弁とは，電磁石と弁機構とを組み合わせ，電磁石の動作によって，流体の通路を開閉する弁をいいます.

● 電磁弁の電磁コイルに通電して励磁させ，これによって生ずる吸引力を可動鉄心に直結する弁機構に与えて，流路の開閉や流れ方向の切り換えを行います.

● 電磁弁は，油圧や空気操作によるシーケンス制御に多く用いられております.

電磁クラッチ　　　　　　　　　　● Electromagnetic Clutch ●

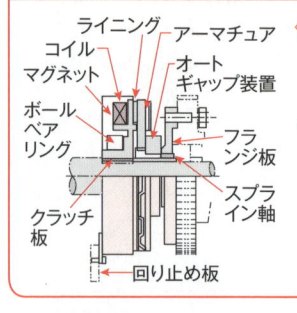
ライニング
アーマチュア
コイル
マグネット
オートギャップ装置
ボールベアリング
フランジ板
スプライン軸
クラッチ板
回り止め板

❖電磁クラッチとは，電磁力で操作されるクラッチをいい，入力信号による電磁力で，駆動軸と従動軸とのトルク伝達の割合を変化させる機器をいいます.

● 電磁クラッチの電磁コイルに直流電圧を印加すると，マグネット，クラッチ板，アーマチュアの閉磁路に磁束が形成され，アーマチュアを吸引します.したがって，アーマチュアとクラッチ板のライニングとの摩擦力によってトルクを伝達します.

第2章

シーケンス制御に用いられる機器のいろいろ

制御指令用機器

=おもな機器=
- 押しボタンスイッチ
- カムスイッチ
- タンブラスイッチ
- トグルスイッチ
- フットスイッチ
- マイクロスイッチ

表示・警報用機器

=おもな機器=
- ランプ
- ブザー
- ベ ル
- 電流計, 電圧計

シーケンス制御用機器

=おもな機器=
- 電磁リレー
  ヒンジ形電磁リレー
  プランジャ形電磁リレー
  水平形電磁リレー
- タ イ マ
  モータ式タイマ
  電子式タイマ
  空気式タイマ
  オイル・ダッシュ・ポットタイマ
- ミニチュアリレー
- ワイヤスプリングリレー
- マイクロスイッチリレー
- リードリレー
- 水銀接点リレー
- 無接点リレー

制御操作用機器

=おもな機器=
- 電磁接触器
- 電磁開閉器
- 電 磁 弁
- 遮 断 器
- 電磁クラッチ
- 電 動 機

検出用機器

=おもな機器=
- リミットスイッチ
- 近接スイッチ
- 光電スイッチ
- フロートスイッチ
- 圧力スイッチ

※シーケンス制御では，非常に多くの種類の制御機器が用いられておりますが，おもなものをその用途により分類すると，上記のようになります．

この章のポイント

1. 制御機器の構造と動作をしっかりと身につけることが，シーケンス制御を理解する早道となります．
2. スイッチ類，リレー類など，代表的な制御機器について，その構造と動作を詳しく説明してありますので，シーケンス図を読んで，実態を把握するための参考にしてください．

2-1　操作スイッチと検出スイッチ

❶ 押しボタンスイッチとカムスイッチ

押しボタンスイッチ

※ **押しボタンスイッチ**とは，押しボタンの操作によって，開路または閉路される接触部を有する制御用操作スイッチをいいます．

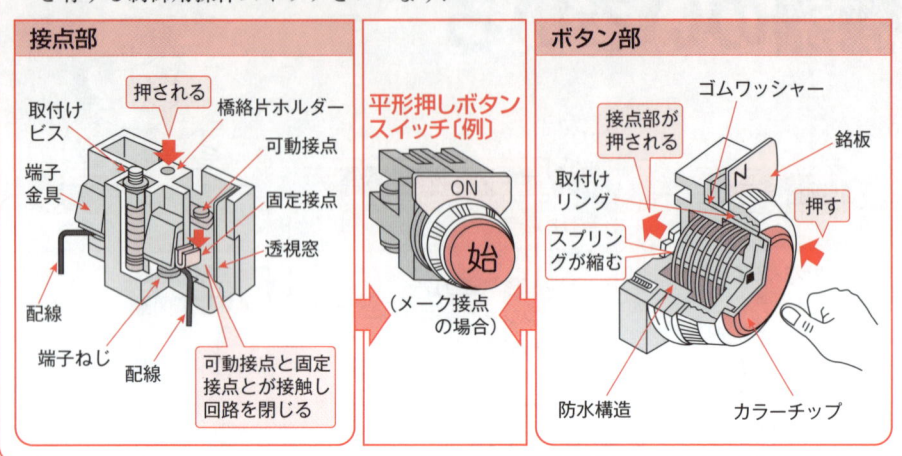

接点部

取付けビス／押される／橋絡片ホルダー／端子金具／可動接点／固定接点／透視窓／配線／端子ねじ／配線／可動接点と固定接点とが接触し回路を閉じる

平形押しボタンスイッチ〔例〕

ON

始

（メーク接点の場合）

ボタン部

ゴムワッシャー／接点部が押される／銘板／取付けリング／押す／スプリングが縮む／防水構造／カラーチップ

カムスイッチ

※ **カムスイッチ**とは，カム機構によって，開路または閉路される接触部を有する制御スイッチをいいます．
※ 操作ハンドルを回すことにより，カムが回転して接点の開閉を行います．

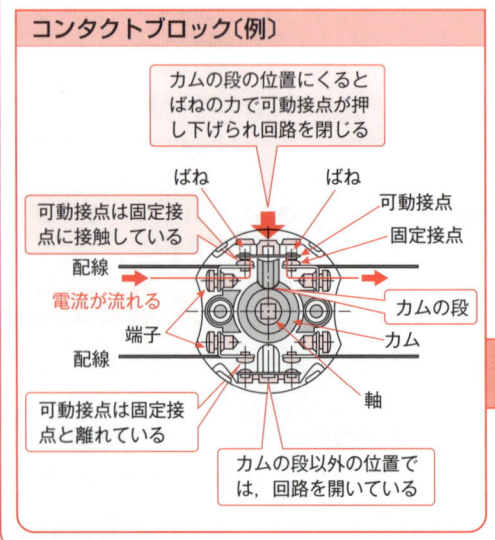

コンタクトブロック〔例〕

カムの段の位置にくるとばねの力で可動接点が押し下げられ回路を閉じる／ばね／ばね／可動接点／固定接点／可動接点は固定接点に接触している／配線／電流が流れる／カムの段／端子／カム／配線／軸／可動接点は固定接点と離れている／カムの段以外の位置では，回路を開いている

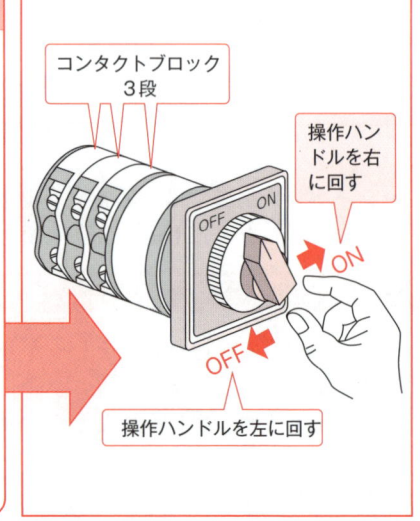

コンタクトブロック3段／操作ハンドルを右に回す／OFF／ON／ON／OFF／操作ハンドルを左に回す

20

❷ トグルスイッチとタンブラスイッチ

トグルスイッチ

※ **トグルスイッチ**は，スナップスイッチともいい，指先でバット状のレバーを直線的に往復運動させて，これを機械的に接点部に伝え，電路の開閉操作を行うスイッチで，「手動」「自動」の切り換えなど，回路の切換操作によく用いられております．

端子①－②ON　③－②OFF

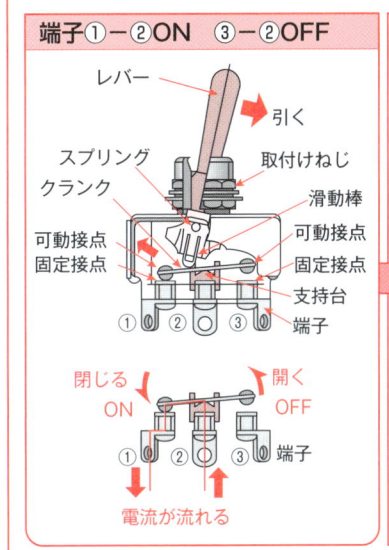

レバー
引く
スプリング
クランク
取付けねじ
滑動棒
可動接点
固定接点
可動接点
固定接点
支持台
① ② ③ 端子

閉じる
ON
開く
OFF
① ② ③ 端子
電流が流れる

外観図〔例〕

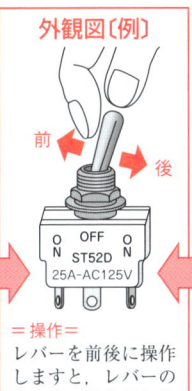

前　後

OFF
ST52D
25A-AC125V

＝操作＝
レバーを前後に操作しますと，レバーの動きは，取付けねじを中軸として，滑動棒が動き，クランクの中央を軸として，接点の切り換えが行われます．

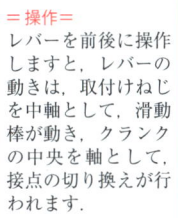

端子①－②OFF　③－②ON

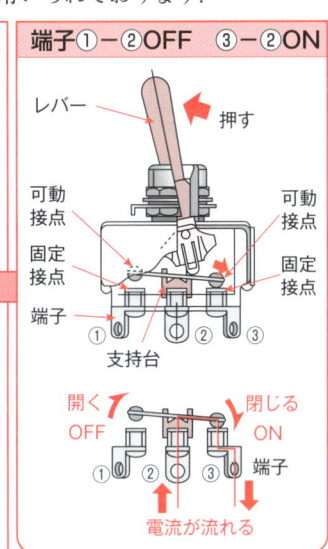

レバー
押す
可動接点
可動接点
固定接点
固定接点
端子
① ② ③
支持台

開く
OFF
閉じる
ON
① ② ③ 端子
電流が流れる

タンブラスイッチ

※ **タンブラスイッチ**とは，反転形（スナップアクション）の操作部を有するスイッチをいいます．

配線①－③ON　①－②OFF

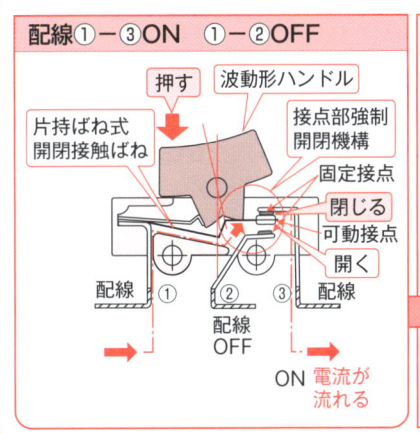

押す
波動形ハンドル
片持ばね式
開閉接触ばね
接点部強制
開閉機構
固定接点
閉じる
可動接点
開く
配線 ① ② ③ 配線
配線
OFF
ON 電流が流れる

外観図〔例〕

10A 250V

（単極双投）
タンブラ
スイッチ〔例〕

配線①－③OFF　①－②ON

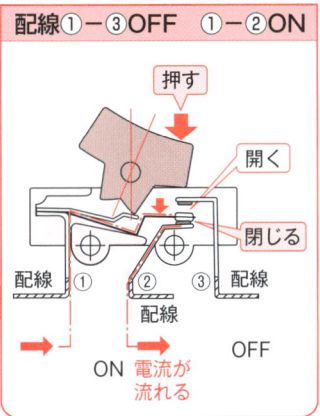

押す
開く
閉じる
配線 ① ② ③ 配線
配線
ON 電流が流れる
OFF

21

❸ フットスイッチとリミットスイッチ

フットスイッチ

❖ **フットスイッチ**とは，機械や装置の運転，停止などの操作をフット，すなわち，足の操作によって開路または閉路して行うスイッチで，**足踏スイッチ**ともいいます．このスイッチは，両手が作業でふさがれているにもかかわらず，なお，スイッチ操作を行わなければならないときなどに，非常に便利です．

操作のしかた	外観図〔例〕	内部構造図

フットスイッチはマイクロスイッチを内蔵したもので，可動本体を足で踏みますと，ふたの裏面に出ているガイドが，マイクロスイッチの可動ボタンを押すことによって，スイッチが動作します．

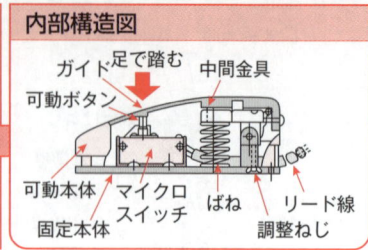

操作のしかた	ペダル式外観図〔例〕	内部構造図

ペダルを足で踏みますと，シャフトピンを軸として，動作板を押し上げますので，マイクロスイッチの可動ボタンが押され，スイッチが動作します．

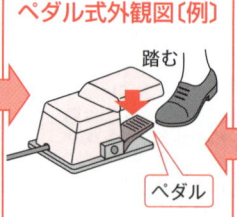

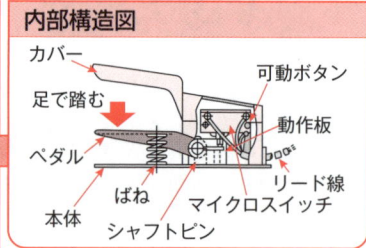

リミットスイッチ

❖ **リミットスイッチ**とは，機器の運動行程中の定められた位置で，動作する検出スイッチをいいます．

❖ 接点の開閉は，電気的要因ではなく機械的要因で行われます．

アームの動作	外観図〔例〕	接点部

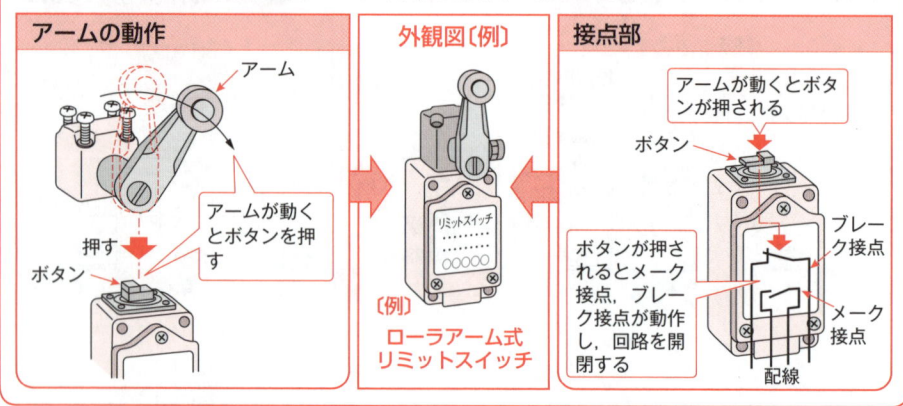

〔例〕
ローラアーム式リミットスイッチ

❹ 磁気形近接スイッチ

磁気形近接スイッチ

❖ **近接スイッチ**とは，物体が接近したことを無接触で検出するスイッチをいい，動作原理により，磁気形，誘導ブリッジ形など，いろいろな種類がありますが，磁気形近接スイッチは，リードスイッチと永久磁石とを組み合わせたスイッチをいいます.

分離形　　　　　　　　　　　　　　　　　　　　　● 磁気形近接スイッチ ●

❖ 磁気形近接スイッチにおける分離形は，リードスイッチが封入されているコンタクト部と，永久磁石が内蔵されているマグネット部に分かれておりますので，用途，条件に合わせて，いろいろな取り付けができるのが特徴です.

❖ コンタクト部を固定しておいて，マグネット部に取り付けた検出体を近づけ，マグネットセンタと，リミットスイッチセンタとが一致しますと，磁気回路を形成して，リードスイッチの接点は「閉」となります. 反対にマグネット部が遠ざかりますと，磁気回路がなくなり，リードスイッチの接点は「開」となりますから，これによって，検出体の有無を無接触で検出することができます.

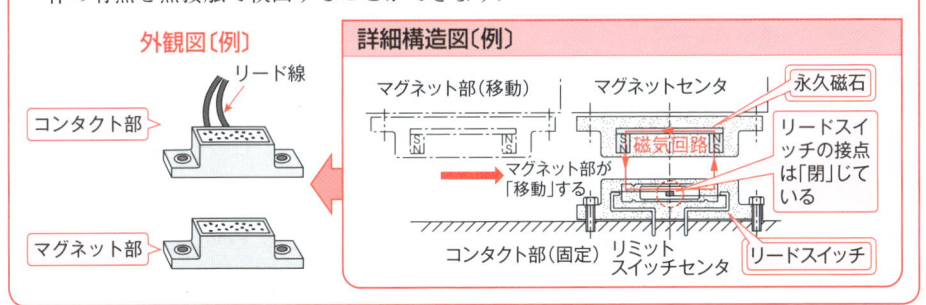

溝　　形　　　　　　　　　　　　　　　　　　　　● 磁気形近接スイッチ ●

❖ 磁気形近接スイッチにおける溝形は，**リードスイッチと永久磁石をケースの溝の両側に配置して**，樹脂モールドした構造となっております.

❖ 溝の中に検出体（磁性金属）が入りますと，検出体と永久磁石とで磁気回路を形成して，リードスイッチは磁気的に遮へいされますので，リードスイッチの接点は「開」きます. 検出体が溝から出ると永久磁石とリードスイッチで磁気回路を形成し接点は「閉」じます.

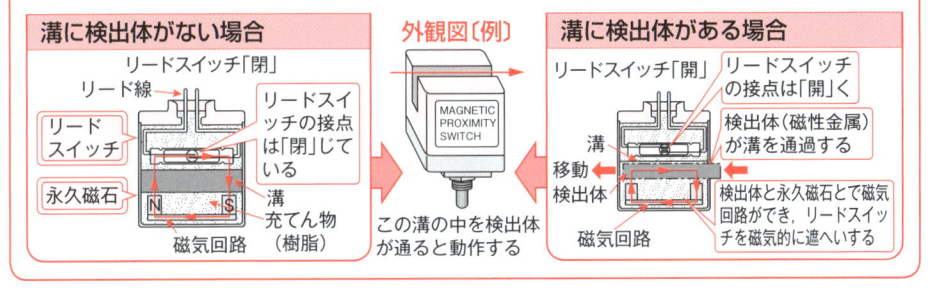

23

❺ マイクロスイッチとその応用機器

マイクロスイッチ

❄ **マイクロスイッチ**とは，微小接点間隔とスナップアクション機構を持ち，規定された動きと，規定された力で開閉動作をする接点機構がケースで覆われ，その外部にアクチュエータを備え，小形につくられたスイッチをいいます．

操作のしかた

マイクロスイッチのピンプランジャを押しますと，可動ばねに力が加わり，瞬間的にばねが反転して，可動接点が，上側の固定接点から下側の固定接点に切り換わります．

外観図〔例〕

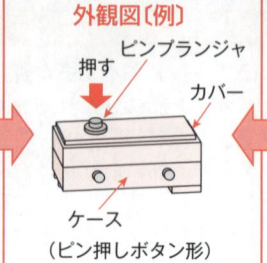

押す　ピンプランジャ
カバー
ケース
（ピン押しボタン形）

内部構造図

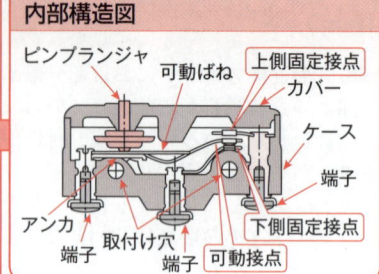

ピンプランジャ　可動ばね　上側固定接点
カバー
ケース
端子
アンカ　取付け穴　下側固定接点
端子　端子　可動接点

接点機構

可動接点　上側固定接点
ピンプランジャ　押す
「スナップアクション」
瞬間的に切り換わる
可動ばね
下側固定接点

スナップアクション

❄ピンプランジャに力が加わりますと，ピンプランジャは下方に移動して，可動ばねを下に押し曲げます．そこで，ピンプランジャがある位置まで押し下げられますと，可動接点は上側固定接点から瞬間的に反転して，下側固定接点に移動します．

❄次に，ピンプランジャに加えられた力を減らしますと，ある一定の距離まで戻ったときに，可動接点は下側固定接点から瞬間的に反転して，上側固定接点に移動します．

❄このように，可動接点が瞬間的に反転して，動作することを「**スナップアクション**」といいます．

マイクロスイッチのアクチュエータの種類

種類	形状	説明	種類	形状	説明
スプリング細押しボタン形		ピン押しボタンにオーバートラベル機構を付けたもの	ヒンジレバー形		ピン押しボタンにヒンジレバーを付けたもの
リーフスプリング形		ピン押しボタンにばね性のあるリーフスプリングを付けたもの	ヒンジローラ・レバー形		ヒンジレバーにローラを付けたもの
ローラ・リーフスプリング形		リーフスプリングにローラを付けたもの	パネル取付けローラ・プランジャ形		パネル取付けにローラを付けたもの

マイクロスイッチを用いた押しボタンスイッチ

❖マイクロスイッチと手動操作機構とを組み合わせた押しボタンスイッチで，マイクロスイッチを用いていることから，手動操作速度に関係なく，安定な動作が可能であるとともに，形状に比べて開閉電流容量の大きいことが特徴です．

ボタンを押さない状態（復帰状態）

接点①－②OFF　①－③ON

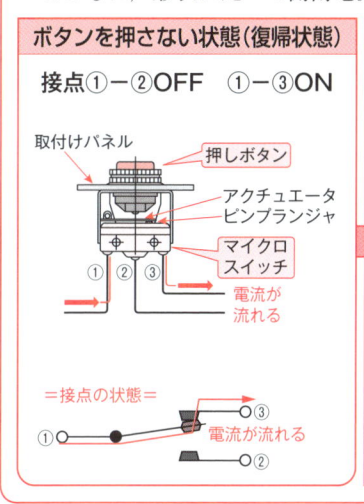

取付けパネル
押しボタン
アクチュエータ
ピンプランジャ
マイクロスイッチ
①②③
電流が流れる

＝接点の状態＝
③
①
②
電流が流れる

外観図〔例〕

＝操作＝
ボタンを指先で押しますと，マイクロスイッチのアクチュエータに連動してピンプランジャが押されますので，接点が動作します．

ボタンを押した状態（動作状態）

接点①－②ON　①－③OFF

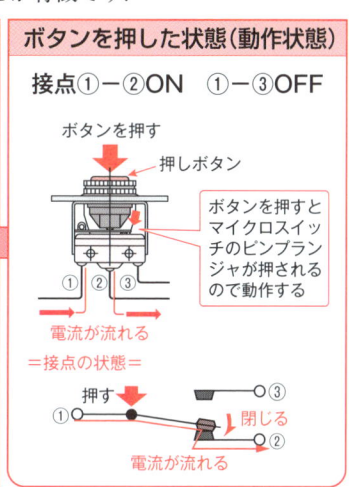

ボタンを押す
押しボタン
ボタンを押すとマイクロスイッチのピンプランジャが押されるので動作する
①②③
電流が流れる

＝接点の状態＝
押す
③
①
閉じる
②
電流が流れる

マイクロスイッチを用いた電磁リレー

❖ヒンジ形電磁リレーの接点部としてマイクロスイッチを取り付けたもので，スナップアクション機構による接点の切り換わりが早く，安定した動作をするのが特徴です．

復帰状態

接点①－②OFF　①－③ON

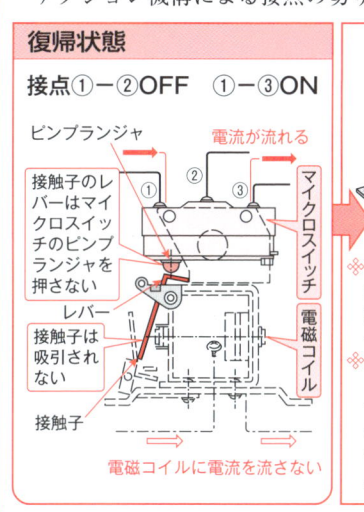

ピンプランジャ
電流が流れる
接触子のレバーはマイクロスイッチのピンプランジャを押さない
①②③
マイクロスイッチ
レバー
接触子は吸引されない
電磁コイル
接触子

電磁コイルに電流を流さない

外観図〔例〕

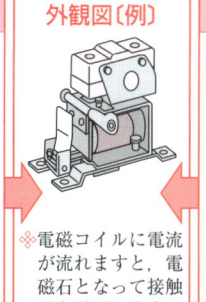

❖電磁コイルに電流が流れますと，電磁石となって接触子を吸引します．
❖接触子が吸引されますと，連動して，マイクロスイッチのピンプランジャを押しますので，接点が動作します．

動作状態

接点①－②ON　①－③OFF

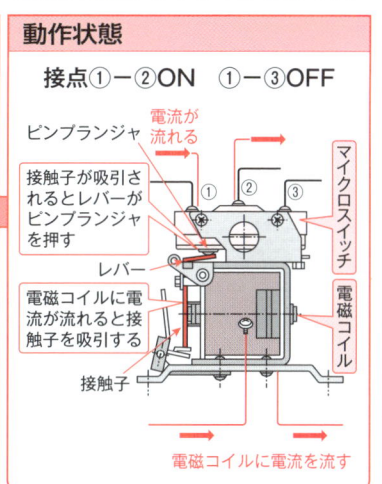

ピンプランジャ
電流が流れる
接触子が吸引されるとレバーがピンプランジャを押す
①②③
マイクロスイッチ
レバー
電磁コイルに電流が流れると接触子を吸引する
電磁コイル
接触子

電磁コイルに電流を流す

2-2　制御リレーとタイマ

❶ 電磁リレー（ヒンジ形とプランジャ形）

❖ **制御リレー**とは，制御回路および操作回路の制御に用いるリレーの総称をいいます．
❖ **電磁リレー**とは，その電磁コイルに電流が流れると電磁石となり，その電磁力によって，可動鉄片を吸引し，これに連動して接点を開閉するリレーをいいます．
❖ 電磁リレーの構造，動作については 4-4 項(54 ページ)に詳しく説明してあります．

ヒンジ形電磁リレー

❖ **ヒンジ形電磁リレー**とは，電磁コイルが励磁（電流を流す）または消磁（電流を流さない）することによって，**可動鉄片がその一点を支点として円運動をし**，その動きを利用して，可動鉄片に連動された接点機構を開閉するリレーをいいます．

無励磁状態	ヒンジ形電磁リレー（接点直接駆動形）	励磁状態
接点 ①－③ON ②－③OFF	〔例〕	接点 ①－③OFF ②－③ON

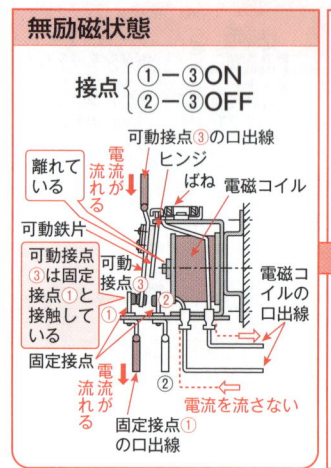

接点 {①－③ON ②－③OFF}

可動接点③の口出線
離れている
電流が流れる
ヒンジ
ばね
電磁コイル
可動鉄片
可動接点③は固定接点①と接触している
可動接点①②③
固定接点
電磁コイルの口出線
電流が流れる
固定接点①の口出線
電流を流さない

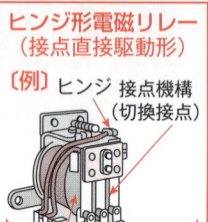

ヒンジ　接点機構（切換接点）
電磁コイル

❖ **接点直接駆動形**とは，電磁石の吸引力で生ずる可動鉄片のON，OFF の動きが，直接接点に伝達する機構のものをいいます．

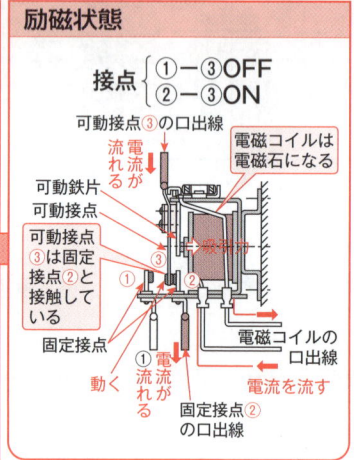

接点 {①－③OFF ②－③ON}

可動接点③の口出線
電流が流れる
電磁コイルは電磁石になる
可動鉄片
可動接点
可動接点③は固定接点②と接触している
①②③
固定接点
電磁コイルの口出線
動く
電流が流れる
固定接点②の口出線
電流を流す

無励磁状態	ヒンジ形電磁リレー（接点間接駆動形）●水平形リレー●	励磁状態
接点 ①－③ON ②－③OFF	〔例〕	接点 ①－③OFF ②－③ON

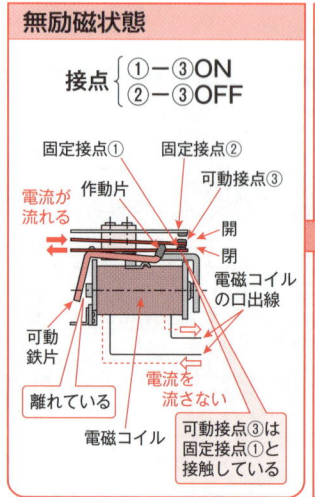

接点 {①－③ON ②－③OFF}

固定接点①　固定接点②
可動接点③
電流が流れる
作動片
開
閉
電磁コイルの口出線
可動鉄片
電流を流さない
離れている
電磁コイル
可動接点③は固定接点①と接触している

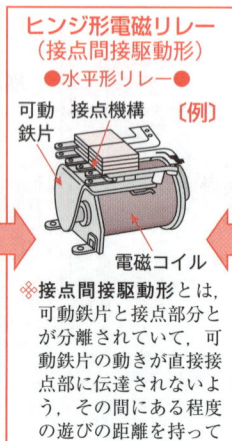

可動鉄片　接点機構
電磁コイル

❖ **接点間接駆動形**とは，可動鉄片と接点部分とが分離されていて，可動鉄片の動きが直接接点部に伝達されないよう，その間にある程度の遊びの距離を持っている機構のものをいいます．

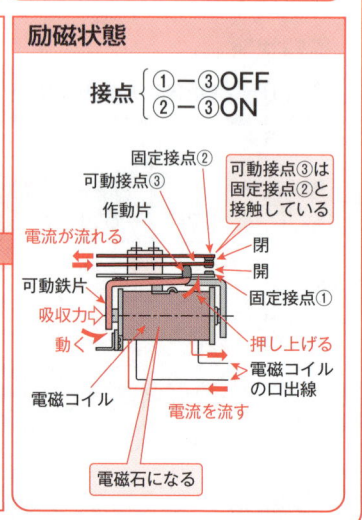

接点 {①－③OFF ②－③ON}

固定接点②
可動接点③
作動片
電流が流れる
可動接点③は固定接点②と接触している
閉
開
固定接点①
可動鉄片
吸収力で
動く
押し上げる
電磁コイルの口出線
電磁コイル
電流を流す
電磁石になる

プランジャ形電磁リレー

❖ **プランジャ形電磁リレー**とは，電磁コイルを励磁（電流を流す）または消磁（電流を流さない）することによって，プランジャ（可動鉄心）が電磁コイルの内部を直線運動することによる，プランジャの動きを利用して，そのプランジャに連けいされた接点機構部を開閉する構造のリレーをいいます。

❖ プランジャ形は，遮断特性がすぐれているとともに，接点容量が大きいことから，**電力用補助リレー**，**電磁接触器**，**電磁開閉器**などに用いられております。詳しくは，4-5項（62ページ）に説明しておきましたので，ご覧になってください。

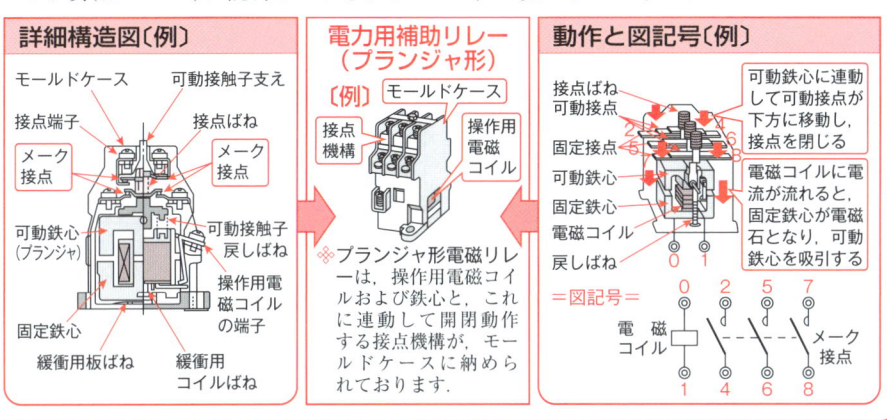

詳細構造図〔例〕

モールドケース／可動接触子支え／接点端子／接点ばね／メーク接点／メーク接点／可動鉄心（プランジャ）／可動接触子戻しばね／操作用電磁コイルの端子／固定鉄心／緩衝用板ばね／緩衝用コイルばね

電力用補助リレー（プランジャ形）

〔例〕 モールドケース

接点機構／操作用電磁コイル

❖ プランジャ形電磁リレーは，操作用電磁コイルおよび鉄心と，これに連動して開閉動作する接点機構が，モールドケースに納められております。

動作と図記号〔例〕

接点ばね／可動接点／固定接点／可動鉄心／固定鉄心／電磁コイル／戻しばね

可動鉄心に連動して可動接点が下方に移動し，接点を閉じる

電磁コイルに電流が流れると，固定鉄心が電磁石となり，可動鉄心を吸引する

＝図記号＝

電磁コイル ── メーク接点

電磁接触器の詳細構造図〔例〕

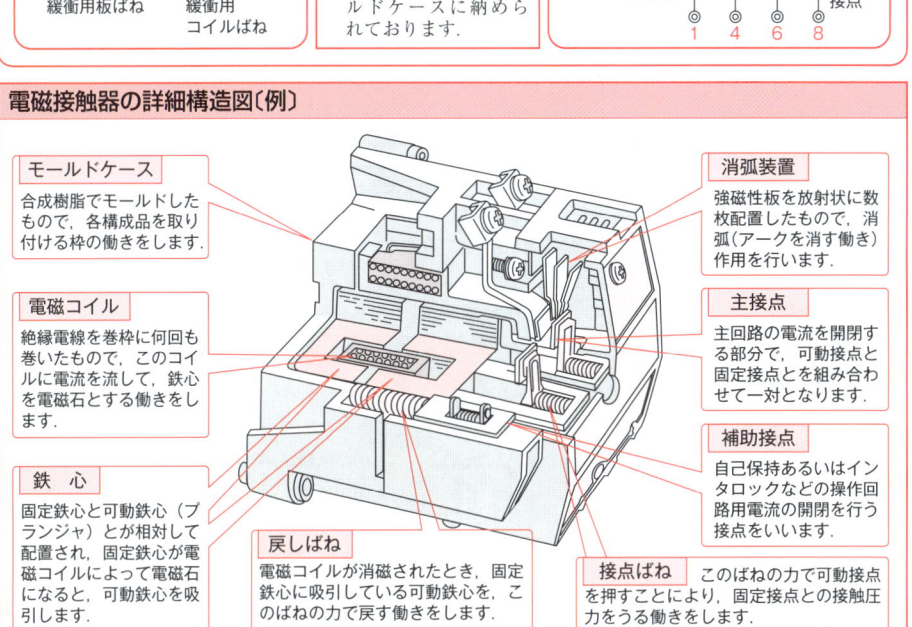

モールドケース
合成樹脂でモールドしたもので，各構成品を取り付ける枠の働きをします。

電磁コイル
絶縁電線を巻枠に何回も巻いたもので，このコイルに電流を流して，鉄心を電磁石とする働きをします。

鉄心
固定鉄心と可動鉄心（プランジャ）とが相対して配置され，固定鉄心が電磁コイルによって電磁石になると，可動鉄心を吸引します。

戻しばね
電磁コイルが消磁されたとき，固定鉄心に吸引している可動鉄心を，このばねの力で戻す働きをします。

消弧装置
強磁性板を放射状に数枚配置したもので，消弧（アークを消す働き）作用を行います。

主接点
主回路の電流を開閉する部分で，可動接点と固定接点とを組み合わせて一対となります。

補助接点
自己保持あるいはインタロックなどの操作回路用電流の開閉を行う接点をいいます。

接点ばね このばねの力で可動接点を押すことにより，固定接点との接触圧力をうる働きをします。

27

② 自己保持リレーとワイヤスプリングリレー

自己保持リレー

※ **自己保持リレー**とは，ラッチングリレーまたはキープリレーともいい，その名のとおり一度励磁されて動作しますと，**動作コイルの電流を切っても，その動作を保持し**，それを復帰させるには，復帰コイルに電流を流すようにしたリレーをいいます．

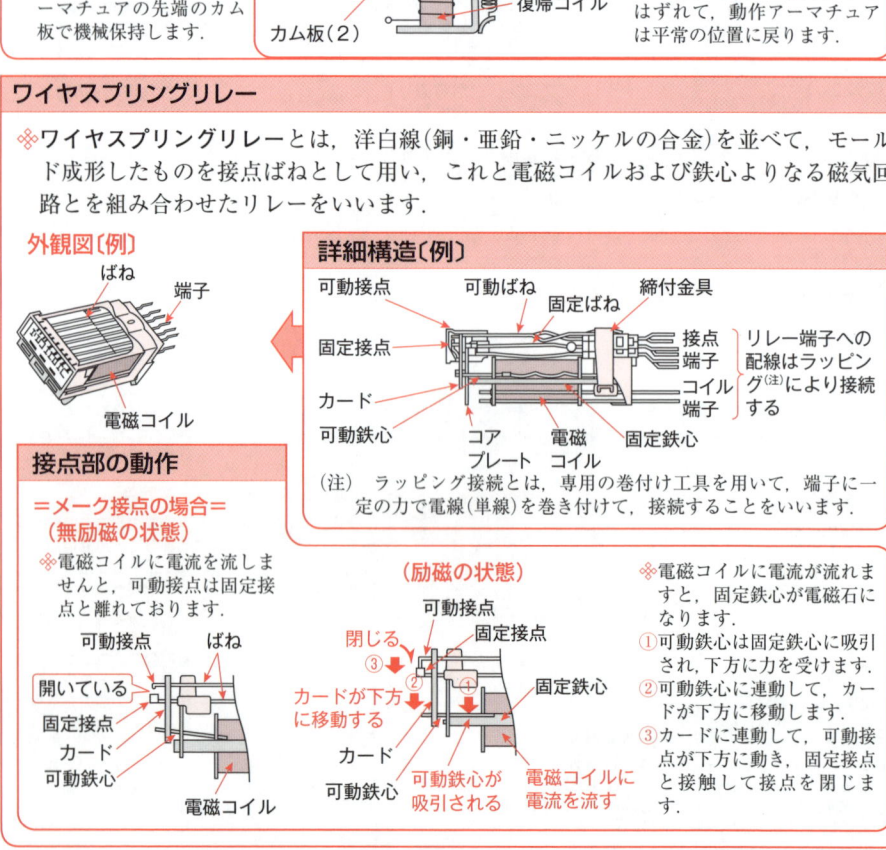

外観図〔例〕

カム板　接点　動作コイル　復帰コイル

※ 上側に動作コイル，下面に復帰コイルを有し，アーマチュアの先端のカム板で機械保持します．

原理図

動作アーマチュア　カム板（1）　機械保持する　カム板（2）　固定接点　可動接点　動作コイル　復帰アーマチュア　復帰コイル

● 動作の説明 ●

※ 動作コイルに電流が流れると，動作アーマチュアが吸引されて，カム板（1）がカム板（2）の段の部分に引掛かって，動作コイルの励磁を解いても，そのままの状態を保持します．

※ 復帰コイルに電流が流れると，復帰アーマチュアを吸引して，カム板（2）がカム板（1）からはずれて，動作アーマチュアは平常の位置に戻ります．

ワイヤスプリングリレー

※ **ワイヤスプリングリレー**とは，洋白線（銅・亜鉛・ニッケルの合金）を並べて，モールド成形したものを接点ばねとして用い，これと電磁コイルおよび鉄心よりなる磁気回路とを組み合わせたリレーをいいます．

外観図〔例〕

ばね　端子　電磁コイル

詳細構造〔例〕

可動接点　可動ばね　固定ばね　締付金具　固定接点　カード　可動鉄心　コアプレート　電磁コイル　固定鉄心　接点端子　コイル端子

リレー端子への配線はラッピング（注）により接続する

（注）ラッピング接続とは，専用の巻付け工具を用いて，端子に一定の力で電線（単線）を巻き付けて，接続することをいいます．

接点部の動作

＝メーク接点の場合＝
（無励磁の状態）

※ 電磁コイルに電流を流しませんと，可動接点は固定接点と離れております．

可動接点　ばね　開いている　固定接点　カード　可動鉄心　電磁コイル

（励磁の状態）

可動接点　閉じる③　固定接点　②　④　固定鉄心　カードが下方に移動する　カード　可動鉄心　可動鉄心が吸引される　電磁コイルに電流を流す

※ 電磁コイルに電流が流れますと，固定鉄心が電磁石になります．
① 可動鉄心は固定鉄心に吸引され，下方に力を受けます．
② 可動鉄心に連動して，カードが下方に移動します．
③ カードに連動して，可動接点が下方に動き，固定接点と接触して接点を閉じます．

❸ モータ式タイマと電子式タイマ

モータ式タイマ

❖ **モータ式タイマとは**，入力信号(電圧)により，電動機(一般に小形同期電動機)を始動させ，あらかじめ整定された時限ののちに，接点の開閉を行うタイマをいいます.

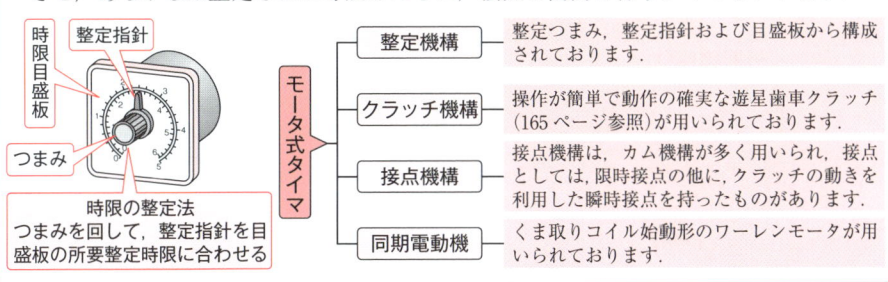

時限目盛板　整定指針
つまみ

時限の整定法
つまみを回して，整定指針を目盛板の所要整定時限に合わせる

モータ式タイマ

整定機構	整定つまみ，整定指針および目盛板から構成されております.
クラッチ機構	操作が簡単で動作の確実な遊星歯車クラッチ(165ページ参照)が用いられております.
接点機構	接点機構は，カム機構が多く用いられ，接点としては，限時接点の他に，クラッチの動きを利用した瞬時接点を持ったものがあります.
同期電動機	くま取りコイル始動形のワーレンモータが用いられております.

モータ式タイマのフローチャート

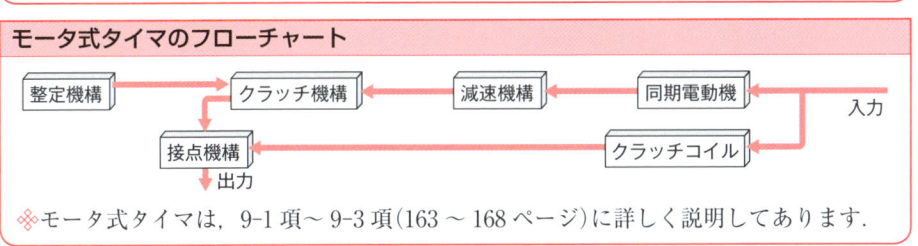

整定機構 ← クラッチ機構 ← 減速機構 ← 同期電動機 ← 入力
接点機構 ← クラッチコイル
出力

❖ モータ式タイマは，9-1項～9-3項(163～168ページ)に詳しく説明してあります.

電子式タイマ

❖ **電子式タイマとは**，CRタイマともいい，コンデンサCと抵抗Rの**充放電時定数特性を利用**して，時間遅れをとり，電磁リレーの接点を開閉するタイマをいいます.

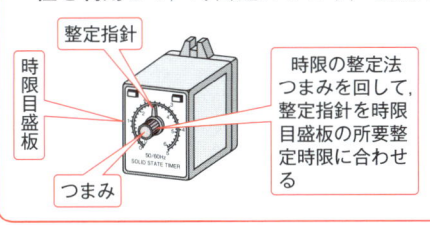

整定指針
時限目盛板
つまみ
50-60Hz
SOLID STATE TIMER

時限の整定法
つまみを回して，整定指針を時限目盛板の所要整定時限に合わせる

❖ 電子式タイマは，可変抵抗器と直列に接続されたコンデンサに充電される電圧をトランジスタで検出し，増幅して出力リレーを動作させます.

❖ 動作時限の整定は，可変抵抗器の抵抗値を変化させて，コンデンサの充電時間を変えることにより行います.

電子式タイマのフローチャート

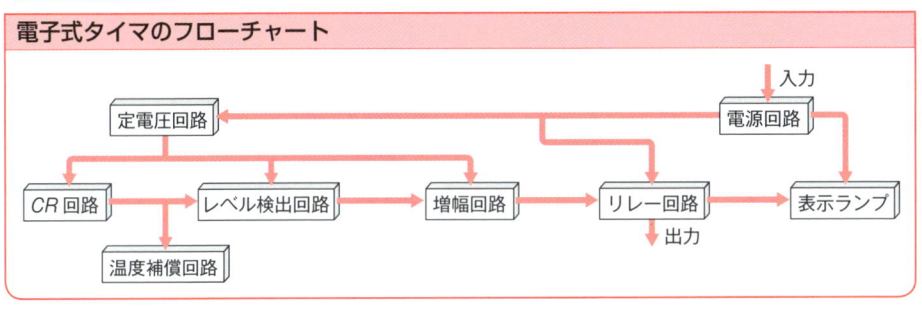

入力
定電圧回路 ← 電源回路
CR回路 → レベル検出回路 → 増幅回路 → リレー回路 → 表示ランプ
温度補償回路
出力

29

④ 空気式タイマ（エアタイマ）

空気式タイマ

※空気式タイマ（エアタイマ）とは，操作コイルに入力信号（電圧）が印加されたときの，ゴムベローズの空気の流出入によって時間遅れをとり，接点の開閉を行うタイマをいい，別名，ニューマチックタイマともいいます．

外観図〔例〕

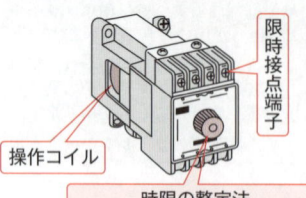

限時接点端子

操作コイル

時限の整定法
キャップをはずしてドライバで内部のねじを回し，所要整定時限に合わせる

詳細構造図〔例〕

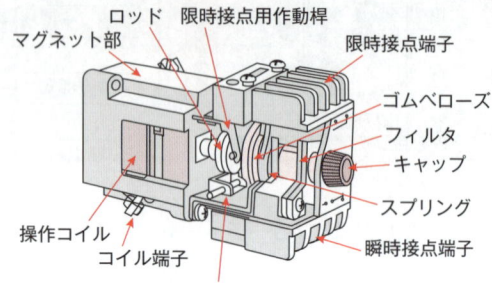

ロッド　限時接点用作動桿
マグネット部
限時接点端子
ゴムベローズ
フィルタ
キャップ
スプリング
瞬時接点端子
操作コイル
コイル端子
瞬時接点用作動桿

空気式タイマ		
	限時機構部	時限をとる部分で，内容積を変えて空気を流出入させるゴムベローズ，空気の流入量を加減するニードルバルブなどから構成されています．
	マグネット部	操作コイルと可動鉄心，固定鉄心などから構成されており，限時機構部に運動エネルギーを供給します．
	接　点　部	マイクロスイッチによる瞬時接点と限時接点からなり，限時機構部およびマグネット部と連動されております．

動作のしかた　　　　　　　　　　　　　● 空気式タイマ ●

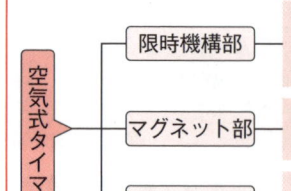
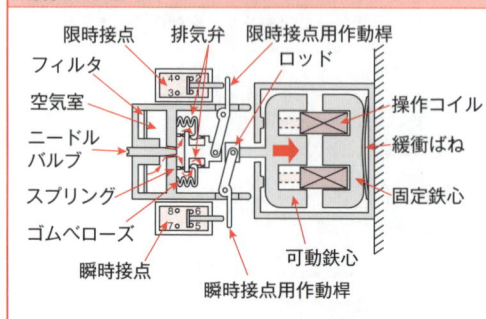

限時接点　排気弁　限時接点用作動桿
フィルタ
空気室
ニードルバルブ
スプリング
ゴムベローズ
瞬時接点
ロッド
操作コイル
緩衝ばね
固定鉄心
可動鉄心
瞬時接点用作動桿

※操作コイルの電流を切ったとき（消磁）
● 励磁を切りますと，可動鉄心は解放されて，ロッドが突出します．ゴムベローズは排気弁より内部の空気を一気に放出して圧縮され，同時に，限時，瞬時両接点も無動作状態に復帰します．

※操作コイルに電流を流さないとき（無励磁）
● 可動鉄心が解放されており，ゴムベローズはロッドで圧縮され，作動桿もスイッチもすべて無動作となっております．

※操作コイルに電流を流したとき（励磁）
● 操作コイルが励磁されますと，可動鉄心が矢印の方向に吸引されてロッドを引込み，ロッドに直結された瞬時接点用作動桿が，すぐ動作して瞬時接点が反転し，接点7-8が閉じます．
● ゴムベローズは内蔵スプリングの力で膨張を始め，空気はフィルタ，ニードルバルブを通じて，徐々にゴムベローズに流入します．充分に空気が流入しますと，限時接点が動作し，接点3-4が閉じます．

❺ オイル・ダッシュ・ポットタイマ（遅延リレー）

オイル・ダッシュ・ポットタイマ

❖オイル・ダッシュ・ポットタイマとは，**電磁リレーに油による制動力を利用した遅延時限機構を付加したタイマ**で，時限精度に劣るが，時限精度をあまり必要としない簡単な時限制御に用いられます．

● オイル・ダッシュ・ポットタイマは，時限の調整ができず固定となっており，遅延リレーともいいます．

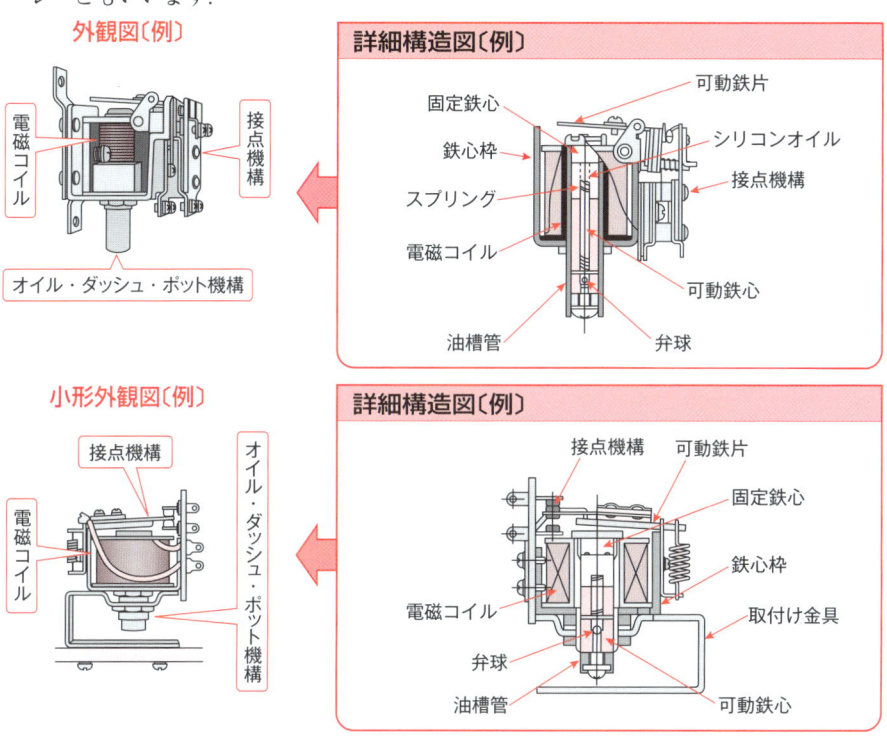

外観図〔例〕

電磁コイル　接点機構

オイル・ダッシュ・ポット機構

詳細構造図〔例〕

固定鉄心　可動鉄片
鉄心枠　シリコンオイル
スプリング　接点機構
電磁コイル
可動鉄心
油槽管　弁球

小形外観図〔例〕

接点機構
電磁コイル
オイル・ダッシュ・ポット機構

詳細構造図〔例〕

接点機構　可動鉄片
固定鉄心
鉄心枠
電磁コイル　取付け金具
弁球
油槽管　可動鉄心

動作のしかた　　　●オイル・ダッシュ・ポットタイマ●

❖電磁コイルを励磁しますと，コイル内の非磁性金属筒管に入っているプランジャ形の**弁球のついた可動鉄心が，弁作用で同じ筒管の中に入れられたシリコンオイルの制動を受けながら上昇し**，ある時間が過ぎますと，可動鉄心は固定鉄心に接触し，電磁石の磁束密度は急激に増加しますので，その磁気力によって可動鉄片は固定鉄心に吸引され，可動鉄片に連動している接点部が動作します．

❖電磁コイルを消磁しますと，可動鉄片および接点部は早くもとの位置に復帰しますが，可動鉄心は自重と復帰用のスプリングの力および弁球の作用により，筒管内を落下してから，もとの位置に復帰します．

31

❻ リードスイッチとリードリレー

リードスイッチ

内部構造図〔例〕

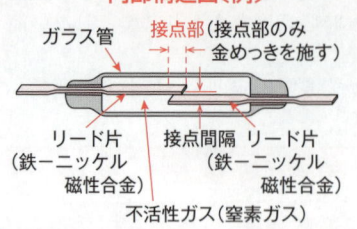

ガラス管
接点部(接点部のみ金めっきを施す)
リード片(鉄－ニッケル磁性合金)
接点間隔
リード片(鉄－ニッケル磁性合金)
不活性ガス(窒素ガス)

❋ リードスイッチとは，2本のリード片からなる接点部に適当な間隔を設けて，ガラス管に不活性ガスとともに封じこんだスイッチをいいます．

❋ リード片は磁性材で，しかもガラス管と熱膨張係数の合った鉄－ニッケル磁性合金からなり，一般の電磁リレーの鉄心，アーマチュア，接点ばね，および接点を兼用したものといえます．

リードリレー

❋ リードリレーとは，接点と接点ばね，およびアーマチュアとを兼ねるリード片をガラス管に封じたリードスイッチをコイルの中に挿入したリレーをいいます．

外観図〔例〕

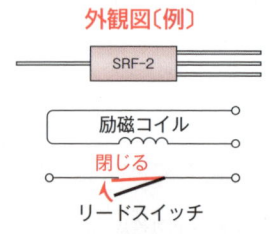

SRF-2
励磁コイル
閉じる
リードスイッチ

❋ リードリレーは構造がきわめて簡単で，しゅう動を伴わない単純な動作のため，接点の寿命も長く，動作時間が，一般の高速リレーよりもはるかに短いのが特徴です．

励磁コイルの電流を「増加」した場合

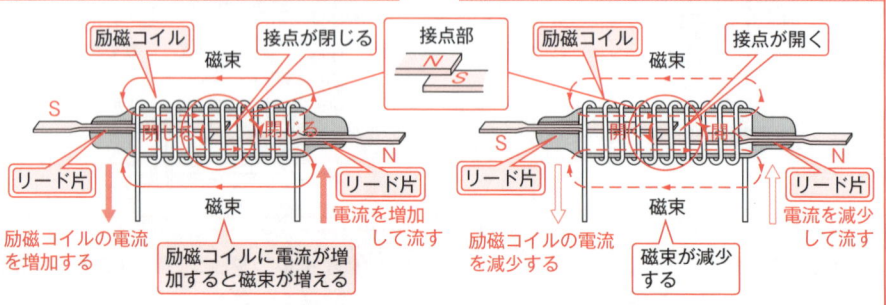

励磁コイル
接点が閉じる
接点部
N S
磁束
S N
リード片
磁束
リード片
電流を増加して流す
励磁コイルの電流を増加する
励磁コイルに電流が増加すると磁束が増える

励磁コイルの電流を「減少」した場合

励磁コイル
接点が開く
磁束
S N
リード片
リード片
電流を減少して流す
励磁コイルの電流を減少する
磁束が減少する

❋ リードリレーの励磁コイルに流れる電流が増加して，空隙を通る磁束が増加しますと，リード片の接点部において，上側接点はN極，下側接点はS極と，おのおの異種の磁極を生じ，それぞれの端子には接点部と異なるS極，N極の磁極が生じます．

❋ 接点部の異種の磁極による吸引力がリード片のばね復帰力を超えますと，接点が閉じます．

❋ リードリレーの励磁コイルに流れる電流を減少させますと，接点部を通る磁束が減少して，リード片のばね復帰力が接点部の異種の磁極による吸引力を超える点で，接点が開きます．

❋ 励磁コイルに電流が流れなくなっても，リード片のばね復帰力により接点は開いています．

❼ 水銀スイッチと水銀接点リレー

水銀スイッチ

内部構造図〔例〕

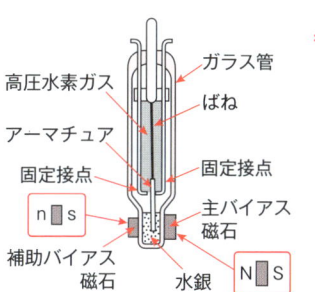

高圧水素ガス／ガラス管／ばね／アーマチュア／固定接点／固定接点／n▮s／主バイアス磁石／補助バイアス磁石／水銀／N▮S

※**水銀スイッチ**とは，ガラス管に接点機構と水銀を高圧水素ガスとともに封じこんだスイッチをいいます．

＝ 特徴 ＝

（1）水銀が毛細管現象により接点面まで上昇し，常時接点表面を覆っているので，接点の寿命が長い．

（2）開閉動作が水銀を通して行われるので，接触信頼度が高く，チャタリング現象がない．

（3）動作時間が速い（3〜5ミリ秒）．

（4）接点の開閉時における電流の入り，切りは，直接接点金属が行わずに水銀が行うため，接点電流容量が大きい．

水銀接点リレー

※**水銀接点リレー**とは，水銀スイッチのまわりに，駆動コイル，永久磁石（主バイアス磁石・補助バイアス磁石），その他の部品を磁性体ケースに納めたリレーをいいます．

駆動コイルに電流を流さない場合

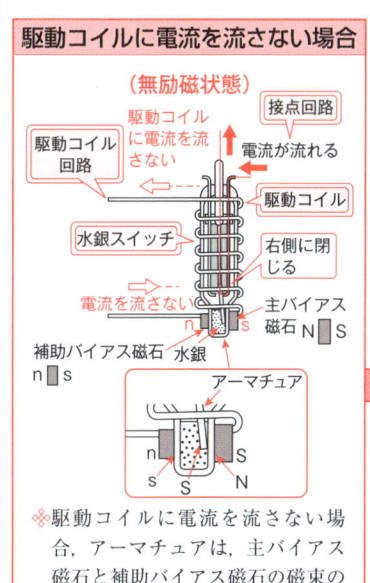

※駆動コイルに電流を流さない場合，アーマチュアは，主バイアス磁石と補助バイアス磁石の磁束の吸引力差により，主バイアス磁石の方向へ吸引され，接点は「右側に閉」じる．

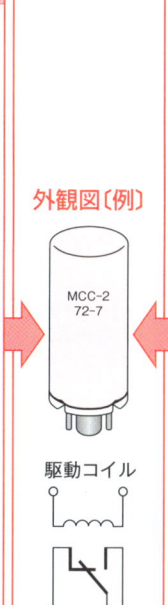

外観図〔例〕

MCC-2 72-7

駆動コイル

水銀スイッチ

駆動コイルに電流を流した場合

※駆動コイルに電流を流すと，コイルによる磁束は，主バイアス磁石による磁束の方向と反対に生ずるため，アーマチュアは逆極性に励磁され，主バイアス磁石と反発し，補助バイアス磁石の方向に吸引されて，接点は「左側に閉」じる．

2-3　表示機器と警報機器

❶ 表示灯と警報ベル

表示灯

❖ **表示灯**は，制御の動作状態を点灯，消灯によって制御盤，監視盤などに表示するもので，最近では発光ダイオードなどが，発光体として用いられているものもあります.

❖ 表示灯は，電球と色別レンズからなる照光部およびトランスまたは直列抵抗とソケットからなるソケット部より構成されています.

❖ **記名式表示灯**は，灯蓋照光部にアクリルライトを使用してフィルタに任意の文字を彫刻し，さらに裏面に着色アクリル板を挿入し，点灯時にフィルタを通して各色文字を表示する表示灯をいいます.

表示灯外観図〔例〕

トランス式　ソケット部（トランス内蔵）

照光部

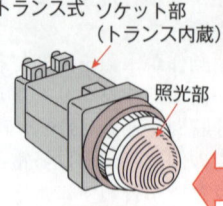

記名式表示灯〔例〕

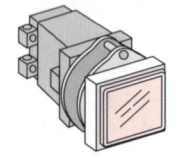

詳細構造図〔例〕

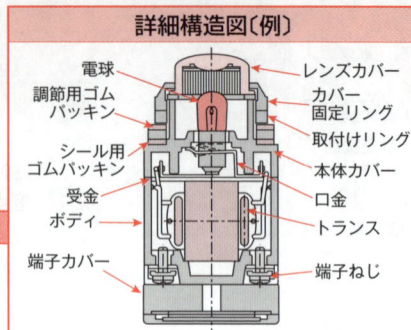

電球　調節用ゴムパッキン　シール用ゴムパッキン　受金　ボディ　端子カバー

レンズカバー　カバー固定リング　取付けリング　本体カバー　口金　トランス　端子ねじ

❖ 内蔵トランスは，電球の両端に低い電圧が加わるように，電圧を変圧する目的に用いられております.

警報ベル

❖ シーケンス制御装置の故障の発生を知らせる警報器としては，**ベル**，**ブザー**などが多く用いられます. 一般に重故障にベル，軽故障にブザーが用いられます.

ベルが鳴っていないとき

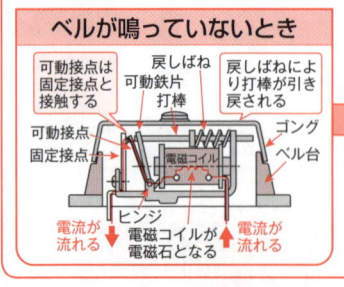

可動接点は固定接点と接触する　戻しばね　可動鉄片　打棒　戻しばねにより打棒が引き戻される　ゴング　ベル台　可動接点　固定接点　電磁コイル　ヒンジ　電流が流れる　電磁コイルが電磁石となる　電流が流れる

警報ベル外観図〔例〕

ゴング　口出線　ベル台

❖ ベルは電磁石部，接点部および音を発生する打棒とゴングなどから構成されています.

ベルが鳴っているとき

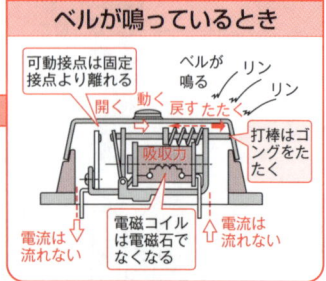

可動接点は固定接点より離れる　開く　動く　戻す　たたく　ベルが鳴る　リン　リン　打棒はゴングをたたく　吸引力　電磁コイルは電磁石でなくなる　電流は流れない　電流は流れない

動作の説明

（1）打棒がゴングをたたいていないときは，可動接点が固定接点と接触するので，電磁コイルに電流が流れます.

（2）電磁コイルに電流が流れると，電磁石となって，可動鉄片を吸引します.

（3）可動鉄片が吸引されると，連動して打棒が動いて，ゴングをたたき，ベルが鳴ります.

（4）可動接点は打棒と連動して動くので，固定接点と離れます.

（5）可動接点が固定接点から離れると，電磁コイルに電流が流れなくなるので，電磁石としての吸引力がなくなります.

（6）吸引力がなくなると，打棒は戻しばねの力で（1）の状態に戻ります.

（7）（1）～（6）の動作を繰り返すことによりベルは鳴り続けます.

第3章

シーケンス制御とは どういうものか

❖ シーケンス制御は工場, ビルはもとより, いろいろな機械, 装置の運転の自動化に採用され, 安全性の向上, 運転操作の容易さと, 確実さから, 総合的な集中管理, 機械, 装置の大容量化とあいまって, 着実な発展をつづけております. このため, シーケンス制御は, 今日のハイテク・コンピュータ時代の技術者にとっては, ぜひとも, 理解しておかなくてはならない, たいせつな技術の一つといえます.

❖ シーケンス制御といえば常識的に, ボタンスイッチを一度押すだけで, 機械, 装置が自動的に, 一定の順序に従って定まった動作を行う制御と考えられており, 事実そのとおりですが, いざ「なぜ, そうなるのか?」ということになりますと, なかなかむずかしい問題となります. そこで, これから, シーケンス制御について, 絵と図をもとに「**目で見てよくわかる**」ことをモットーとして, 説明することにいたしましょう.

この章のポイント

　この章では, まず, シーケンス制御がどのように定義され, どのような種類があるのかを理解し, フィードバック制御と対比して, 考えてみることにいたします.

1. シーケンス図とは, どういうものかを, タンブラスイッチとベル回路および押しボタンスイッチとブザー回路を例として, 実際の配線図と比較して, わかりやすく説明してあります.

2. シーケンス制御系の各構成機器の動作順序を示すフローチャート, および, その時間的な変化を示すタイムチャートについて, 電磁リレーを用いたランプ制御回路を例として説明してあります.

3-1 シーケンス制御とフィードバック制御

❶ シーケンス制御の定義とその種類

シーケンス制御とは

※シーケンスということばの意味は「現象が起こる順序」のことをいいます．したがって，**シーケンス制御**（sequential control）とは，「**あらかじめ定められた順序，または一定の論理によって定められる順序に従って，制御の各段階を逐次進めていく制御**」をいいます．

※言い換えると，シーケンス制御というのは，次に行われる制御動作がわかっていて，その前の動作が完了してから，その次の動作に移るという制御をいうのです．

シーケンス制御の種類　　　　●用　途●

※シーケンス制御は電気洗濯機，電気冷蔵庫，電気炊飯器などの日常使用する家庭用電気製品から，エレベータ，コンベア，リフトなどの運搬機械，プレス，旋盤などの工作機械ならびに自動販売機，広告塔，発電所，変電所に至るまで，各分野で応用され，その制御の規模も，単に始動，停止に限る簡単なものから，複雑な信号処理を必要とする大規模なものまで，非常に広い範囲にわたっております．

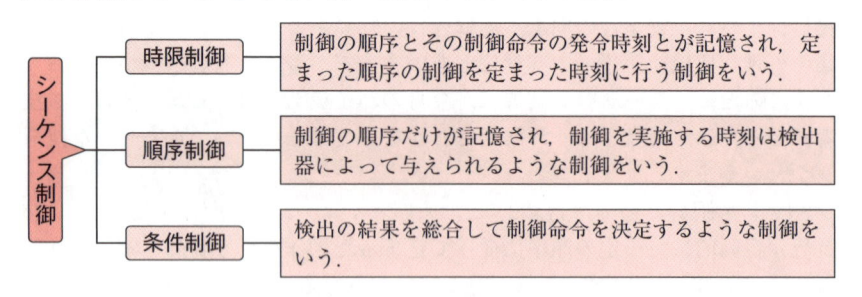

シーケンス制御	時限制御	制御の順序とその制御命令の発令時刻とが記憶され，定まった順序の制御を定まった時刻に行う制御をいう．
	順序制御	制御の順序だけが記憶され，制御を実施する時刻は検出器によって与えられるような制御をいう．
	条件制御	検出の結果を総合して制御命令を決定するような制御をいう．

シーケンス図の実例　　　　●電動機の正逆転制御●

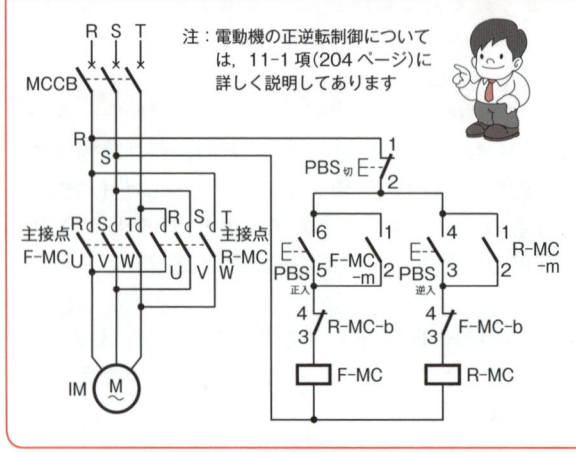

注：電動機の正逆転制御については，11-1項(204ページ)に詳しく説明してあります

※**シーケンス図**とは，制御系のシーケンスを明瞭に表すために，制御系の機器や装置などの接続を詳細に展開して示した図で，単に**展開接続図**ともいいます．

※シーケンス図（詳しくは第6章81ページ参照）では，制御系の機器および装置などを電気用図記号で書き表し，文字記号または制御器具番号を併記して，相互間の接続を実線によって表示します．

❷ フィードバック制御とはどういうものか

フィードバック制御とは

❈フィードバック制御とは「フィードバックによって，制御量を測定して目標値と比較しながら，目標値に近づける制御」をいいます．

例：熱帯魚用水槽

フィードバック制御

（　）内は，サーモスタット使用の水槽の場合を示す．

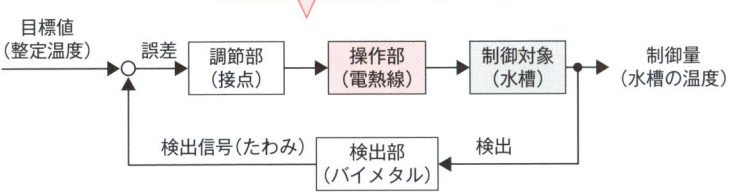

目標値（整定温度）→ 誤差 → 調節部（接点） → 操作部（電熱線） → 制御対象（水槽） → 制御量（水槽の温度）

検出信号（たわみ）← 検出部（バイメタル）← 検出

フィードバック制御の例

● 湯沸器 ●

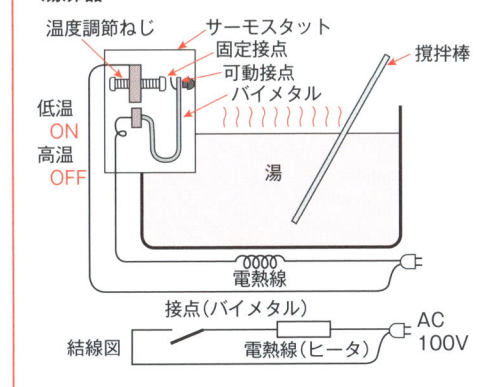

温度調節ねじ
サーモスタット
固定接点
可動接点
バイメタル
撹拌棒
低温 ON
高温 OFF
湯
電熱線
接点（バイメタル）
結線図
電熱線（ヒータ）
AC 100V

❈湯沸器は湯を沸かし，サーモスタットを使用して，湯の温度をほぼ一定に保つようにしたものです．低温では，接点が閉じていて，電熱線に通電されます．湯温が上がると，バイメタルが徐々に曲がって接点が開き，電熱線には電流は流れません．

　バイメタルが湯の温度（制御量）を検出して，可動接点を ON，OFF して湯の温度をほぼ一定にしますので，フィードバック制御となります．

● 熱帯魚用水槽 ●

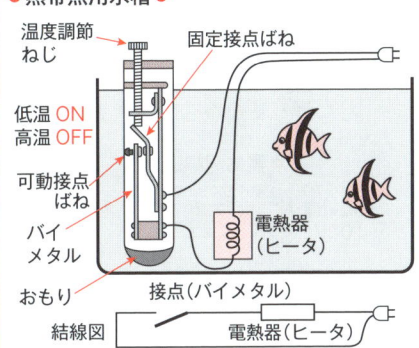

温度調節ねじ
固定接点ばね
低温 ON
高温 OFF
可動接点ばね
バイメタル
おもり
電熱器（ヒータ）
接点（バイメタル）
結線図
電熱器（ヒータ）

❈熱帯魚用水槽の水温調節器も，原理は湯沸器と同じです．サーモスタットは小さな容器に収納され，水槽の中に入れられます．

　温度調節ねじを調節することによって，固定接点ばねを動かし，可動接点ばねの接点間隔を調整して，適当な水温に整定します．

　バイメタルが水温（制御量）を検出して，可動接点を ON，OFF しますので，フィードバック制御となります．

3-2 シーケンス制御に用いられる図のいろいろ

❶ 実際の配線図・実体配線図とシーケンス図

実際の配線図・実体配線図とは，どういう図なのでしょう

❖**実際の配線図**とは，実物を模写し，実物にできるだけ近い形で，回路の接続，回路に用いられる機器を表すようにした図をいいます．

❖**実体配線図**とは，機器を電気用図記号で表し，配線は実体に近い状態で表す図をいいます．この図は，実際に装置を製作したり，保守・点検する際に便利です．しかし，複雑な電気回路では，動作原理，動作順序が多少わかりにくくなることもあります．

タンブラスイッチとベル回路　　　　　　● 実際の配線図・実体配線図 ●

❖**タンブラスイッチ**と**ベル**とをいっしょにして直列とし，交流電源100Vの電灯線に接続した場合について，器具や配線の状態をまったく実際の実物と同じように書いたのが，下の「実際の配線図」です．

❖実際の配線図は，図というより，むしろ絵ですから，少し複雑な回路を表すには，非常に手数がかかります．そこで，実物にできるだけ近い形で配線の状態を示し，器具を電気用図記号により表したのが，下の実体配線図です．

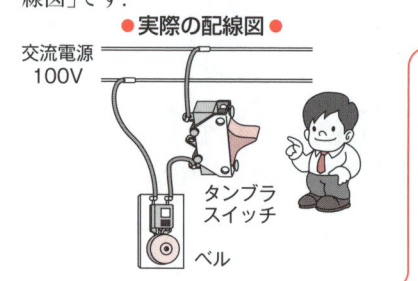

● 実際の配線図 ●

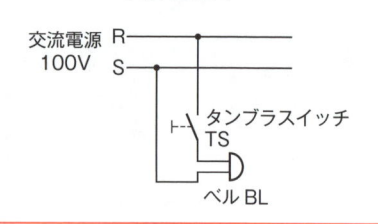

● 実体配線図 ●

押しボタンスイッチとブザー回路　　　　● 実際の配線図・実体配線図 ●

❖**押しボタンスイッチ**と**ブザー**とをいっしょにして直列とし，交流電源100Vの電灯線に接続した場合について，器具や配線の状態をまったく実際の実物と同じように書いたのが，下の「実際の配線図」です．

❖押しボタンスイッチ（記号PBS）とブザー（記号BZ）を電気用図記号を用いて，実物に近い配線，つまり実体配線図で書いたのが，下の図です．

なお，PBSやBZなどの文字記号については，5-1項〜5-3項（72〜77ページ）に詳しく記載してあります．

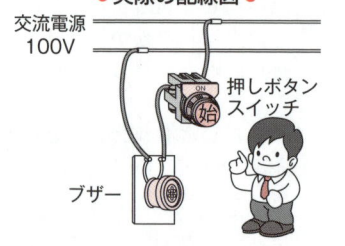

● 実際の配線図 ●

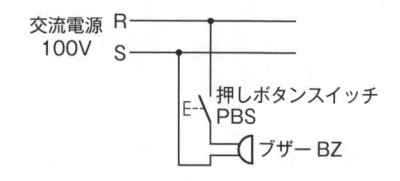

● 実体配線図 ●

シーケンス図とは，どういう図なのでしょう

❖ **シーケンス図**とは，電気設備の装置，配電盤およびこれに関連する機器，器具の動作を，機能を中心として電気的接続を展開し，電気用図記号によって表現した図であり，**「シーケンスダイヤグラム」**または**「展開接続図」**ともいいます．すなわち，**シーケンス図は多くの回路をその動作の順序に従って配列し，動作の内容を理解しやすくした接続図**といえます．

❖ シーケンス図では，電源回路をいちいち詳細に示さず，原則として上下に横線で制御電源母線として示し，機器，器具を結ぶ接続線は，上下の制御電源母線の間に，まっすぐな縦線で示します．なお，シーケンス図の書き方については，第6章（81ページ）で詳しく説明してありますので，ご覧になってください．

タンブラスイッチとベル回路 ● シーケンス図 ●

❖ **タンブラスイッチ**と**ベル**とをいっしょにして直列とし，交流電源 100V の電灯線に接続した場合の実体配線図をシーケンス図に書きなおすと，下の図のようになります．

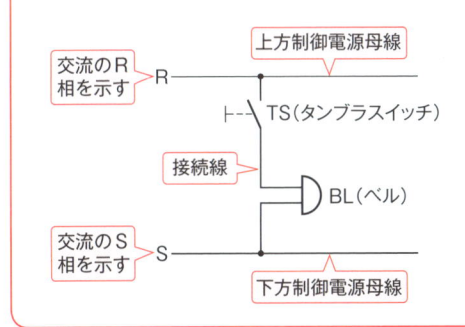

=書き方=

(1) 制御電源母線（この場合，電灯線）を上下に書きます．

(2) 上方制御電源母線側にタンブラスイッチ（TS）を書きます．

(3) 下方制御電源母線側にベル（BL）を書きます．

(4) タンブラスイッチ（TS）とベル（BL）を接続線で結びます．

押しボタンスイッチとブザー回路 ● シーケンス図 ●

❖ **押しボタンスイッチ**と**ブザー**とをいっしょにして直列とし，交流電源 100V の電灯線に接続した場合の実体配線図をシーケンス図に書きなおすと，下の図のようになります．

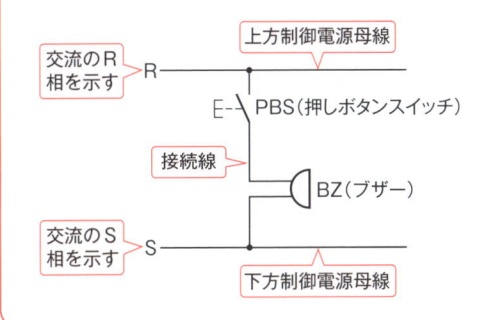

=書き方=

(1) 制御電源母線（この場合，電灯線）を上下に書きます．

(2) 上方制御電源母線側に押しボタンスイッチ（PBS）を書きます．

(3) 下方制御電源母線側にブザー（BZ）を書きます．

(4) 押しボタンスイッチ（PBS）とブザー（BZ）を接続線で結びます．

第3章
シーケンス制御とはどういうものか

タンブラスイッチとベル回路・押しボタンスイッチとブザー回路

※タンブラスイッチとベルとをいっしょにして直列とし，また，押しボタンスイッチとブザーとをいっしょにして直列とし，そのおのおのを交流電源 100V の電灯線に並列に接続した場合の実際の配線図，実体配線図およびシーケンス図を示すと，次のとおりです．

● 実際の配線図 ●

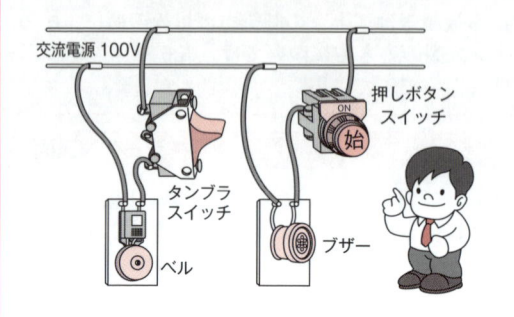

● 実体配線図 ●

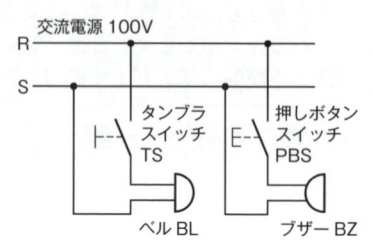

シーケンス図

順序〔1〕
タンブラスイッチを入れると，接点が閉じる

順序〔4〕
押しボタンスイッチを押すと，接点が閉じる

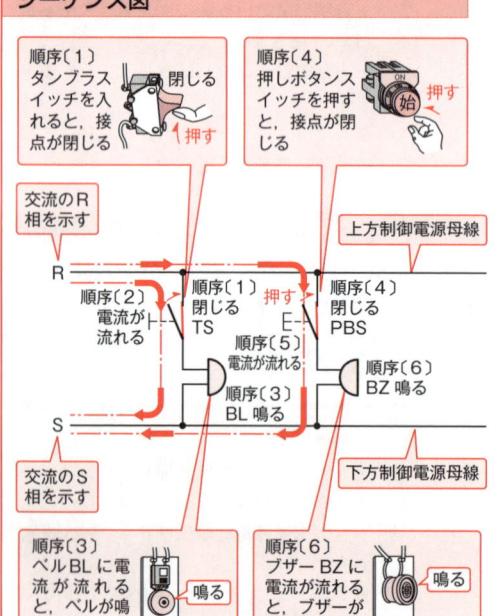

交流のR相を示す

上方制御電源母線

順序〔1〕閉じる TS

順序〔2〕電流が流れる

順序〔4〕閉じる PBS

順序〔5〕電流が流れる

順序〔3〕BL 鳴る

順序〔6〕BZ 鳴る

交流のS相を示す

下方制御電源母線

順序〔3〕ベル BL に電流が流れると，ベルが鳴る

順序〔6〕ブザー BZ に電流が流れると，ブザーが鳴る

● ベル回路・ブザー回路のシーケンス動作 ●

順序〔1〕 タンブラスイッチを入れます．

順序〔2〕 タンブラスイッチを入れると，ベルに電流が流れます．

順序〔3〕 ベルに電流が流れると，ベルが鳴ります．

＝回路構成＝

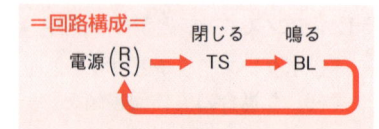

順序〔4〕 押しボタンスイッチを押すと閉じます．

順序〔5〕 押しボタンスイッチが閉じると，ブザーに電流が流れます．

順序〔6〕 ブザーに電流が流れると，ブザーが鳴ります．

＝回路構成＝

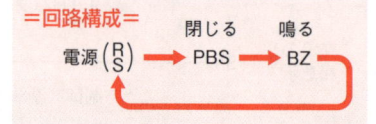

❷ フローチャートとタイムチャート

動作順序を示すフローチャート

❖シーケンス制御系では，いろいろな機器が組み合わさって，複雑な回路構成になっているので，各構成機器の動作順序を詳細に書くと，かえって全体が理解しにくくなるような場合に，**全体の関連動作を順序だって，方形のシンボルと矢印で簡単に示すことを目的とした図**を「フローチャート」といいます．

ランプ制御回路の実際の配線図〔例〕

❖電磁リレーのメーク接点にランプを接続し，押しボタンスイッチを押すだけで，ランプが点灯するようにしたのが，下の「実際の配線図」です．

❖このランプ制御回路の動作については，電磁リレーのメーク接点の動作として，4-4項①（54〜55ページ）に詳しく説明してあります．

❖メーク接点は，a接点とも呼称することがあります．

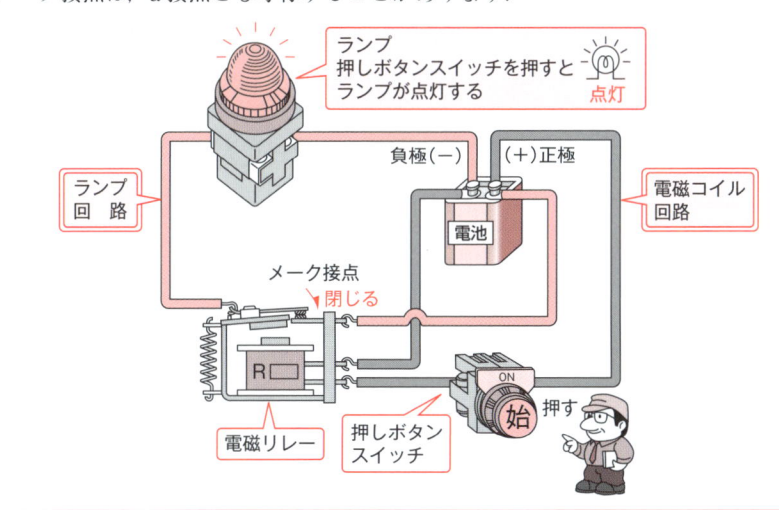

ランプ点灯のフローチャート〔例〕

❖ランプ制御回路において，ランプを点灯させる場合の各構成器具の動作順序をフローチャートで示したのが，下の図です．

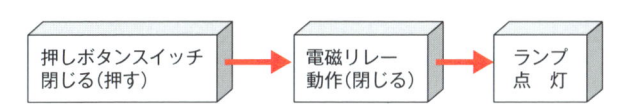

❖押しボタンスイッチを押すと閉じ，その閉じる動作が完了すると，次に電磁リレーが動作しメーク接点が閉じます．この電磁リレーのメーク接点の閉じる動作が完了すると，ランプに電流が流れて「点灯」して制御動作が完了します．

41

❷ フローチャートとタイムチャート（つづき）

ランプ消灯のフローチャート〔例〕

※ランプ制御回路において，ランプを消灯させる場合の各構成器具の動作順序をフローチャートで示したのが，下の図です．

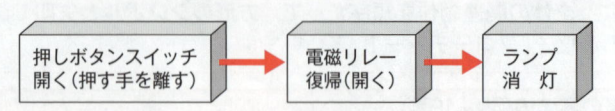

| 押しボタンスイッチ 開く（押す手を離す） | → | 電磁リレー 復帰（開く） | → | ランプ 消 灯 |

※押しボタンスイッチの押す手を離すと開き，その開く動作が完了すると，次に電磁リレーが復帰しメーク接点が開きます．この電磁リレーのメーク接点の開く動作が完了すると，ランプに電流が流れず「消灯」して制御動作が完了します．

動作順序の時間的変化を示すタイムチャート

※シーケンス制御において，その動作順序の時間的な変化をわかりやすく示した図が，「タイムチャート」です．**タイムチャートでは，縦軸に制御機器をだいたい制御の順序に並べて書き，横軸にそれらの時間的な変化を線で示すようにします．**そして，どの制御機器の動作が，次のどの制御機器の動作と関係があるかは，破線で示し，始動，停止，押す，離す，電源入り・切りなどの動作区分は，タイムチャートの上または下に書くようにします．

ランプ制御回路のタイムチャート〔例〕

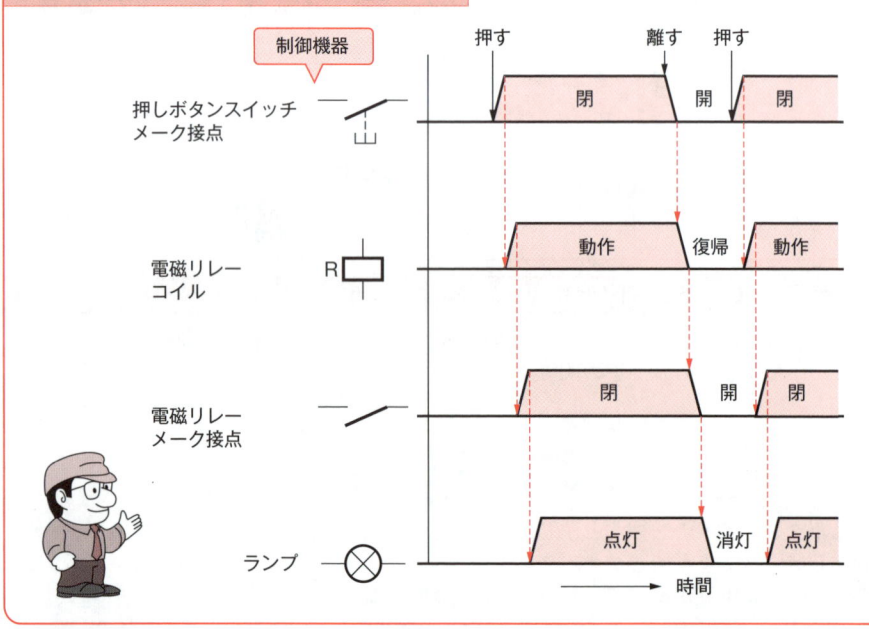

第4章

電気用図記号の書き方

※ シーケンス図は，これを利用する人のために書くのですから，容易に理解できるように共通の記号を定め，これを守って正しく書くようにしなくてはなりません．そこで，わが国では，日本工業規格に，JIS C 0617「電気用図記号」が定められており，一般に，シーケンス図には，これが用いられております．

※ **電気用図記号**は，通称「シンボル」ともいい，機器の機構関係を省略し，電気回路の一部の要素を簡略化して，その動作状態が，すぐ理解できるようにしたものです．

※ この本での開閉接点の呼称は，JIS C 0617「電気用図記号」で規定されている**メーク接点**，**ブレーク接点**，**切換接点**を用いております．

※ この章では，旧 JIS C 0301「電気用図記号」で規定されていた**a接点**，**b接点**，**c接点**の呼称を，参考に併記してあります．

この章のポイント

　この章では，シーケンス制御に用いられる機器の電気用図記号の表し方と，その動作を充分に理解してもらうのが目的です．

1. 手動操作接点は，ナイフスイッチを例として，その図記号の表し方と，動作のしかたが記してあります．

2. 手動操作自動復帰接点である押しボタンスイッチと電磁リレー接点を例として，メーク接点（a接点），ブレーク接点（b接点），切換接点（c接点）についてその図記号の表し方と，実際の動作のしかたを順序だって説明してあります．

3. 電磁接触器の構造と主接点および補助接点との関連を具体的に示し，その図記号の表し方と，通電したとき通電しないときの動作を詳細に記してあります．

4. シーケンス制御に用いられるおもな機器の外観図とその図記号を表すとともに JIS C 0617 と旧 JIS C 0301 の図記号を対比しておきました．なお，図記号の下部の（　）内の数字は，JIS C 0617 の図記号番号を示します．

5. 開閉接点を示す JIS C 0617 の図記号は，開閉接点図記号の他に「接点機能図記号」，「操作機構図記号」を組み合わせた図記号ですので，その表し方について，とくに詳しく説明してあります．

4-1 おもな電気機器の図記号

❶ 電気用図記号の対比（JIS C 0617 図記号・旧 JIS C 0301 図記号）

機器名	JIS図記号 （JIS C 0617）	旧JIS図記号 （旧JIS C 0301）	図記号の書き方 （JIS C 0617）
押しボタンスイッチ 	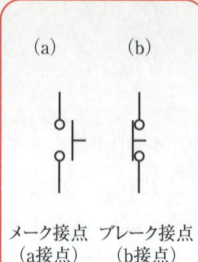 (07-07-02) メーク接点　ブレーク接点 （a接点）　　（b接点）	(a)　　　(b) メーク接点　ブレーク接点 （a接点）　　（b接点）	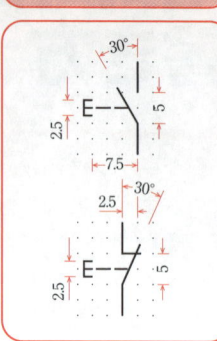
電池 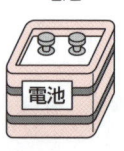	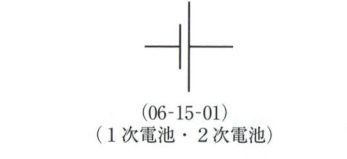 (06-15-01) （1次電池・2次電池）		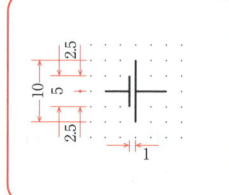
ナイフスイッチ 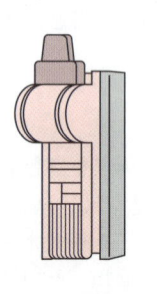	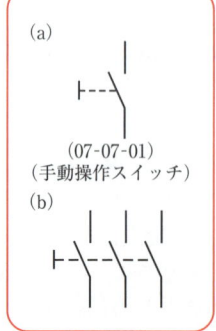 (07-07-01) （手動操作スイッチ）	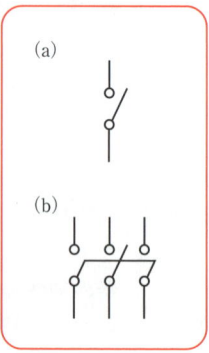	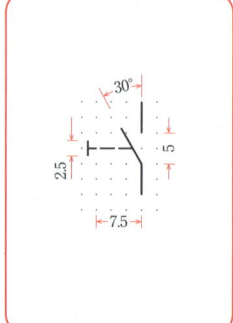
リミットスイッチ 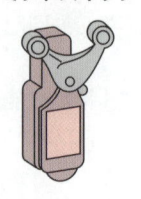	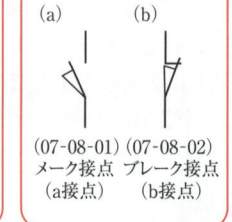 (07-08-01) (07-08-02) メーク接点　ブレーク接点 （a接点）　　（b接点）	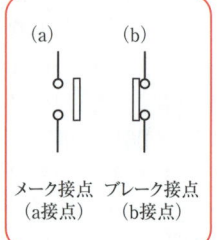 メーク接点　ブレーク接点 （a接点）　　（b接点）	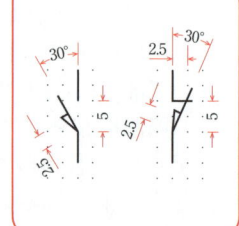

機器名	JIS図記号 （JIS C 0617）	旧JIS図記号 （旧JIS C 0301）	図記号の書き方 （JIS C 0617）
電磁接触器 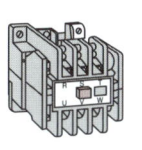	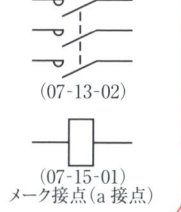 （07-13-02） （07-15-01） メーク接点（a接点）	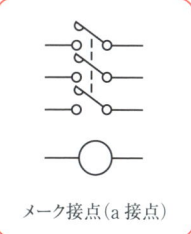 メーク接点（a接点）	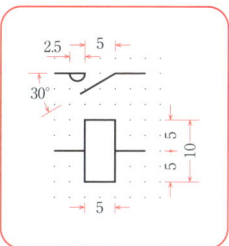
電磁リレー 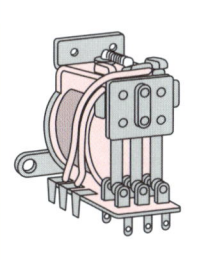	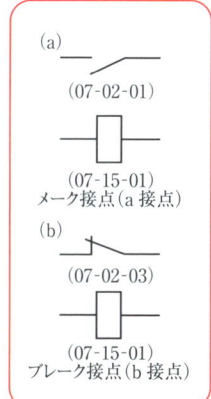 （a） （07-02-01） （07-15-01） メーク接点（a接点） （b） （07-02-03） （07-15-01） ブレーク接点（b接点）	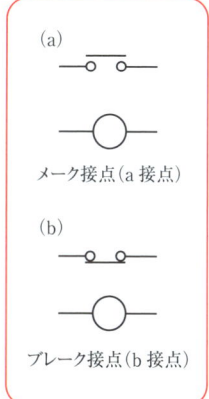 （a） メーク接点（a接点） （b） ブレーク接点（b接点）	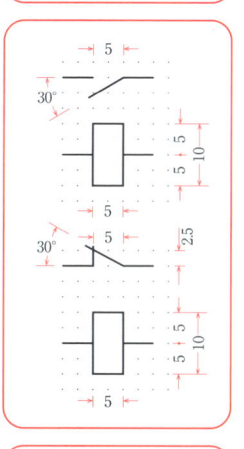
電動機 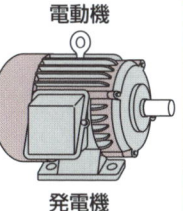 発電機	 （06-04-01） 回転機	〔例〕 電動機  発電機 	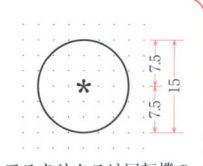 ・アスタリクスは回転機の種類を示す文字記号に置き換える．
計器（一般） 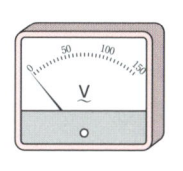	 （08-01-01） 指示計器	〔例〕  電圧計 （08-02-01）  電流計  電力計	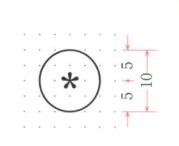 ・アスタリクスは測定する量又は測定量の単位を表す文字記号に置き換える．

45

機器名	JIS図記号 （JIS C 0617）		図記号の書き方 （JIS C 0617）
変圧器 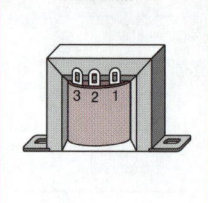	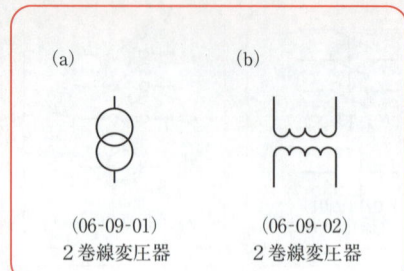 (a)　(06-09-01)　2巻線変圧器	(b)　(06-09-02)　2巻線変圧器	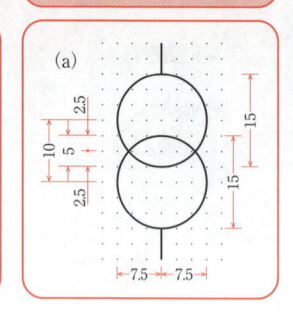 (a)
ダイオード 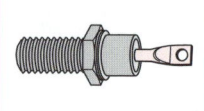	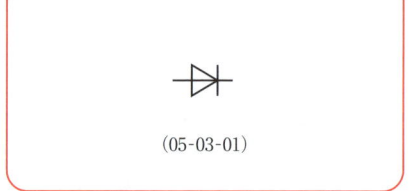 (05-03-01)		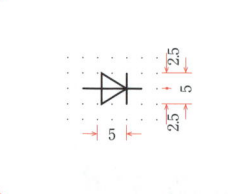
抵抗器 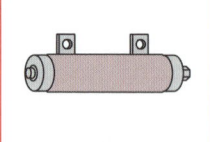	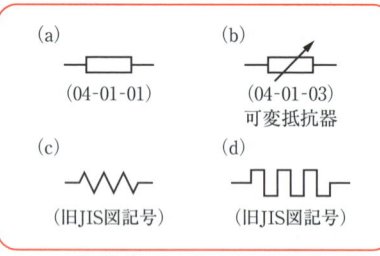 (a) (04-01-01)　(b) (04-01-03) 可変抵抗器 (c) （旧JIS図記号）　(d) （旧JIS図記号）		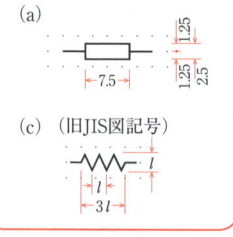 (a) (c) （旧JIS図記号）
ヒューズ （開放形） 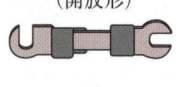 （包装形） 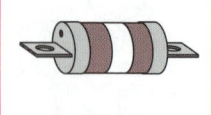	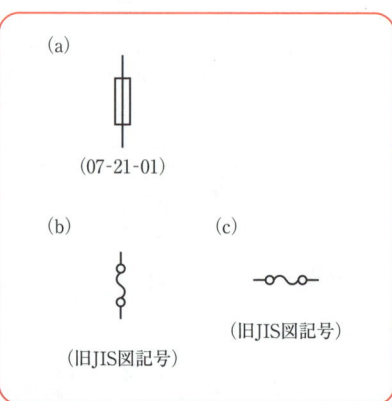 (a) (07-21-01) (b) （旧JIS図記号）　(c) （旧JIS図記号）		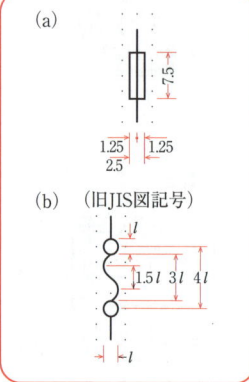 (a) (b) （旧JIS図記号）

機器名	JIS図記号 （JIS C 0617）	旧JIS図記号 （旧JIS C 0301）	図記号の書き方 （JIS C 0617）
継電器コイル 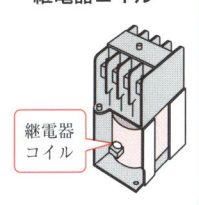 継電器コイル	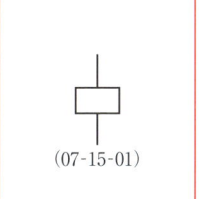 （07-15-01）	(a)　(b)　(c) 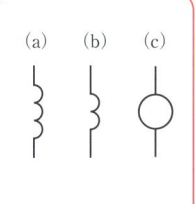	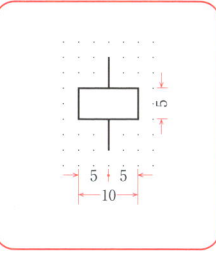
コンデンサ 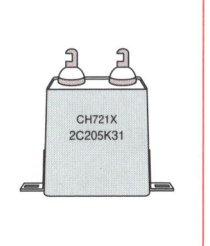 CH721X 2C205K31	(a) 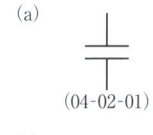 （04-02-01） (c) 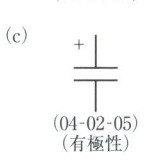 （04-02-05） （有極性）	(b) 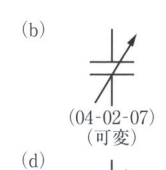 （04-02-07） （可変） (d)  （04-02-09） （半固定）	(a) (b) 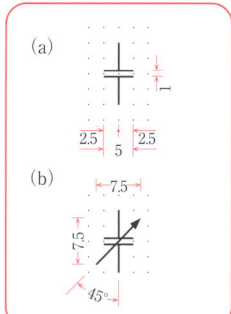
ベル 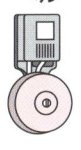 **ブザー** 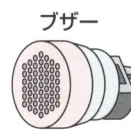	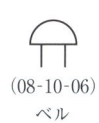 （08-10-06） ベル  （08-10-10） ブザー		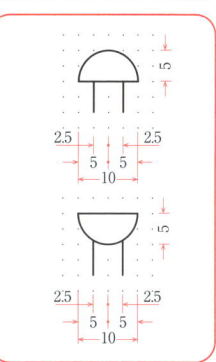
ランプ 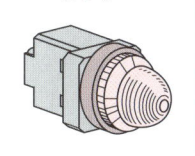	 （08-10-01） カラーコード記号　　＜参考＞ RD－赤　　GN－緑　　RL－赤　　GL－緑 　　　　　　BU－青　　OL－黄赤　BL－青 YE－黄　　WH－白　　YL－黄　　WL－白		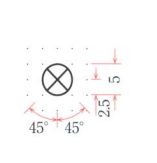

4-2 手動操作接点の図記号と動作

❶ 手動操作接点としてのナイフスイッチの図記号と動作

手動操作接点とは

❖ **手動操作接点**とは，接点の操作を開路も閉路も手動で行う接点をいいます．手動操作接点としては，電源開閉器として使用されるナイフスイッチや切換開閉器，家庭用電気製品などに用いられるコードスイッチ，壁の高い位置に取り付けられるプルスイッチなどがあります．手動操作接点を説明するには，「**ナイフスイッチ**」が理解しやすいので，これを例としてみましょう．

手動操作接点の動作 ● ナイフスイッチ

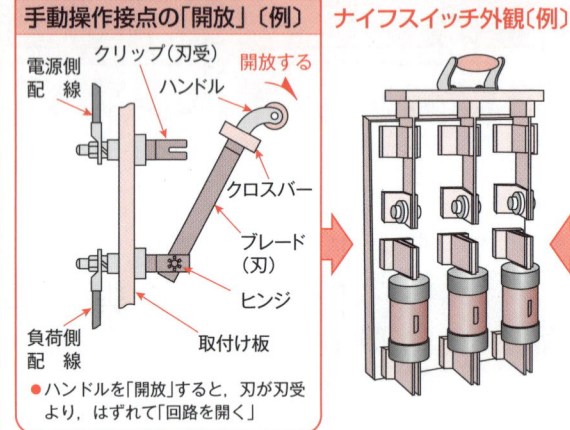

手動操作接点の「開放」〔例〕

電源側配線／クリップ（刃受）／ハンドル／開放する／クロスバー／ブレード（刃）／ヒンジ／負荷側配線／取付け板

● ハンドルを「開放」すると，刃が刃受より，はずれて「回路を開く」

ナイフスイッチ外観〔例〕

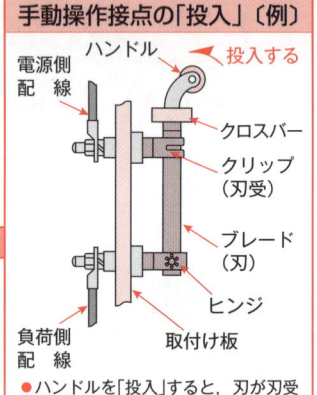

手動操作接点の「投入」〔例〕

ハンドル／投入する／電源側配線／クロスバー／クリップ（刃受）／ブレード（刃）／ヒンジ／負荷側配線／取付け板

● ハンドルを「投入」すると，刃が刃受にさし込まれて，「回路を閉じる」

手動操作図記号 メーク接点図記号

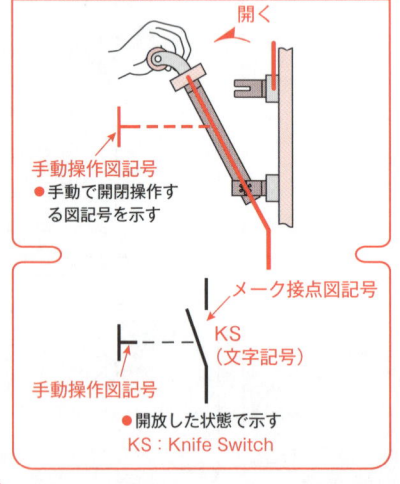

開く

手動操作図記号
● 手動で開閉操作する図記号を示す

メーク接点図記号
KS（文字記号）

手動操作図記号
● 開放した状態で示す
KS：Knife Switch

手動操作接点の図記号

❖ 一般に，シーケンス図に用いる手動操作接点の図記号は，手で操作していないときの状態で表す．

● 横書き
（単極用）　　　　　（3極用）

● 縦書き
（単極用）　　　　　（3極用）

4-3 手動操作自動復帰接点の図記号と動作

❶ 手動操作自動復帰「メーク接点」（a 接点）の図記号と動作

手動操作自動復帰接点とは

❖**手動操作自動復帰接点**とは，手動で操作しますと，接点は「閉路」または「開路」し動作しますが，操作する手を離しますと，ばねなどの力により自動的にもとの状態に戻り復帰する接点をいいます．この接点としては，「押しボタンスイッチ」が代表的なものであり，理解しやすいので，これを例として説明してみましょう．

「メーク接点」の復帰状態と図記号   ●押しボタンスイッチのボタンを押す前の状態●

❖一般に，シーケンス図に用いる**手動操作自動復帰接点**の「**メーク接点**」（a 接点）の図記号は，手で操作しないときの状態で，「**開いている接点**」として表します．

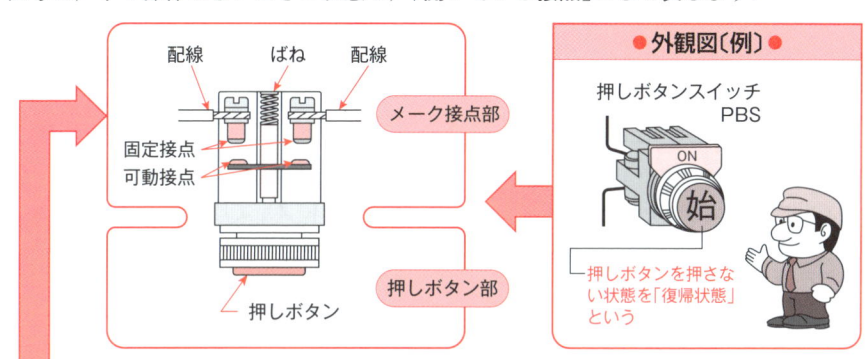

配線　　ばね　　配線

メーク接点部

固定接点
可動接点

押しボタン部

押しボタン

●外観図〔例〕●

押しボタンスイッチ
PBS

ON

始

押しボタンを押さない状態を「復帰状態」という

メーク接点の「復帰」

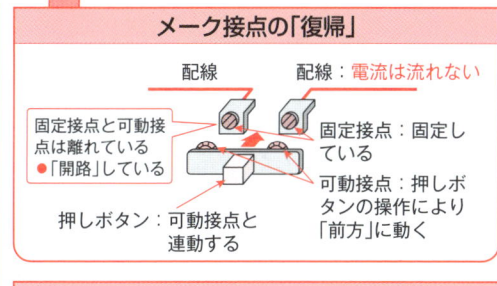

配線　　配線：電流は流れない

固定接点と可動接点は離れている
●「開路」している

固定接点：固定している

可動接点：押しボタンの操作により「前方」に動く

押しボタン：可動接点と連動する

●押しボタンスイッチメーク接点の図記号●

❖押しボタンスイッチのメーク接点の図記号は，メーク接点図記号と押し操作を示す操作機構図記号を組み合わせて表す．

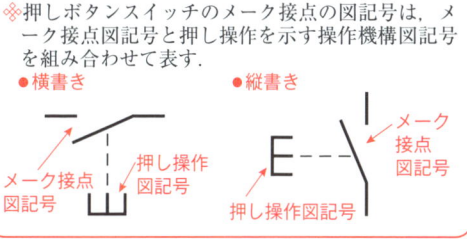

●横書き　　　　　●縦書き

メーク接点
図記号

押し操作
図記号

メーク接点図記号

押し操作図記号

メーク接点の図記号

●メーク接点の図記号は，押しボタンを押さない開いた状態で示す．
●可動接点を示す斜めの線分と固定接点を示す水平な線分とを離して表す．

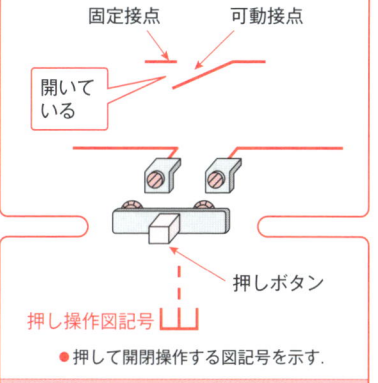

固定接点　　　可動接点

開いている

押しボタン

押し操作図記号 ⊔⊔

●押して開閉操作する図記号を示す．

押し操作図記号

49

❶ 手動操作自動復帰「メーク接点」（a接点）の図記号と動作（つづき）

「メーク接点」の動作状態　　● 押しボタンスイッチのボタンを押した状態 ●

メーク接点の「動作」

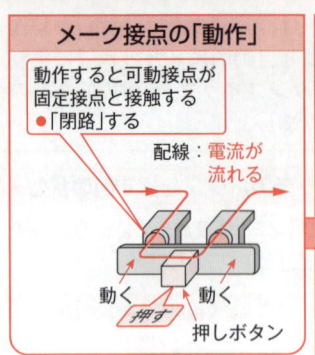

動作すると可動接点が
固定接点と接触する
● 「閉路」する

配線：電流が
流れる

動く　　動く
押す
押しボタン

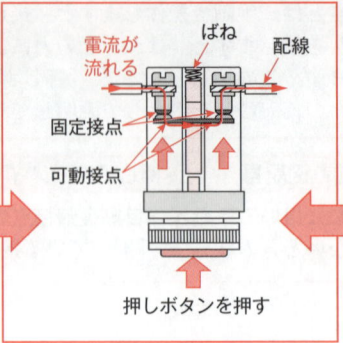

電流が
流れる

ばね　　配線

固定接点

可動接点

押しボタンを押す

● 外観図〔例〕 ●

押しボタンスイッチ
PBS

ON

始

押しボタンを
押す

開閉接点の可動部は「どのような状態」を表すのでしょう

❖ 開閉接点の接点部が手動によって操作されるものは，その操作部に手を触れない状態
で，また，接点部が電気的または機械的エネルギーによって駆動されるものは，その
駆動部の電源その他のエネルギー源がすべて切りはなされた状態で表します．

● エネルギーを切りはなした状態で，メーク接点は「開いている接点」，ブレーク接点は
「閉じている接点」をいい，切換接点は，メーク接点とブレーク接点とで，両方の可動
接点部を共有した形式の接点をいいます．

開閉接点「メーク接点，ブレーク接点，切換接点」の呼び方　　● JIS C 0617 ●

メ ー ク：「開いている接点」をいい，動作すると回路を形成し造ることから，この接点
接　　点　を「メーク接点」（make contact）といいます．

● 旧 JIS C 0301 では，「働く接点」（arbeit contact）という意味で，その頭文字
“a”（小文字）をとって「a接点」と呼称していました．

ブレーク：「閉じている接点」をいい，動作すると回路を遮断することから，この接点を
接　　点　「ブレーク接点」（break contact）といいます．

● 旧 JIS C 0301 では，「遮断する接点」（break contact）の英文の頭文字“b”（小
文字）をとって，「b接点」と呼称していました．

切　　換：「切り換える接点」をいい，動作すると出力が切り換わることから，この接点
接　　点　を「切換接点」（change-over contact）といいます．

● 旧 JIS C 0301 では，「切り換える接点」（change-over contact）の英文の頭
文字“c”（小文字）をとって，「c接点」と呼称していました．

● この本では，JIS C 0617 で規定している「メーク接点」，「ブレーク接点」，「切換接点」
の呼称を用います．

● この章では，旧 JIS C 0301 で規定していた「a接点」，「b接点」，「c接点」の呼称も併
記してあります．

❷ 手動操作自動復帰「ブレーク接点」（b接点）の図記号と動作

「ブレーク接点」の復帰状態と図記号　●押しボタンスイッチのボタンを押す前の状態●

※一般に，シーケンス図に用いる**手動操作自動復帰接点**の「ブレーク接点」（b接点）の図記号は，手で操作しないときの状態で，「**閉じている接点**」として表します．そこで，「**押しボタンスイッチ**」を例として説明しましょう．

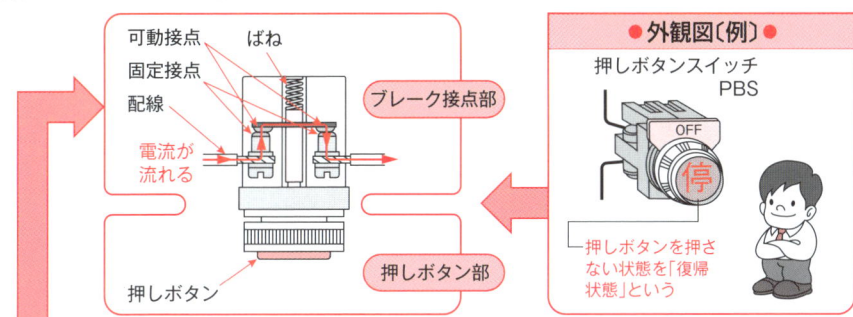

ブレーク接点の「復帰」

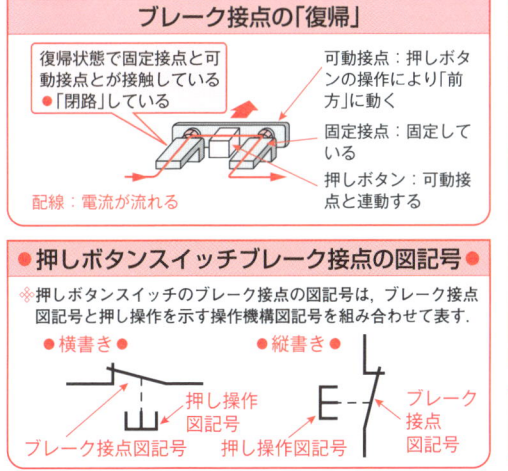

●押しボタンスイッチブレーク接点の図記号●

※押しボタンスイッチのブレーク接点の図記号は，ブレーク接点図記号と押し操作を示す操作機構図記号を組み合わせて表す．

●横書き●　　　●縦書き●

ブレーク接点図記号　押し操作図記号　ブレーク接点図記号　押し操作図記号

ブレーク接点の図記号

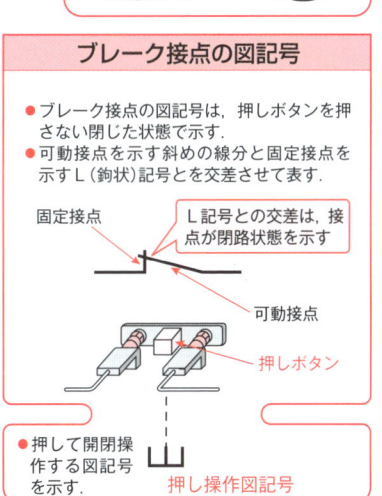

●ブレーク接点の図記号は，押しボタンを押さない閉じた状態で示す．
●可動接点を示す斜めの線分と固定接点を示すL（鉤状）記号とを交差させて表す．

固定接点　L記号との交差は，接点が閉路状態を示す
可動接点
押しボタン

●押して開閉操作する図記号を示す．
押し操作図記号

「ブレーク接点」の動作状態　　　●押しボタンスイッチのボタンを押した状態●

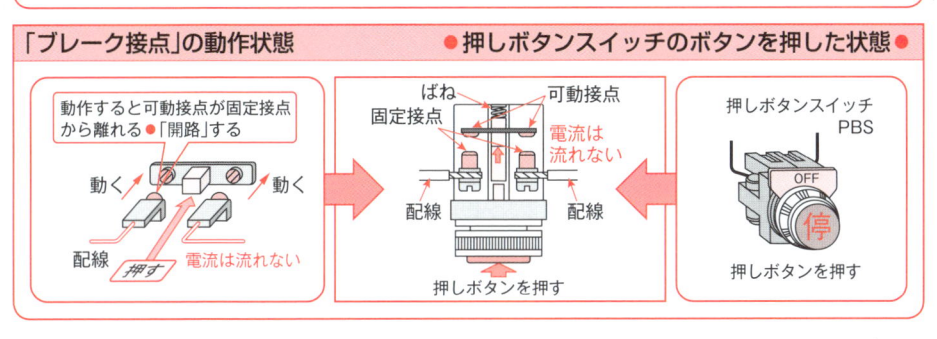

❸ 手動操作自動復帰「切換接点」（c接点）の図記号と動作

「切換接点」の復帰状態と図記号　　●押しボタンスイッチのボタンを押す前の状態●

※一般に，シーケンス図に用いる**手動操作自動復帰接点**の「**切換接点**」（c接点）の図記号は，手で操作しないときの状態で表します．そこで，「**押しボタンスイッチ**」を例として説明してみましょう．

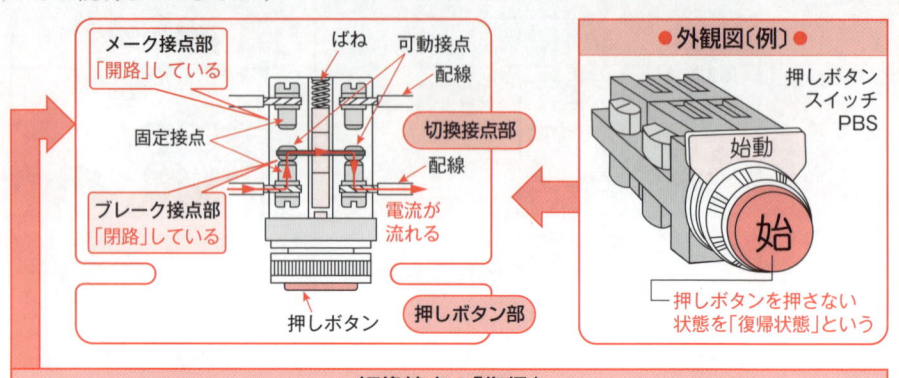

●外観図〔例〕●

押しボタン
スイッチ
PBS

始動

始

押しボタンを押さない
状態を「復帰状態」という

メーク接点部
「開路」している

ばね　可動接点
配線

固定接点

切換接点部

配線

ブレーク接点部
「閉路」している

電流が
流れる

押しボタン　押しボタン部

切換接点の「復帰」

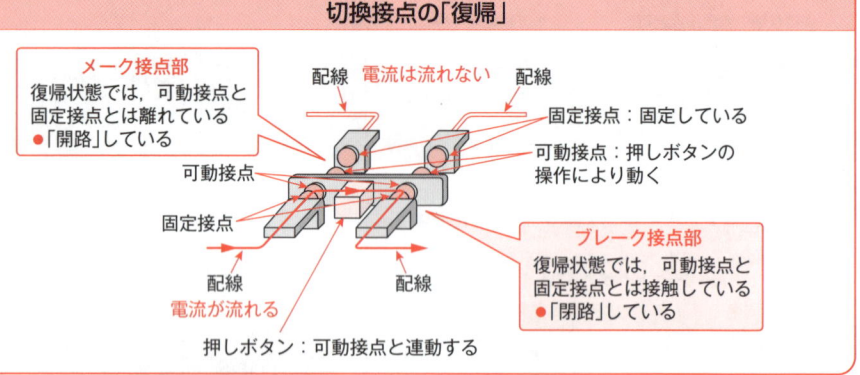

メーク接点部
復帰状態では，可動接点と
固定接点とは離れている
●「開路」している

配線　電流は流れない　配線

固定接点：固定している

可動接点：押しボタンの
操作により動く

ブレーク接点部
復帰状態では，可動接点と
固定接点とは接触している
●「閉路」している

可動接点

固定接点

配線　配線
電流が流れる

押しボタン：可動接点と連動する

切換接点の図記号

押し操作記号

●切換接点の図記号は，押しボタンを押さない状態，つまり「メーク接点部」は開路状態，「ブレーク接点部」は閉路状態で示す．

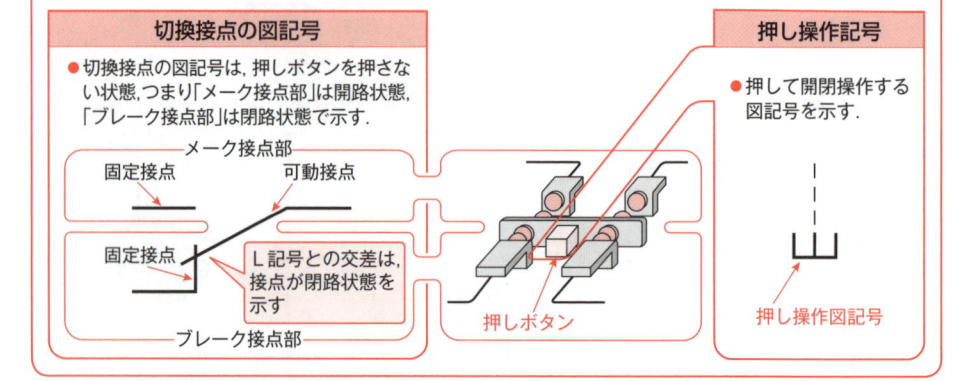

メーク接点部
固定接点　可動接点

固定接点

L記号との交差は，
接点が閉路状態を
示す

ブレーク接点部

押しボタン

●押して開閉操作する
図記号を示す．

押し操作図記号

押しボタンスイッチ切換接点の図記号

※手動操作自動復帰切換接点の図記号をシーケンス図に表示するにあたって，(イ)，(ロ)のように切換接点として，切換接点図記号をそのまま用いる場合と，メーク接点部，ブレーク接点部が別々の接続線に分かれるときは，(ハ)，(ニ)のように，単独の「メーク接点」，「ブレーク接点」として表示する場合とがあります．

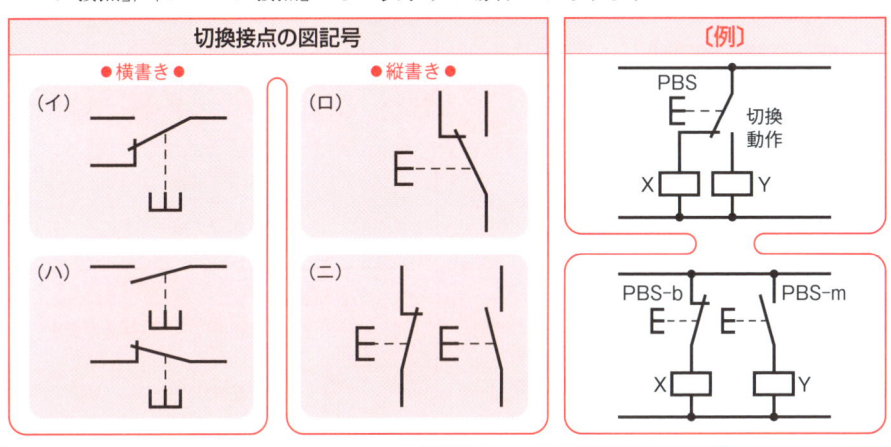

切換接点の図記号	〔例〕
● 横書き ● ／ ● 縦書き ●	

「切換接点」の動作状態　　　　● 押しボタンスイッチのボタンを押した状態 ●

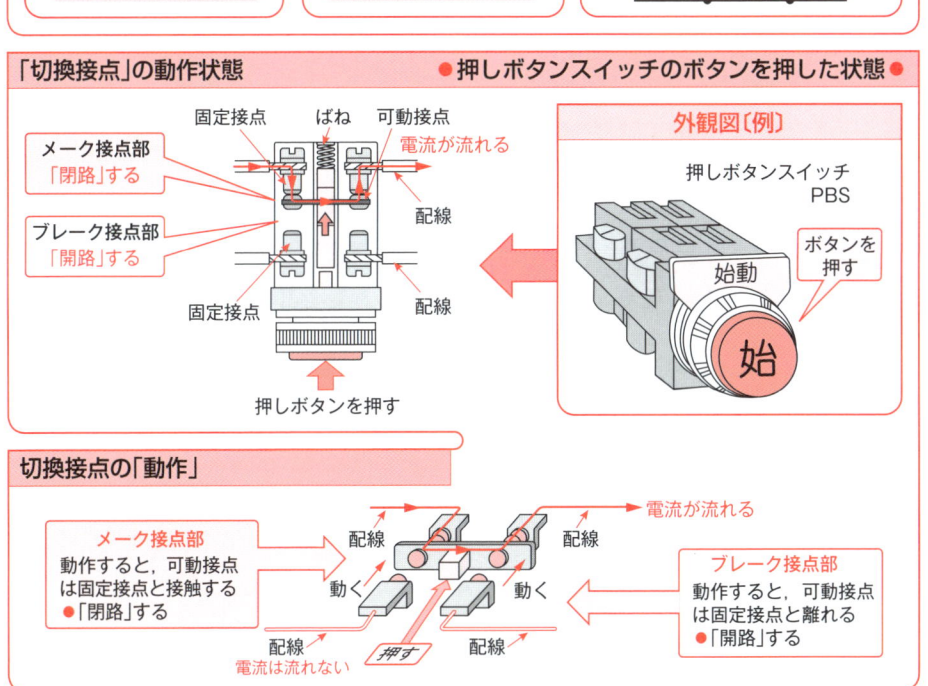

固定接点　ばね　可動接点
電流が流れる

メーク接点部
「閉路」する

ブレーク接点部
「開路」する

配線

固定接点　　　配線

押しボタンを押す

外観図〔例〕

押しボタンスイッチ
PBS

始動

ボタンを
押す

始

切換接点の「動作」

電流が流れる

メーク接点部
動作すると，可動接点
は固定接点と接触する
●「閉路」する

配線　　　　　配線

動く　　　　　動く

配線　　　　　配線

押す

電流は流れない

ブレーク接点部
動作すると，可動接点
は固定接点と離れる
●「開路」する

4-4 電磁リレー接点の図記号と動作

❶ 電磁リレー「メーク接点」(a接点)の図記号と動作

電磁リレー「メーク接点」の図記号

❊一般に，シーケンス図に用いる電磁リレーの「メーク接点」(a接点) の図記号は，電磁コイルに電流を流さないときの状態で，「開いている接点」として表します.

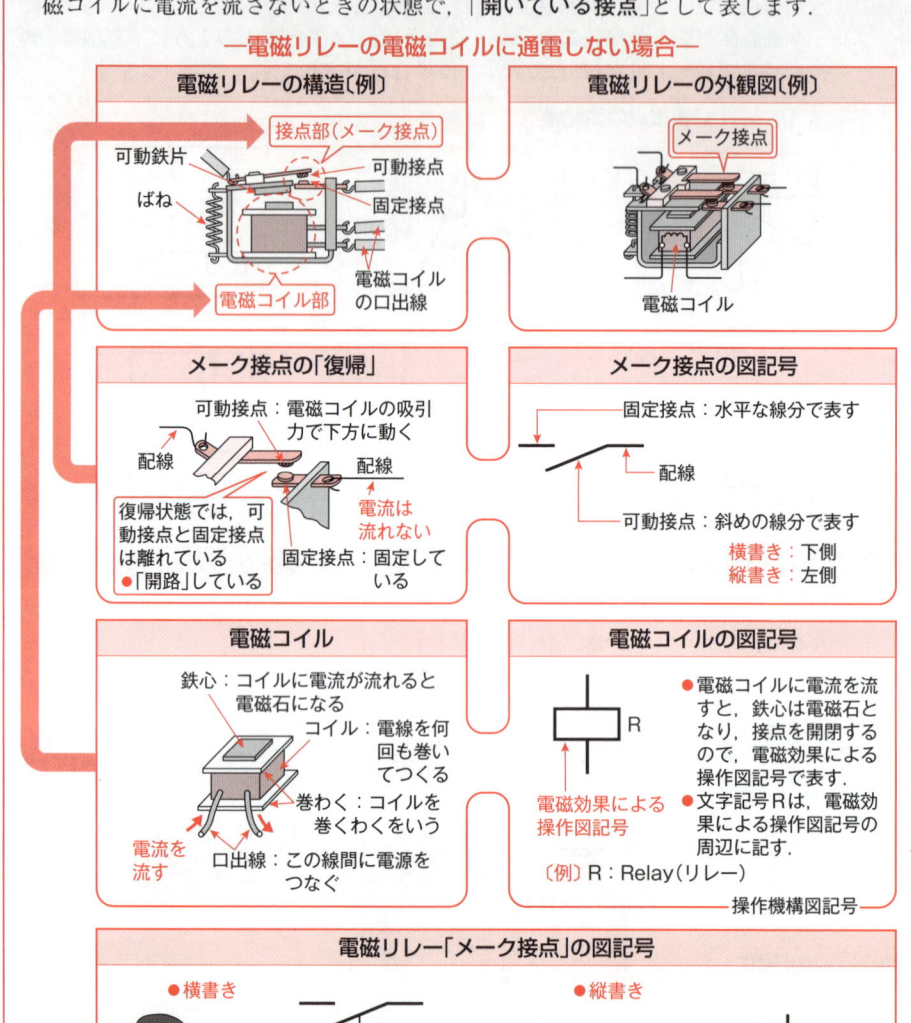

—電磁リレーの電磁コイルに通電しない場合—

電磁リレーの構造〔例〕

接点部(メーク接点)
可動鉄片
可動接点
ばね
固定接点
電磁コイルの口出線
電磁コイル部

電磁リレーの外観図〔例〕

メーク接点
電磁コイル

メーク接点の「復帰」

可動接点：電磁コイルの吸引力で下方に動く
配線
配線
復帰状態では，可動接点と固定接点は離れている
●「開路」している
電流は流れない
固定接点：固定している

メーク接点の図記号

固定接点：水平な線分で表す
配線
可動接点：斜めの線分で表す
横書き：下側
縦書き：左側

電磁コイル

鉄心：コイルに電流が流れると電磁石になる
コイル：電線を何回も巻いてつくる
巻わく：コイルを巻くわくをいう
電流を流す
口出線：この線間に電源をつなぐ

電磁コイルの図記号

R
電磁効果による操作図記号

●電磁コイルに電流を流すと，鉄心は電磁石となり，接点を開閉するので，電磁効果による操作図記号で表す.
●文字記号Rは，電磁効果による操作図記号の周辺に記す.

〔例〕R：Relay(リレー)

操作機構図記号

電磁リレー「メーク接点」の図記号

●横書き

●縦書き

R

R

注：点線は「連動」を示す

電磁リレー「メーク接点」の動作状態

● メーク接点が動作状態　　―電磁リレーの電磁コイルに通電した場合―

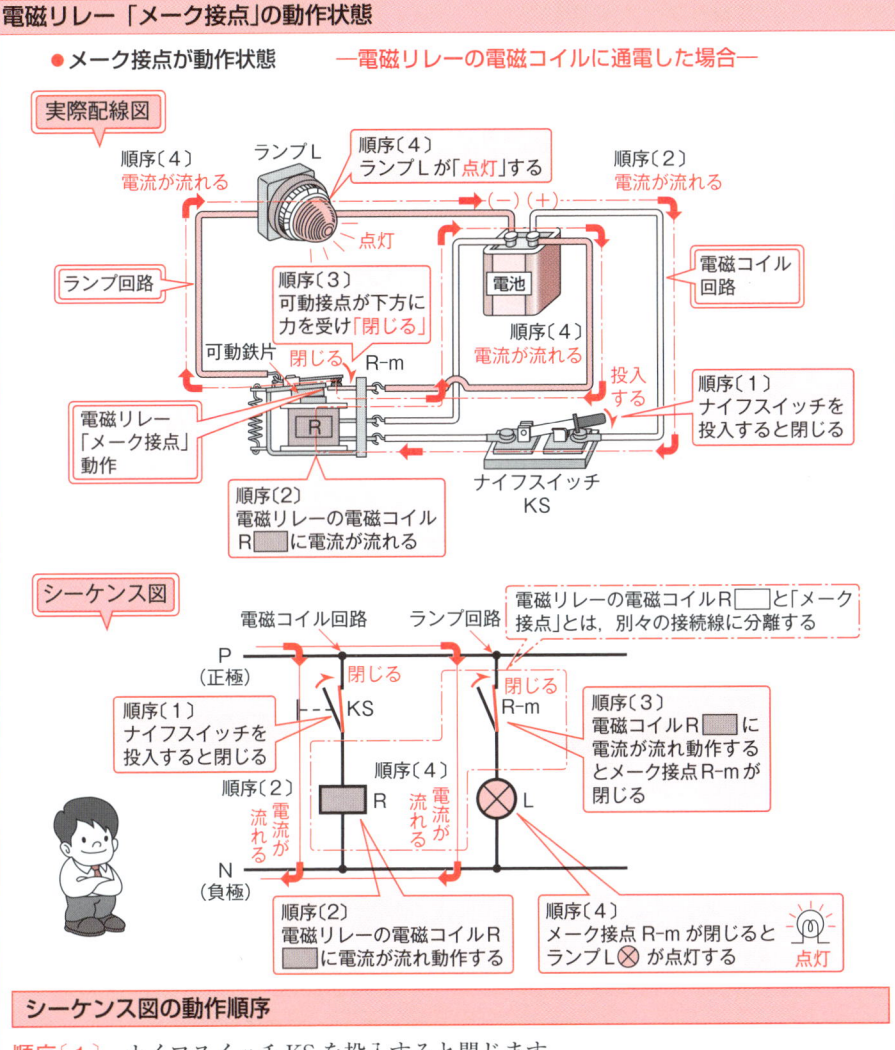

実際配線図

順序〔4〕
電流が流れる

ランプL

順序〔4〕
ランプLが「点灯」する

順序〔2〕
電流が流れる

点灯

電磁コイル
回路

ランプ回路

順序〔3〕
可動接点が下方に
力を受け「閉じる」

（−）（＋）

電池

順序〔4〕
電流が流れる

可動鉄片　閉じる　R-m

投入
する

電磁リレー
「メーク接点」
動作

R

順序〔1〕
ナイフスイッチを
投入すると閉じる

順序〔2〕
電磁リレーの電磁コイル
R □ に電流が流れる

ナイフスイッチ
KS

シーケンス図

電磁コイル回路　　ランプ回路

電磁リレーの電磁コイルR □ と「メーク
接点」とは，別々の接続線に分離する

P
（正極）

閉じる

閉じる
R-m

順序〔1〕
ナイフスイッチを
投入すると閉じる

KS

順序〔3〕
電磁コイルR □ に
電流が流れ動作する
とメーク接点R-mが
閉じる

順序〔2〕
電流が
流れる

R

順序〔4〕
電流が
流れる

L

N
（負極）

順序〔2〕
電磁リレーの電磁コイルR
□ に電流が流れ動作する

順序〔4〕
メーク接点 R-m が閉じると
ランプL ⊗ が点灯する

点灯

シーケンス図の動作順序

順序〔1〕　ナイフスイッチ KS を投入すると閉じます．

〔2〕　ナイフスイッチが閉じると電磁リレーの電磁コイルR □ に電流が流れます．

〔3〕　電磁リレーの電磁コイルR □ に電流が流れると，電磁石となって可動鉄片
を吸引し，連動する可動接点は下方に力を受けて固定接点と接触し，メーク
接点 R-m は「閉」じます．―電磁リレーが動作するという―

〔4〕　電磁リレーが動作し，メーク接点 R-m が閉じると，ランプ回路に電流が流れ，
ランプL ⊗ は「点灯」します．

❷ 電磁リレー「ブレーク接点」(b接点)の図記号と動作

電磁リレー「ブレーク接点」の図記号

※一般に，シーケンス図に用いる電磁リレーの「ブレーク接点」（b接点）の図記号は，電磁コイルに電流を流さないときの状態で，「**閉じている接点**」として表します.

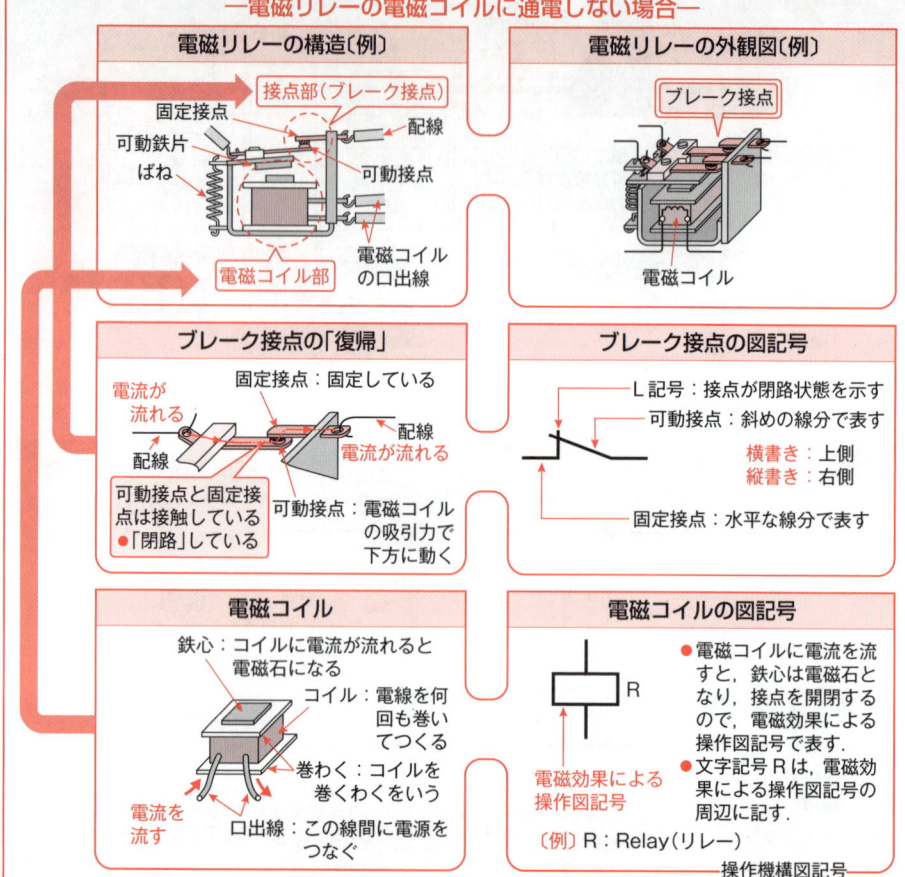

— 電磁リレーの電磁コイルに通電しない場合 —

電磁リレーの構造〔例〕

固定接点
可動鉄片
ばね
接点部（ブレーク接点）
配線
可動接点
電磁コイル部
電磁コイルの口出線

電磁リレーの外観図〔例〕

ブレーク接点
電磁コイル

ブレーク接点の「復帰」

電流が流れる
固定接点：固定している
配線
電流が流れる
配線
可動接点と固定接点は接触している ●「閉路」している
可動接点：電磁コイルの吸引力で下方に動く

ブレーク接点の図記号

L記号：接点が閉路状態を示す
可動接点：斜めの線分で表す
横書き：上側
縦書き：右側
固定接点：水平な線分で表す

電磁コイル

鉄心：コイルに電流が流れると電磁石になる
コイル：電線を何回も巻いてつくる
巻わく：コイルを巻くわくをいう
電流を流す
口出線：この線間に電源をつなぐ

電磁コイルの図記号

R
電磁効果による操作図記号

● 電磁コイルに電流を流すと，鉄心は電磁石となり，接点を開閉するので，電磁効果による操作図記号で表す.
● 文字記号Rは，電磁効果による操作図記号の周辺に記す.

〔例〕R：Relay(リレー)

操作機構図記号

● **電磁リレー「ブレーク接点」の図記号** ●

● 横書き

R

● 縦書き

R

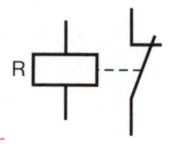

注：点線は「連動」を示す

電磁リレー「ブレーク接点」の動作状態

● ブレーク接点が復帰状態 ―電磁リレーの電磁コイルに通電しない場合―

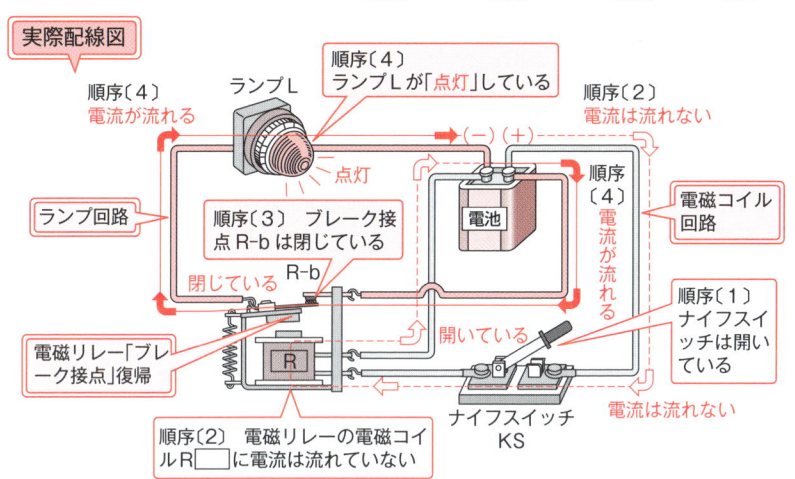

実際配線図

順序〔4〕
電流が流れる

ランプ L

順序〔4〕
ランプ L が「点灯」している

順序〔2〕
電流は流れない

点灯

(−) (+)

順序〔4〕
電流が流れる

電磁コイル回路

ランプ回路

順序〔3〕 ブレーク接点 R-b は閉じている

電池

閉じている R-b

順序〔1〕
ナイフスイッチは開いている

電磁リレー「ブレーク接点」復帰

開いている

順序〔2〕 電磁リレーの電磁コイル R□ に電流は流れていない

R

ナイフスイッチ KS

電流は流れない

シーケンス図

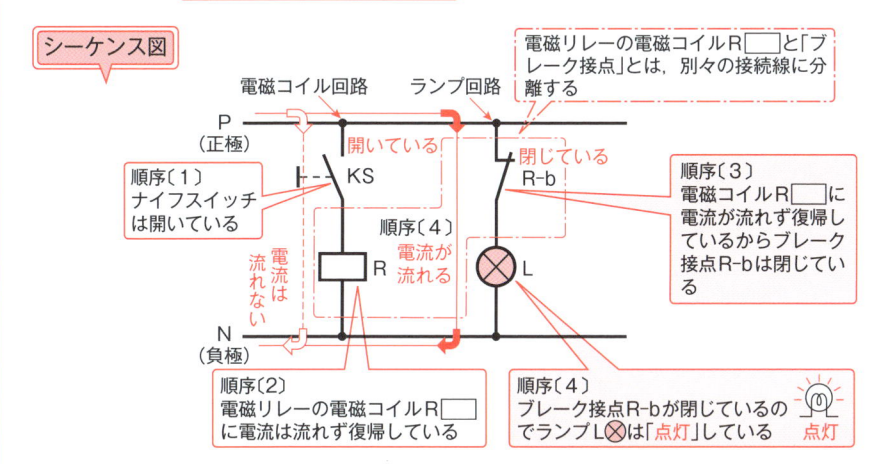

電磁コイル回路　ランプ回路

電磁リレーの電磁コイル R□ と「ブレーク接点」とは，別々の接続線に分離する

P
(正極)

開いている

閉じている R-b

順序〔1〕
ナイフスイッチ
は開いている

KS

順序〔3〕
電磁コイル R□ に
電流が流れず復帰し
ているからブレーク
接点 R-b は閉じてい
る

順序〔4〕

電流は流れない

R

電流が流れる

L

N
(負極)

順序〔2〕
電磁リレーの電磁コイル R□
に電流は流れず復帰している

順序〔4〕
ブレーク接点 R-b が閉じているの
でランプ L⊗は「点灯」している

点灯

シーケンス図の動作順序

順序〔1〕　ナイフスイッチ KS は開いたままとします．

〔2〕　電磁リレーの電磁コイル R □ に電流は流れていません．

〔3〕　電磁リレーの電磁コイル R □ に電流が流れていないから，ブレーク接点
　　　　R-b は「閉」じています．―電磁リレーが復帰しているという―

〔4〕　電磁リレーのブレーク接点 R-b が閉じていますので，ランプ回路に電流が
　　　　流れ，ランプ L⊗は「点灯」しています．

57

❷ 電磁リレー「ブレーク接点」(b 接点)の図記号と動作(つづき)

電磁リレー「ブレーク接点」の動作状態

● ブレーク接点が動作状態 —電磁リレーの電磁コイルに通電した場合—

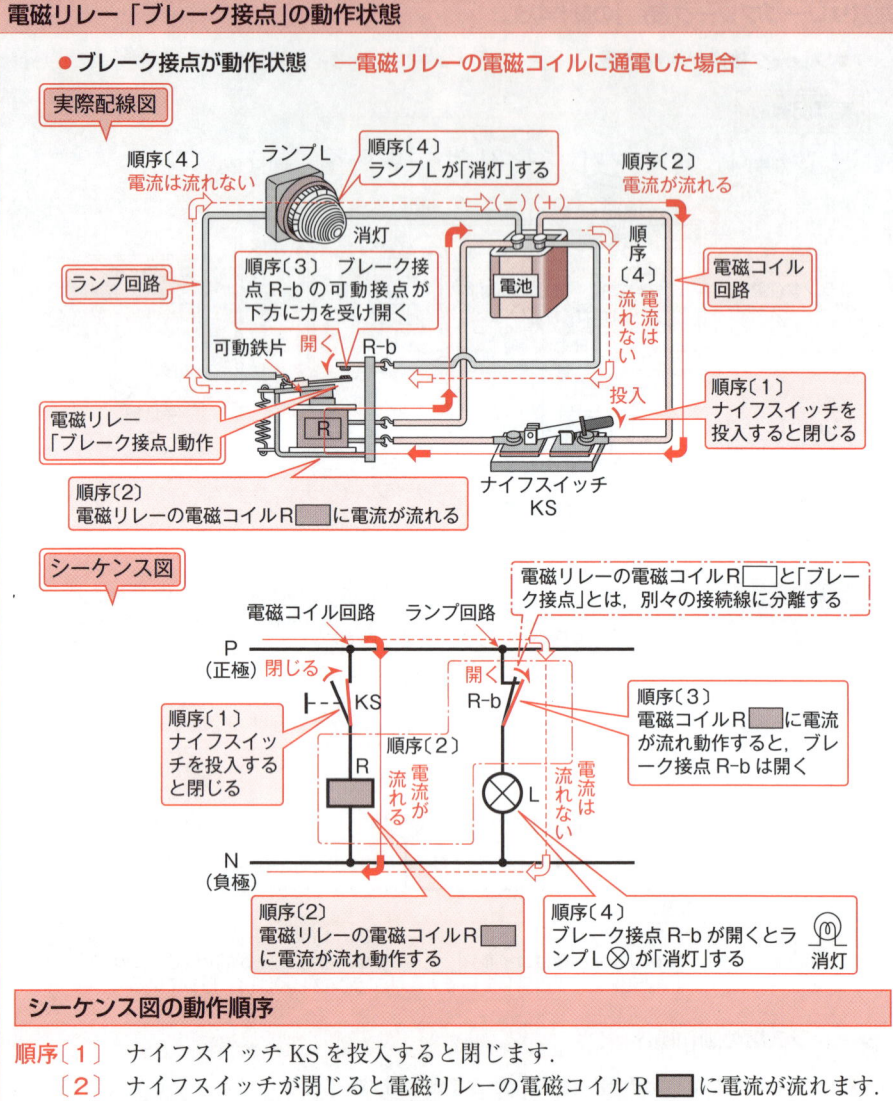

シーケンス図の動作順序

順序〔1〕 ナイフスイッチ KS を投入すると閉じます.

〔2〕 ナイフスイッチが閉じると電磁リレーの電磁コイル R ▨ に電流が流れます.

〔3〕 電磁リレーの電磁コイル R ▨ に電流が流れると, 電磁石となって可動鉄片を吸引し, 連動する可動接点は下方に力を受けて固定接点とはなれ, ブレーク接点 R-b は「開」きます. —電磁リレーが動作するという—

〔4〕 電磁リレーが動作してブレーク接点 R-b が開くと, ランプ回路に電流は流れず, ランプ L⊗は「消灯」します.

❸ 電磁リレー「切換接点」（c接点）の図記号と動作

電磁リレー「切換接点」の図記号

❖一般に，シーケンス図に用いる電磁リレーの「切換接点」（c接点）の図記号は，電磁コイルに電流を流さないときの状態で表します．

―電磁リレーの電磁コイルに通電しない場合―

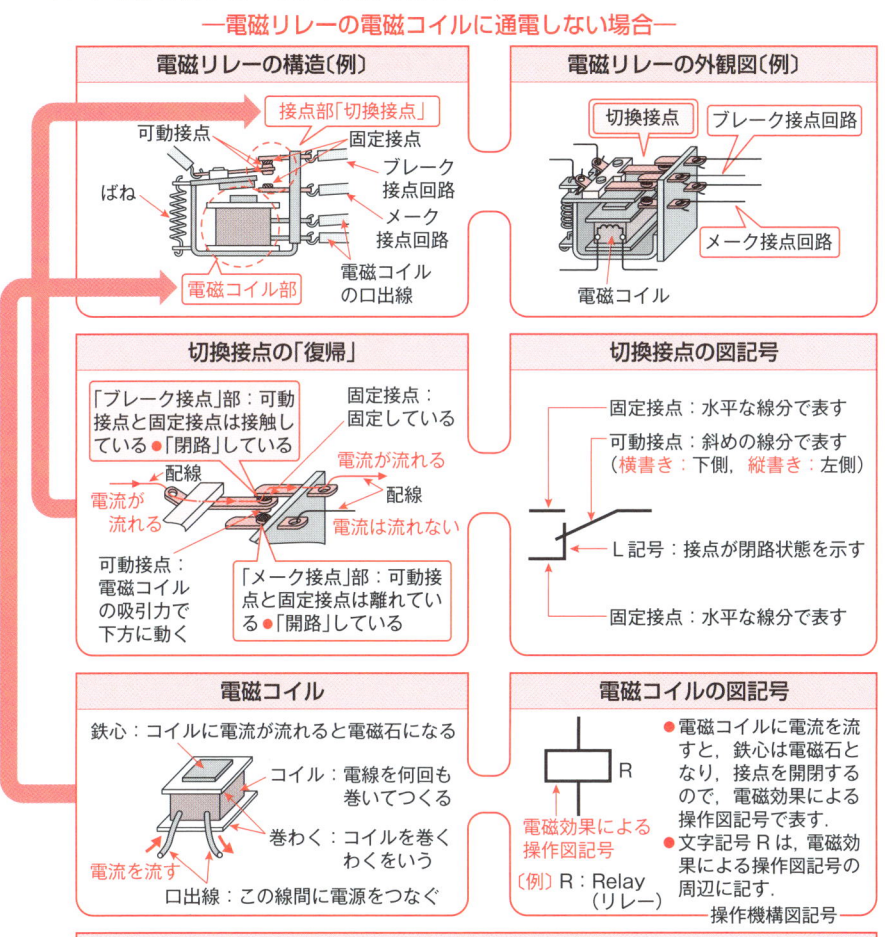

電磁リレーの構造〔例〕

可動接点
ばね
接点部「切換接点」
固定接点
ブレーク接点回路
メーク接点回路
電磁コイルの口出線
電磁コイル部

電磁リレーの外観図〔例〕

切換接点
ブレーク接点回路
メーク接点回路
電磁コイル

切換接点の「復帰」

「ブレーク接点」部：可動接点と固定接点は接触している●「閉路」している
固定接点：固定している
配線
電流が流れる
電流が流れる
配線
電流は流れない
可動接点：電磁コイルの吸引力で下方に動く
「メーク接点」部：可動接点と固定接点は離れている●「開路」している

切換接点の図記号

固定接点：水平な線分で表す
可動接点：斜めの線分で表す（横書き：下側，縦書き：左側）
L記号：接点が閉路状態を示す
固定接点：水平な線分で表す

電磁コイル

鉄心：コイルに電流が流れると電磁石になる
コイル：電線を何回も巻いてつくる
巻わく：コイルを巻くわくをいう
電流を流す
口出線：この線間に電源をつなぐ

電磁コイルの図記号

R
電磁効果による操作図記号
〔例〕R：Relay（リレー）
操作機構図記号

●電磁コイルに電流を流すと，鉄心は電磁石となり，接点を開閉するので，電磁効果による操作図記号で表す．
●文字記号Rは，電磁効果による操作図記号の周辺に記す．

● 電磁リレー「切換接点」の図記号 ●

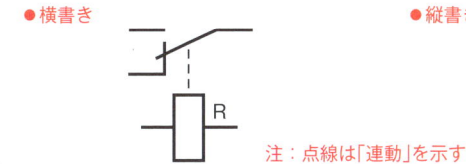

●横書き

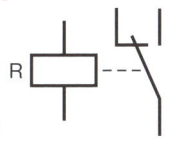

●縦書き

R

注：点線は「連動」を示す

59

❸ 電磁リレー「切換接点」（c接点）の図記号と動作（つづき）

電磁リレー「切換接点」の動作状態

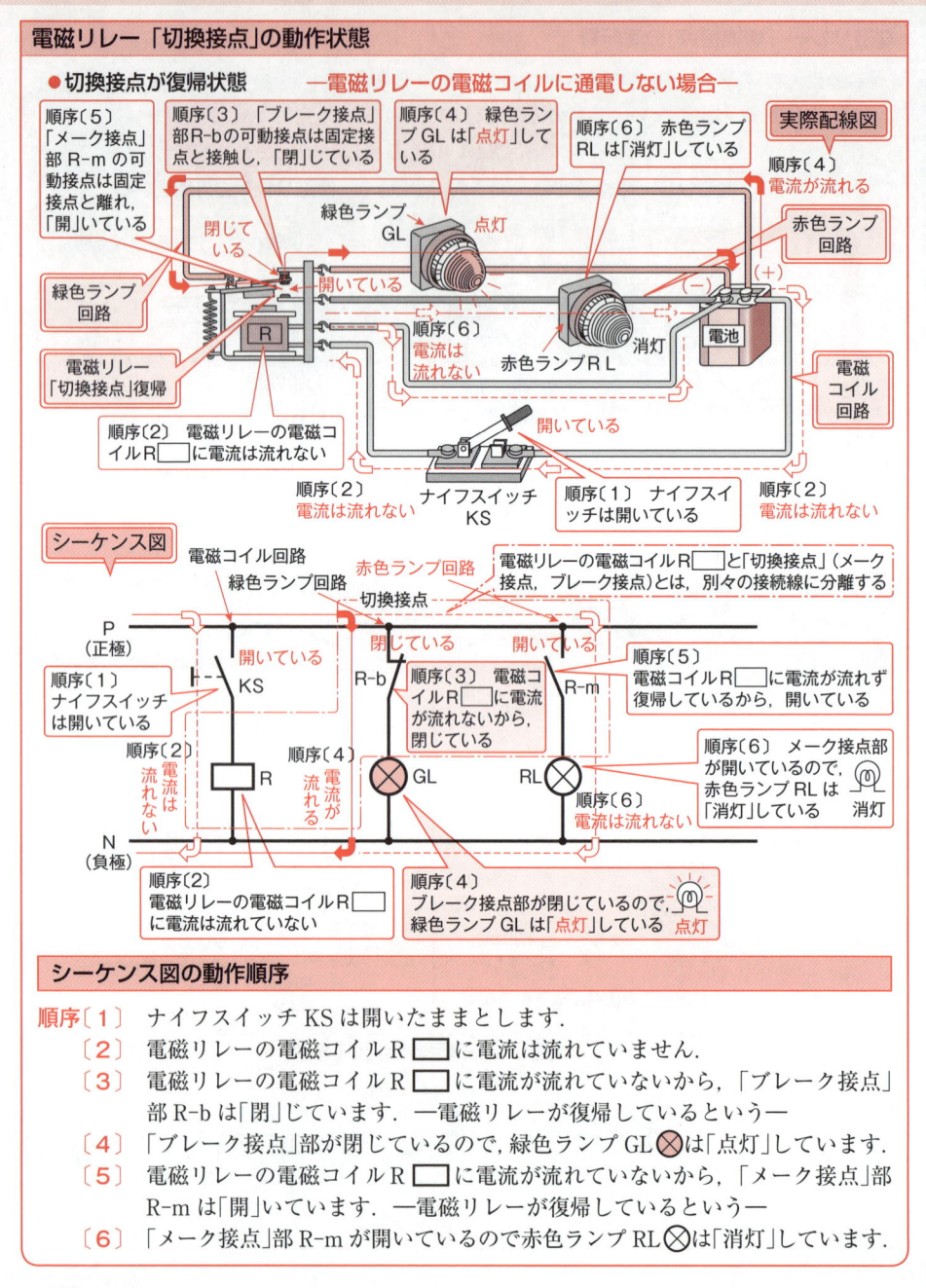

シーケンス図の動作順序

順序〔1〕 ナイフスイッチ KS は開いたままとします．

〔2〕 電磁リレーの電磁コイル R □ に電流は流れていません．

〔3〕 電磁リレーの電磁コイル R □ に電流が流れていないから，「ブレーク接点」部 R-b は「閉」じています．―電磁リレーが復帰しているという―

〔4〕 「ブレーク接点」部が閉じているので，緑色ランプ GL ⊗ は「点灯」しています．

〔5〕 電磁リレーの電磁コイル R □ に電流が流れていないから，「メーク接点」部 R-m は「開」いています．―電磁リレーが復帰しているという―

〔6〕 「メーク接点」部 R-m が開いているので赤色ランプ RL ⊗ は「消灯」しています．

電磁リレー「切換接点」の動作状態

● 切換接点が動作状態　　―電磁リレーの電磁コイルに通電した場合―

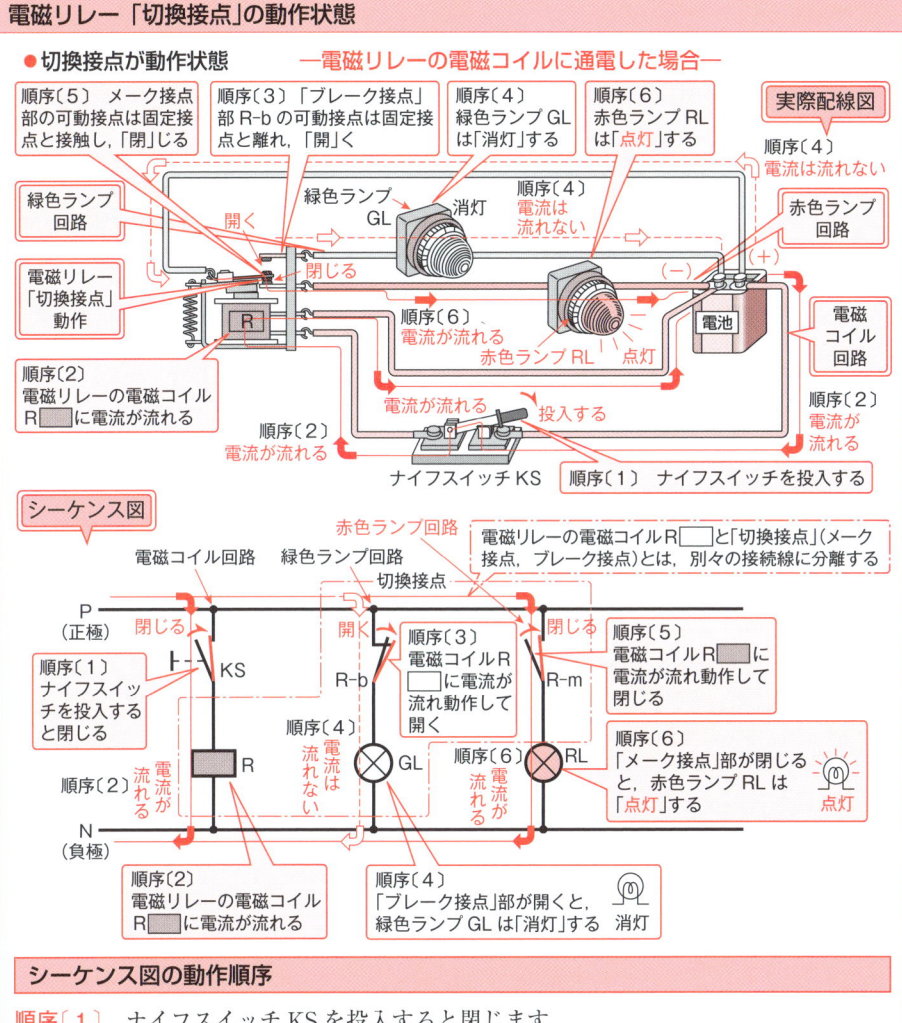

順序〔5〕　メーク接点部の可動接点は固定接点と接触し,「閉」じる

順序〔3〕「ブレーク接点」部 R-b の可動接点は固定接点と離れ,「開」く

順序〔4〕緑色ランプ GL は「消灯」する

順序〔6〕赤色ランプ RL は「点灯」する

実際配線図

順序〔4〕電流は流れない

緑色ランプ回路

開く

緑色ランプGL　消灯

順序〔4〕電流は流れない

赤色ランプ回路

電磁リレー「切換接点」動作

閉じる

R

（－）　（＋）

電池

電磁コイル回路

順序〔2〕電磁リレーの電磁コイル R □□ に電流が流れる

順序〔6〕電流が流れる　赤色ランプ RL　点灯

順序〔2〕電流が流れる

電流が流れる　投入する

順序〔2〕電流が流れる

ナイフスイッチ KS

順序〔1〕　ナイフスイッチを投入する

シーケンス図

赤色ランプ回路

電磁リレーの電磁コイル R □□ と「切換接点」（メーク接点，ブレーク接点）とは，別々の接続線に分離する

電磁コイル回路　　緑色ランプ回路

切換接点

P（正極）

閉じる　　　　　　開 K　　　　　　　閉じる

順序〔1〕ナイフスイッチを投入すると閉じる

KS

R-b

順序〔3〕電磁コイル R □ に電流が流れ動作して開く

R-m

順序〔5〕電磁コイル R □□ に電流が流れ動作して閉じる

順序〔2〕電流が流れる

R

順序〔4〕電流は流れない

GL

順序〔6〕電流が流れる

RL

順序〔6〕「メーク接点」部が閉じると，赤色ランプ RL は「点灯」する　　点灯

N（負極）

順序〔2〕電磁リレーの電磁コイル R □□ に電流が流れる

順序〔4〕「ブレーク接点」部が開くと，緑色ランプ GL は「消灯」する　消灯

シーケンス図の動作順序

順序〔1〕　ナイフスイッチ KS を投入すると閉じます.

〔2〕　ナイフスイッチが閉じると電磁リレーの電磁コイル R □□ に電流が流れます.

〔3〕　電磁リレーの電磁コイル R □□ に電流が流れると，切換接点の「ブレーク接点」部 R-b は「開」きます. ―電磁リレーが動作するという―

〔4〕　「ブレーク接点」部 R-b が開くので，緑色ランプ GL ⊗は「消灯」します.

〔5〕　電磁リレーの電磁コイル R □□ に電流が流れると，切換接点の「メーク接点」部 R-m は「閉」じます. ―電磁リレーが動作するという―

〔6〕　「メーク接点」部 R-m が閉じるので，赤色ランプ RL ⊗は「点灯」します.

4-5 電磁接触器の構造と図記号および動作

❶ 電磁接触器の構造は，どうなっているのでしょう

電磁接触器とは

❉**電磁接触器**とは，電磁石の動作によって，負荷電路を頻繁に開閉する接触器をいいます．その動作原理は電磁リレーと同じですが，ただ構造上異なるのは，主接点のほかに，補助接点を有することです．主接点というのは，電動機回路のように，大きな電流を流しても，安全に使用できるような大電流容量の接点をいいます．また，補助接点というのは，小形の電磁リレーの接点と同じように，小さな電流容量の接点をいいます．そして，電磁コイルに流れる電流を操作すれば，主接点と補助接点とは，同時に開閉動作するような構造となっております．

電磁接触器の構造

電磁接触器の外観図〔例〕

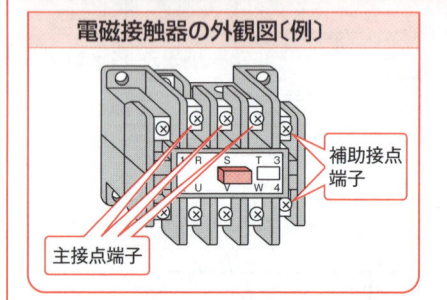

補助接点端子

主接点端子

電磁コイルに電流が流れると，固定鉄心が電磁石となり，可動鉄心を吸引するので，主接点および補助接点の可動接点は，可動鉄心に連動して下方に力を受け，「接点の開閉」を行う．

電磁接触器の構造〔例〕（電磁コイルに通電しない場合）

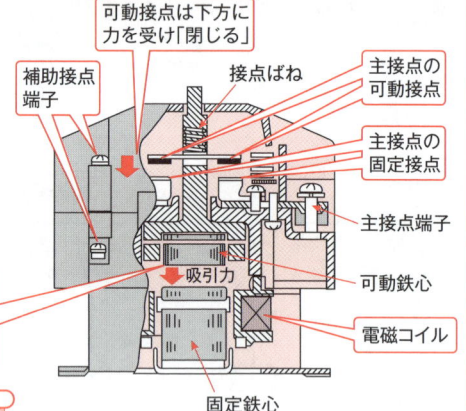

可動接点は下方に力を受け「閉じる」

補助接点端子

接点ばね

主接点の可動接点

主接点の固定接点

主接点端子

吸引力

可動鉄心

電磁コイル

固定鉄心

電磁開閉器の構造

❉**電磁開閉器**とは，電磁接触器に熱動過電流リレー（サーマルリレーともいう）を組み合わせたものをいいます．

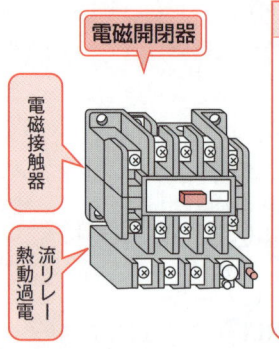

電磁開閉器

電磁接触器

熱動過電流リレー

熱動過電流リレーの構造　　　●説　明●

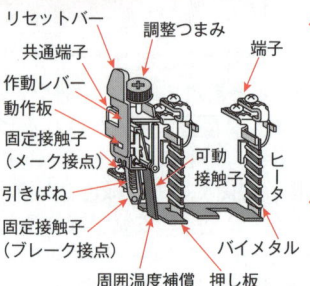

リセットバー　調整つまみ

共通端子　　　　　端子

作動レバー
動作板

固定接触子（メーク接点）

引きばね

固定接触子（ブレーク接点）

可動接触子

ヒータ

バイメタル

周囲温度補償　押し板

❉熱動過電流リレーは，熱動素子として，短冊形のバイメタルとヒータを持ち，これに応動する速切接点機構を組み合わせたもので，動作電流の調整は，調整つまみで行います．

❉熱動過電流リレーは，電動機の過負荷および拘束状態における焼損防止に用いられます．

❷ 電磁接触器の図記号と動作

電磁接触器の図記号の表し方

❖電磁接触器の図記号は，その機構部分や支持，保護部分などの機械的関連を省略して，**主接点**，**補助接点**，**電磁コイル**などの図記号を組み合わせて表し，主接点および補助接点は，電磁コイルに電流を流さないときの状態を表します．

―電磁接触器の電磁コイルに通電しない場合―

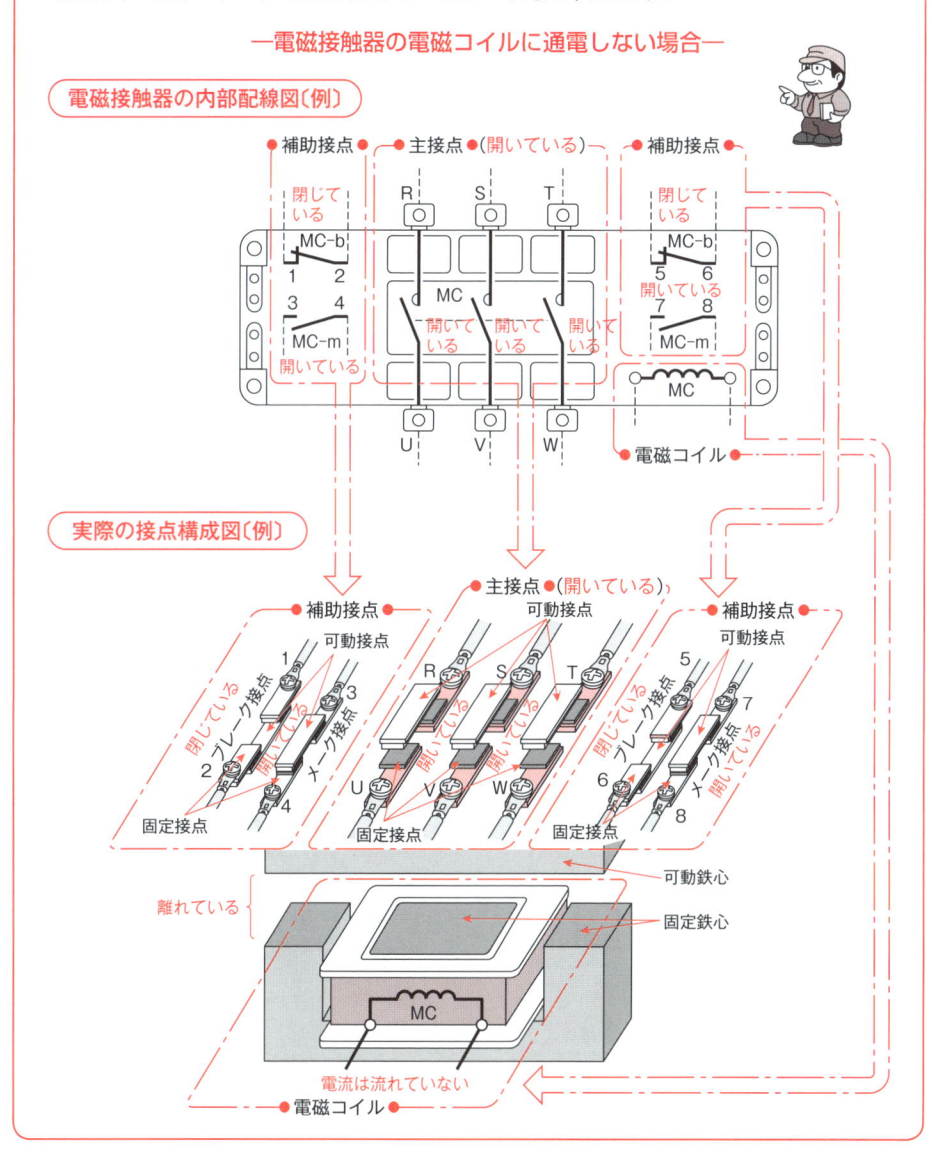

電磁接触器の内部配線図〔例〕

実際の接点構成図〔例〕

❷ 電磁接触器の図記号と動作（つづき）

● 電磁接触器の図記号 ●

● 縦書き図記号の場合〔例〕

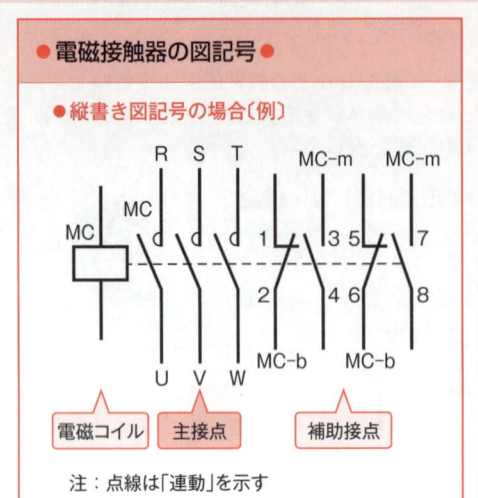

電磁コイル　主接点　補助接点

注：点線は「連動」を示す

電磁コイルに通電しない場合の電磁接触器の状態

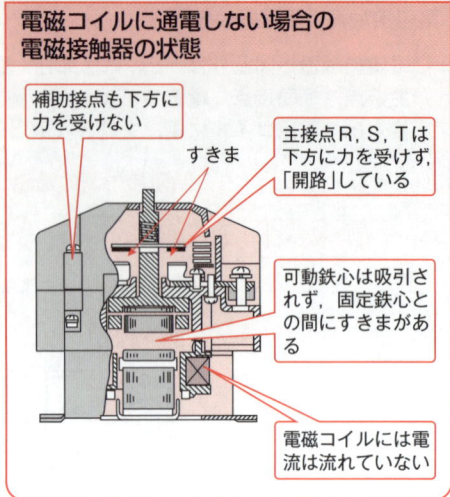

補助接点も下方に力を受けない

すきま

主接点R，S，Tは下方に力を受けず，「開路」している

可動鉄心は吸引されず，固定鉄心との間にすきまがある

電磁コイルには電流は流れていない

電磁接触器の動作のしかた

※電磁接触器の電磁コイルに電流が流れると，固定鉄心が電磁石となり，可動鉄心を下方に吸引します．この吸引力によって，可動鉄心に連動して，主接点および補助接点が下方に力を受けて，**主接点が閉じるとともに，補助接点も同時に開閉動作**（メーク接点は「閉」，ブレーク接点は「開」となる）を行います．

──電磁接触器の電磁コイルに通電した場合──

● 電磁接触器の図記号 ●

● 電磁コイルに電流を流した場合の図記号（縦書き）

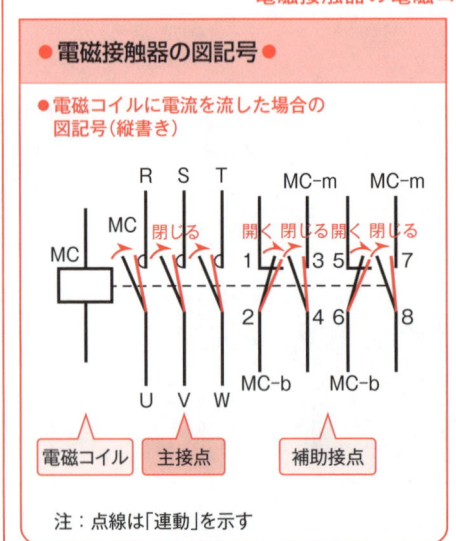

電磁コイル　主接点　補助接点

注：点線は「連動」を示す

電磁コイルに通電した場合の電磁接触器の状態

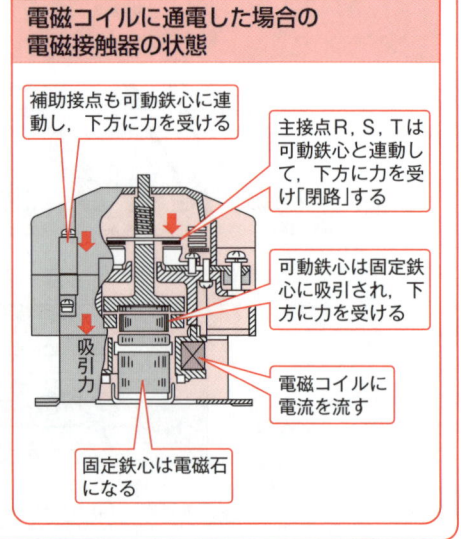

補助接点も可動鉄心に連動し，下方に力を受ける

主接点R，S，Tは可動鉄心と連動して，下方に力を受け「閉路」する

可動鉄心は固定鉄心に吸引され，下方に力を受ける

電磁コイルに電流を流す

吸引力

固定鉄心は電磁石になる

電磁接触器の接点動作図〔例〕

―電磁コイルに通電した場合―

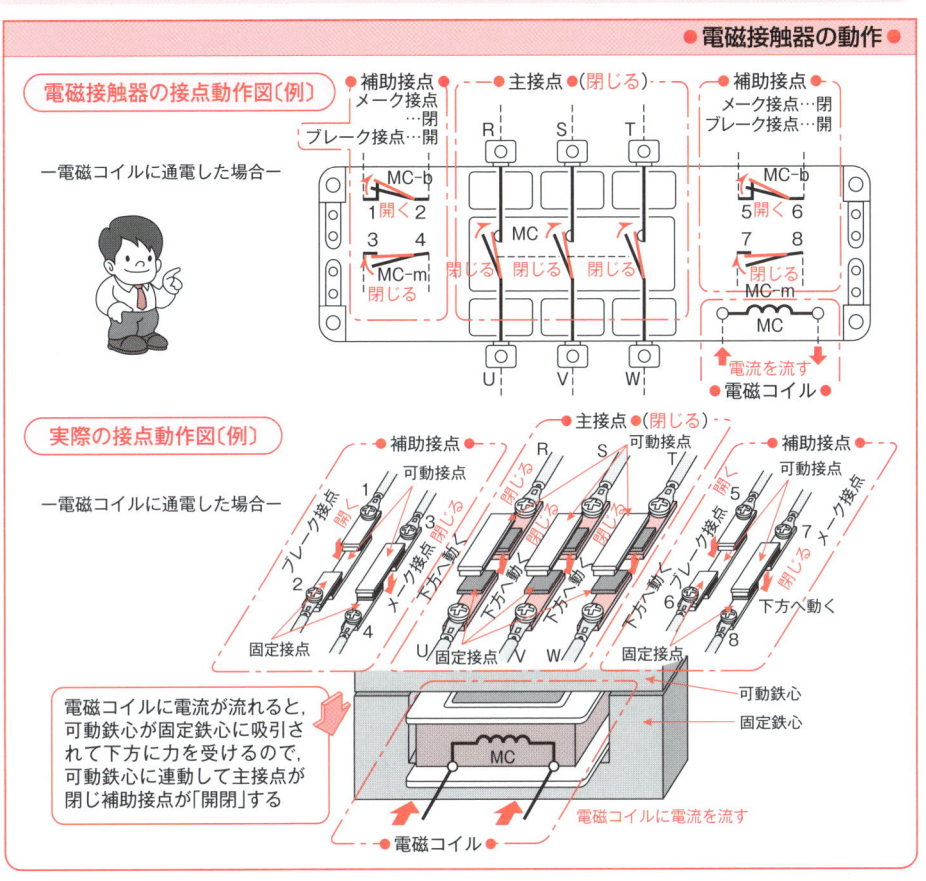

実際の接点動作図〔例〕

―電磁コイルに通電した場合―

電磁コイルに電流が流れると,可動鉄心が固定鉄心に吸引されて下方に力を受けるので,可動鉄心に連動して主接点が閉じ補助接点が「開閉」する

電磁開閉器の図記号の表し方

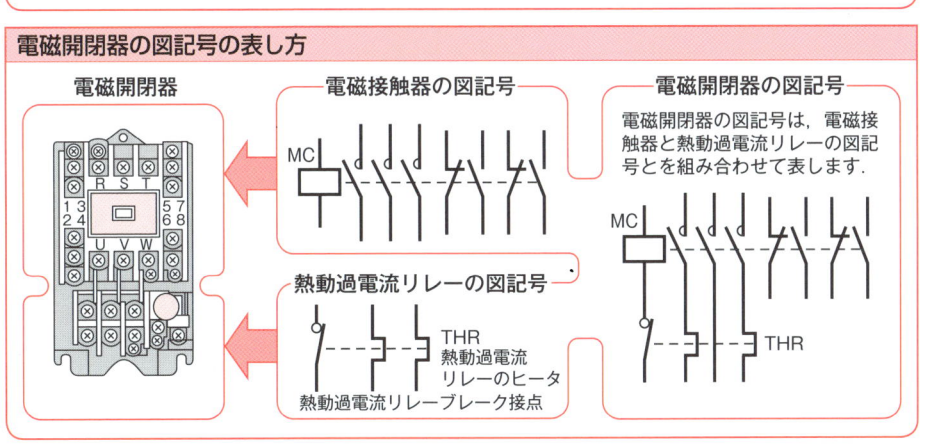

電磁開閉器

電磁接触器の図記号

MC

熱動過電流リレーの図記号

THR
熱動過電流
リレーのヒータ

熱動過電流リレーブレーク接点

電磁開閉器の図記号

電磁開閉器の図記号は,電磁接触器と熱動過電流リレーの図記号とを組み合わせて表します.

MC

THR

65

4-6 開閉接点図記号の対比（新旧 JIS 図記号）

❶ おもな開閉接点の図記号

開閉接点名称		電 気 用 図 記 号				説　　　明
		JIS 図記号（JIS C 0617）		旧 JIS図記号（旧JIS C 0301）		● 図記号下部（　）内数字はJIS C 0617規定内の図記号番号を示す.
		メーク接点 （a接点）	ブレーク接点 （b接点）	メーク接点 （a接点）	ブレーク接点 （b接点）	● 旧JIS図記号とは旧JIS C 0301の図記号を示す.
手動操作開閉接点	スイッチ接点	(07-02-01)	(07-02-03)			● 接点の操作を開路も閉路も，手動で行う接点をいう.
	自動復帰する接点	(07-06-01)	(07-06-03)			● 手動で操作すると，開路または閉路するが，手を離すとばねなどの力で自動的に元の状態に戻る接点をいう．JIS図記号において，押しボタンスイッチの接点は，一般に自動復帰するので，特に自動復帰の表示をしなくてよい.
電磁リレー接点	継電器接点	(07-02-01)	(07-02-03)			● 電磁リレーが付勢（電磁コイルに電流を通す）すると，メーク接点（a接点）は閉じ，ブレーク接点（b接点）は開き，消勢（電磁コイルの電流を切る）すると，自動的に元の状態に復帰する接点をいう．一般の電磁リレー接点がこれに該当する.
	残留機能付き接点	(07-06-02)				● 電磁リレーが付勢されると，閉（メーク接点：a接点）あるいは開（ブレーク接点：b接点）するが，消勢しても機械的あるいは磁気的に保持して，再び手動で復帰操作をするか，電磁コイルを付勢しないと，元の状態に戻らない接点をいう．例：手動復帰熱動過電流リレー.
限時リレー接点	限時動作瞬時復帰接点	(07-05-01)	(07-05-03)			● 電磁リレーのうち所定の入力が与えられてから，接点が閉路または開路するのに，とくに時間間隔を設けたものを限時リレー（タイマ）という. ● 限時動作瞬時復帰接点：限時リレーが動作するとき，時間遅れ（時限）を生ずるが，瞬時に復帰する接点をいう.
	瞬時動作限時復帰接点	(07-05-02)	(07-05-04)			● 瞬時動作限時復帰接点：限時リレーは瞬時に動作するが，復帰するとき，時間遅れ（時限）を生ずる接点をいう.

4-7　接点機能図記号と操作機構図記号の表し方

❶ 開閉接点図記号と接点機能図記号の表し方

おもな「接点機能図記号」

※開閉接点を有する器具の電気用図記号は，開閉接点図記号に**接点機能図記号**または**操作機構図記号**を組み合わせて表します．

名称	接点機能	遮断機能	断路機能
図記号	◖ (07-01-01)	✕ (07-01-02)	— (07-01-03)

名称	負荷開閉機能	自動引外し機能	位置スイッチ機能
図記号	◠○ (07-01-04)	■ (07-01-05)	◥ (07-01-06)

名称	遅延動作機能	自動復帰機能 （例：ばね復帰）	非自動復帰（残留）機能
図記号	(a)　　　(b) ⇐　　⇒ (02-12-05)　(02-12-06) ● 半円の中心方向に向いているとき，動作が遅延される．	◁ (07-01-07)	○ (07-01-08)

"開閉接点図記号と接点機能図記号"の組み合わせ〔例〕

—限時動作瞬時復帰メーク接点図記号—

（07-05-01）

● 動作時に時間遅れがあり，瞬時に復帰する接点をいいます．

=

開閉接点図記号

（07-02-01）
メーク接点（a接点）

+

接点機能図記号

（遅延動作機能）

（02-12-05）
（限時動作瞬時復帰接点）

67

❷ 接点機能図記号を用いた開閉器類の図記号

おもな「接点機能図記号」と開閉器類〔例〕

断路器	負荷開閉器

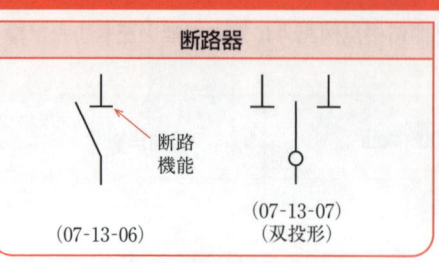

断路機能
(07-13-06)
(07-13-07)（双投形）

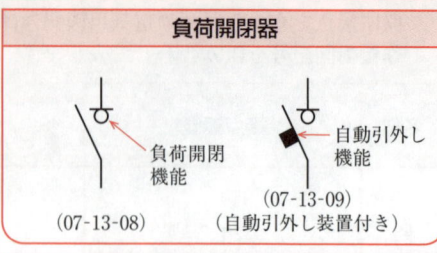

負荷開閉機能
自動引外し機能
(07-13-08)
(07-13-09)（自動引外し装置付き）

リミットスイッチ	ヒューズ付き負荷開閉器

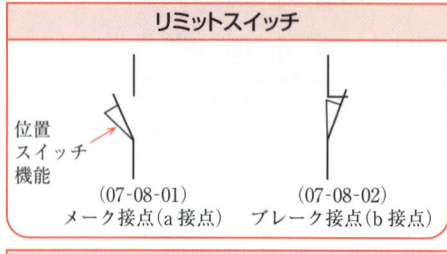

位置スイッチ機能
(07-08-01) メーク接点（a接点）
(07-08-02) ブレーク接点（b接点）

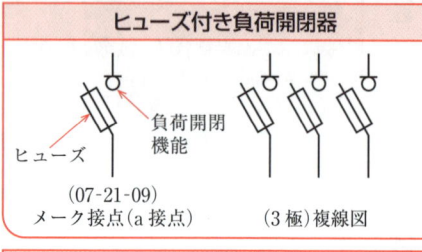

ヒューズ
負荷開閉機能
(07-21-09) メーク接点（a接点）
（3極）複線図

配線用遮断器	交流遮断器

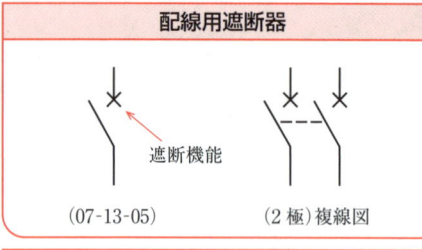

遮断機能
(07-13-05)
（2極）複線図

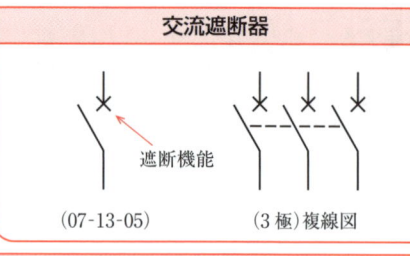

遮断機能
(07-13-05)
（3極）複線図

電磁接触器	熱動過電流リレー（サーマルリレー）

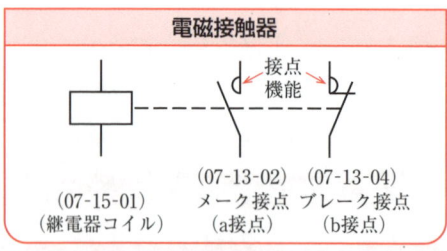

接点機能
(07-15-01)（継電器コイル）
(07-13-02) メーク接点（a接点）
(07-13-04) ブレーク接点（b接点）

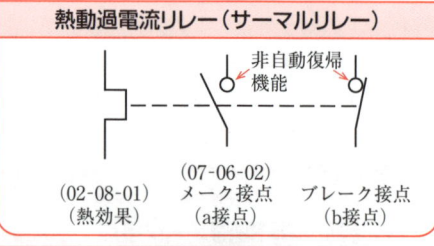

非自動復帰機能
(02-08-01)（熱効果）
(07-06-02) メーク接点（a接点）
ブレーク接点（b接点）

タイマ（限時動作瞬時復帰）	タイマ（瞬時動作限時復帰）

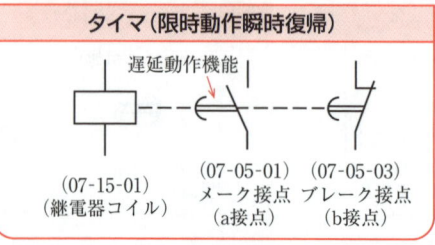

遅延動作機能
(07-15-01)（継電器コイル）
(07-05-01) メーク接点（a接点）
(07-05-03) ブレーク接点（b接点）

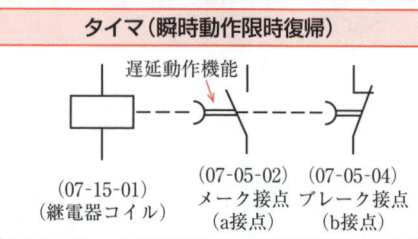

遅延動作機能
(07-15-01)（継電器コイル）
(07-05-02) メーク接点（a接点）
(07-05-04) ブレーク接点（b接点）

❸ 開閉接点図記号と操作機構図記号の表し方

おもな操作機構図記号

※開閉接点を有する器具の電気用図記号として，開閉接点図記号に組み合わせて用いる**操作機構図記号**は，次のとおりです．

名称	手動操作（一般）	引き操作	回転操作
図記号	(02-13-01)	(02-13-03)	(02-13-04)

名称	押し操作	クランク操作	非常操作 （マッシュルームヘッド型）
図記号	(02-13-05)	(02-13-14)	(02-13-08)

名称	ハンドル操作	足踏み操作	てこ操作
図記号	(02-13-09)	(02-13-10)	(02-13-11)

名称	着脱可能ハンドル操作	かぎ操作	カム操作
図記号	(02-13-12)	(02-13-13)	(02-13-16)

名称	電磁効果による操作 継電器コイル	近接効果操作	電動機操作
図記号	(02-13-23)　　(07-15-01)	(02-13-06)	(02-13-26)

69

④ 操作機構図記号を用いた開閉器類の図記号

操作機構図記号と開閉接点図記号の組み合わせ〔例〕

—電磁リレーの図記号—

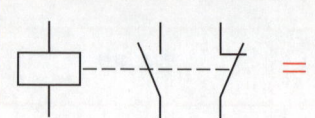 ＝

操作機構図記号	開閉接点図記号
	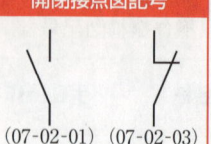
（電磁効果による操作記号） （02-13-23） （継電器コイル）（07-15-01）	（07-02-01）　（07-02-03） メーク接点　　ブレーク接点 （a接点）　　　（b接点）

おもな操作機構図記号と開閉器類〔例〕

押しボタンスイッチ

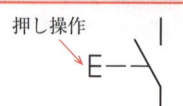

押し操作

（07-07-02）
メーク接点（a接点）　　ブレーク接点（b接点）

引きボタンスイッチ

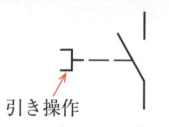

引き操作

（07-07-03）
メーク接点（a接点）　　ブレーク接点（b接点）

ナイフスイッチ

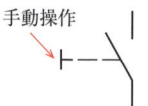

手動操作

（07-07-01）　　　　（3極）複線図

手動操作断路器

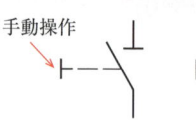

手動操作

（07-13-06）　　　　（3極）複線図

電動機操作断路器形負荷開閉器

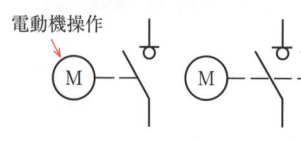

電動機操作

（07-13-08）　　　　（3極）複線図

電動機操作断路器

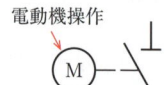

電動機操作

（07-13-06）　　　　（3極）複線図

切換スイッチ

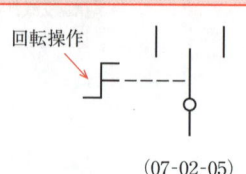

回転操作

（07-02-05）

近接スイッチ

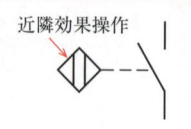 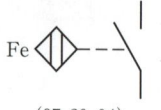

近隣効果操作

（07-20-02）　　　　（07-20-04）
　　　　　　　　　　　鉄の接近で動作

第5章

文字記号・制御器具番号の表し方

文字記号とは，どういう記号か

※ シーケンス図中で使用される電気機器，器具，部品など，制御系を構成する要素の名称を，いちいち日本語または英語で書いていたのでは，非常に煩雑となります．そこで，これらの名称を略号化し，**文字記号**として，電気用図記号に付記する方法がとられております．機器とその機能についての文字記号には，JEM1115（配電盤・制御盤・制御装置の用語および文字記号）の規格があります．

制御器具番号とは，どういう番号か

※ **制御器具番号**は，制御機器に定められた固有の番号で，1から99までの基本器具番号と，機器の種類，性質，用途などを示すためのアルファベットをもとにした補助記号，補助番号から構成されております．

この制御器具番号は，**日本電機工業会規格 JEM1090**（制御器具番号）が基本となっており，従来から，発電所，変電所，自家用受電設備など，おもに電力用設備のシーケンス制御に用いられ，一種の専門用語として通用する番号ですから，シーケンス制御に関係する技術者は，覚えておく必要があります．

この章のポイント

この章では，シーケンス図に電気用図記号とともに付記する「文字記号」と「制御器具番号」について，その書き方と構成のしかたを充分に理解してもらうのが目的です．

1. 電気用図記号に文字記号を付記する形で，多くの例を示すとともに，おもな文字記号としての機能記号，機器記号について，その英語名を併記して一覧表にまとめてあります．
2. 制御器具番号は，基本器具番号と補助記号，補助番号から構成されています．この章では，基本器具番号と補助記号について概要を説明してあります．基本器具番号とその器具名称のすべておよび，基本器具番号と補助記号の組み合わせのしかた，そして補助番号のつけかたの説明は，巻末の付録に示してあります．

5-1 文字記号の表し方と機能記号

① 文字記号とはどういう記号か　　　　　　　　●機能記号●

文字記号とは

❖ **文字記号**は，機器，装置またはその機能を表示する英文名の頭文字を大文字で列記するのを原則としますが，他と混同しやすい場合には，英文名の第2，第3文字まで用いるようにしております．

❖ シーケンス図に使用される文字記号には，機器または装置を表す**機器記号**と機器または装置の果たす機能を表す**機能記号**の2種類があります．

❖ 文字記号を機能記号と機器記号を組み合わせて用いるときは，機能記号，機器記号の順に書き，原則として，その間に - （ハイフン）を入れます．

〔例〕　● ST-PBS　　始動押しボタンスイッチ
　　　　　　　　　機器記号：押しボタンスイッチ
　　　　　　　　　機能記号：始動

おもな機能記号の表し方

＝機能を表す文字記号＝

名　称	文字記号	英語名	名　称	文字記号	英語名
自　動	AUT	Automatic	高	H	High
手　動	MA	Manual	低	L	Low
開路（切）	OFF	Off	前	FW	Forward
閉路（入）	ON	On	後	BW	Backward
始　動	ST	Start	増	INC	Increase
運　転	RN	Run	減	DEC	Decrease
停　止	STP	Stop	開	OP	Open
復　帰	RST	Reset	閉	CL	Close
切　換	CO	Change-Over	右	R	Right
保　持	HL	Holding	左	L	Left
上　昇	U	Up	正	F	Forward
下　降	D	Down	逆	R	Reverse
寸　動	ICH	Inching	過	O	Over
加　速	A	Accelerating	不足	U	Under
減　速	DE	Decelerating	非常	EM	Emergency
微　速	CRL	Crawling	同期	SY	Synchronizing
瞬　時	INS	Instant	セット	SET	Set
制　動	B	Braking	補助	AUX	Auxiliary

5-2 文字記号としての機器記号

❶ おもな機器記号の表し方

電源・継電器・計器の文字記号

＝電源の文字記号＝

名　称	文字記号	英 語 名	名　称	文字記号	英 語 名
交　流	A C	Alternating Current	高　圧	H V	High-Voltage
直　流	D C	Direct Current	放　電	D	Discharge
単　相	1 φ	Single-Phase	接　地	E	Earth
三　相	3 φ	Three-Phase	地　絡	G	Ground Fault
低　圧	L V	Low-Voltage	短　絡	S	Short-Circuit

＝継電器の文字記号＝

名　称	文字記号	英 語 名	名　称	文字記号	英 語 名
継電器	R	Relay	周波数継電器	F R	Frequency Relay
電圧継電器	V R	Voltage Relay	過電流継電器	O C R	Over Current Relay
電流継電器	C R	Current Relay	不足電圧継電器	U V R	Under Voltage Relay
地絡継電器	G R	Ground Relay	熱動継電器	T H R	Thermal Relay
欠相継電器	O P R	Open-Phase Relay	始動継電器	S T R	Starting Relay
過電圧継電器	O V R	Over Voltage Relay	短絡継電器	S R	Short-circuit Relay
圧力継電器	P R R	Pressure Relay	限時継電器	T L R	Time-Lag Relay
電力継電器	P W R	Power Relay	温度継電器	T R	Temperature Relay

＝計器の文字記号＝

名　称	文字記号	英 語 名	名　称	文字記号	英 語 名
電流計	A	Ammeter	周波数計	F	Frequency Meter
電圧計	V	Voltmeter	温度計	T H	Thermometer
電力計	W	Wattmeter	圧力計	P G	Pressure Gauge
電力量計	W H	Watt-Hour meter	時間計	H R M	Hour Meter
力率計	P F	Power-Factor Meter	真空計	V G	Vacuum Gauge
無効電力計	V A R	Var Meter	水位計	W L I	Water Level Indicator
最大需要電力計	M D W	Maximum Demand Wattmeter	流量計	F L	Flow Meter
分流器	S H	Shunt	位置指示計	P I	Position Indicator
熱電対	T H C	ThermoCouple	回転速度計	N	Tachometer

73

❶ おもな機器記号の表し方（つづき）

スイッチ・遮断器・抵抗器・変圧器の文字記号

＝スイッチおよび遮断器の文字記号＝

名　称	文字記号	英 語 名	名　称	文字記号	英 語 名
スイッチ	S	Switch	レベルスイッチ	LVS	Level Switch
制御スイッチ	CS	Control Switch	電磁開閉器	MS	Electromagnetic Switch
タンブラスイッチ	TS	Tumbler Switch	断路器	DS	Disconnecting Switch
ロータリスイッチ	RS	Rotary Switch	電力ヒューズ	PF	Power Fuse
切換スイッチ	COS	Change-Over Switch	遮断器	CB	Circuit Breaker
非常スイッチ	EMS	Emergency Switch	油遮断器	OCB	Oil Circuit Breaker
フロートスイッチ	FLTS	Float Switch	気中遮断器	ACB	Air Circuit Breaker
ボタンスイッチ	BS	Button Switch	空気遮断器	ABB	Airblast Circuit Breaker
足踏スイッチ	FTS	Foot Switch	界磁遮断器	FCB	Field Circuit Breaker
ナイフスイッチ	KS	Knife Switch	磁気遮断器	MBB	Magnetic Blow-out Circuit Breaker
リミットスイッチ	LS	Limit Switch	ガス遮断器	GCB	Gas Circuit Breaker
近接スイッチ	PROS	Proximity Switch	高速度遮断器	HSCB	High-Speed Circuit Breaker
光電スイッチ	PHOS	Photoelectric Switch	真空遮断器	VCB	Vacuum Circuit Breaker
トグルスイッチ	TGS	Toggle Switch	配線用遮断器	MCCB	Molded Case Circuit Breaker
電流計切換スイッチ	AS	Ammeter Change-over Switch	電磁接触器	MC	Electromagnetic Contactor
電圧計切換スイッチ	VS	Voltmeter Change-over Switch	ヒューズ	F	Fuse

＝抵抗器の文字記号＝

名　称	文字記号	英 語 名	名　称	文字記号	英 語 名
抵抗器	R	Resistor	放電抵抗器	DR	Discharging Resistor
負荷抵抗器	LDR	Loading Resistor	始動抵抗器	STR	Starting Resistor
加減抵抗器	RH	Rheostat	接地抵抗器	GR	Grounding Resistor

＝変圧器の文字記号＝

名　称	文字記号	英 語 名	名　称	文字記号	英 語 名
変圧器	T	Transformer	変流器	CT	Current Transformer
計器用変圧器	VT	Voltage Transformer	零相変流器	ZCT	Zero-Phase-Seguence Current Transformer
計器用変圧変流器	VCT	Combined Voltage and Current Transformer	昇圧器	BST	Booster

回転機・表示灯・半導体・論理素子・その他の文字記号

＝回転機の文字記号＝

名　称	文字記号	英　語　名	名　称	文字記号	英　語　名
発電機	G	Generator	直流発電機	DG	DC Generator
電動機	M	Motor	直流電動機	DM	DC Motor
電動発電機	MG	Motor-Generator	同期電動機	SM	Synchronous Motor
誘導電動機	IM	Induction Motor	励磁機	EX	Exciter

＝表示灯の文字記号＝

名　称	文字記号	英　語　名	名　称	文字記号	英　語　名
表示灯	SL	Signal Lamp	表示灯黄赤	OL	Signal Lamp Orange
表示灯青	BL	Signal Lamp Blue	表示灯赤	RL	Signal Lamp Red
表示灯緑	GL	Signal Lamp Green	表示灯白	WL	Signal Lamp White
表示灯黄	YL	Signal Lamp Yellow	表示灯無色透明	TL	Signal Lamp Transparency

＝半導体および論理素子の文字記号＝

名　称	文字記号	英　語　名	名　称	文字記号	英　語　名
ダイオード	D	Diode	論理否定	NOT	Not
定電圧ダイオード	ZD	Zener Diode	論理和	OR	Or
発光ダイオード	LED	Light-emitting Diode	論理積	AND	And
トランジスタ	TR	Transistor	論理和否定	NOR	Nor
サーミスタ	THM	Thermistor	論理積否定	NAND	Nand
サイリスタ	THY	Thyristor	集積回路	IC	Integrated Circuit

＝その他の文字記号＝

名　称	文字記号	英　語　名	名　称	文字記号	英　語　名
抵抗	R	Resistor	電池	B	Battery
コンデンサ	C	Capacitor	ヒータ	H	Heater
インダクタ	L	Inductor	整流器	RF	Rectifier
ベル	BL	Bell	送風機	BL	Blower
ブザー	BZ	Buzzer	電磁弁	SV	Solenoid Valve
接地端子	ET	Earth Terminal	端子台	TB	Terminal Block

75

5-3 シーケンス図における文字記号の表し方

❶ 文字記号と電気用図記号の記載例

※シーケンス図において，機器を示す電気用図記号に対する文字記号の記載例を，下記に示します．

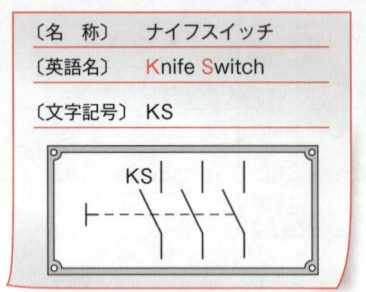

〔名　称〕　ナイフスイッチ

〔英語名〕　Knife Switch

〔文字記号〕　KS

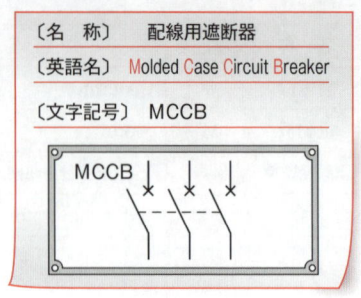

〔名　称〕　配線用遮断器

〔英語名〕　Molded Case Circuit Breaker

〔文字記号〕　MCCB

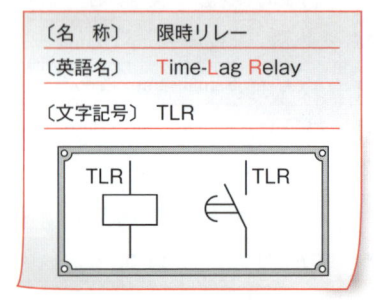

〔名　称〕　限時リレー

〔英語名〕　Time-Lag Relay

〔文字記号〕　TLR

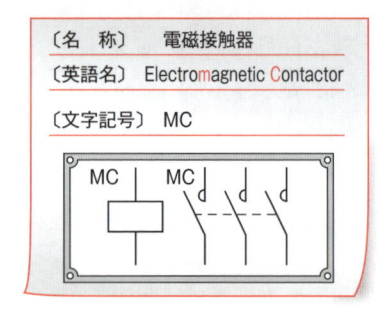

〔名　称〕　電磁接触器

〔英語名〕　Electromagnetic Contactor

〔文字記号〕　MC

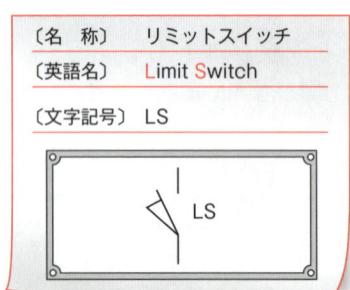

〔名　称〕　リミットスイッチ

〔英語名〕　Limit Switch

〔文字記号〕　LS

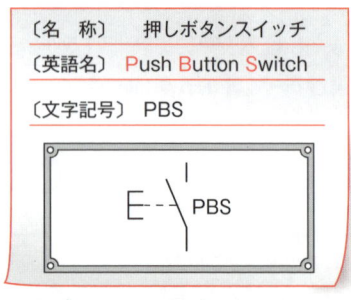

〔名　称〕　押しボタンスイッチ

〔英語名〕　Push Button Switch

〔文字記号〕　PBS

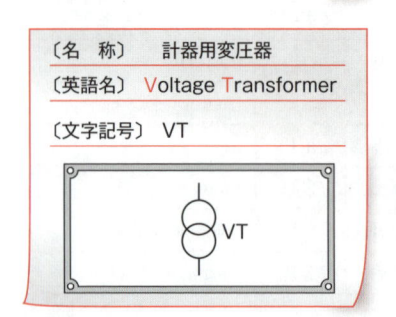

〔名　称〕　計器用変圧器

〔英語名〕　Voltage Transformer

〔文字記号〕　VT

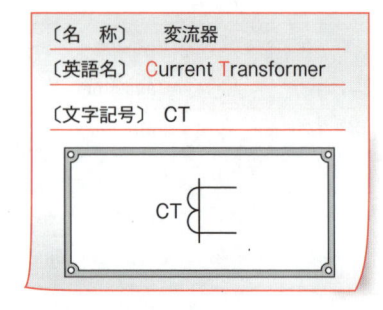

〔名　称〕　変流器

〔英語名〕　Current Transformer

〔文字記号〕　CT

〔名　称〕　変圧器

〔英語名〕　Transformer

〔文字記号〕　T

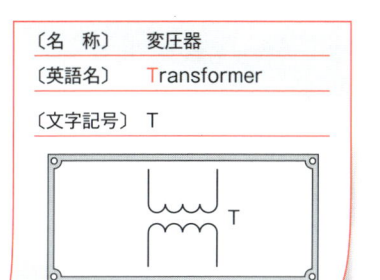

〔名　称〕　ダイオード

〔英語名〕　Diode

〔文字記号〕　D

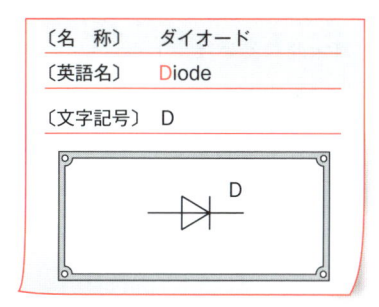

〔名　称〕　ベル

〔英語名〕　Bell

〔文字記号〕　BL

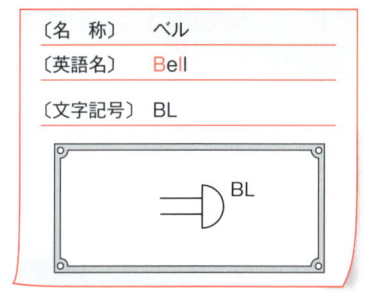

〔名　称〕　ブザー

〔英語名〕　Buzzer

〔文字記号〕　BZ

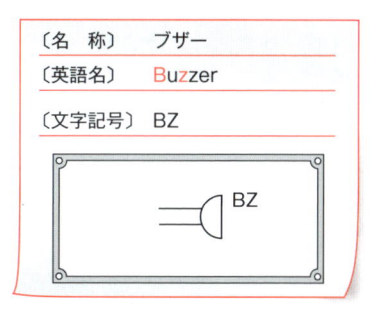

〔名　称〕　電流計切換スイッチ

〔英語名〕　Ammeter Change-over Switch

〔文字記号〕　AS

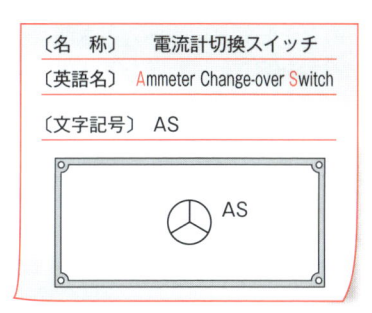

〔名　称〕　電圧計切換スイッチ

〔英語名〕　Voltmeter Change-over Switch

〔文字記号〕　VS

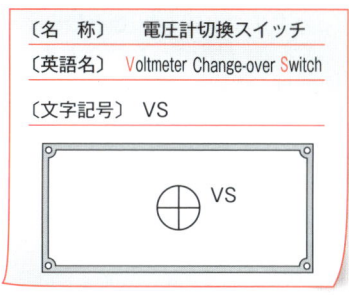

〔名　称〕　ヒューズ

〔英語名〕　Fuse

〔文字記号〕　F

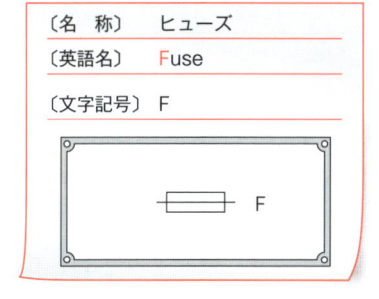

〔名　称〕　誘導電動機

〔英語名〕　Induction Motor

〔文字記号〕　IM

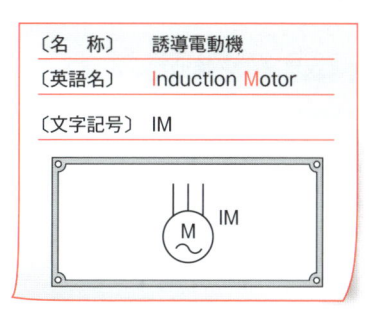

5-4　制御器具番号とはどういうものか

❶ 制御器具番号の基本器具番号と補助記号

※制御器具番号は，基本器具番号と補助記号および補助番号とから構成されております．

基本器具番号とは

※**基本器具番号**は，1から99までの数字に，機器や器具の機種名および用途，種別などの意味を持たせて，記号化したものです．したがって，基本器具番号は，機器および器具の用途，機能そのものを示す思考的なつながりがありませんから，ただ，記憶することが必要です．巻末の付録(244～247ページ参照)に，すべての基本器具番号とその器具名称の一覧表を載せておきましたので，ご覧になってください．

〔例〕：遮断器の基本器具番号

※遮断器には，その主回路の違い，主機，補機あるいは始動，運転用などにより，基本器具番号が，区別されております．

基本器具番号	器具名称	基本器具番号	器具名称
6	始動遮断器	54	高速度遮断器
41	界磁遮断器	72	直流遮断器
42	運転遮断器	73	短絡用遮断器
52	交流遮断器	88	補機用遮断器

補助記号とは

※**補助記号**は，基本器具番号だけでは，詳細に機器や器具の種類および用途・性質などを表すのに，不充分なときに用いるもので，原則として電気用語の英文の頭文字をとったアルファベットで示します．補助記号は，一つの文字でも，いろいろな意味を持っていますので，そのうちのどの意味に使われるかは場合によって異なります(5-6項：80ページ参照)．

〔例〕：補助記号「A」の内容

交　　流	Alternating Current	電　　流	Ampere	空 気 圧	Air Pressure
風	Air Flow	自　　動	Automatic	アナログ	Analogue
空気圧縮機	Air Compressor	空　気　圧	Air		
増　　幅	Amplification	空気冷却機	Air Cooler		

制御器具番号と補助記号の組み合わせ〔例〕

● 配線用遮断器 MCCB を交流制御電源の
開閉器に用いた場合

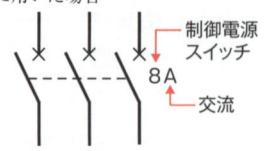

● 電磁接触器 MC を冷却水ポンプの運転に
用いた場合

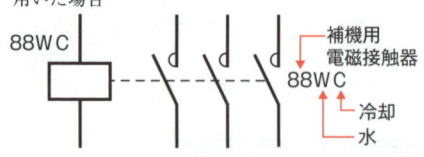

5-5　制御器具番号の構成のしかた

❶ 基本器具番号による構成

❈シーケンス図において，電気用図記号に付記する制御器具番号は，基本器具番号だけを用いる場合と，二つの基本器具番号を組み合わせて用いる場合とがあります．

基本器具番号だけの場合

❈基本器具番号だけで，機器の用途を表現できる場合は，基本器具番号をそのまま用います．

◀ 例 ▶

基本器具番号	器具名称	説 明
2 ……始動若しくは閉路限時継電器又は始動若しくは閉路遅延継電器		始動若しくは閉路開始前の時刻設定を行うもの又は始動若しくは閉路開始前に時間の余裕を与えるものをいう
4 ……主制御回路用制御器又は継電器		主制御回路の開閉を行うものをいう
27……交流不足電圧継電器		交流電圧が不足したとき動作するものをいう

基本器具番号と基本器具番号の場合

❈一つの基本器具番号だけで，機器の用途を表現できないときは，さらに，それと組み合わせうる基本器具番号をつけ，基本器具番号を示す数字と数字との間には，ハイフン(-)を用います．

◀ 例 ▶

基本器具番号		基本器具番号	器具名称
43 制御回路切換スイッチ	—	95 周波数継電器	周波数継電器切換スイッチ
3 操作スイッチ	—	52 交流遮断器	交流遮断器用操作スイッチ
7 調整スイッチ	—	65 調速装置	調速装置用調整スイッチ

制御器具番号とその組み合わせ〔例〕

● 始動限時継電器

● 押しボタンスイッチを交流遮断器の操作スイッチに用いた場合

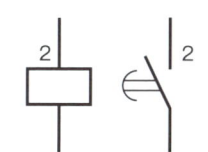

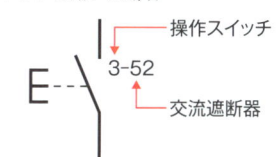

操作スイッチ

3-52

交流遮断器

79

5-6 補助記号とはどういうものか

記号	内　容	記号	内　容
A	交流, 自動, 空気, 陽極, 増幅, 電流, アクチエータ	O	閉, 外部, オーム素子
B	断線, 側路, 平衡, ベル, 電池, 母線, 制動, 軸受, ベルト	P	一次, 正極, 電力, プログラム, 圧力, 位置, 電圧変成器, ポンプ
C	共通, 冷却, 搬送, 調和機, 閉, 制御, 操作, 補償器, クラッチ, 投入コイル, コンデンサ	Q	油, 無効電力
D	直流, 放出, 差動, デフレクタ, 劣化, 吸出管, 調定率(垂下率), ダイヤル, ダンピング	R	復帰, 上げ, 調整, 遠方, 受電, 受信, 室内, 抵抗, リアクトル, 逆, 回転子
E	非常, 励磁, 励弧	S	同期, 短絡, 二次, 速度, 送信, 集油槽, 同期機, ソレノイト, 副, 固定子, ストレーナ
F	火災, 故障, フロート, 周波数, ヒューズ, フィーダ, フリッカ, ファン, 故障点標定器		
G	重力, 地絡, 発電機, 案内羽根, 格子, ガス, グリース	T	温度, 限時, 変圧器, 引はずし, 転送, 放水路, タービン
H	所内, 高, 電熱, 保持, 高周波	U	使用
I	内部, 点弧	V	弁, 電圧, 真空, 電子管
J	結合, ジェット	W	水, 井戸
K	陰極, 三次側, ケーシング	X	補助
L	漏れ, 下げ, 鎖錠, 線路, 負荷, 低, ランプ	Y	補助
M	計器, 動力, モータ, マイクロ波, 主, 電動機	Z	補助, ブザー, インピーダンス
N	窒素, 中性, 負極, ノズル	Φ	相

第6章

シーケンス図の書き方

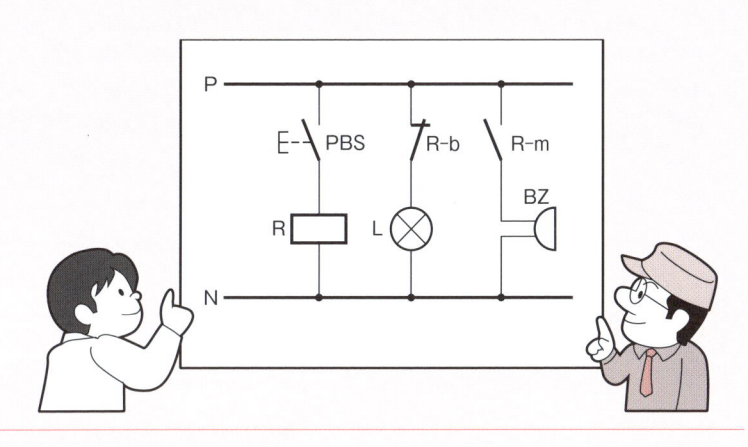

※近ごろのように各種の装置に対して，複雑な制御回路が用いられる機会が多くなりますと，機器相互間の接続を具体的に示す複線接続図や配線図を見ても，その装置がどのように制御されて，どのように動作するのか，よくわからない場合が多くなってきております．

※そこで，どうしても，その制御方法や動作順序をわかりやすく示す接続図が必要となってきます．**シーケンス図**とは，こういう目的のためにつくられた図面ですから，その表現方法も通常の接続図とは，相当異なっていますので，シーケンス図を書くうえでの，おもな基本的な約束事項を説明いたしましょう．

この章のポイント

この章では，シーケンス図のとくに決められた書き方を充分に理解して，シーケンス図が自由に書けるようにするのが目的です．

1. シーケンス図における電気用図記号の状態について，押しボタンスイッチ，電磁リレー，電磁接触器を例として，その基本的な考え方を説明してあります．
2. 横書きシーケンス図および縦書きシーケンス図における制御電源母線のとり方，接続線の配列順序など，その書き方の決まりを具体的なシーケンス図をもとに詳しく説明してあります．
3. シーケンス図における接続線の書き方の決まりと，制御機器の配列のしかたを示しておきました．

6-1 シーケンス図の書き方の決まり

❶ シーケンス図の書き方

シーケンス図の書き方

❋ シーケンス図は，複雑な制御回路の動作について，順序をおって，正確に，また，容易に理解できるように考えられた接続図で，機器の機構的関連を省略し，その機器に属する制御回路を，それぞれ単独に取り出して，動作の順序に配列し，離ればなれになった部分が，どの機器に属するかを記号によって示した図です．

❋ このように，シーケンス図は，その表現方法が通常の接続図とは，大いに違っておりますので，シーケンス図を書くうえでの原則的な考え方を充分に理解し，基本的な書き方に慣れておりませんと，非常にわかりにくいものとなります．そこで，シーケンス図の書き方の原則，すなわち「決まり」を，次に説明いたしますので，しっかりと覚えてください．

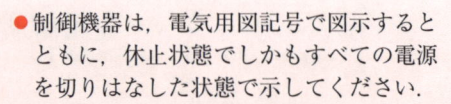

● 制御電源母線は，電源図記号を用いるなど，いちいち詳細に示さず，電源導線として，図の上下に横線で示すか，あるいは左右に縦線で示してください．

● 制御機器を結ぶ接続線は，上下の制御電源母線の間に，まっすぐな縦線で示すか，あるいは，左右の制御電源母線の間に，まっすぐな横線で示してください．

● 接続線は動作の順序に左から右へ，あるいは，上から下への順に並べて書いてください．

● 制御機器は，電気用図記号で図示するとともに，休止状態でしかもすべての電源を切りはなした状態で示してください．

● 開閉接点を有する制御機器は，その機構部分や支持，保護部分などの機構的関連を省略して接点，コイルなどで表現し，各接続線に分離して示してください．

● 制御機器の離ればなれになった各部分には，その制御機器名を示す文字記号，または，制御器具番号を添記して，その所属，関連を明らかにしてください．

6-2　開閉接点を有する図記号の状態

❶ シーケンス図における手動操作接点の状態とその図記号

❖電気用図記号，とくに押しボタンスイッチのように手動操作で開閉する接点，また，電磁リレー，電磁接触器のように電磁力で開閉する接点などは，手動操作あるいは電源との接続の有無によって，接点の開閉状態が変わります．

❖そこで，これら開閉接点を有する機器を，シーケンス図に表示する場合，その接点可動部の位置が，機器のどのような状態のときを示したらよいのかを，これから説明いたしましょう．

開閉接点を有する機器の状態と図記号の表し方

❖開閉接点を有する機器を，シーケンス図に表示する場合の図記号は，機器および電気回路が休止状態で，しかもすべての**電源を切りはなした**状態を示します．

（1）手動操作の開閉接点は，手をはなした状態を示します．
（2）電磁操作の開閉接点は，電源をすべて切りはなした状態を示します．
（3）復帰を要する開閉接点は，復帰した状態を示します．
（4）制御すべき機器または電気回路は，休止した状態を示します．

手動操作接点を有する機器の状態と図記号の表し方　　●押しボタンスイッチ●

❖押しボタンスイッチなどのように，その接点部が手動によって操作される機器をシーケンス図に表示する場合は，その操作部に手を触れないときの接点の状態を示します．

●手動操作接点の状態〔例〕●

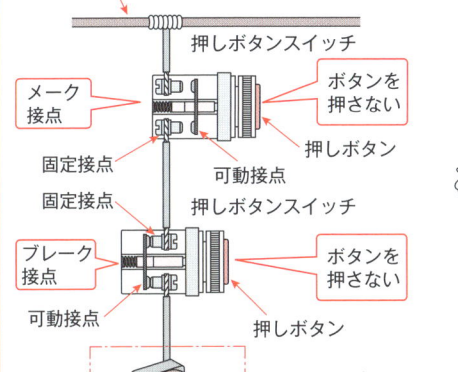

制御電源母線 P（＋）

押しボタンスイッチ

メーク接点
固定接点
可動接点
ボタンを押さない
押しボタン

固定接点
押しボタンスイッチ
ブレーク接点
可動接点
ボタンを押さない
押しボタン

機器
〔例：ランプ〕

制御電源母線 N（－）

●図記号の表し方●

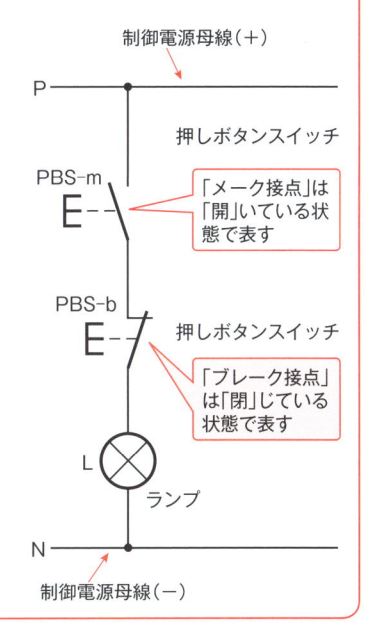

制御電源母線（＋）

P

押しボタンスイッチ

PBS-m　E

「メーク接点」は「開」いている状態で表す

PBS-b　E

押しボタンスイッチ

「ブレーク接点」は「閉」じている状態で表す

L　ランプ

N

制御電源母線（－）

83

❷ シーケンス図における電磁リレー接点の状態とその図記号

電磁リレー接点の状態とその図記号の表し方

❖電磁リレー，電磁接触器，タイマなどのように，その接点部が電気などのエネルギーによって駆動される機器を，シーケンス図に表示する場合の開閉接点の図記号は，その**駆動部の電源その他のエネルギー源を，すべて切りはなしたとしての状態**で示します．

❖一般に，シーケンス図において，とくにその示す状態を指定していないときは，たとえ，その図面において商用電源，電池，発電機などの電源が接続されているように書かれている場合でも，電磁リレーなどの開閉接点の図記号は，その駆動部の電源その他のエネルギー源を，すべて切りはなしたとしての状態で示します．

❖動作の過程を説明するシーケンス図などにおいて，開閉接点を有する電磁リレーなどの図記号を，駆動部に電気を供給している状態で表示する場合は，その図面がどんな状態を示しているかを明示しなくてはなりません．

電源が切れているように書かれている場合の図記号

● 電磁リレーの実際の配線図〔例〕●

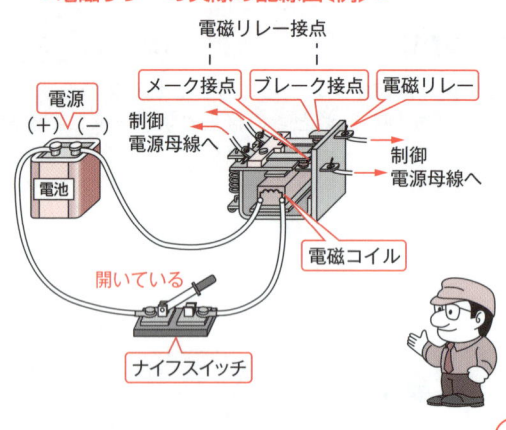

● 原理的接続図 ●

❖電磁リレーの電磁コイルRを電源Bに接続する場合，電源Bと電磁コイルRの中間に開閉器(例：ナイフスイッチKS)を挿入するには，その開閉器は「開」いた状態で表示します．

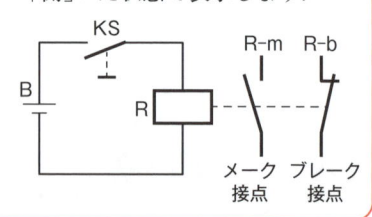

● 電磁リレー接点の図記号の状態 ●

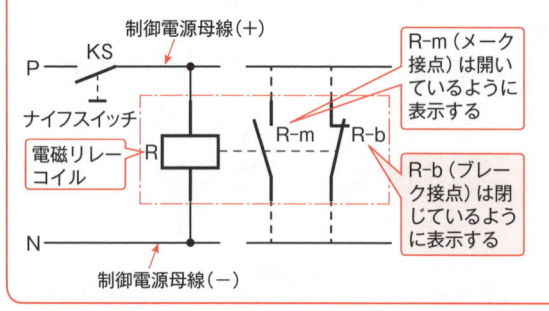

R-m（メーク接点）は開いているように表示する

R-b（ブレーク接点）は閉じているように表示する

● 説　明 ●

❖電磁リレーの電磁コイルR□と電源の中間に挿入してある開閉器KSが「開」いているので，電源は切りはなされております．

❖シーケンス図における電磁リレー接点の図記号は，メーク接点は「開」，ブレーク接点は「閉」になるように表示します．

❖ JISの電気用図記号の規格（JIS C 0617）では，動作したときのメーク接点（閉じたメーク接点）の図記号，動作したときのブレーク接点（開いたブレーク接点）の図記号は規定されておりませんが，この本では，下図のように可動接点を色線で書いて，動作したときの**"閉じたメーク接点"，"開いたブレーク接点"**を示すことにいたします。

動作の過程を説明するシーケンス図における図記号

●動作の過程を説明するシーケンス図〔例〕●

❖電源と電磁リレーの電磁コイルの中間に挿入した開閉器KSを「閉」じた場合について示すと，次のようになります。

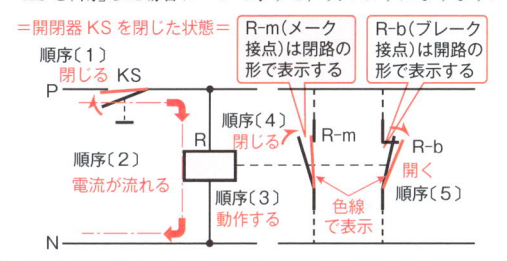

●動作順序の説明●

〈順序〉

〔1〕 ナイフスイッチKSを閉じます。

〔2〕 電磁リレーの電磁コイルR☐に電流が流れます。

〔3〕 電磁コイルR☐に電流が流れますと，電磁リレーが動作します。

〔4〕 電磁リレーが動作しますと，そのメーク接点R-mは閉じます。

〔5〕 電磁リレーが動作しますと，そのブレーク接点R-bは開きます。

電源が接続されているように書かれている場合の図記号

❖電源が接続されているように書かれている場合，「動作の過程を説明するシーケンス図」の図記号の表し方と混同しないように注意してください。

●電磁リレーの実際の配線図〔例〕●

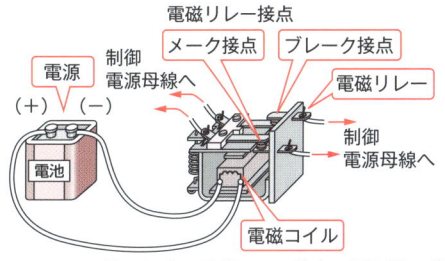

●原理的接続図●

❖電磁リレーの電磁コイルR☐と電源Bを直接接続します。

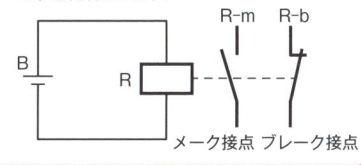

❖シーケンス図における電磁リレー接点の図記号の状態は，電磁コイルと電源の中間に挿入された開閉器を「開」にした場合とまったく同じとします。

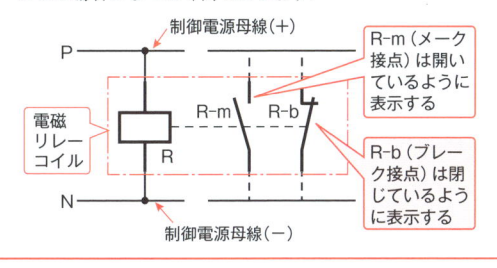

●説　明●

❖電磁リレーの電磁コイルR☐に，直接電源が接続されておりますと，実際には電磁リレーは動作するわけですが，シーケンス図における電磁リレー接点の図記号は，電源をすべて切りはなしたとしての状態，つまりメーク接点は「開」，ブレーク接点は「閉」として表示します。

❖制御電源母線の電源側の接続状態のいかんにかかわらず，電磁リレー接点の状態の表し方はまったく同じとします。

85

6-3 電磁リレー・電磁接触器の表し方

① シーケンス図における電磁リレーの表し方

シーケンス図における開閉接点を有する機器の表し方

※シーケンス図において，「開閉接点を有する機器」を表示するには，機器の機構部分や支持，保護部分などの機構的関連を省略して，**単独の接点**，**電磁コイルなどの電気用図記号で表現し**，それらをシーケンス図のおのおのの接続線に分離して示します．

※シーケンス図のおのおのの接続線に分離して，離ればなれになった電磁リレーや電磁接触器などの機器の接点や電磁コイルの電気用図記号には，その機器名を示す文字記号，または制御器具番号を添記して，その関係を示すことにします．

※電磁リレーは，単独の電磁コイルと接点の電気用図記号だけで，また電磁接触器は，単独の電磁コイル，主接点および補助接点の電気用図記号により示し，それらをシーケンス図の接続線におのおの分離して示します．

シーケンス図における電磁リレーの表し方

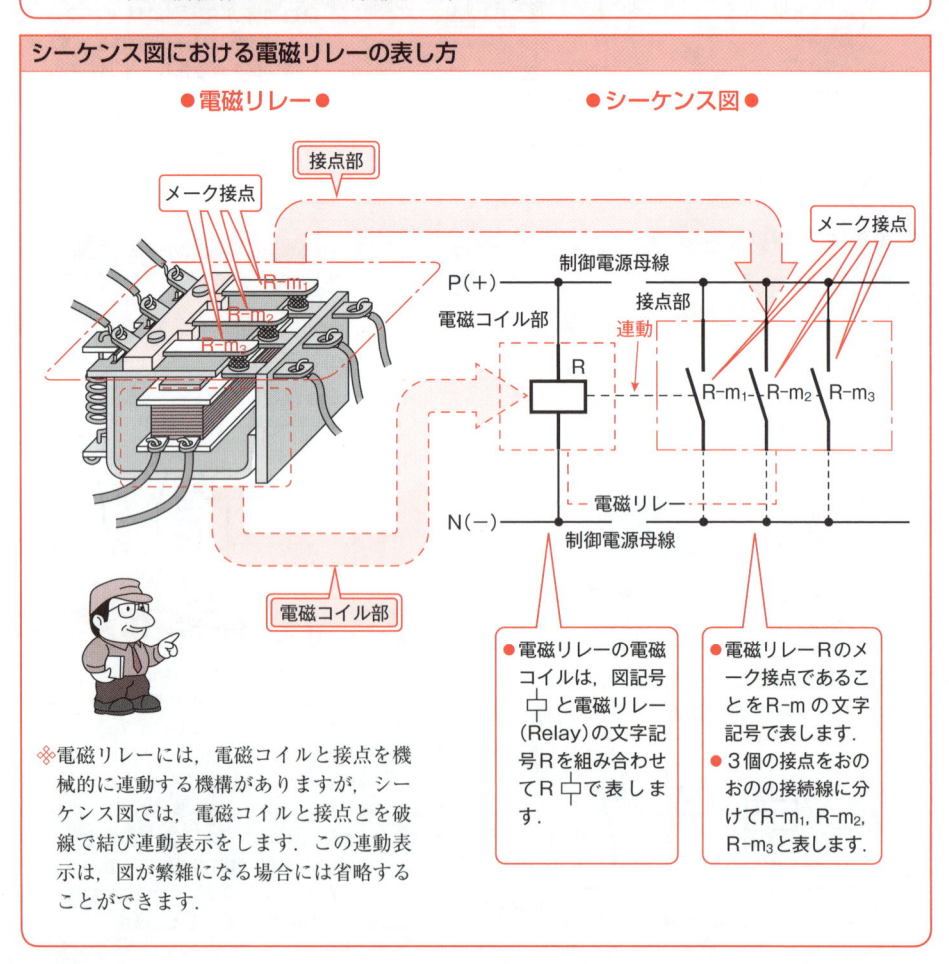

※電磁リレーには，電磁コイルと接点を機械的に連動する機構がありますが，シーケンス図では，電磁コイルと接点とを破線で結び連動表示をします．この連動表示は，図が繁雑になる場合には省略することができます．

●電磁リレーの電磁コイルは，図記号 ⊣⊢ と電磁リレー（Relay）の文字記号Rを組み合わせてR⊣⊢で表します．

●電磁リレーRのメーク接点であることをR-mの文字記号で表します．
●3個の接点をおのおのの接続線に分けてR-m₁, R-m₂, R-m₃と表します．

電磁リレーによるランプ点滅回路　●電磁リレーの表し方〔例〕●

※電磁リレーの3個のメーク接点, $R\text{-}m_1$, $R\text{-}m_2$, $R\text{-}m_3$ に, それぞれ赤色ランプ（RL），緑色ランプ（GL），青色ランプ（BL）を接続して，押しボタンスイッチ $PBS_\text{入}$ を押すと電磁リレーが動作して，おのおののランプが同時に点灯するようにした回路です．

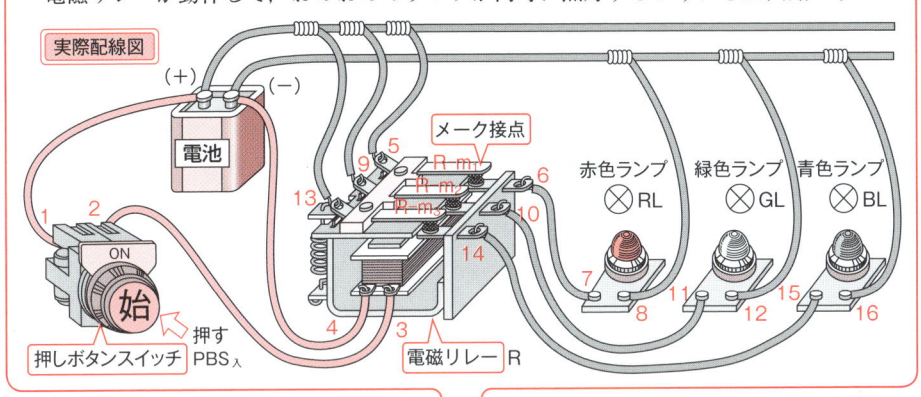

実際配線図

シーケンス図〔例〕

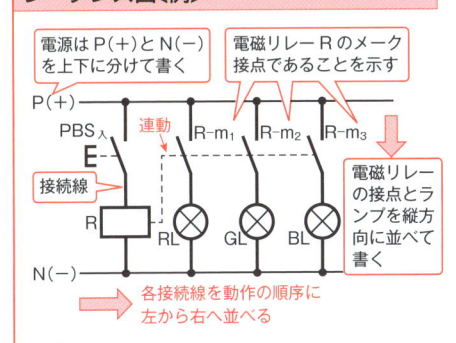

電源は P（＋）と N（－）を上下に分けて書く

電磁リレー R のメーク接点であることを示す

電磁リレーの接点とランプを縦方向に並べて書く

各接続線を動作の順序に左から右へ並べる

実体配線図〔例〕

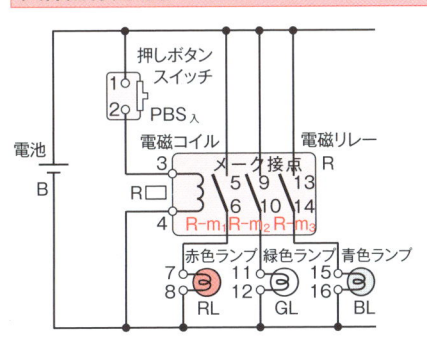

※直流電源を示す P（＋），N（－）の制御電源母線を上下に横線で示します．
　P：Positive（正極）　N：Negative（負極）
※押しボタンスイッチ $PBS_\text{入}$ と電磁コイル R□ の接続線を，制御電源母線の上下の間に，縦線で示します．
※電磁リレーのメーク接点 $R\text{-}m_1$ と赤色ランプ RL⊗，メーク接点 $R\text{-}m_2$ と緑色ランプ GL⊗，メーク接点 $R\text{-}m_3$ と青色ランプ BL⊗ の接続線を，制御電源母線の上下の間に，おのおの別々の縦線で示します．

※電磁リレーの電磁コイルと3個のメーク接点との機械的関連を具体的に表示した実体配線図です．電磁コイルや接点は，接続線内において押しボタンスイッチ回路と各ランプ回路の，それぞれ異なった回路になっていますので，機械的関連を重視した「実体配線図」では，電気回路を示す接続線の折れ曲がりが多くなります．このことから，「シーケンス図」の方が動作を見るには，いかに簡便で理解しやすいかがおわかりいただけると思います．

87

❷ シーケンス図における電磁接触器の表し方

電磁接触器による電動機始動制御　　　　　　● 電磁接触器の表し方〔例〕●

❖電動機の始動制御の一つである「じか入れ始動法」を例にとって，シーケンス図における電磁接触器の表し方を示してみましょう．

電磁接触器による電動機のじか入れ始動法の実際配線図

❖電磁接触器の主接点回路に電動機を接続し，また，補助接点回路には，赤色ランプ（「運転」表示）と緑色ランプ（「停止」表示）を接続します．そして，電磁接触器の電磁コイル回路に，押しボタンスイッチを接続して，開閉操作を行うようにします．

　注：この実際配線図は，電磁接触器のシーケンス図における表し方の説明に便利なように簡略化してありますので，実際の電動機のじか入れ始動制御の方法は，8-3項「電動機の始動制御」（141 〜 148 ページ）をご覧になってください．

● 電動機のじか入れ始動法の実際配線図〔例〕●

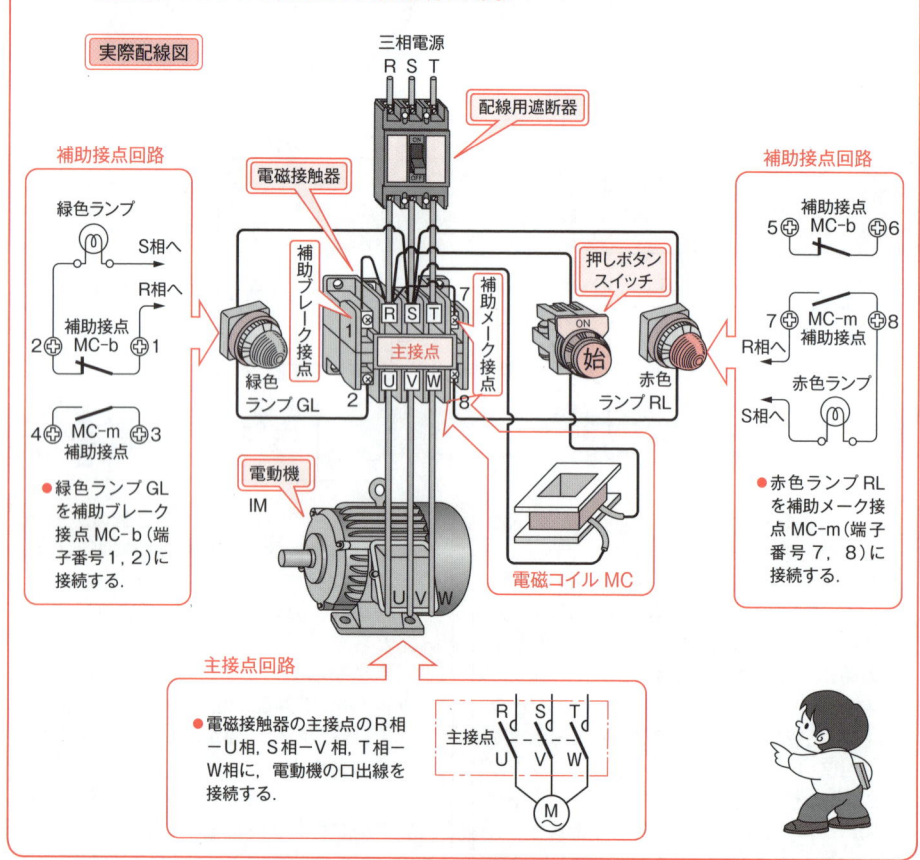

シーケンス図における電磁接触器の表し方

❖ シーケンス図において，電磁接触器を表示するには，固定鉄心，可動鉄心，ばね，モールドケースなどの機構部分や支持，保護部分などの機械的関連をすべて省略し，単独の電磁コイル，主接点および補助接点として表現し，シーケンス図の接続線に電気用図記号とともに文字記号を添記して，おのおの別々の接続線に分離して示します．

シーケンス図の書き方

❖ 電動機主回路に，電磁接触器の主接点 MC を示します．
❖ 電動機主回路の二相（例えば，R 相と S 相）から，制御電源母線を上下に横線で示します．
❖ 押しボタンスイッチ PBS入 と電磁接触器の電磁コイル MC □ をつなぐ接続線を，制御電源母線の上下の間に縦線で示します．
❖ 電磁接触器の補助ブレーク接点 MC-b と緑色ランプ GL⊗ をつなぐ接続線を，制御電源母線の上下の間に縦線で示します．
❖ 電磁接触器の補助メーク接点 MC-m と赤色ランプ RL⊗ をつなぐ接続線を，制御電源母線の上下の間に縦線で示します．

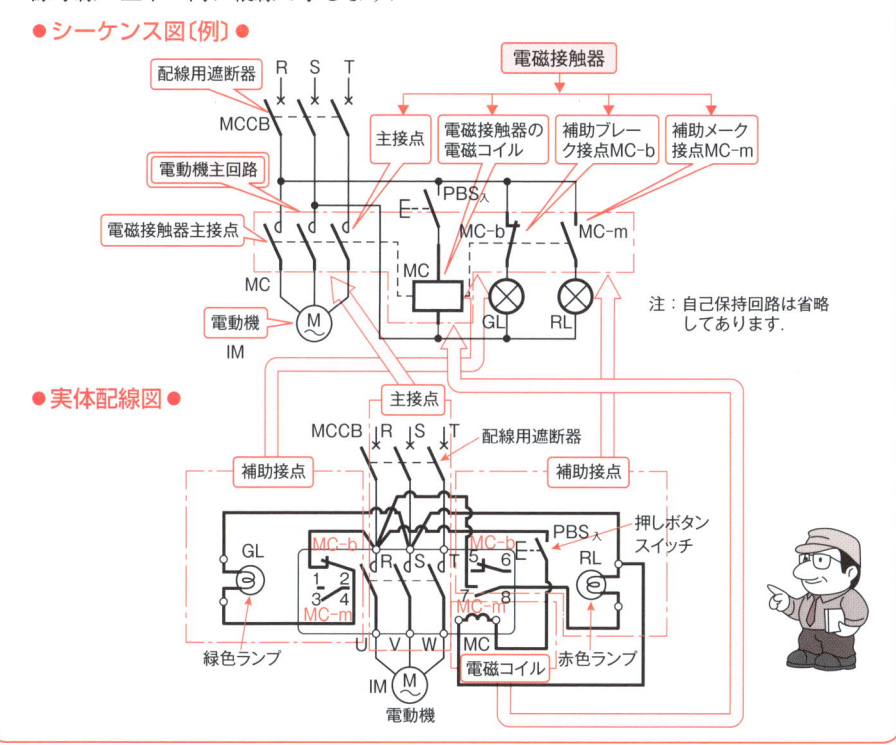

● シーケンス図〔例〕●

● 実体配線図 ●

6-4 シーケンス図の縦書きと横書き

① 縦書きシーケンス図の書き方

※シーケンス図の書き方には，接続線内の信号の流れの方向を基準とした呼び方と，制御電源母線を基準とした呼び方があります．
- **信号の流れ基準**では，接続線内の信号の流れる方向が縦方向の場合に「縦書き」といい，横方向の場合に「横書き」といいます．
- **制御電源母線基準**では，制御電源母線を上下の横線で示すものを「横書き」といい，左右の縦線で示すものを「縦書き」といいます．
- 信号の流れ基準と制御電源母線基準では，シーケンス図の「縦書き」と「横書き」の呼び方が逆になりますので注意してください．

縦書きシーケンス図の書き方〔例〕　　　　　　　　　　●信号の流れ基準●

※信号の流れ基準による縦書きシーケンス図とは，下図のように接続線内の大部分の信号の流れが，上下方向の縦に図示されているものをいいます．

> (1) 制御電源母線を図の上下に「横線」で示してください．
>
> (2) 接続線は上下方向，すなわち上下の制御電源母線の間に「縦線」で示してください．
>
> (3) 接続線は，だいたい動作の順序に「左から右」への順に並べて書いてください．

〔例〕電動機の始動制御

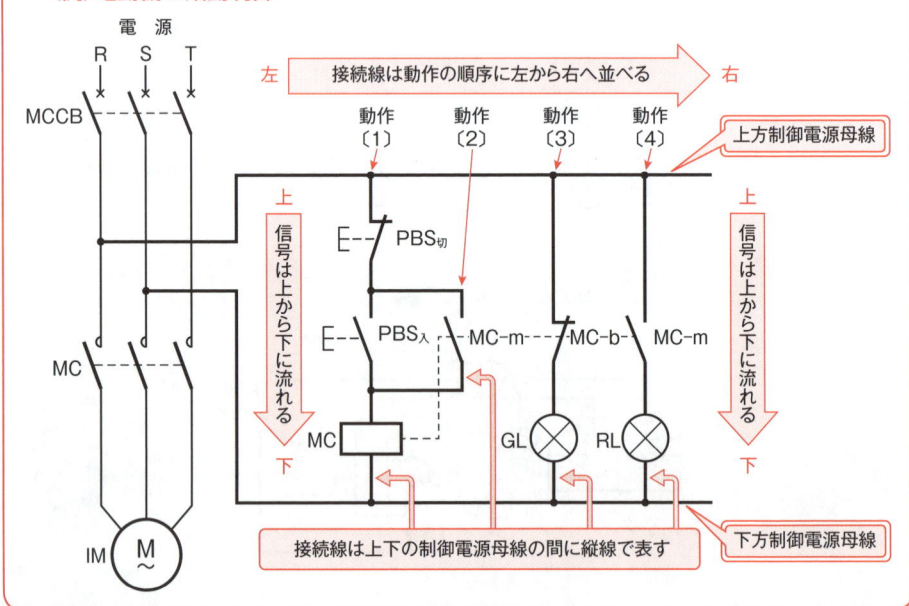

❷ 横書きシーケンス図の書き方

横書きシーケンス図の書き方〔例〕　　　　　　　　　　●信号の流れ基準●

※信号の流れ基準による横書きシーケンス図とは，下図のように接続線内の大部分の信号の流れが，左右方向の横に図示されているものをいいます．

> **（1）** 制御電源母線を図の左右に「縦線」で示してください．
>
> **（2）** 接続線は左右方向，すなわち左右の制御電源母線の間に「横線」で示してください．
>
> **（3）** 接続線は，だいたい動作の順序に「上から下」への順に並べて書いてください．

〔例〕電動機の始動制御

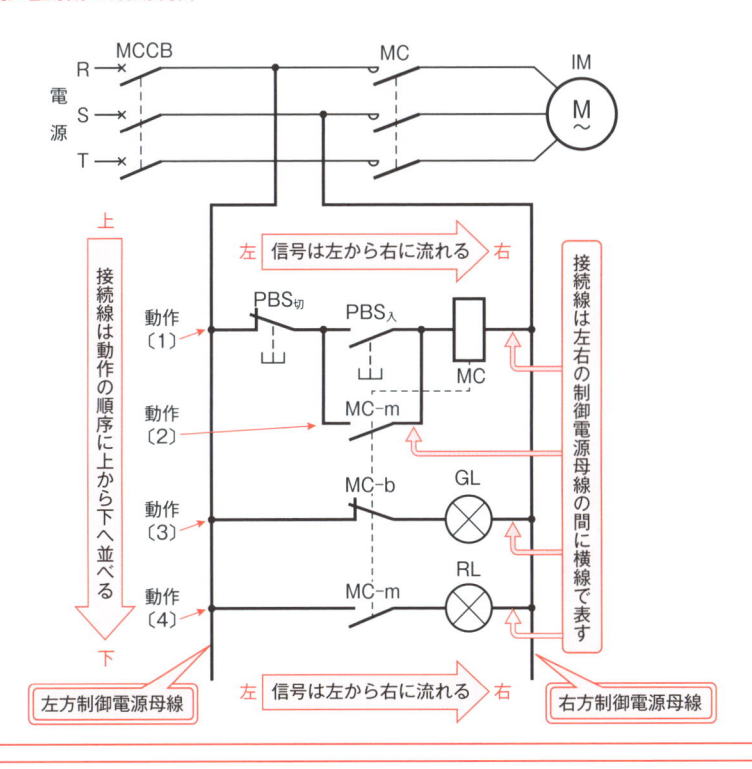

※縦書きと横書きシーケンス図の例として示しました「電動機の始動制御」については，8-3項（141～148ページ）に配線図やその動作順序などを詳しく説明してあります．

6-5 シーケンス図の制御電源母線のとり方

① 直流制御電源母線のとり方

直流制御電源母線のとり方の例　　　●信号の流れ基準●

※シーケンス図では，制御電源母線をいちいち電源図記号で示さず，電源導線として表します．

※信号の流れ基準による縦書きシーケンス図における直流制御電源母線は，正（＋）極P制御電源母線を「上方」に，負（－）極N制御電源母線を「下方」に横線で表します．

※信号の流れ基準による横書きシーケンス図における直流制御電源母線は，正（＋）極P制御電源母線を「左方」に，負（－）極N制御電源母線を「右方」に縦線で表します．

縦書きシーケンス図

●制御電源母線は上下の「横線」で示す

正（＋）極を上方に書く　　上方制御電源母線

Pは正（＋）極を示す

〔直流電源〕

Nは負（－）極を示す

負（－）極を下方に書く　　下方制御電源母線

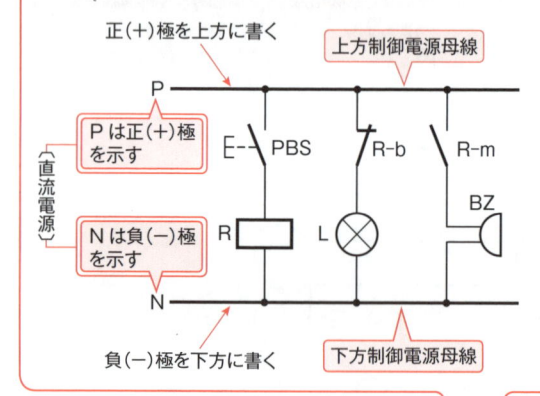

文字記号

PBS：押しボタンスイッチ
R　：電磁リレーの電磁コイル
L　：ランプ
BZ　：ブザー
R-m：電磁リレーのメーク接点
R-b：電磁リレーのブレーク接点

●制御電源母線は上下の「横線」で示す
　　直流電源はP，Nで表す
　　｛正（＋）極；上方に書く（記号P）
　　｛負（－）極；下方に書く（記号N）
　　　　P：Positive（正）
　　　　N：Negative（負）

横書きシーケンス図

●制御電源母線は左右の「縦線」で示す

〔直流電源〕

Pは正（＋）極を示す　　Nは負（－）極を示す

左方制御電源母線　　右方制御電源母線

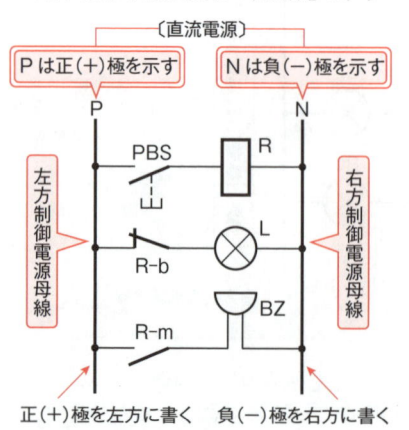

正（＋）極を左方に書く　　負（－）極を右方に書く

●動作順序の説明●

※押しボタンスイッチPBSを押しますと，閉じて電磁リレーRの電磁コイルR▢に電流が流れ，動作します．

※電磁リレーRが動作しますと，そのブレーク接点R-bは開路し，電流が流れずランプL⊗は消灯します．

※電磁リレーRが動作しますと，そのメーク接点R-mは閉路し，電流が流れてブザーBZが鳴ります．

●制御電源母線は左右の「縦線」で示す
　　直流電源はP，Nで表す
　　｛正（＋）極：左方に書く（記号P）
　　｛負（－）極：右方に書く（記号N）
　　　　P：Positive（正）
　　　　N：Negative（負）

❷ 交流制御電源母線のとり方

交流制御電源母線のとり方の例　　　　　　　　●信号の流れ基準●

❖信号の流れ基準による縦書きシーケンス図の交流制御電源母線はR，SまたはT相を
表示する2線を，上方制御電源母線および下方制御電源母線として「横線」で示します．

❖信号の流れ基準による横書きシーケンス図の交流制御電源母線はR，SまたはT相を表示
する2線を，左方制御電源母線および右方制御電源母線として「縦線」で示します．

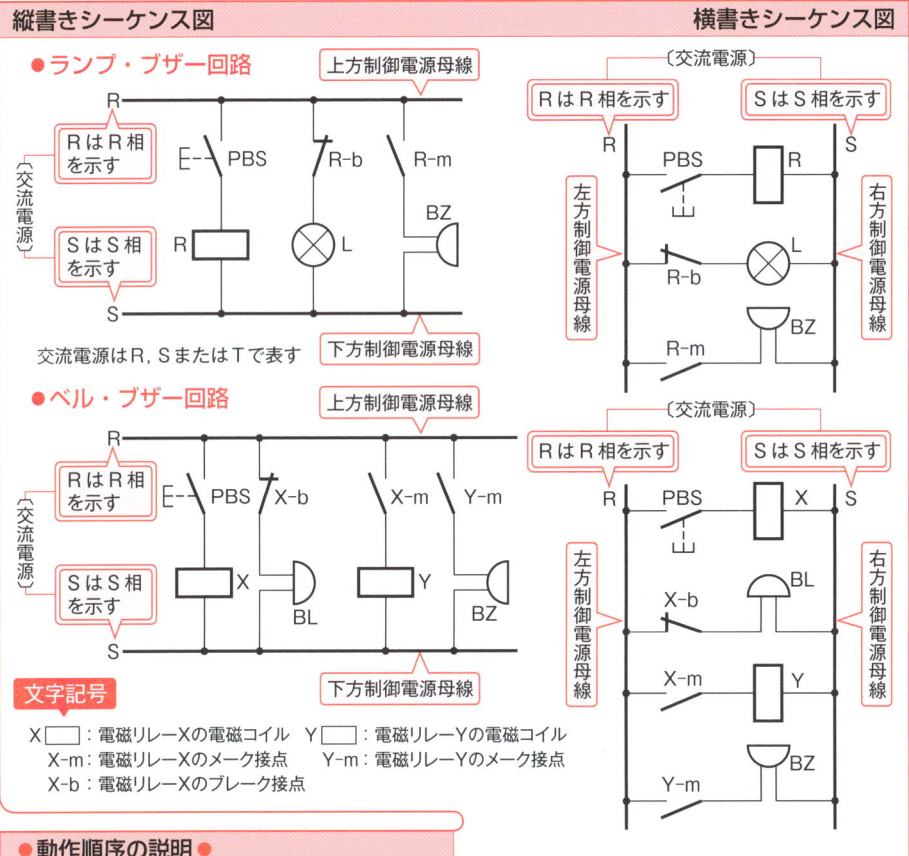

縦書きシーケンス図　　　　　　　　　　　　　　横書きシーケンス図

●ランプ・ブザー回路

交流電源はR，SまたはTで表す

●ベル・ブザー回路

文字記号

X ☐：電磁リレーXの電磁コイル　Y ☐：電磁リレーYの電磁コイル
X-m：電磁リレーXのメーク接点　Y-m：電磁リレーYのメーク接点
X-b：電磁リレーXのブレーク接点

●動作順序の説明●

❖上図下欄のベル・ブザー回路のシーケンス図において，押しボタンスイッチ PBS を押しま
すと閉じて，電磁リレーXの電磁コイルX ☐ に電流が流れ，動作します．

❖電磁リレーXが動作しますと，そのブレーク接点X-bが開路し，ベル BL が鳴りやみます．

❖電磁リレーXが動作しますと，そのメーク接点X-mが閉路し，電磁リレーYの電磁コイ
ル Y ☐ に電流が流れ，動作します．

❖電磁リレーYが動作しますと，そのメーク接点Y-mが閉路し，ブザー BZ が鳴ります．

93

6-6　シーケンス図の接続線の書き方

❶ 接続線の書き方の決まり

接続線の書き方の決まり　　　　　　　　●信号の流れ基準●

※シーケンス図における接続線は，縦書きシーケンス図では，制御電源母線の間に「縦線」で示し，また，横書きシーケンス図では，制御電源母線の間に「横線」で示します．

（1）　接続線に示す開閉接点を有する制御機器の接点および電磁コイルは，その構造的・機械的関係を除いて電気用図記号で表してください．

（2）　接続線は，制御電源母線の間を極力まっすぐな線とし，縦書きでは**上下に往復しないように**，また，横書きでは**左右に往復しないように**してください．

（3）　接続線は，縦書きでは横に結ぶ線を少なくし，また，横書きでは縦に結ぶ線を少なくして，できるだけ線を引きまわさないようにしてください．

シーケンス図の接続線の書き方

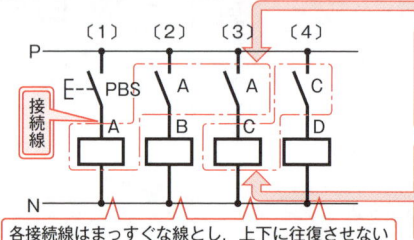

接続線〔2〕および〔3〕の接点Aは接続線〔1〕の電磁コイルA□との機械的関係を除いて表すため，電磁コイルA□と同じ段には並べて書かない

接続線〔4〕の接点Cは接続線〔3〕の電磁コイルC□との機械的関係を除いて表すため，電磁コイルC□と同じ段には並べて書かない

各接続線はまっすぐな線とし，上下に往復させない

注：A，B，CおよびDは，おのおのの電磁リレーを表す．

このような書き方はしないでください

※上記の決まり（1）に反して，制御機器の構造的・機械的関係を考慮して，（a）図のように，電磁リレーAの電磁コイルA□と2個の接点Aおよび電磁リレーCの電磁コイルC□と接点Cを，強引に同じ段に書きますと，電磁コイルD□は，さらにその下の段になります．ということは，電磁リレーの数だけ段ができますので，シーケンス図は縦長の非常に見にくいものになります．また，（b）図のように，接続線を短くするために，上方に戻しますと，接続線を次々に上下に往復させることになりますので，決まり（2）の条件に合わなくなり，これも見にくくなります．

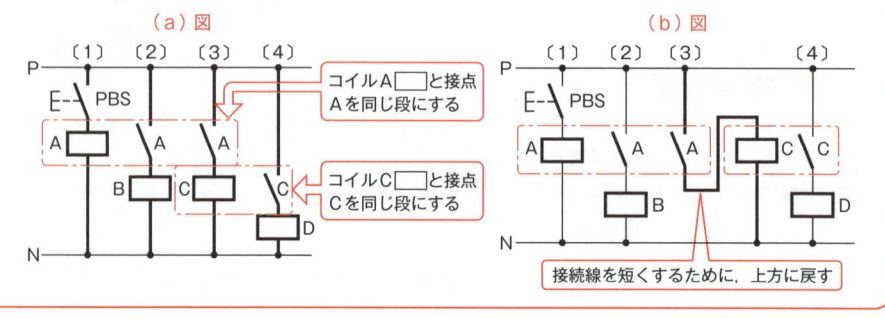

（a）図

コイルA□と接点Aを同じ段にする

コイルC□と接点Cを同じ段にする

（b）図

接続線を短くするために，上方に戻す

6-7 各種記号によるシーケンス図の表し方

① 文字記号・制御器具番号によるシーケンス図の表し方

※電動機の時限制御のシーケンス図を，文字記号および制御器具番号によって表してみましょう．この場合，文字記号の電磁接触器 MC を，制御器具番号では，交流電磁接触器 52 とし，配線用遮断器 MCCB を 1，タイマ TLR を 2，また，押しボタンスイッチ PBS を 3-52 といたします．

※なお，この電動機の時限制御の実際の装置内容と，そのシーケンス動作については，10-1 項（176 ページ）に詳しく説明してあります．

文字記号によるシーケンス図〔例〕

●電動機の時限制御●

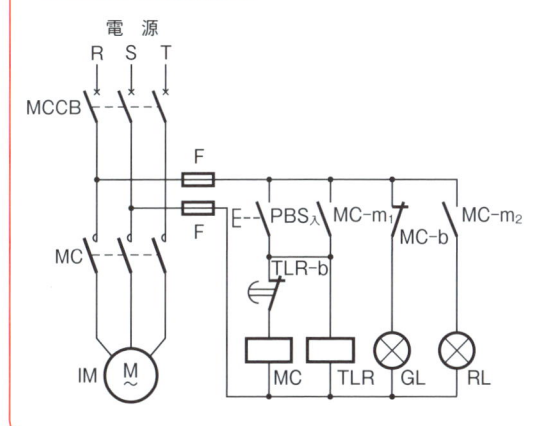

文 字 記 号

MCCB ： 配線用遮断器
MC □ ： 電磁接触器の電磁コイル
MC ： 電磁接触器の主接点
MC-m₁
MC-m₂ ： 電磁接触器の補助メーク接点
MC-b ： 電磁接触器の補助ブレーク接点
TLR □ ： タイマの駆動部
TLR-b ： タイマの限時動作ブレーク接点
PBS ： 始動用押しボタンスイッチ
F ： ヒューズ
IM Ⓜ ： 三相誘導電動機
GL ⊗ ： 緑色ランプ
RL ⊗ ： 赤色ランプ

制御器具番号によるシーケンス図〔例〕

●電動機の時限制御●

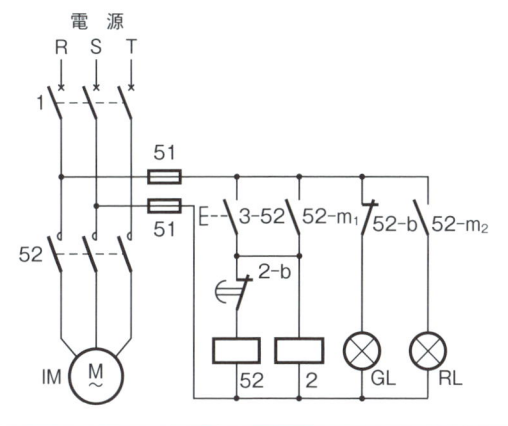

制御記号番号

1 ： 主制御開閉器（電源スイッチ）
52 □ ： 交流電磁接触器の電磁コイル
52 ： 交流電磁接触器の主接点
52-m₁
52-m₂ ： 交流電磁接触器のメーク接点
52-b ： 交流電磁接触器のブレーク接点
2 □ ： 始動時延継電器（タイマ）駆動部
2-b ： 始動時延継電器（タイマ）の限時動作ブレーク接点
3-52 ： 交流電磁接触器用操作開閉器
51 ： ヒューズ
IM Ⓜ ： 三相誘導電動機
GL ⊗ ： 緑色ランプ
RL ⊗ ： 赤色ランプ

❷ 文字記号によるシーケンス図の表し方〔例〕

例1 電動機の正逆転制御回路図

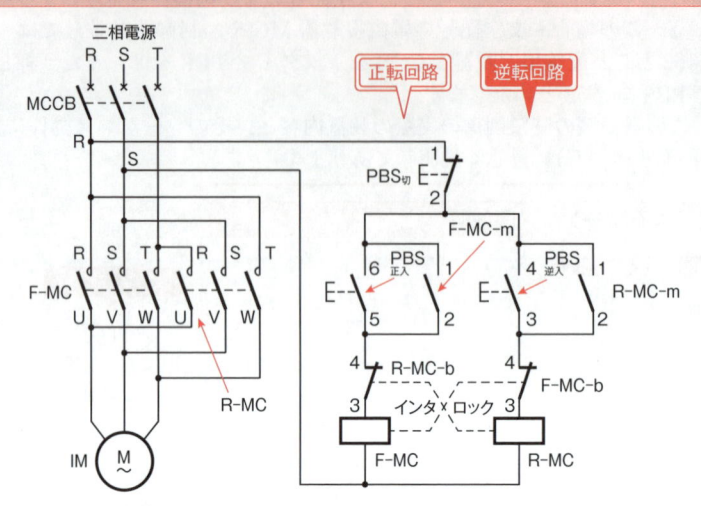

※この電動機の正逆転制御の実際の装置内容と，そのシーケンス動作については，11-1項(204ページ)に詳しく説明してあります．

例2 電動機のスターデルタ始動制御回路図

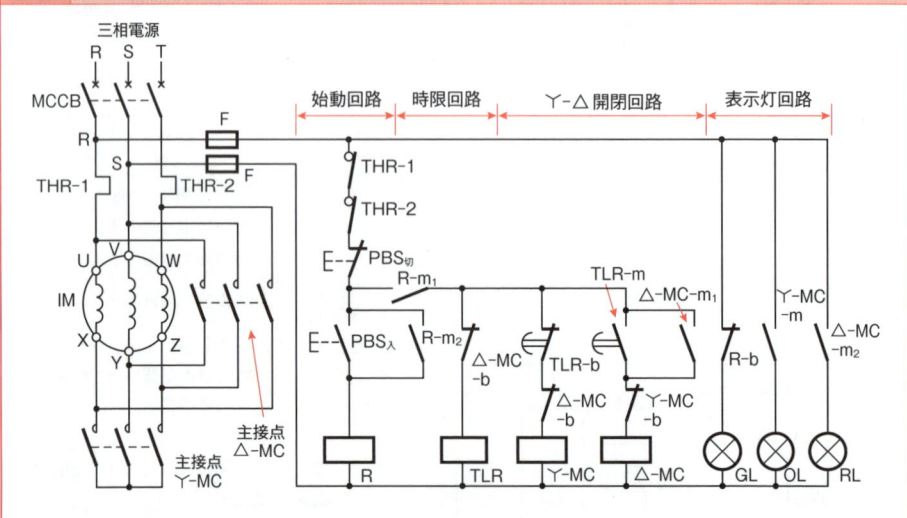

※この電動機のスターデルタ始動制御の実際の装置内容と，そのシーケンス動作については，11-2項(224ページ)に詳しく説明してあります．

第7章

シーケンス制御の基本回路の読み方

※碁, 将棋などの定石と同じように, シーケンス制御にも, **NOT 回路**, **AND 回路**, **OR 回路**, **自己保持回路**, **インタロック回路**などの基本回路があり, これらがいろいろと組み合わさって, シーケンス制御回路を構成しているといえます. そこで, これらの基本回路について, 図面を見なくても書けるように, しっかりと覚えることが, シーケンス制御を理解するうえで, 大切なことです.
※最近では, 集積回路 (IC：Integrated Circuit) を中心とした半導体による無接点リレーの使用も多くなっておりますので, 無接点リレー回路の動作の理解も必要といえます.
※**論理回路**および**論理代数**は, シーケンス制御技術の一環として, コンピュータが活用されている現在, とくに利用される機会の多い基礎的な知識といえます.

この章のポイント

1. 電磁リレーの動作回路, 復帰（NOT）回路で, シーケンス動作の基本を頭に入れてください.
2. 接点の直列回路, 並列回路については, 押しボタンスイッチを用いた場合と, 電磁リレーを用いた場合の両方を比較しながら見てください. その動作のしかたは, 同じであることがおわかりいただけると思います.
3. 自己保持回路, インタロック回路は, ちょっとむずかしくなりますが, よくその目的および動作を理解しておいてください.
4. 無接点リレー回路と電磁リレー回路を対比して, 説明してありますから, その動作のしかたがおわかり願えると思います.
5. 論理回路の基本である論理積（AND）, 論理和（OR）, 論理否定（NOT）, 論理積否定（NAND）, 論理和否定（NOR）などの回路の意味をよく理解すれば, 論理回路図(ロジックシーケンス図)を読むことができることでしょう.

7-1 動作回路と復帰回路の読み方

❶ 動作回路の動作とタイムチャート

動作回路とは

※動作回路とは，電磁リレーX が動作すると，電磁コイルY □ に電流が流れて，電磁リレーY が動作し，電磁リレーX が復帰すれば電磁リレーY も復帰するような，もっとも基本的な回路をいいます．

〈動作回路のタイムチャート〉

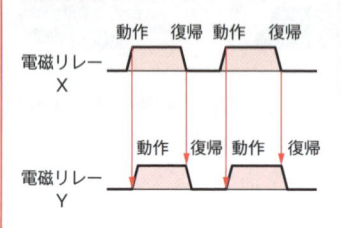

動作回路の実際配線図〔例〕

※電磁リレーX のメーク接点 X-m と電磁リレーY の電磁コイルY □ を直列に接続します．

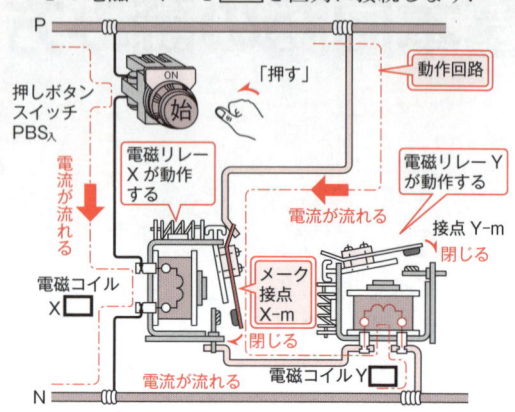

電磁リレーXが動作した場合 ●動作の説明●

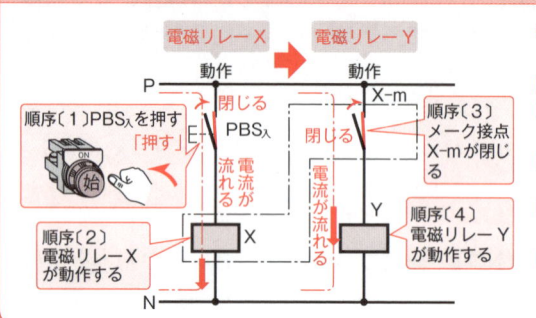

※電磁リレーX が動作すると，電磁リレーY が動作します．

順序
〔1〕 押しボタンスイッチ PBS入 を押すと，メーク接点が閉じます．
〔2〕 電磁コイルX □ に電流が流れ，電磁リレーX が動作します．
〔3〕 電磁リレーX が動作すると，そのメーク接点 X-m が閉じます．
〔4〕 メーク接点 X-m が閉じると，電磁コイルY □ に電流が流れ，電磁リレーY が動作します．

電磁リレーXが復帰した場合 ●動作の説明●

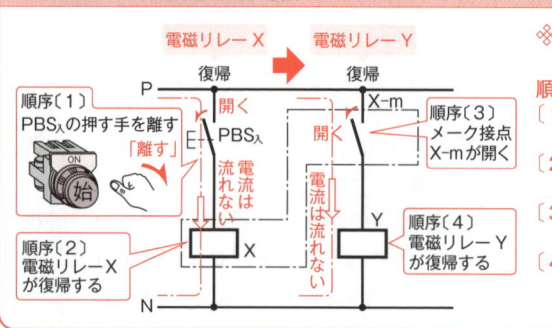

※電磁リレーX が復帰すると，電磁リレーY が復帰します．

順序
〔1〕 押しボタンスイッチ PBS入 の押す手を離すと，メーク接点が開きます．
〔2〕 電磁コイルX □ に電流は流れず，電磁リレーX が復帰します．
〔3〕 電磁リレーX が復帰すると，そのメーク接点 X-m が開きます．
〔4〕 メーク接点 X-m が開くと，電磁コイルY □ に電流は流れず，電磁リレーY が復帰します．

❷ 復帰回路（NOT 回路）の動作とタイムチャート

復帰回路（NOT 回路）とは

※復帰回路とは，電磁リレー X が動作すると，そのブレーク接点が開いて，電磁リレー Y の動作回路が断たれ復帰し，電磁リレー X が復帰すればそのブレーク接点が閉じて，電磁リレー Y の動作回路ができ，動作する回路をいいます．

※復帰回路は，電磁リレー X の動作に対して，電磁リレー Y が，復帰して反対の動作をする回路ですから，動作を「否定」するという意味で「NOT 回路」ともいいます．

〈復帰回路のタイムチャート〉

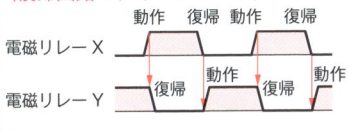

復帰回路の実際配線図〔例〕

※電磁リレー X のブレーク接点 X-b と電磁リレー Y の電磁コイル Y □ を直列に接続します．

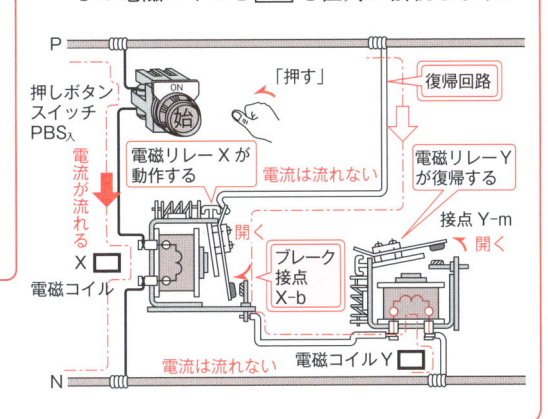

電磁リレー X が動作した場合 　●動作の説明●

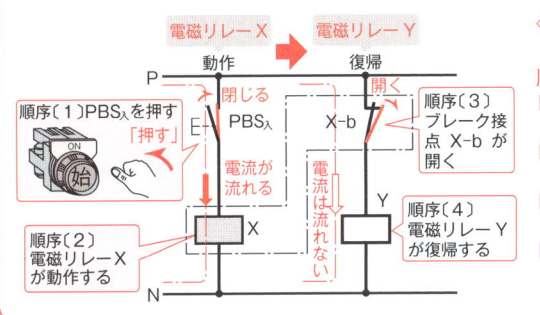

※電磁リレー X が動作すると，電磁リレー Y が復帰します．

順序
〔1〕押しボタンスイッチ PBS入 を押すと，メーク接点が閉じます．
〔2〕電磁コイル X □ に電流が流れ，電磁リレー X が動作します．
〔3〕電磁リレー X が動作すると，そのブレーク接点 X-b が開きます．
〔4〕ブレーク接点 X-b が開くと，電磁コイル Y □ に電流は流れず，電磁リレー Y が復帰します．

電磁リレー X が復帰した場合 　●動作の説明●

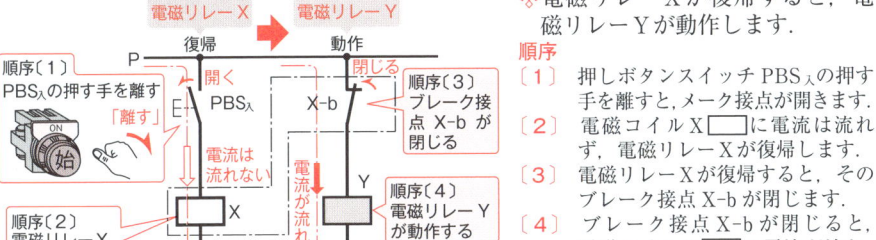

※電磁リレー X が復帰すると，電磁リレー Y が動作します．

順序
〔1〕押しボタンスイッチ PBS入 の押す手を離すと，メーク接点が開きます．
〔2〕電磁コイル X □ に電流は流れず，電磁リレー X が復帰します．
〔3〕電磁リレー X が復帰すると，そのブレーク接点 X-b が閉じます．
〔4〕ブレーク接点 X-b が閉じると，電磁コイル Y □ に電流が流れ，電磁リレー Y が動作します．

99

7-2　接点の直列回路の読み方

❶ メーク接点の直列（AND）回路の動作のしかた

メーク接点の直列回路　　　● AND 回路 ●

※ 多数のメーク接点をすべて直列に接続した回路を「AND 回路（アンド）」といいます.
※ メーク接点の直列回路である「AND 回路」では，接点Aおよび接点Bが，両方とも閉じたとき，はじめて電流が流れ，電磁リレーXは動作します. このA「および（AND）」Bという条件で，電磁リレーXが動作することから「AND 回路」といいます.
※ 多数のメーク接点をすべて直列に接続した回路では，すべてのメーク接点が動作して閉路したときに，回路は導通となり電流が流れます.

押しボタンスイッチによるメーク接点の直列回路　　　● AND 回路 ●

※ メーク接点の押しボタンスイッチAとBを2個直列に接続して，電磁リレーXの電磁コイルX▢の回路につなぎます.

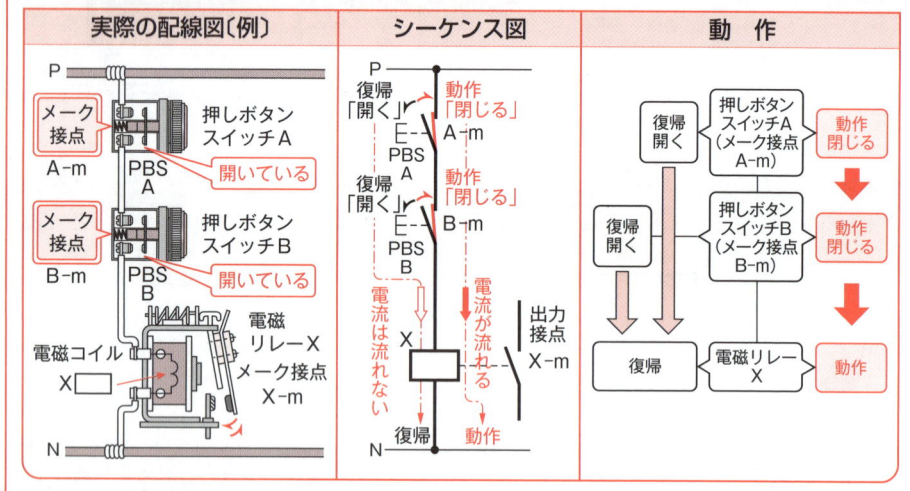

実際の配線図〔例〕	シーケンス図	動　作

〈タイムチャート〔例〕〕

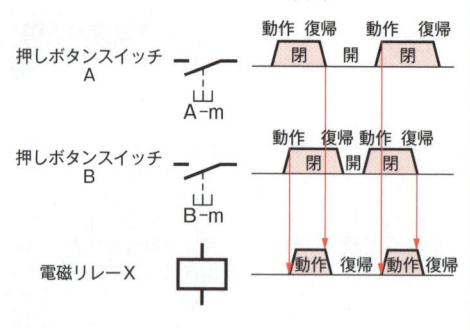

● 動作の説明 ●

順序

〔1〕　押しボタンスイッチAを押すと，そのメーク接点 A-m が閉じます.

〔2〕　次に押しボタンスイッチBを押すと，そのメーク接点 B-m が閉じます.

〔3〕　接点 B-m が閉じると同時に，電磁リレーXの動作条件ができて電流が流れるので，電磁リレーXは動作します.

〔4〕　押しボタンスイッチAの押す手を離すと，復帰して接点 A-m が開きます.

〔5〕　接点 A-m が開くと同時に，電磁リレーXには，電流は流れなくなり，復帰します（接点 B-m が開いても同じです）.

電磁リレーによるメーク接点の直列回路　　● AND 回路 ●

❖電磁リレーAのメーク接点 A-m と電磁リレーBのメーク接点 B-m を 2 個直列に接続して，電磁リレーXの電磁コイルX □ の回路につなぎます.

実際の配線図〔例〕	シーケンス図	動　作

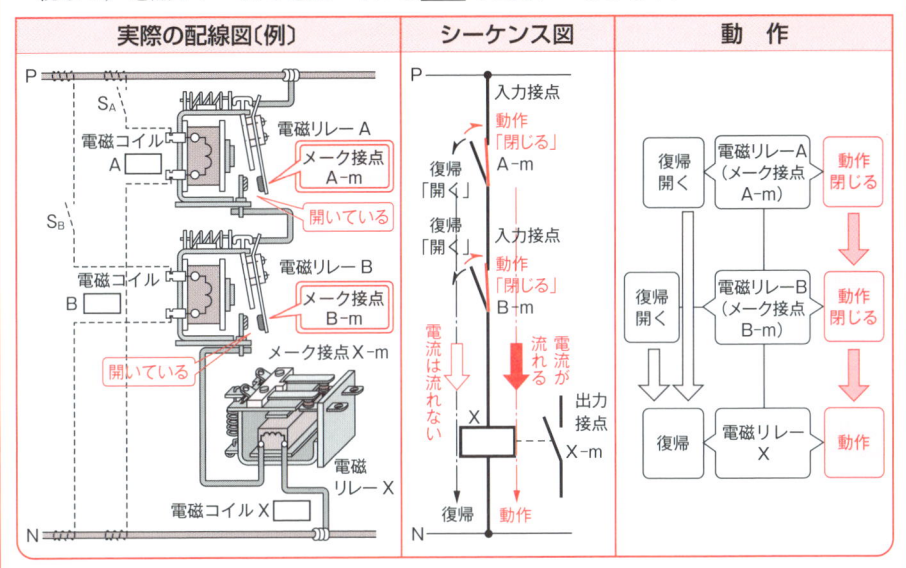

〈タイムチャート〔例〕〉

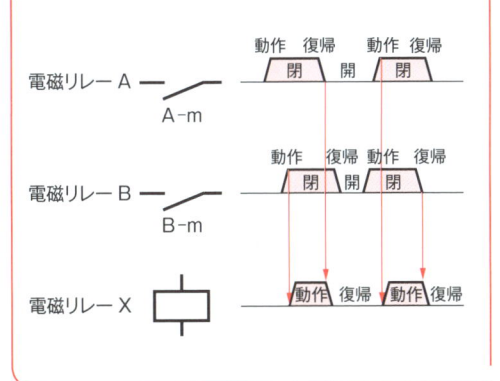

● 動作の説明 ●

順序
〔1〕スイッチ S_A を入れて，電磁リレーAを動作させると，メーク接点 A-m が閉じます.

〔2〕次にスイッチ S_B を入れて，電磁リレーBを動作させると，メーク接点 B-m が閉じます.

〔3〕接点 B-m が閉じると同時に，電磁リレーXの動作条件ができて電流が流れるので，電磁リレーXは動作します.

〔4〕スイッチ S_A を開いて，電磁リレーAを復帰すると，接点 A-m が開きます.

〔5〕メーク接点 A-m が開くと同時に，電磁リレーXには，電流は流れなくなり，復帰します（メーク接点 B-m が開いても同じです）.

ANDの条件

❖電磁リレーXの出力接点 X-m が閉じるための条件は，入力接点AおよびBがともに閉じることであり，このように入力条件のすべてが成立することを「AND の条件」といい，この AND の条件によって，出力信号が出る回路を「AND 回路」といいます.

101

❷ ブレーク接点の直列（NOR）回路の動作のしかた

押しボタンスイッチによるブレーク接点の直列回路　　　● NOR 回路 ●

※多数のブレーク接点をすべて直列に接続した回路を「NOR 回路」といい，この回路ではそのうちのどれか一つのブレーク接点が動作して開路しますと，回路は不導通となり電流が流れなくなります．

※ブレーク接点の押しボタンスイッチ C と D を 2 個直列に接続して，電磁リレー X の電磁コイル X ☐ の回路につなぎます．

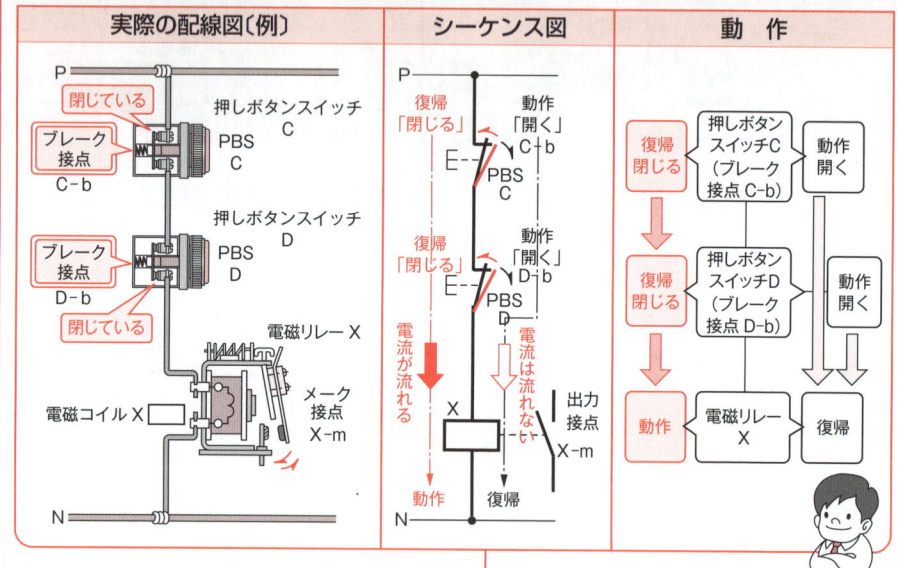

実際の配線図〔例〕	シーケンス図	動　作

〈タイムチャート〔例〕〉

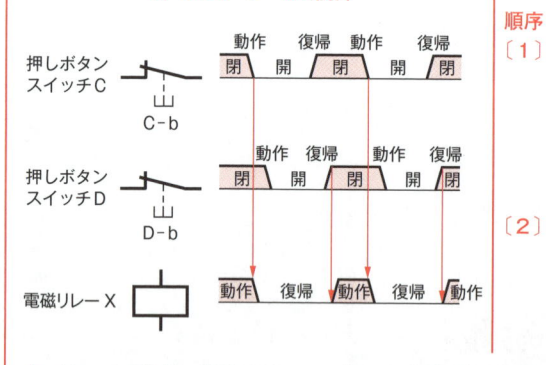

● 動作の説明 ●

順序

〔1〕　押しボタンスイッチ C と D が，両方ともボタンを押さず復帰しているときは，ブレーク接点 C-b とブレーク接点 D-b は閉じているので，電磁コイル X ☐ に電流が流れ，電磁リレー X は動作します．

〔2〕　押しボタンスイッチ C と D のどちらかを押して動作させると，電磁リレー X の動作回路が，接点 C-b または接点 D-b が開路して，電流は流れないので，電磁リレー X は復帰します．

※ブレーク接点の押しボタンスイッチを直列に接続しますと，そのうちの一つ（例：押しボタンスイッチ C または D）を押しますと，電磁リレー X が復帰することから，この回路は，多くの箇所（例：2 箇所）からの「停止回路」としても，用いられます．

電磁リレーによるブレーク接点の直列回路　● NOR 回路 ●

❖電磁リレーCのブレーク接点 C-b と電磁リレーDのブレーク接点 D-b を2個直列に
接続して，電磁リレーXの電磁コイルX□の回路につなぎます.

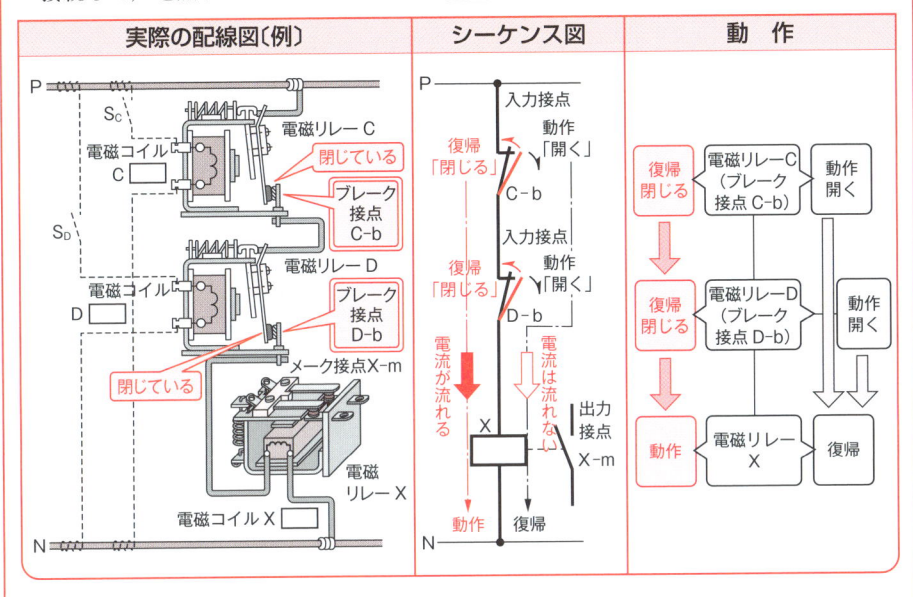

実際の配線図〔例〕	シーケンス図	動　作

〈タイムチャート〔例〕〉

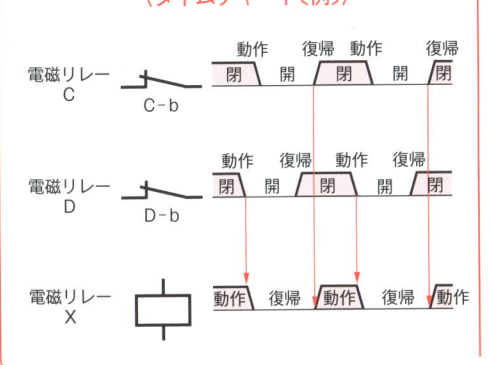

● 動作の説明 ●

順序
〔1〕　スイッチ S_C と S_D が開の状態で，電磁
　　　リレーCとDが両方とも復帰している
　　　と，接点 C-b と接点 D-b が閉じてい
　　　るので，電磁コイルX□に電流が流
　　　れ，電磁リレーXは動作します.

〔2〕　スイッチ S_C または S_D を閉じて，電磁
　　　リレーCまたはDのどちらかを動作さ
　　　せると，電磁リレーXの動作回路が，
　　　ブレーク接点 C-b またはブレーク接
　　　点 D-b の開路で断たれて，電流は流
　　　れないので,電磁リレーXは復帰します.

NOR 回路　　　　　　　　　●ブレーク接点の直列回路●

❖ブレーク接点の直列回路は，入力信号のうちの一つが動作しますと，入力接点が開い
て電磁リレーXが復帰しますので，出力信号が出なくなることから，OR の条件（106
ページ参照）を否定（NOT）したことにより NOR（NOT OR）回路といいます.

103

❸ メーク接点・ブレーク接点の直列回路の動作のしかた

押しボタンスイッチによるメーク接点・ブレーク接点の直列回路　●禁止回路●

❊メーク接点とブレーク接点を直列に接続した回路では，メーク接点が動作すると閉じるが，ブレーク接点が動作すると開くので，回路は不導通となり電流が流れません．

❊メーク接点の押しボタンスイッチEとブレーク接点の押しボタンスイッチFを2個直列に接続して，電磁リレーXの電磁コイルX□□の回路につなぎます．

❊この回路では，押しボタンスイッチEを押すと閉じるが，押しボタンスイッチFを押すと開くので，電磁リレーXは電磁コイルX□□に電流が流れず動作をせず，動作を禁止されることから，この回路を**禁止回路**といいます．

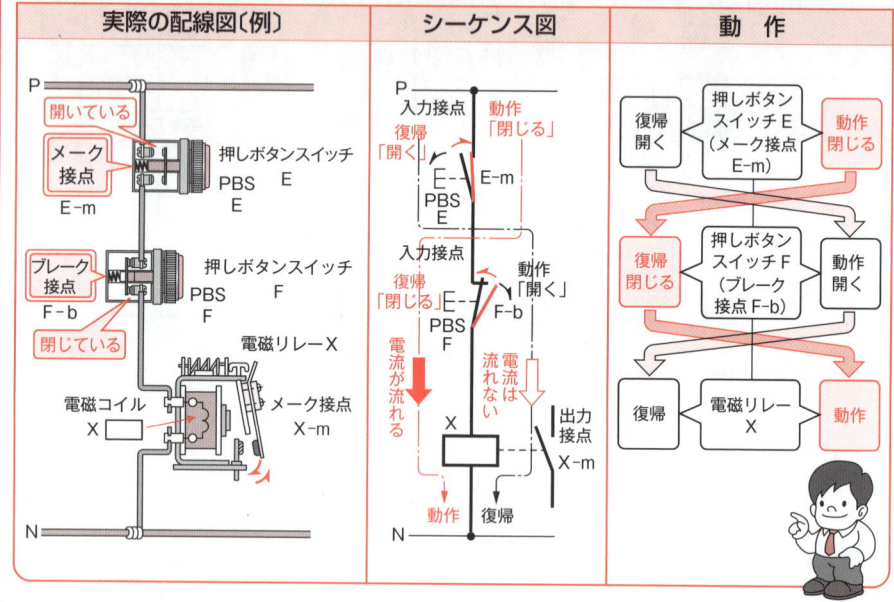

実際の配線図〔例〕	シーケンス図	動　作

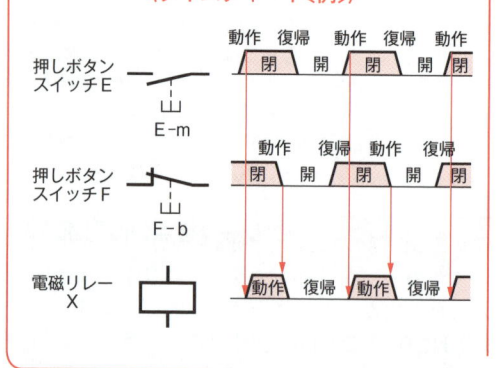

〈タイムチャート〔例〕〉

●動作の説明●

順序

〔1〕押しボタンスイッチEを押すと，メーク接点E-mが閉じます．そして，押しボタンスイッチFを押さずに復帰状態とするとブレーク接点F-bは閉じているから，電磁コイルX□□に電流が流れ，電磁リレーXは動作します．

〔2〕押しボタンスイッチEを押してメーク接点E-mが閉じていても，押しボタンスイッチFを押してブレーク接点F-bが開くと，電流が流れず，電磁リレーXは復帰し動作が禁止されます．

電磁リレーによるメーク接点・ブレーク接点の直列回路　●禁止回路●

❋電磁リレーEのメーク接点E-mと電磁リレーFのブレーク接点F-bを2個直列に接続して，電磁リレーXの電磁コイルX□□の回路につなぎます．

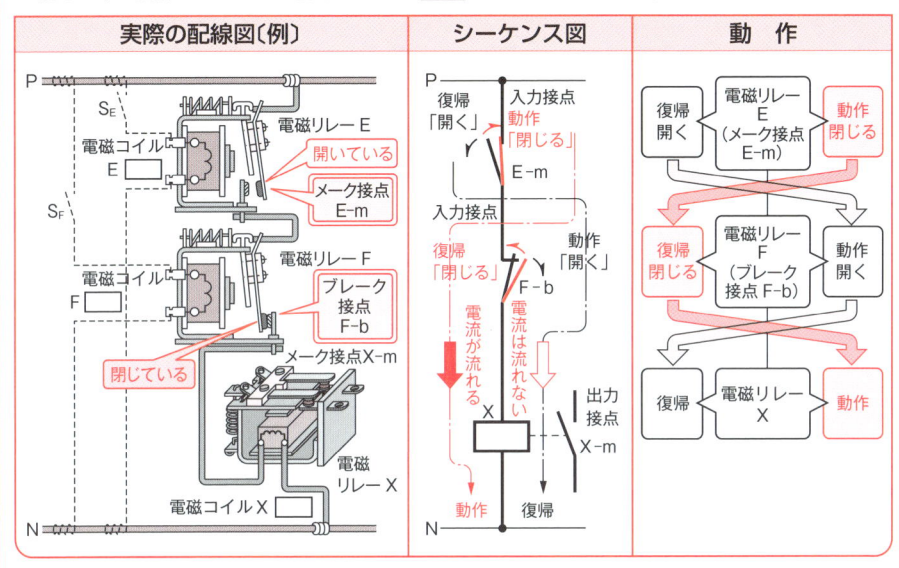

実際の配線図〔例〕	シーケンス図	動　作

〈タイムチャート〔例〕〉

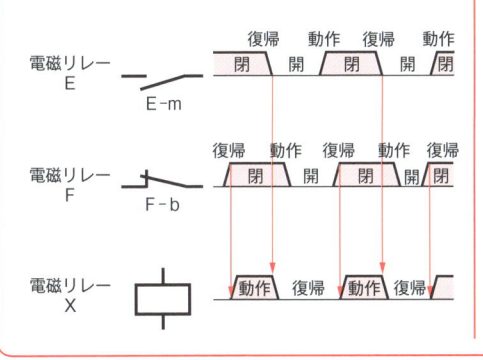

●動作の説明●

順序

〔1〕　スイッチ S_E を閉じて，電磁リレーEを動作させると，メーク接点E-mが閉じます．そして，電磁リレーFを復帰状態とすると，ブレーク接点F-bは閉じているので，電磁コイルX□□に電流が流れ，電磁リレーXは動作します．

〔2〕　電磁リレーEを動作しメーク接点E-mが閉じても，電磁リレーFが動作してブレーク接点F-bが開くと，電流が流れず電磁リレーXは復帰し，動作が禁止されます．

メーク接点・ブレーク接点の直列回路　●禁止回路●

❋メーク接点とブレーク接点を直列に接続した回路では，入力信号としてメーク接点が動作して入力接点が閉じても，ブレーク接点が動作して入力接点が開きますと，電磁リレーXは復帰して出力接点(メーク接点)が開き，出力信号が出ません．そこで，ブレーク接点の入力信号を禁止入力といい，このような回路を**禁止回路**といいます．

105

7-3 接点の並列回路の読み方

❶ メーク接点の並列（OR）回路の動作のしかた

メーク接点の並列回路　● OR 回路 ●

※多数のメーク接点を，すべて並列に接続した回路を「OR 回路（オア）」といいます.

※「OR 回路」では，接点Aまたは接点Bのうち，どちらか一つの接点が閉じたとき，電磁リレーXが動作します. このA「または（OR）」Bという条件で電磁リレーXが動作するので「OR 回路」といいます. 多数のメーク接点をすべて並列に接続した回路では，どれか一つのメーク接点が動作して閉路すると回路は導通となり電流が流れます.

押しボタンスイッチによるメーク接点の並列回路　● OR 回路 ●

※メーク接点の押しボタンスイッチAとBを2個並列に接続して，電磁リレーXの電磁コイルX□の回路につなぎます.

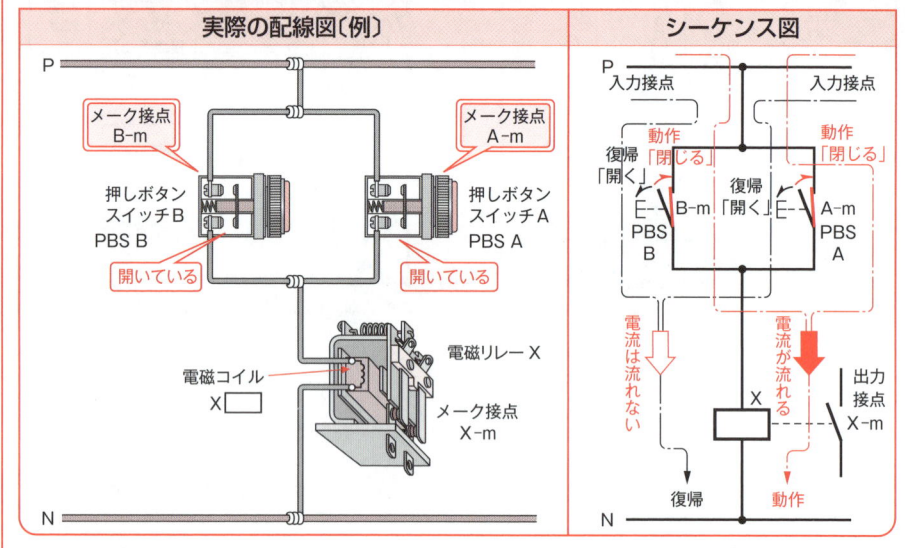

実際の配線図〔例〕	シーケンス図

● 動作の説明 ●

順序

〔1〕　押しボタンスイッチAまたはBを押して，メーク接点 A-m またはメーク接点 B-m が閉じれば，電磁コイルX□に電流が流れ，電磁リレーXは動作します.

〔2〕　押しボタンスイッチAとBが両方とも復帰して，接点 A-m と接点 B-m がともに開路すれば，電磁コイルX□に電流が流れず，電磁リレーXは復帰します.

OR の条件

※電磁リレーXの出力接点 X-m が閉じるための条件は，入力接点Aまたは（OR）Bのどちらかが閉じることであり，このように入力条件のどれか一つが成立することを「OR の条件」といい，OR の条件によって出力信号が出る回路を「OR 回路（オア）」といいます.

電磁リレーによるメーク接点の並列回路　● OR 回路 ●

❖電磁リレーAのメーク接点 A-m と電磁リレーBのメーク接点 B-m を2個並列に接続して，電磁リレーXの電磁コイルX□の回路につぎます．

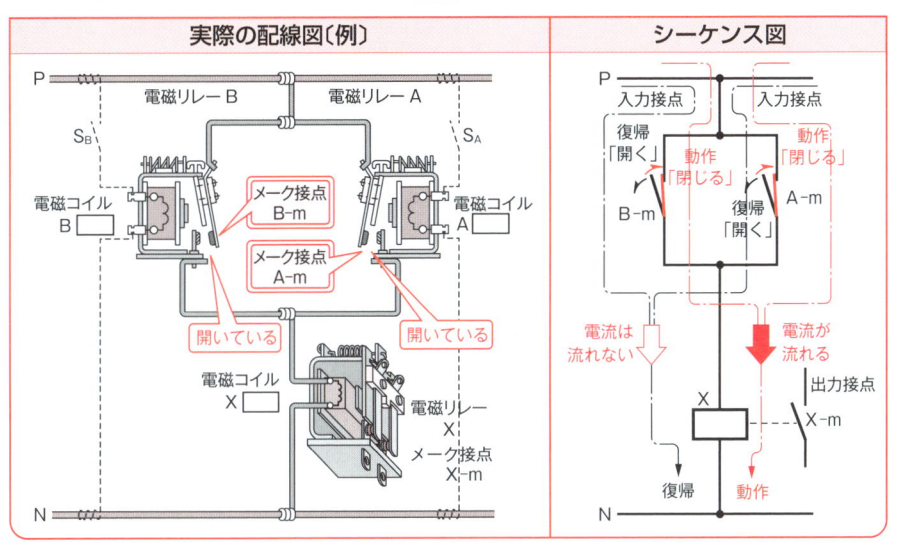

実際の配線図〔例〕	シーケンス図

● 動作の説明 ●

順序

〔1〕スイッチ S_A または S_B のどちらか一つを入れて，電磁リレーAまたはBを動作させると，メーク接点 A-m またはメーク接点 B-m が閉じて，電磁コイルX□に電流が流れ，電磁リレーXは動作します．

〔2〕スイッチ S_A と S_B を両方とも切って，電磁リレーAとBを復帰させると，メーク接点 A-m とメーク接点 B-m がともに開路して，電磁コイルX□に電流は流れず，電磁リレーXは復帰します．

〈タイムチャート〔例〕〉

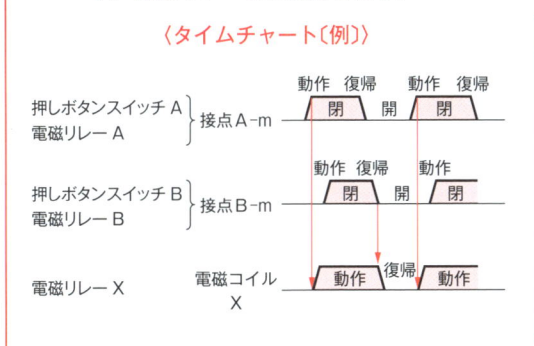

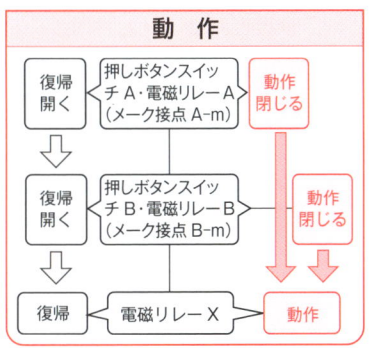

動　作

107

❷ ブレーク接点の並列（NAND）回路の動作のしかた

押しボタンスイッチによるブレーク接点の並列回路　　　● NAND回路 ●

※多数のブレーク接点をすべて並列に接続した回路を「NAND回路」といい，この回路
ではすべてのブレーク接点が動作して開路しますと，不導通となり電流が流れません.

※ブレーク接点の押しボタンスイッチCとDを2個並列に接続して，電磁リレーXの電
磁コイルX□の回路につなぎます.

実際の配線図〔例〕	シーケンス図

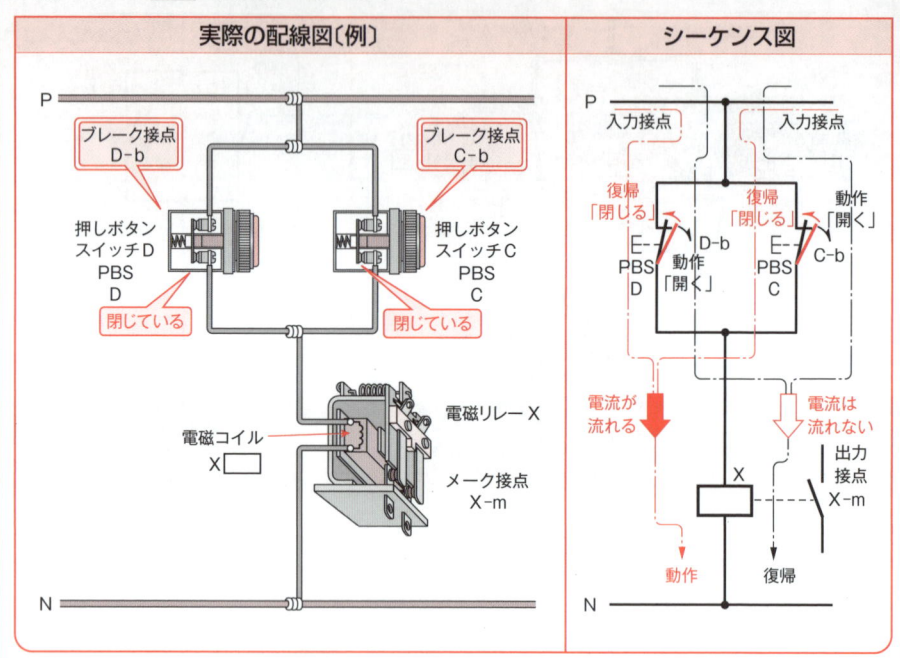

● 動作の説明 ●
順序

〔1〕　押しボタンスイッチCまたは押しボタンスイッチDのどちらかが動作してブレー
　　　ク接点が開いても，ブレーク接点C-bまたはブレーク接点D-bのどちらかが閉
　　　じていれば，電磁コイルX□に電流が流れ，電磁リレーXは動作します.

〔2〕　押しボタンスイッチCと押しボタンスイッチDが両方とも動作して，ブレーク接
　　　点C-bとブレーク接点D-bとが開路すれば，電磁コイルX□に電流は流れな
　　　いので，電磁リレーXは復帰します.

ブレーク接点の並列回路　　　　　　　　　　　　　　　　● NAND回路 ●

※ブレーク接点の並列回路は，CおよびDと両方に入力信号が入ると，入力接点がとも
に開路し，電磁リレーXを復帰させ，出力接点X-mが開いて，出力信号が出ないこ
とから，ANDの条件を否定したことによりNAND（NOT AND）回路といいます.

電磁リレーによるブレーク接点の並列回路　　● NAND回路 ●

❖電磁リレーCのブレーク接点C–bと電磁リレーDのブレーク接点D–bを2個並列に接続して，電磁リレーXの電磁コイルX◻️の回路につなぎます．

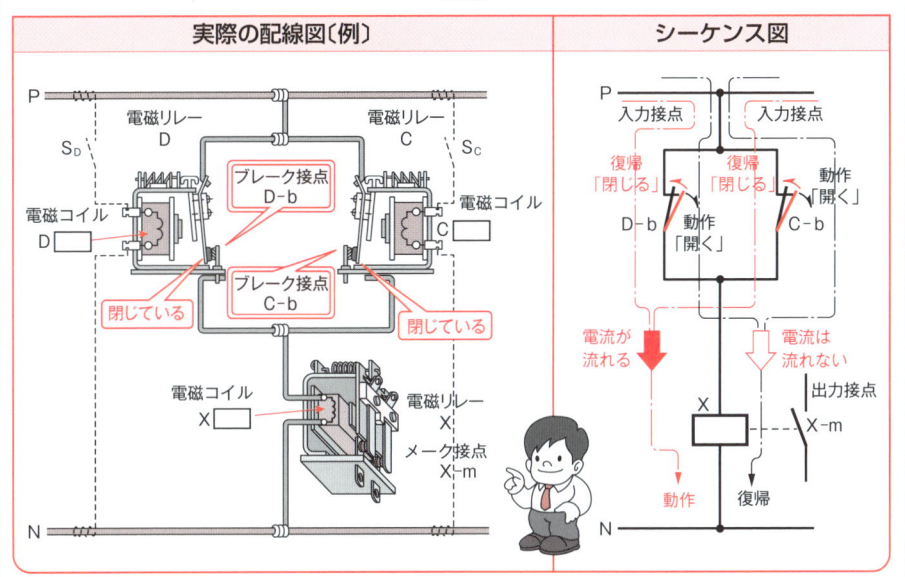

| 実際の配線図〔例〕 | シーケンス図 |

● 動作の説明 ●

順序

〔1〕　電磁リレーCまたはDのどちらかが動作しても，接点C–bまたは接点D–bのどちらかが閉じていれば，電磁コイルX◻️に電流が流れ，電磁リレーXは動作します．

〔2〕　スイッチScおよびSDを入れて，電磁リレーCとDを両方とも動作させて，ブレーク接点C–bとブレーク接点D–bとが開路すれば，電磁コイルX◻️に電流は流れないので，電磁リレーXは復帰します．

〈タイムチャート〔例〕〉　　　　　　　　　　　　　　　動　作

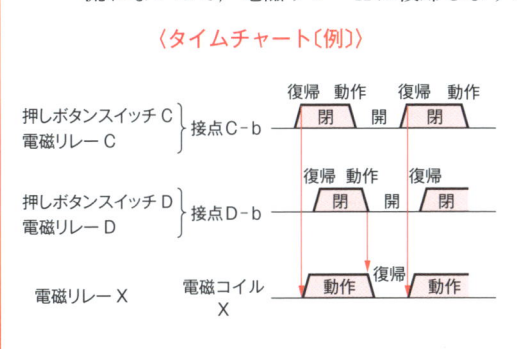

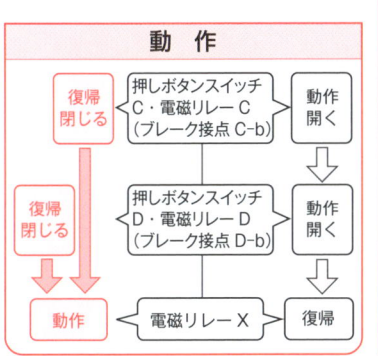

❸ メーク接点・ブレーク接点の並列回路の動作のしかた

押しボタンスイッチによるメーク接点・ブレーク接点の並列回路

❖ メーク接点とブレーク接点を並列に接続した回路では，メーク接点が動作して閉じているか，またはブレーク接点が復帰していて閉じているときに，回路は導通となり電流が流れます．

❖ メーク接点の押しボタンスイッチEとブレーク接点の押しボタンスイッチFを2個並列に接続して電磁リレーXの電磁コイルX□□の回路につなぎます．

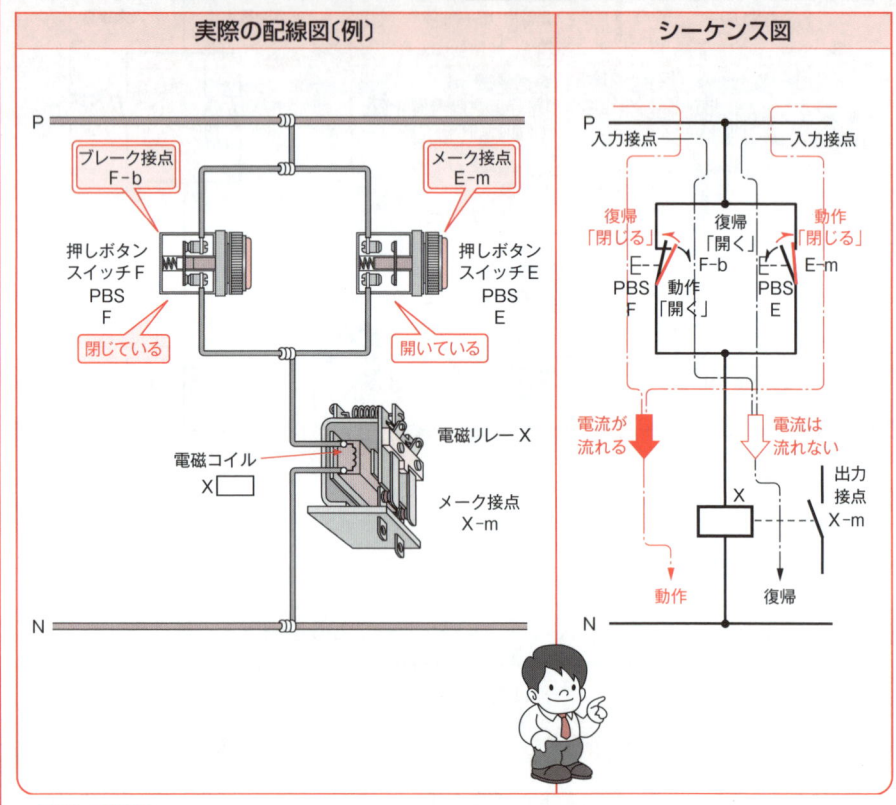

実際の配線図〔例〕	シーケンス図

● 動作の説明 ●

順序

〔1〕　押しボタンスイッチEを押して，メーク接点 E-m が閉じるか，または押しボタンスイッチFが復帰して，ブレーク接点 F-b が閉じているかすると，電磁コイルX□□に電流が流れ，電磁リレーXは動作します．

〔2〕　押しボタンスイッチEが復帰して，メーク接点 E-m が開くとともに，押しボタンスイッチFが動作して，ブレーク接点 F-b が開くと，電磁コイルX□□に電流は流れませんので，電磁リレーXは復帰します．

110

電磁リレーによるメーク接点・ブレーク接点の並列回路

❖ 電磁リレーEのメーク接点E-mと電磁リレーFのブレーク接点F-bを2個並列に接続して，電磁リレーXの電磁コイルX▢の回路につなぎます．

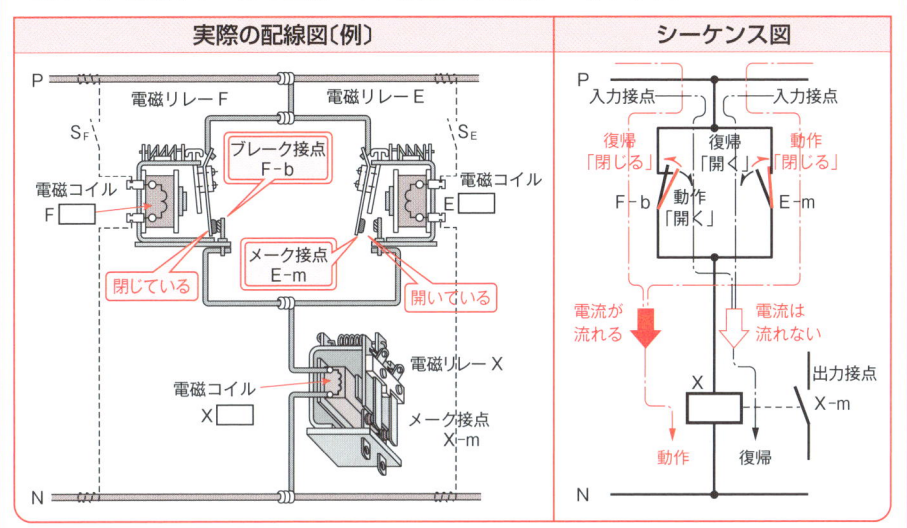

実際の配線図〔例〕	シーケンス図

● 動作の説明 ●

順序

〔1〕 スイッチ S_E を入れて電磁リレーEを動作させ，メーク接点E-mが閉じるか，または電磁リレーFを復帰してブレーク接点F-bを閉じるかすると，電磁コイルX▢に電流が流れ，電磁リレーXは動作します．

〔2〕 スイッチ S_E を切って電磁リレーEを復帰させ，メーク接点E-mを開くとともに，スイッチ S_F を入れて電磁リレーFを動作させ，ブレーク接点F-bを開くと，電磁コイルX▢に電流は流れませんから，電磁リレーXは復帰します．

〈タイムチャート〔例〕〉

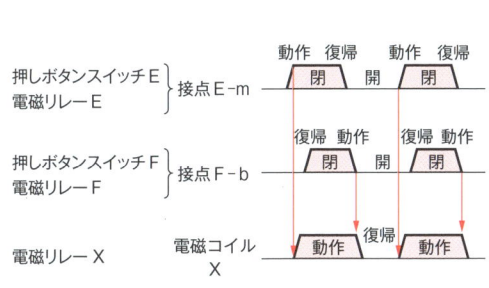

動　作

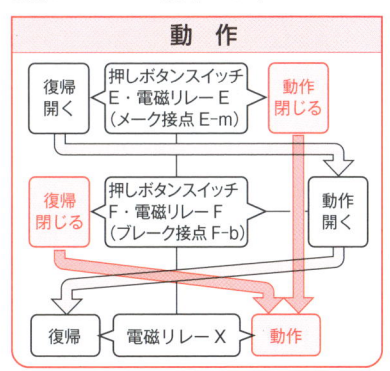

111

7-4 自己保持回路の読み方

❶ 自己保持回路の動作のしかた

自己保持回路とは

❖ **自己保持回路**とは，電磁リレーに与えられた入力信号を，その電磁リレーの自己の動作接点によって側路（バイパス）して動作回路をつくり動作を保持することをいいます．

❖ 自己保持回路は，押しボタンスイッチなどの操作でつくられるパルス状の信号を連続的な信号に変換する記憶機能を持っております．

押しボタンスイッチによる自己保持回路〔例〕

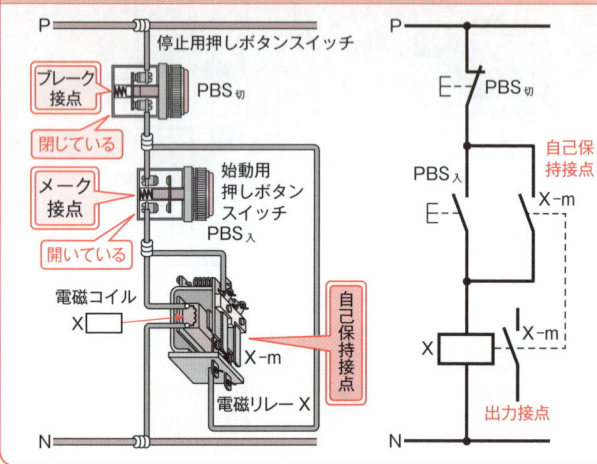

電磁リレー接点による自己保持回路〔例〕

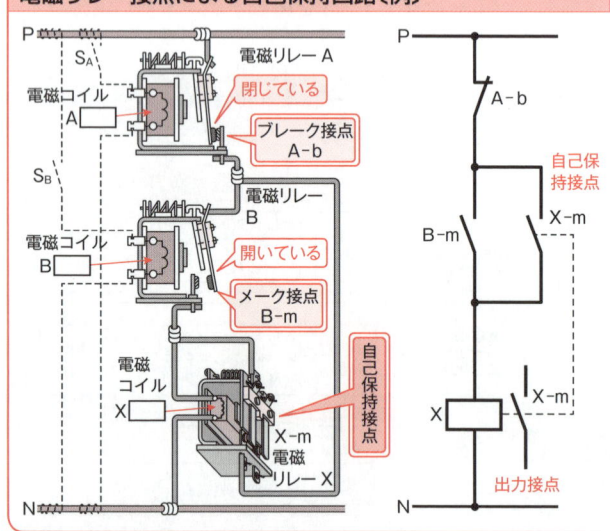

●説　明●

❖ 自己保持回路は，ブレーク接点の停止用押しボタンスイッチ PBS切と，メーク接点の始動用押しボタンスイッチPBS入を直列に接続して，電磁リレーXの電磁コイルX◻の回路につなぎます．押しボタンスイッチPBS入と並列に，電磁リレーXのメーク接点X-mをつなぎます．この接点X-mが自己保持接点となります．

❖ 始動用押しボタンスイッチPBS入と停止用押しボタンスイッチ PBS切は入力接点として，電磁リレーXに動作命令と復帰命令を与えます．

❖ 電磁リレー接点による自己保持回路は，停止用押しボタンスイッチ PBS切のかわりに電磁リレーA（ブレーク接点A-b）を，また，始動用押しボタンスイッチ PBS入のかわりに電磁リレーB（メーク接点B-m）を用いたものです．

押しボタンスイッチによる自己保持回路の始動のシーケンス動作　　●動作の説明●

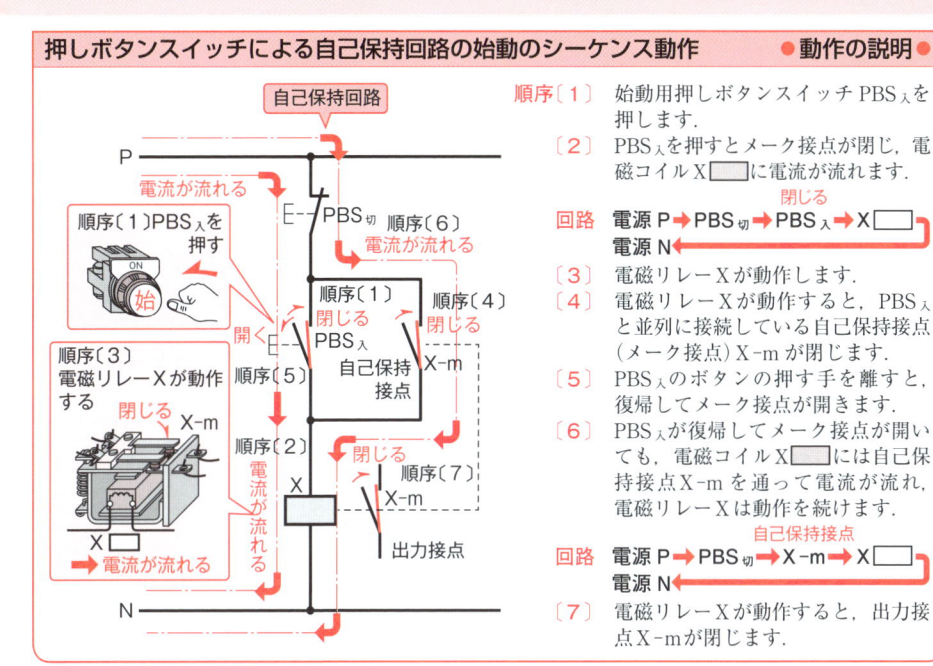

順序〔1〕　始動用押しボタンスイッチ PBS入を押します.

〔2〕　PBS入を押すとメーク接点が閉じ，電磁コイル X▢に電流が流れます.

回路　　　　　　　　　　　閉じる
　　電源 P → PBS切 → PBS入 → X▢
　　電源 N ←

〔3〕　電磁リレー X が動作します.

〔4〕　電磁リレー X が動作すると，PBS入と並列に接続している自己保持接点（メーク接点）X-m が閉じます.

〔5〕　PBS入のボタンの押す手を離すと，復帰してメーク接点が開きます.

〔6〕　PBS入が復帰してメーク接点が開いても，電磁コイル X▢には自己保持接点 X-m を通って電流が流れ，電磁リレー X は動作を続けます.

回路　　　　　　　　　自己保持接点
　　電源 P → PBS切 → X-m → X▢
　　電源 N ←

〔7〕　電磁リレー X が動作すると，出力接点 X-m が閉じます.

押しボタンスイッチによる自己保持回路の停止のシーケンス動作　　●動作の説明●

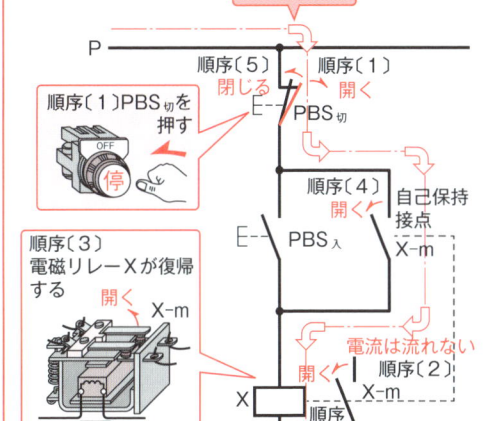

順序〔1〕　停止用押しボタンスイッチ PBS切を押します.

〔2〕　PBS切を押すとブレーク接点が開き，電磁コイル X▢に電流は流れなくなります.

回路　　　　　開く　　自己保持接点
　　電源 P → X PBS切 X → X-m → X▢
　　電源 N ←

〔3〕　電磁リレー X が復帰します.

〔4〕　電磁リレー X が復帰すると，PBS入と並列に接続している自己保持接点（メーク接点）X-m が開きます.

〔5〕　PBS切のボタンの押す手を離すと，復帰してブレーク接点が閉じます.

　　●PBS切が復帰してブレーク接点が閉じても，自己保持接点 X-m が開いているので，電磁コイル X▢には電流は流れず，電磁リレー X は復帰したままです.

〔6〕　電磁リレー X が復帰したままだと，出力接点 X-m は開いたままです.

113

❷ 自己保持回路のタイムチャート

押しボタンスイッチによる自己保持回路のタイムチャート〔例〕

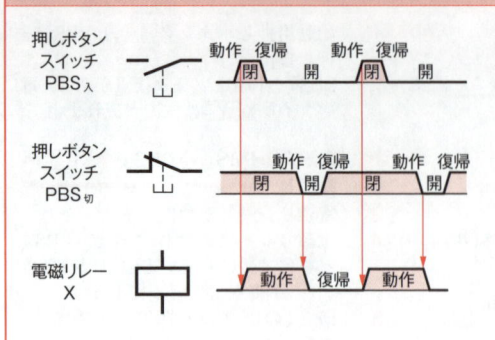

❖自己保持回路に押しボタンスイッチを用いる場合は，一般に，操作者は始動したいときに，始動用押しボタンスイッチ PBS入 を押して電磁リレー X を動作させ，また，停止したいときに，停止用押しボタンスイッチ PBS切 を押して，電磁リレー X を復帰させますので，そのときのタイムチャートを示すと，左図のようになります．

❖誤って PBS入 と PBS切 が同時に操作された場合は，復帰優先となり，電磁リレー X は動作しません（下記説明参照）．

電磁リレー接点による自己保持回路のタイムチャート〔例〕　　●同時投入●

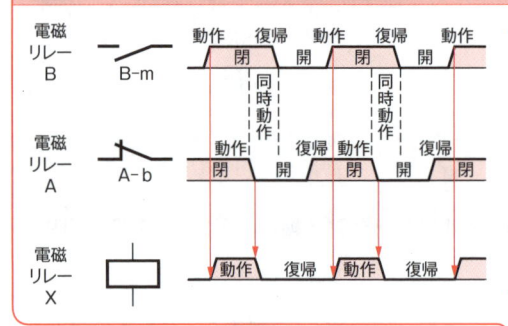

❖自己保持回路に電磁リレー接点を用いる場合も，操作者は始動したいときに，電磁リレー B を動作して，メーク接点 B-m が閉じて電磁リレー X を動作させ，また，停止したいときに電磁リレー A を動作して，ブレーク接点 A-b が開いて電磁リレー X を復帰させます．誤って電磁リレー A と電磁リレー B を一緒に動作させた場合のタイムチャートを示すと左図のようになります．

❖接点 B-m と接点 A-b が同時に動作すると，接点 B-m は閉じますが，接点 A-b は開きますので，電磁リレー X は復帰します．

始動信号と停止信号が同時に与えられた場合

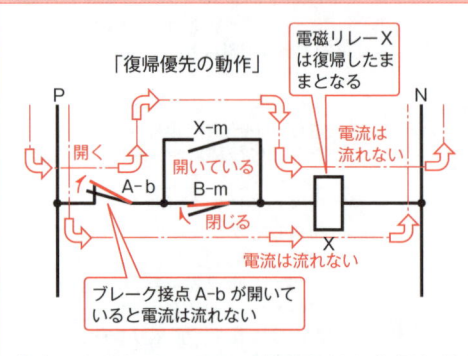

● 復帰優先の自己保持回路 ●

❖電磁リレー X の電磁コイル X▭ の回路は，メーク接点 B-m とブレーク接点 A-b の「直列回路」ですから，禁止回路になっており接点 A-b が開くと，接点 B-m が閉じていても，電磁コイル X▭ には電流は流れないので，電磁リレー X は復帰します．

❖この回路はメーク接点 B-m「閉」による動作よりも，ブレーク接点 A-b「開」による復帰が優先するので「復帰優先の自己保持回路」といいます．

❖自己保持回路において始動信号と復帰信号を同時に入力した場合，始動信号が優先して出力信号を出す回路を動作優先の自己保持回路といい，また，復帰信号が優先して出力信号を出さない回路を復帰優先の自己保持回路といいます．

7-5 インタロック回路の読み方

❶ インタロック回路の動作のしかた

インタロック回路とは

❖「**インタロック回路**とは，複数の動作を関連させるもので，ある条件が具備するまで動作を阻止することをいう」と定義されております(JEM-1115).

❖インタロック(鎖錠ともいう)は，おもに機器の保護と操作者の安全を目的としております.

インタロック回路の実際の配線図〔例〕　　　シーケンス図

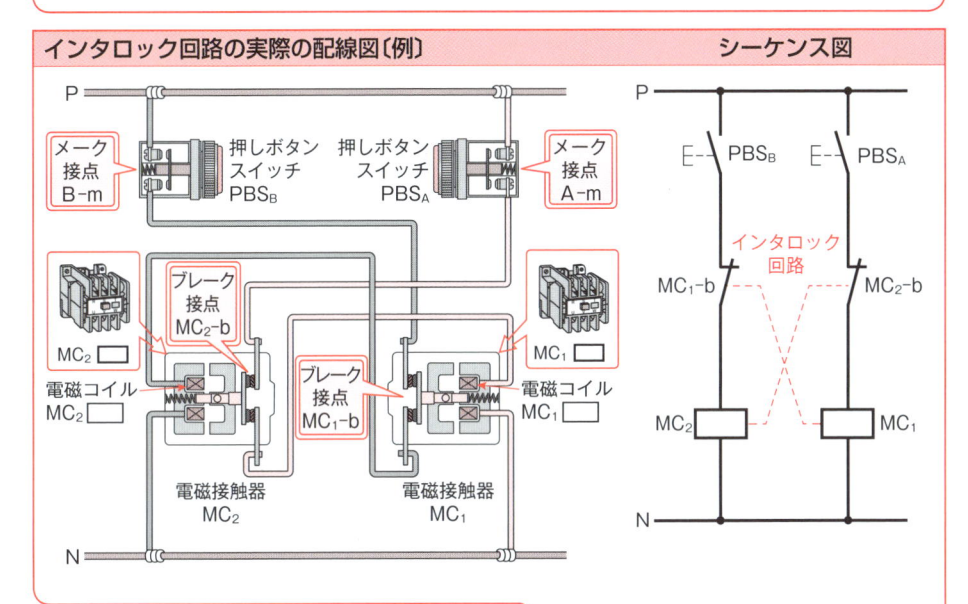

●説　明●

❖電磁接触器 MC_1 の電磁コイル MC_1 □ と電磁接触器 MC_2 のブレーク接点 MC_2-b を直列に接続します．また，電磁接触器 MC_2 の電磁コイル MC_2 □ と電磁接触器 MC_1 のブレーク接点 MC_1-b を直列に接続します．つまり，それぞれの電磁接触器のブレーク接点が禁止入力接点の「禁止回路」となります.

（注）　この回路では，押しボタンスイッチのメーク接点と電磁接触器のブレーク接点とが「直列回路」をかたちづくります(7-2項③ 104 ～ 105 ページ参照).

　　　つまり，それぞれの電磁接触器のブレーク接点が禁止入力接点となる「禁止回路」ということです.

❖このように接続すると，一方の電磁接触器が動作しているときは，他方の電磁接触器の回路は，相手方のブレーク接点により，開放されているので，同時に動作することはありません．このような回路を**インタロック回路**といいます.

❖この回路は，一方の電磁接触器が動作しているときに，他方の電磁接触器の入力信号が入っても動作しないことから，**動作時のインタロック回路**といいます.

115

❶ インタロック回路の動作のしかた（つづき）

電磁接触器 MC₁ が動作しているとき　　　●動作の説明●

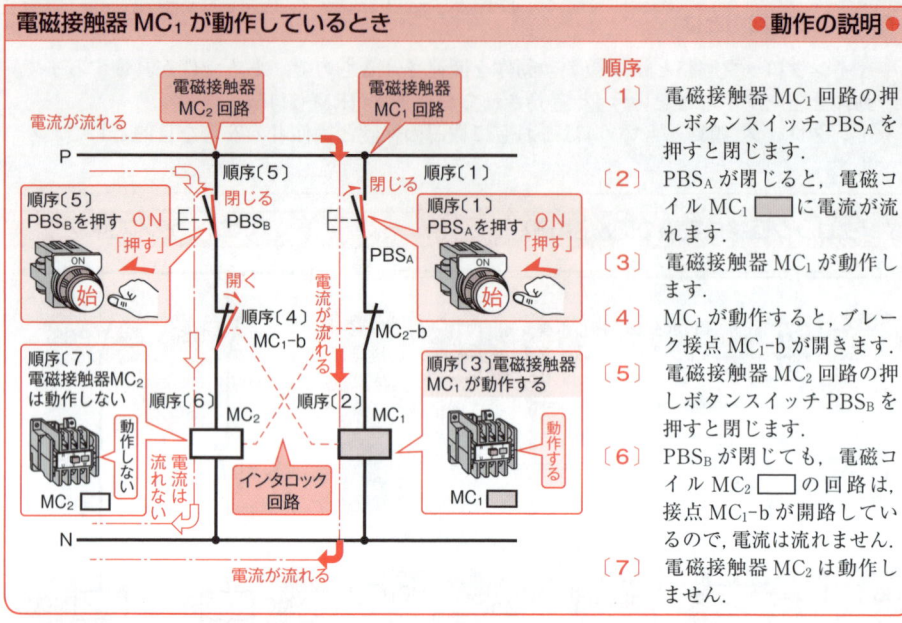

順序

〔1〕電磁接触器 MC₁ 回路の押しボタンスイッチ PBS_A を押すと閉じます。

〔2〕PBS_A が閉じると，電磁コイル MC₁ □□ に電流が流れます。

〔3〕電磁接触器 MC₁ が動作します。

〔4〕MC₁ が動作すると，ブレーク接点 MC₁-b が開きます。

〔5〕電磁接触器 MC₂ 回路の押しボタンスイッチ PBS_B を押すと閉じます。

〔6〕PBS_B が閉じても，電磁コイル MC₂ □ の回路は，接点 MC₁-b が開路しているので，電流は流れません.

〔7〕電磁接触器 MC₂ は動作しません.

電磁接触器 MC₂ が動作しているとき　　　●動作の説明●

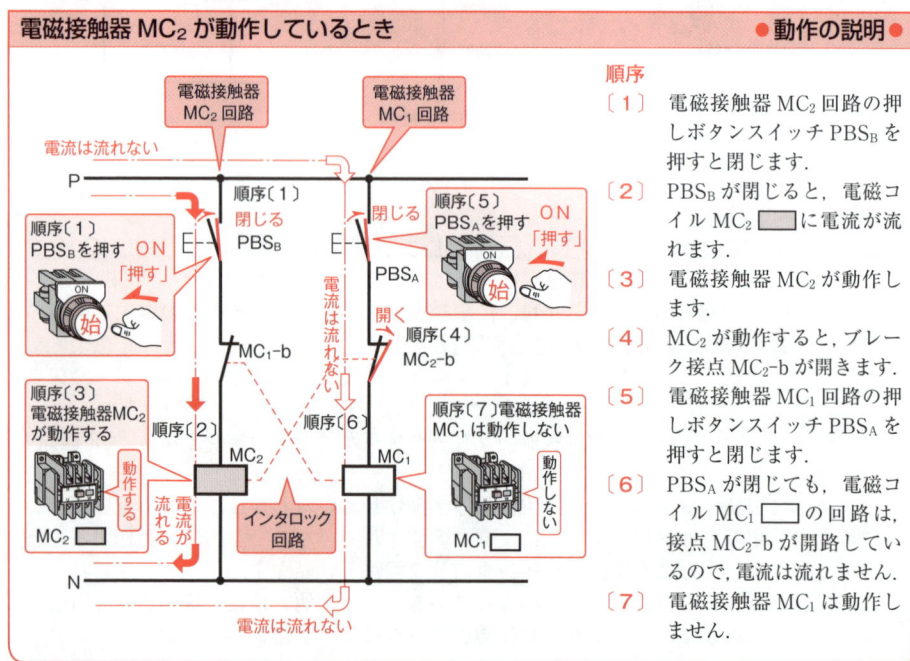

順序

〔1〕電磁接触器 MC₂ 回路の押しボタンスイッチ PBS_B を押すと閉じます.

〔2〕PBS_B が閉じると，電磁コイル MC₂ □□ に電流が流れます.

〔3〕電磁接触器 MC₂ が動作します.

〔4〕MC₂ が動作すると，ブレーク接点 MC₂-b が開きます.

〔5〕電磁接触器 MC₁ 回路の押しボタンスイッチ PBS_A を押すと閉じます.

〔6〕PBS_A が閉じても，電磁コイル MC₁ □ の回路は，接点 MC₂-b が開路しているので，電流は流れません.

〔7〕電磁接触器 MC₁ は動作しません.

電動機の正逆転制御のインタロック回路

インタロック回路（例）　　　　　　　●電動機の正逆転制御●

※電動機を下図のシーケンス図のように配線し，正転用電磁接触器 F-MC を投入しますと，電動機 M（三相誘導電動機 IM）には，三相電源が印加されて始動します．そのときの回転を正方向とします．また，正転用電磁接触器 F-MC を開放して，逆転用電磁接触器 R-MC を投入しますと，三相電源のうち 2 相が入れかわりますので，電動機は逆方向に回転します．これを**電動機の正逆転制御**といいます．

※電動機の正逆転制御の動作説明については，11.1 項（204 ページ）をご覧ください．

電動機の正逆転制御のシーケンス図

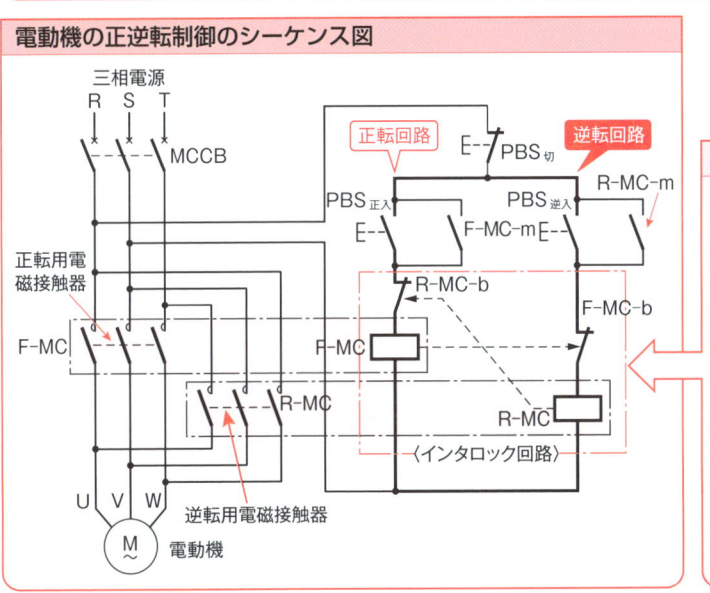

インタロック回路

電動機の正逆転制御の操作中に正転用と逆転用の電磁接触器が，同時に動作しますと，電源短絡事故となります．そこで，電磁接触器 F-MC と R-MC とは，互いにブレーク接点を相手方の電磁コイル回路に入れることによって，電気的にインタロックを行います．

もし，インタロック回路がなかったら，どうなるでしょう　　　電源短絡事故

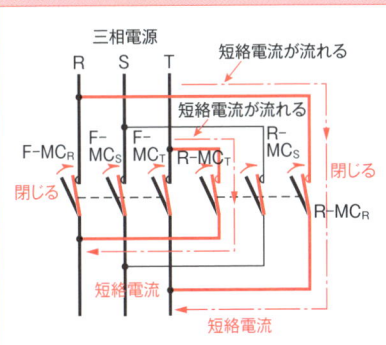

※電動機の正逆転制御で，インタロック回路を設けてなく，正転用電磁接触器の主接点 F-MC と，逆転用電磁接触器の主接点 R-MC とが，同時に投入されたとしますと，どうなるでしょう．三相電源の R 相と T 相を見てください．R 相と T 相の線間は，完全な**短絡（ショート）状態**で**電源短絡**となりますので，大きな短絡電流が流れ，焼損事故となります．このために，主接点 F-MC と主接点 R-MC とが，同時に投入されないようにインタロックをしているのです．

117

7-6 選択回路の読み方

❶ 手動・自動切換回路の動作のしかた

選択回路とは

※ **選択回路**とは，シーケンス制御装置を，あるときは手動で制御し，あるときは自動で制御できるように，自動運転と手動運転の選択方式を採用するときなどに，よく用いられます．

自動揚水装置の制御 ● 選択回路〔例〕●

※ 自動揚水装置で，給水源から電動ポンプにより水を水槽にくみ上げるに当たって，自動制御用の液面スイッチが故障した場合や，特別な運転上の都合などで，手動でも運転できるようにする場合に，手動・自動切換回路が用いられます．

※ 自動揚水装置の制御の詳しい動作説明は，8.4項(149ページ)をご覧ください．

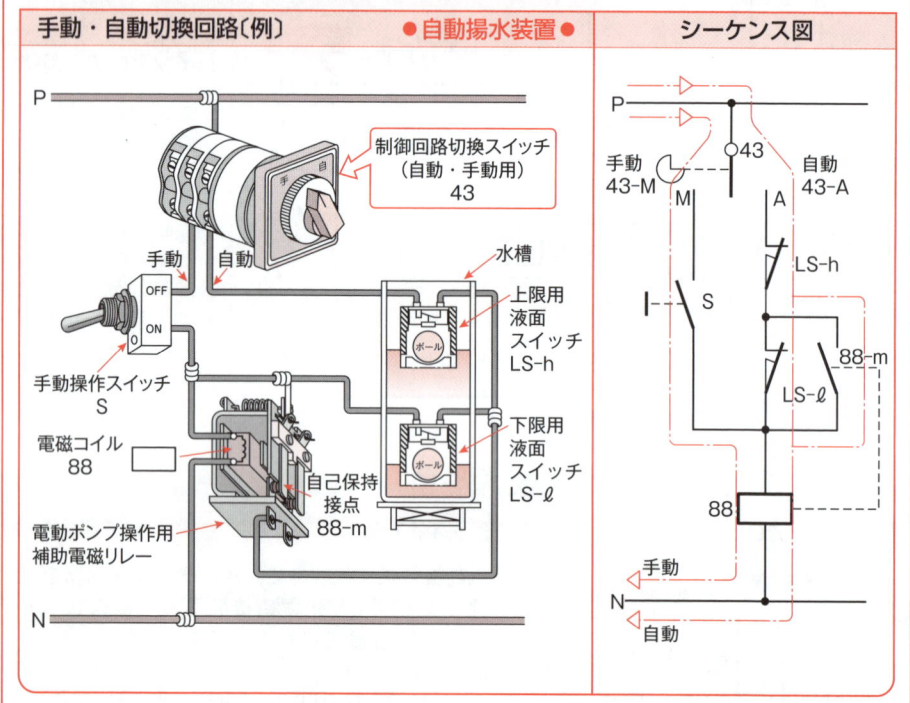

| 手動・自動切換回路〔例〕 ●自動揚水装置● | シーケンス図 |

● 動作の説明 ●

※ 自動側の動作

〔1〕 切換スイッチ43を「自動側」にすると，接点43-Aに切り換わって，閉じます．

〔2〕 「自動側」の回路は，自己保持回路となり，液面スイッチLS-hとLS-ℓの開閉により電動ポンプは「自動運転」されます．

※ 手動側の動作

〔1〕 切換スイッチ43を「手動側」にすると，接点43-Mに切り換わって，閉じます．

〔2〕 「手動側」の回路は，手動操作スイッチSの開閉により，電磁接触器88が開閉し，電動ポンプは「手動運転」されます．

7-7 表示灯回路の読み方

❶ 1灯式と2灯式表示灯回路の動作のしかた

※**表示灯回路**は，電磁接触器や遮断器の開閉器類の開路・閉路状態，機器の運転・停止の動作状態などを表示するのに用いられます．

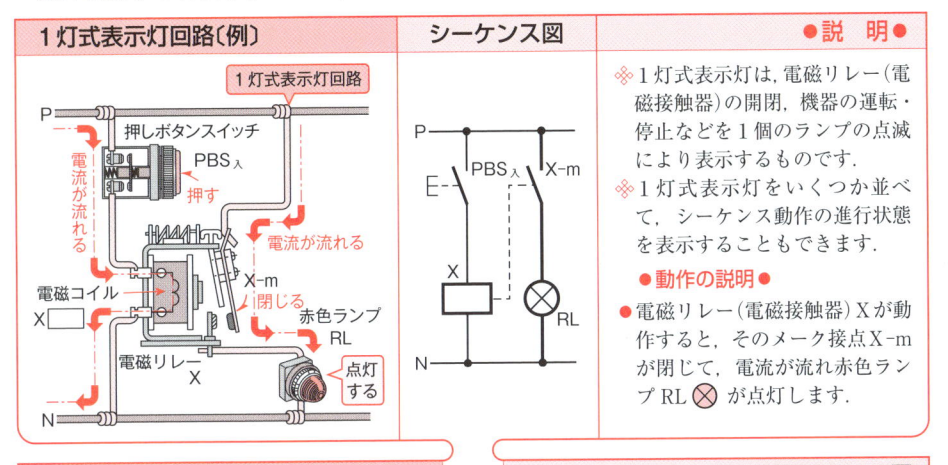

1灯式表示灯回路〔例〕

シーケンス図

●説明●

※1灯式表示灯は，電磁リレー（電磁接触器）の開閉，機器の運転・停止などを1個のランプの点滅により表示するものです．

※1灯式表示灯をいくつか並べて，シーケンス動作の進行状態を表示することもできます．

●動作の説明●

●電磁リレー（電磁接触器）Xが動作すると，そのメーク接点X-mが閉じて，電流が流れ赤色ランプ RL ⊗ が点灯します．

2灯式表示灯回路〔例〕

※電磁リレー（電磁接触器）の開閉，機器の運転・停止などを2個のランプの点滅により，表示するものです．

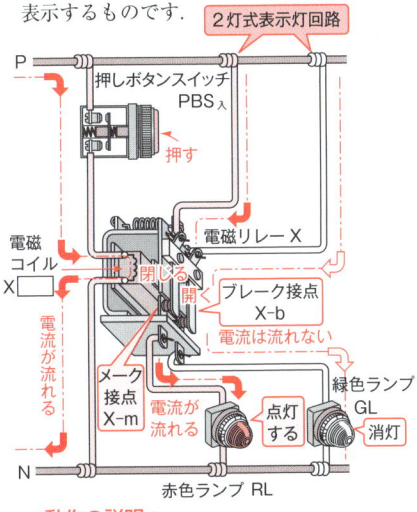

シーケンス図

⦿電磁リレーが動作しているとき⦿

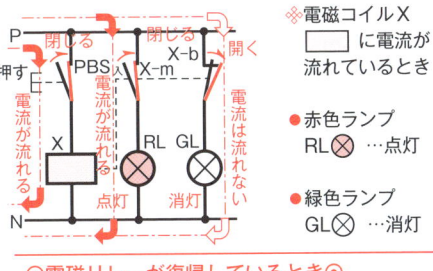

※電磁コイルX □ に電流が流れているとき

●赤色ランプ RL⊗ …点灯

●緑色ランプ GL⊗ …消灯

⦿電磁リレーが復帰しているとき⦿

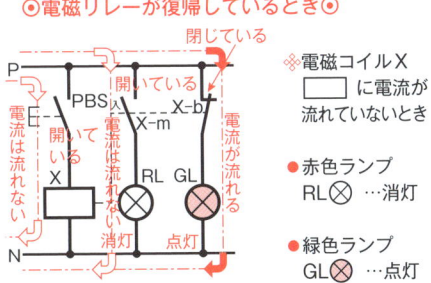

※電磁コイルX □ に電流が流れていないとき

●赤色ランプ RL⊗ …消灯

●緑色ランプ GL⊗ …点灯

●動作の説明●

※電磁リレー（電磁接触器）Xが動作しているときは，赤色ランプRL ⊗ が点灯し，緑色ランプGL ⊗ が消灯して，電磁リレーの「動作」の状態を示します．

※電磁リレー（電磁接触器）Xが復帰しているときは，緑色ランプGL ⊗ が点灯し，赤色ランプRL ⊗ が消灯して，電磁リレーの「復帰」の状態を示します．

119

7-8　無接点リレー回路の読み方

❶ p形半導体，n形半導体とダイオード

p形半導体

※半導体の材料である，例えば，4価の元素シリコンに微量の3価の元素ボロンを結合させると，電子が不足した状態となります．この電子のない孔を**正孔**といい，プラス（正）の電気を持っていることから，Positive（正）のpをとって，**p形半導体**といいます．

n形半導体

※半導体の材料である，例えば，4価の元素シリコンに微量の5価の元素リンを結合させると，マイナス（負）の電気を持った**電子**が過剰となります．これをNegative（負）のnをとって，**n形半導体**といいます．

ダイオード（pn接合）

●**図記号**●

※n形半導体とp形半導体を接合（pn接合という）したものを**ダイオード**といい，整流器としての働きをします．

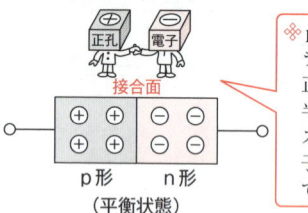

p形　n形
（平衡状態）

※p形半導体には，プラスの電気を持った正孔が，また，n形半導体には，マイナスの電気を持った電子が，接合面を介して存在します．

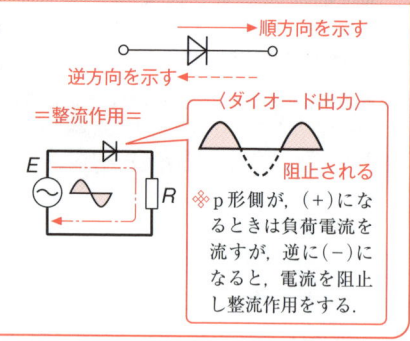

→順方向を示す
逆方向を示す-----
＝整流作用＝
〈ダイオード出力〉
阻止される

※p形側が，（＋）になるときは負荷電流を流すが，逆に（−）になると，電流を阻止し整流作用をする．

---

p形に（＋），n形に（−）の電圧を加えた場合

順方向…p形からn形に電流が流れる

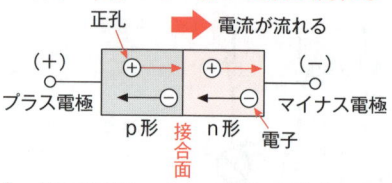

※p形の正孔は，プラス電極に反発されて，接合面を越えてn形の中に移動します．

※n形の電子は，マイナス電極に反発されて，接合面を越えてp形の中に移動します．

●電子の移動の方向と反対が電流の方向です．

※p形からn形の方向に電流が流れますので，順方向といいます（電気抵抗が小さい）．

p形に（−），n形に（＋）の電圧を加えた場合

逆方向…電流は流れない

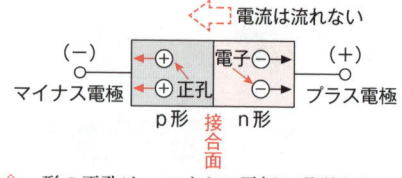

※p形の正孔は，マイナス電極に吸引され，マイナス電極付近に集まります．

※n形の電子は，プラス電極に吸引され，プラス電極付近に集まります．

※p形とn形の接合面付近には，正孔も電子もほとんどなくなって電流は流れませんので，逆方向といいます（電気抵抗が大きい）．

❷ pnp 形トランジスタと，npn 形トランジスタ

トランジスタとは

※トランジスタとは，p形半導体とn形半導体を交互に接合した3層の半導体素子で，その組み合わせにより，pnp形トランジスタとnpn形トランジスタとがあります．

pnp 形トランジスタ　　　　●図記号●

※ダイオードのpn接合に，さらにもう1個のpn接合をp形を両端として組み合わせたものを，「pnp形トランジスタ」といいます．

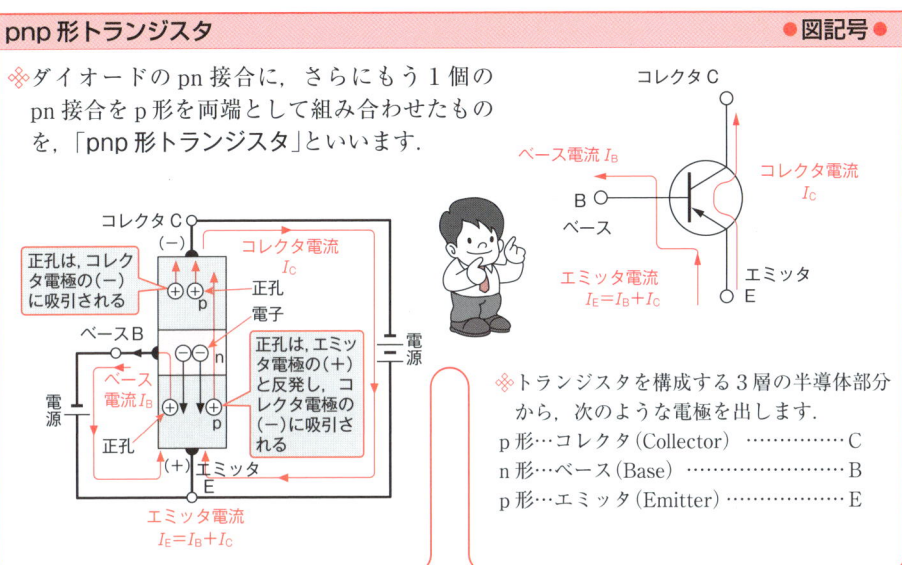

※トランジスタを構成する3層の半導体部分から，次のような電極を出します．
p形…コレクタ（Collector）……………C
n形…ベース（Base）………………B
p形…エミッタ（Emitter）………………E

npn 形トランジスタ　　　　●図記号●

※ダイオードのpn接合に，さらにもう1個のpn接合をn形を両端として組み合わせたものを，「npn形トランジスタ」といいます．

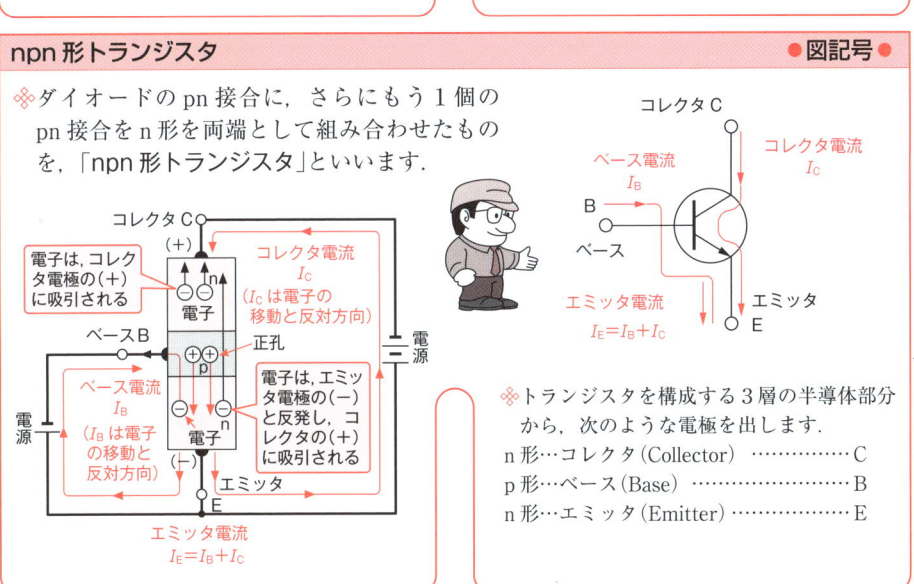

※トランジスタを構成する3層の半導体部分から，次のような電極を出します．
n形…コレクタ（Collector）……………C
p形…ベース（Base）………………B
n形…エミッタ（Emitter）………………E

121

❸ トランジスタ無接点リレーの基本動作

トランジスタ無接点リレー

※**無接点リレー**とは，有接点リレーである電磁リレーに対して，機械的な可動接点を持たないで，リレー動作を行う静止形のリレーをいいます．

※**トランジスタ無接点リレー**とは，トランジスタ，ダイオードなどの半導体を主構成要素とする無接点リレーをいいます．

電磁リレー（有接点リレー）の基本動作

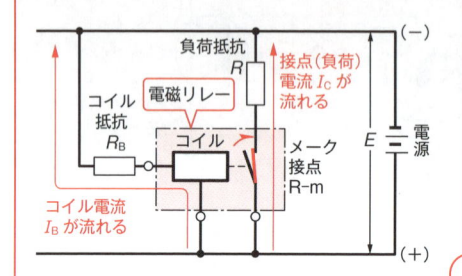

※電磁リレーは，電磁コイルと接点から構成されており，電磁コイルに入力信号を加え，接点には制御しようとする負荷を接続します．

電磁コイル電流 I_B と接点（負荷）電流 I_O との関係

※電磁リレーは「ON」と「OFF」の二つの状態で使用されます．

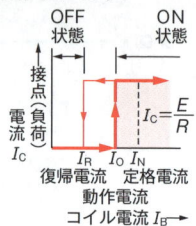

● 電磁リレー接点…「ON」状態
コイル電流 I_B が動作電流 I_O 以上では，接点を閉じ，接点（負荷）電流 I_C が流れます．
$I_B = I_N$ のとき $I_C = E/R$ となります．

● 電磁リレー接点…「OFF」状態
コイル電流 I_B が復帰電流 I_R 以下では，接点が開き，接点（負荷）電流 I_C は流れません．
$I_B = 0$ のとき $I_C = 0$ となります．

トランジスタ無接点リレーの基本動作

トランジスタ回路（pnp 形トランジスタの場合）

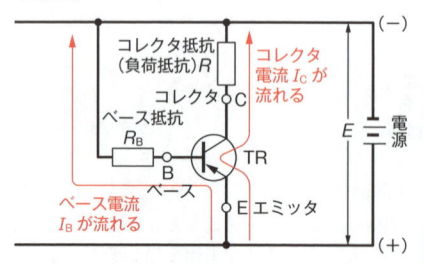

※トランジスタ回路はエミッタ E を電源に直接接続し，コレクタ C，ベース B はコレクタ抵抗 R，ベース抵抗 R_B を介して電源に接続します．

ベース電流 I_B とコレクタ電流 I_C との関係

※トランジスタ無接点リレーは，ベース電流 I_B の選定により，電磁リレーの「ON」，「OFF」状態とまったく同じ動作を行うことができます．

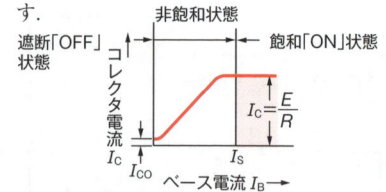

● 飽和状態…「ON」状態
ベース電流 I_B がある一定値 I_S 以上になると，コレクタ電流（$I_C = E/R$）が流れ，これは電磁リレー接点の「ON」状態に相当します．

● 遮断状態…「OFF」状態
ベース電流 I_B が流れないとコレクタ電流 I_C もほとんど流れず，これは電磁リレー接点の「OFF」状態に相当します．

④ トランジスタ無接点リレーの「OFF」動作

トランジスタ無接点リレーの「OFF」状態

= pnp 形トランジスタの場合 =

※ベース回路の入力接点Sが開いている
と，ベース電流 I_B は流れませんから，
遮断「OFF」状態となり，コレクタ電流
I_C は流れません．

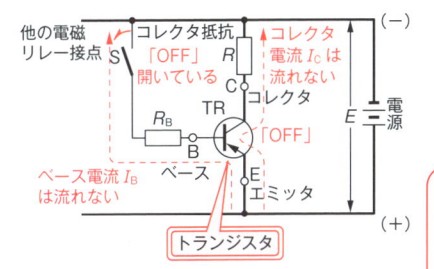

※ベース回路
入力接点S「OFF」……ベース電流 I_B は
流れない

※コレクタ回路
遮断「OFF」状態………コレクタ電流 I_C は
流れない

電磁リレーの「OFF」状態

※電磁コイル回路の入力接点Sが開いている
と，電磁コイルに電流 I_B は流れないので，
電磁リレーは動作しません．したがって，
そのメーク接点R-mは開いているので，
接点（負荷）電流 I_C は流れません．

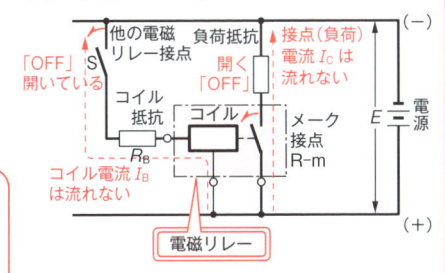

※電磁コイル回路
入力接点S「OFF」……コイル電流 I_B は
流れない

※接点回路
接点「OFF」状態………接点（負荷）電流 I_C
は流れない

トランジスタ無接点リレーの実際の回路　　　　● OFF 状態 ●

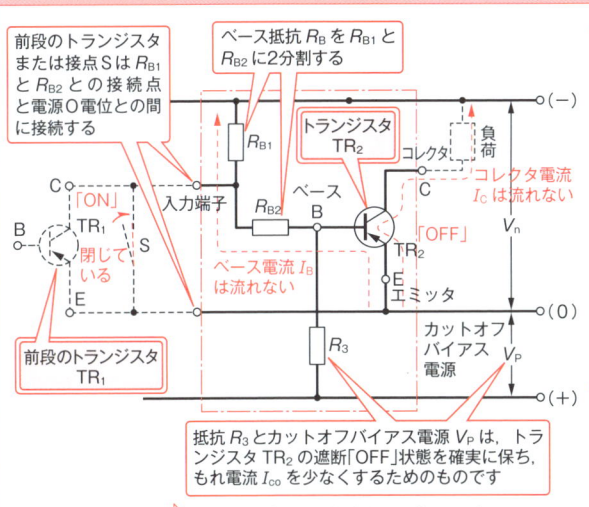

※入力信号である前段のトラ
ンジスタ TR_1 が飽和「ON」
状態か，または接点Sが
「ON」状態のときはこれに
よって，トランジスタ TR_2
の，エミッタ（E）－ベース
（B）－抵抗（R_{B2}）間が短絡
されるので，ベース電流 I_B
は流れません．したがって，
トランジスタ TR_2 は遮断
「OFF」状態となります．

※この回路では，左図の場合
と入力信号が反対のとき
に，トランジスタ TR_2 が
飽和「ON」状態になります
（次ページ参照）．

入力信号「ON」⇨トランジスタ出力信号「OFF」

※入力信号の状態と出力信号の状態とは反対なので，「**NOT 回路**」となります．

123

❺ トランジスタ無接点リレーの「ON」動作

トランジスタ無接点リレーの「ON」状態

＝ pnp 形トランジスタの場合 ＝

※ベース回路の入力接点Sが閉じていると，ベース電流が流れるので，飽和「ON」状態となり，コレクタ電流 I_C が流れます．

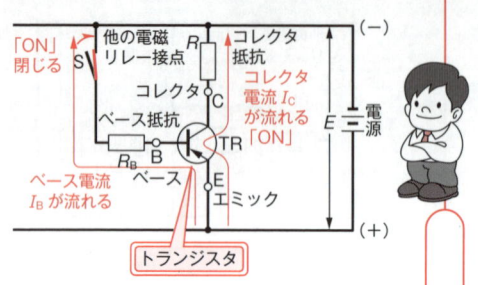

※ベース回路
入力接点S「ON」……ベース電流 I_B が
流れる
※コレクタ回路
飽和「ON」状態 ………コレクター電流 I_C
が流れる

電磁リレーの「ON」状態

※電磁コイル回路の入力接点Sが閉じていると，電磁コイルに電流 I_B が流れるので，電磁リレーは動作し，接点（メーク接点）R-m を閉じるので，接点（負荷）電流 I_C が流れます．

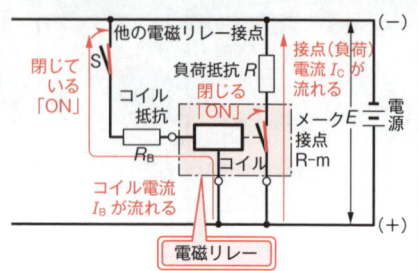

※電磁コイル回路
入力接点S「ON」……コイル電流 I_B が
流れる
※接点回路
接点「ON」状態 ………接点（負荷）電流 I_C
が流れる

トランジスタ無接点リレーの実際の回路　　　　●ON 状態●

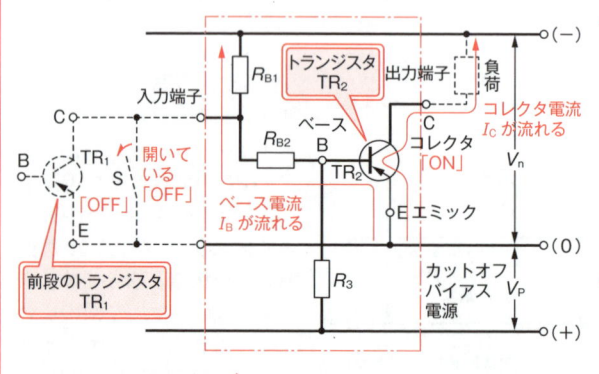

入力信号「OFF」⇨トランジスタ出力信号「ON」

※前段のトランジスタ TR_1 が遮断「OFF」状態か，または接点Sが「OFF」状態のときは，抵抗 R_{B1} と R_{B2} を通って，ベース電流 I_B が流れますので，トランジスタ TR_2 は飽和「ON」状態となります．

※この回路では，左図の場合と入力信号が反対のときに，トランジスタ TR_2 が遮断され，「OFF」状態になります（前ページ参照）．

※トランジスタ無接点リレーは，入力信号の状態と出力信号の状態とは反対なので，「**NOT 回路**」となります．

7-9 論理回路の読み方

❶ 論理代数によるリレー回路の表し方

論理代数とは

❖**論理代数**とは，論理学上の関係を式で解く代数のことで，「**ある条件が真である**」ことを真理値"1"で表し，「**ある条件が偽りである**」ことを真理値"0"で表します．

❖有接点リレー（電磁リレー）制御回路あるいは無接点リレー制御回路において，接点の開閉状態，トランジスタの飽和，遮断状態を，それぞれ"1"と"0"で表すと，これらリレー回路に論理代数を適用することができます．

❖論理代数の"0"と"1"は二つの異なった状態を意味する記号であって，ふつうの代数でいう数字の"0"，"1"とは違います．

論理信号…"0"信号

A……メーク接点　開いている

A

開いている

A

電流は流れない

電磁リレーの接点Aが「開」いていることを
$$A = 0$$
で表します．

「開"0"である」＝「閉"1"でない」
$$0 = \overline{1}$$
「"1"でない（NOT）」という否定の意味を表すには，1の上に−記号をつけます．

論理信号…"1"信号

A……メーク接点　閉じている

A

閉じている

A

電流が流れる

電磁リレーの接点Aが「閉」じていることを
$$A = 1$$
で表します．

「閉"1"である」＝「開"0"でない」
$$1 = \overline{0}$$
「"0"でない（NOT）」という否定の意味を表すには，0の上に−記号をつけます．

論理代数　　　　　　　　　　　　　　　　　　　●論理式●

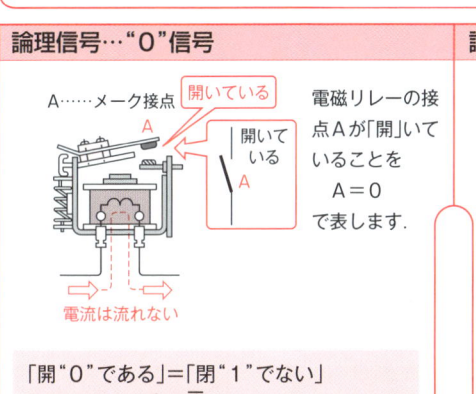

X　入力接点
（メーク接点）

電磁リレー

電磁
コイル

A

出力接点

A

A（メーク接点）

シーケンス図

X

A　A

❖入力接点Xの開閉に対する電磁リレーの出力接点Aの動作の関係は，

● 入力接点Xが開いているとき　　電磁リレー出力接点Aは開いている
$$X = 0 \cdots\cdots A = 0$$

● 入力接点Xが閉じているとき　　電磁リレー出力接点Aは閉じている
$$X = 1 \cdots\cdots A = 1$$
となります．これを論理式で示すと

論理式　X＝A

〈動作表〉

入力	出力
X	A
0	0
1	1

❖回路の入力と出力の動作の状態を示す表を「動作表」といいます．

125

❷ 論理否定（NOT）回路と論理積（AND）回路の図記号と動作表

論理回路図とは

❖ **論理回路図**とは，「論理否定（NOT）回路」，「論理積（AND）回路」，「論理和（OR）回路」などを**論理記号**（ロジックシンボル）で示し，シーケンス制御回路の論理関係を示す図をいい，**ロジックシーケンス図**ともいいます。

❖ **論理記号**は，JIS C 0617 に IEC 規格（IEC 60617-12）に準拠した図記号（7-9 ④ 128 ページ参照）が規定されておりますが，この本では，一般に慣用されている ANSI Y32.14 の図記号（旧 MIL 論理記号）を用いて表示してあります。

論理否定（NOT）回路

❖ **論理否定回路**とは，入力信号が入った場合に出力信号を出さず，入力信号が入らなかった場合に，逆に出力信号を出す論理をいい，入力に対して，出力が**否定**（**英文：NOT**）されたかたちとなるので，**NOT（ノット）回路**ともいいます。

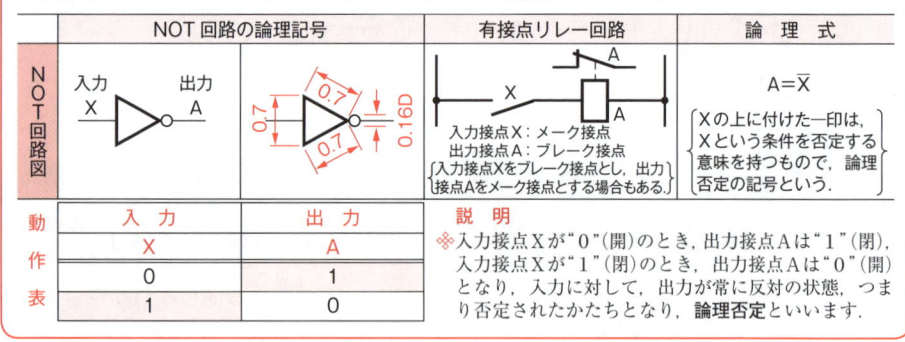

N O T 回 路 図	NOT 回路の論理記号	有接点リレー回路	論 理 式
	入力 X　出力 A 0.7 / 0.7 / 0.7 / 0.16D	X　A 入力接点X：メーク接点 出力接点A：ブレーク接点 （入力接点Xをブレーク接点とし，出力接点Aをメーク接点とする場合もある。）	$A=\overline{X}$ （Xの上に付けた一印は，Xという条件を否定する意味を持つもので，論理否定の記号という。）

動作表	入　力	出　力	説　明
	X	A	❖入力接点Xが"0"（開）のとき，出力接点Aは"1"（閉）
	0	1	入力接点Xが"1"（閉）のとき，出力接点Aは"0"（開）
	1	0	となり，入力に対して，出力が常に反対の状態，つまり否定されたかたちとなり，**論理否定**といいます。

論理積（AND）回路

❖ **論理積回路**とは，入力条件 X_1, X_2 がともに成り立って，はじめて出力Aが出るような論理をいい，入力条件 X_1「**および**（**英文：AND**）」X_2 が成り立って，出力Aが出るということで，**AND（アンド）回路**ともいいます。

A N D 回 路 図	AND 回路の論理記号	有接点リレー回路	論 理 式
	入力 X_1　出力 A X_2 1.0 / 0.4R / 0.8 / 0.6	X_1　X_2　A 入力接点X_1, X_2：メーク接点 出力接点A　：メーク接点	$A=X_1 \cdot X_2$ （上式で・印は単なる記号であるが，ふつうの代数の「積」と似たところがあるので，論理積の記号という。）

動作表	入　力		出　力	説　明
	X_1	X_2	$A=X_1 \cdot X_2$	❖入力接点X_1およびX_2が両方"1"（閉）のときだけ，出力接点Aが"1"（閉）となります。
	0	0	0（0・0＝0）	❖入力接点X_1またはX_2のどちらかが"0"（開）か，両方とも"0"（開）のときは出力接点Aが"0"（開）となります。
	1	0	0（1・0＝0）	❖入力X_1とX_2の積が出力Aになるので**論理積**といいます。
	0	1	0（0・1＝0）	
	1	1	1（1・1＝1）	

③ 論理和（OR）回路と論理積否定（NAND）回路の図記号と動作表

論理和（OR）回路

※論理和回路とは、入力条件 X_1、X_2 のうち、いずれか一つが成立すれば、それだけで出力信号 A が出るような論理をいい、入力条件 X_1「または X_1」「または（英文：OR）」X_2 が成り立って、出力信号 A が出るというところで、OR（オア）回路ともいいます。

	OR 回路の論理記号	論理式
OR回路図	入力 X_1 X_2　出力 A	$A = X_1 + X_2$ [上式で＋印は単なる記号であるが、ふつうの代数の「和」と似ているところがあるので、論理和の記号という。]

有接点リレー回路

入力接点 X_1、X_2：メーク接点
出力接点 A：メーク接点

動作表	入 力		出 力
	X_1	X_2	$A = X_1 + X_2$
	0	0	0（0＋0＝0）
	1	0	1（1＋0＝1）
	0	1	1（0＋1＝1）
	1	1	1（1＋1＝1）

説 明

※入力接点 X_1、X_2 のうち、いずれかが "1"（閉）であるか、または両方とも "1"（閉）のときに、出力接点 A は "1"（閉）となります。

※入力接点 X_1、X_2 の両方が "0"（開）のとき、出力接点 A は "0"（開）となります。

※論理式で、1＋1は2ではなく、1となることを、ふつうの代数と違うところで、2進法といいます。

※入力 X_1 と X_2 の和が出力 A になるので論理和といいます。

論理積否定（NAND）回路

※論理積否定回路とは、「NOT 回路」と「AND 回路」とを組み合わせた論理で、NAND（ナンド）回路ともいいます。

	NAND 回路の論理記号	論理式
NAND回路図	入力 X_1 X_2　出力 A	$A = \overline{X_1 \cdot X_2}$

有接点リレー回路

入力接点 X_1、X_2：メーク接点
出力接点 A：ブレーク接点

[入力接点 X_1、X_2 をブレーク接点とし並列にして出力接点 A をメーク接点とする場合もある。]

動作表	入 力		出 力
	X_1	X_2	$A = \overline{X_1 \cdot X_2}$
	0	0	1（$\overline{0 \cdot 0}＝\overline{0}＝1$）
	1	0	1（$\overline{1 \cdot 0}＝\overline{0}＝1$）
	0	1	1（$\overline{0 \cdot 1}＝\overline{0}＝1$）
	1	1	0（$\overline{1 \cdot 1}＝\overline{1}＝0$）

説 明

※入力接点 X_1、および X_2 の両方が "1"（閉）のときだけ、出力接点 A は "0"（開）となります。

※入力接点 X_1、X_2 のうち、いずれか一つ、または両方が "0"（開）のとき、出力接点 A は "1"（閉）となります。

※入力 X_1 と X_2 の積が出力 A になる論理積を否定するので、論理積否定といいます。

④ 論理和否定（NOR）回路の図記号と動作表

論理和否定（NOR）回路

※**論理和否定回路**とは，「NOT 回路」と「OR 回路」とを組み合わせた論理で，**NOR （ノア）回路**ともいいます．

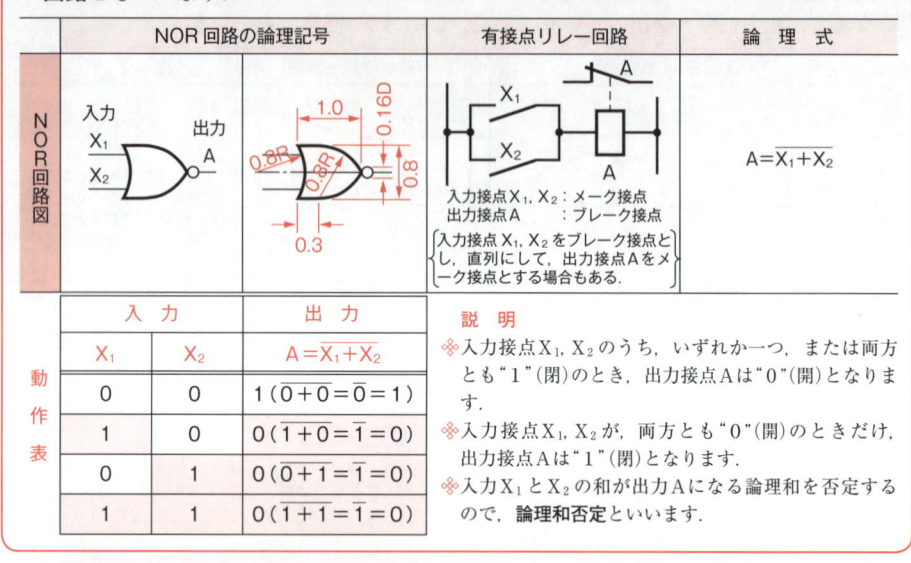

	NOR 回路の論理記号	有接点リレー回路	論 理 式
N O R 回 路 図	入力 X_1 X_2 出力 A	X_1 X_2 A 入力接点X_1, X_2：メーク接点 出力接点A ：ブレーク接点 入力接点 X_1, X_2 をブレーク接点とし，直列にして，出力接点Aをメーク接点とする場合もある．	$A = \overline{X_1 + X_2}$

	入　力		出　力	説　明
動作表	X_1	X_2	$A = \overline{X_1 + X_2}$	※入力接点X_1, X_2 のうち，いずれか一つ，または両方とも"1"(閉)のとき，出力接点Aは"0"(開)となります．
	0	0	$1\,(\overline{0+0}=\overline{0}=1)$	※入力接点X_1, X_2 が，両方とも"0"(開)のときだけ，出力接点Aは"1"(閉)となります．
	1	0	$0\,(\overline{1+0}=\overline{1}=0)$	※入力X_1とX_2の和が出力Aになる論理和を否定するので，**論理和否定**といいます．
	0	1	$0\,(\overline{0+1}=\overline{1}=0)$	
	1	1	$0\,(\overline{1+1}=\overline{1}=0)$	

2値論理素子図記号（論理回路図記号）の対比表

※ JIS C 0617 で規定されている 2 値論理素子の図記号と，ANSI Y 32.14（旧 MIL 論理記号）の図記号を次に対比して示します．

名　称	2値論理素子図記号〔例〕		名　称	2値論理素子図記号〔例〕	
	JIS C 0617	ANSI Y 32.14		JIS C 0617	ANSI Y 32.14
AND（論理積）素子	&		NAND（否定出力 AND（論理積））	&	
OR（論理和）素子	≧1		NOR（否定出力 OR（論理和））	≧1	
Negator（論理否定）	1		Exclusive-OR（排他的論理和）素子	=1	

第8章

実例で見る
シーケンス制御の動作機構

❖シーケンス制御系の基本的な動作機構は，大きく分けますと，制御しようとする目的の装置である**制御対象**，その制御量の値が所定の状態にあるかないかを示す**検出部**，そして検出信号，作業命令，あらかじめ記憶させてある信号などから，適宜制御命令をつくって発令する**命令処理部**，その他として制御命令のパワーを増幅し，かつ，いろいろの安全対策を講じて，直接に制御対象を制御できるようにする**操作部**などからなりたっております．しかし，場合によっては，ある機構部分が欠けているようなシーケンス制御系も少なくありません．

この章のポイント

　この章では，シーケンス制御系の動作機構について，いろいろなシーケンス制御系を例として，その動作順序を一つ一つ順を追いながら，調べてみることにいたしましょう．

1. 光電スイッチを用いて，工場，ビル，倉庫などに，夜間，不法に侵入する者を監視して，警報ベルを鳴らす装置について，そのシーケンス制御系の動作機構を示してあります．
2. 電磁接触器を用いて，押しボタンスイッチを押すだけで，電動機の始動，運転，停止を行う場合の，シーケンス制御系について，その動作機構を示してあります．
3. 液面スイッチを用いて，電動ポンプを水槽の水量に合わせて，自動的に運転する自動揚水装置について，そのシーケンス制御系の動作機構を示してあります．

8-1　シーケンス制御の動作機構

❶ シーケンス制御の動作機構の構成要素と信号

シーケンス制御の動作機構図

※一般に，シーケンス制御系は，**命令処理部**，**操作部**，**制御対象**，**表示警報部**，**検出部**などから，構成されております．下図は，シーケンス制御の動作機構図を示したもので，長方形の枠が，シーケンス制御系の各構成要素を示し，矢印のついた線分が信号を示します．

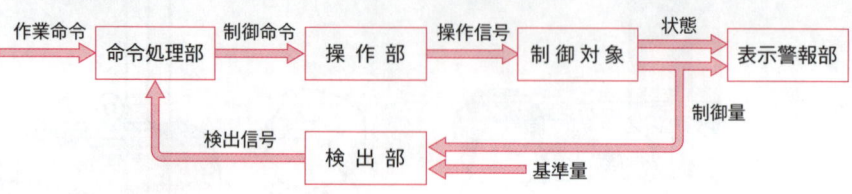

構成要素と信号

〈信　号〉	〈構成要素〉	〈内　容〉
作業命令		シーケンス制御系に外部から与えられる始動，停止などの概括的な命令信号をいう．
	命令処理部	外部から与えられる信号，検出部から検出される信号などから，制御対象をどのように制御するかを示す信号を発令する部分をいう．
制御命令		命令処理部からの出力信号で，制御対象をどのように制御するかを示す命令信号をいい，操作部に送られる．
	操作部	命令処理部からの制御命令を増幅し，かつ，安全対策を講じて，制御対象を直接に制御する部分をいう．
操作信号		制御対象を直接操作する信号をいう．
	制御対象	制御しようとする装置または機械のことをいう．
	表示警報部	制御対象の状態を表示したり，警報を発信したりする部分をいう．
制御量		制御しようとする目的の状態をいう．
基準量		検出の基準を示す信号(値)をいう．
	検出部	制御対象の制御量の値が所定の状態にあるか，どうかに応じた信号を発生する部分をいう．
検出信号		制御量が所定の条件を満足しているか，どうかを指示する信号をいい，命令処理部に送られる．

8-2　光電スイッチによる侵入者警報装置

❶ 侵入者警報装置の実際配線図

侵入者警報装置の実際の配線図〔例〕

❖下図は，光電スイッチ(不可視光線方式)による「侵入者警報装置」の実際の配線図の一例を示したものです．これは，赤外線を利用した人間の目には見えない光のカーテンを工場や倉庫の入口に設けて，ここを人や物が通過すると，赤外線をさえぎることによって光の断続ができ，これを電気信号に変えて警報ベルを鳴らし，別棟にいる警備員に知らせるようにいたしますと，夜間などの不法侵入者を監視することができます．

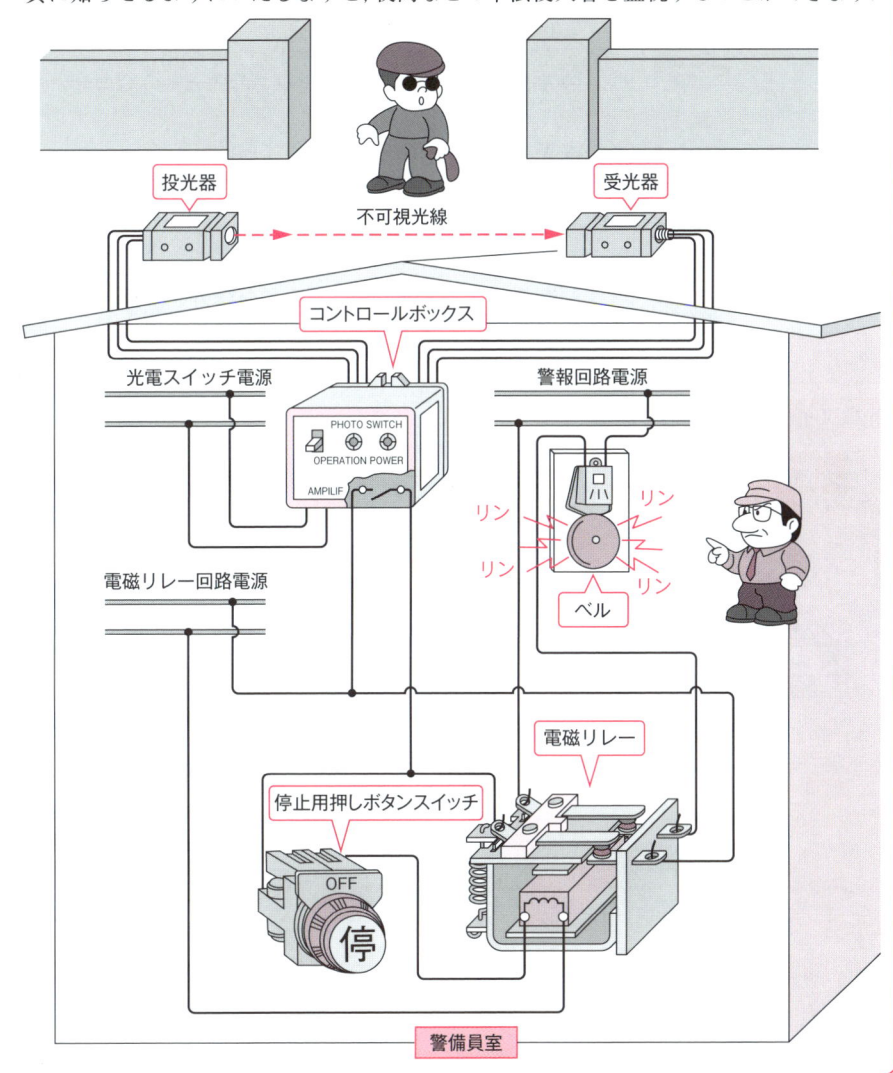

131

❷ 光電スイッチとは，どういうスイッチか

光電スイッチとは

❖光電スイッチとは，光を媒体として，物体の有無または状態の変化を無接触で検出するスイッチで，投光器からの光が遮断されると，出力信号を出すスイッチをいいます．光電スイッチは，光を照射する投光器と光を受ける受光器，そして，電子回路と外部出力信号を出す電磁リレーとから構成されております．

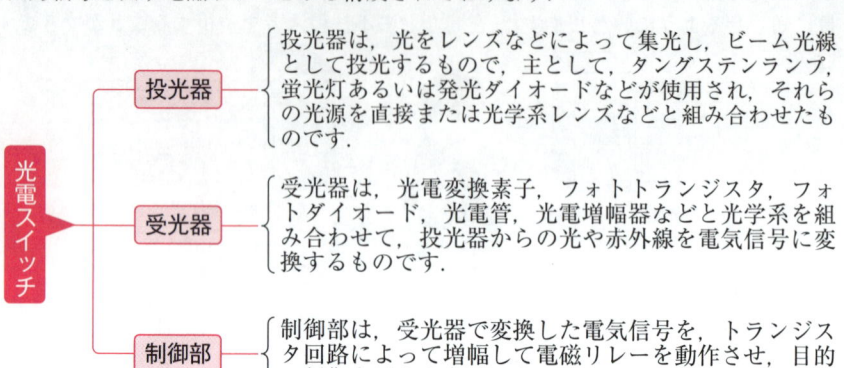

光電スイッチ
- 投光器：投光器は，光をレンズなどによって集光し，ビーム光線として投光するもので，主として，タングステンランプ，蛍光灯あるいは発光ダイオードなどが使用され，それらの光源を直接または光学系レンズなどと組み合わせたものです．
- 受光器：受光器は，光電変換素子，フォトトランジスタ，フォトダイオード，光電管，光電増幅器などと光学系を組み合わせて，投光器からの光や赤外線を電気信号に変換するものです．
- 制御部：制御部は，受光器で変換した電気信号を，トランジスタ回路によって増幅して電磁リレーを動作させ，目的の制御を果たすものです．

光電スイッチの接続のしかた

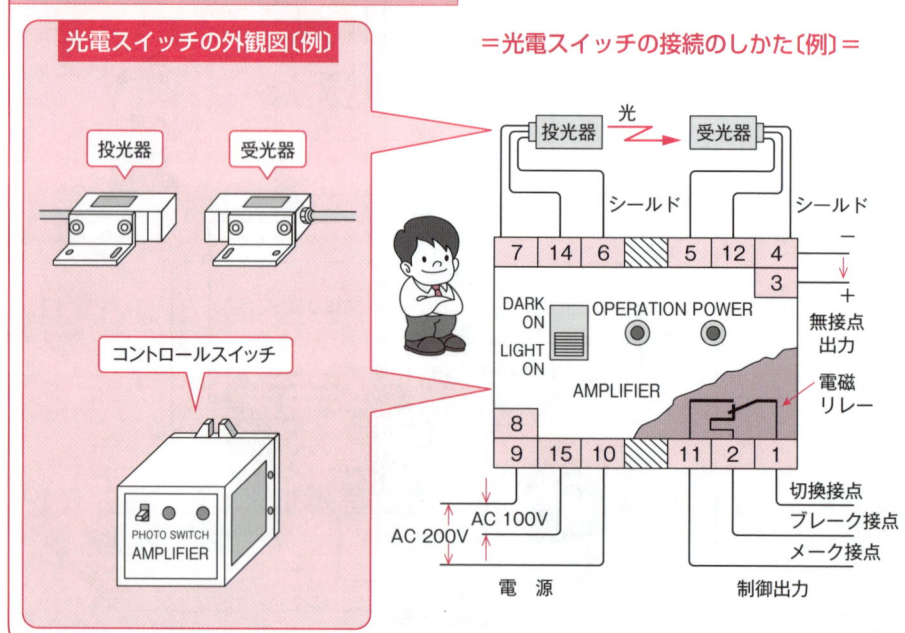

光電スイッチの外観図〔例〕

＝光電スイッチの接続のしかた〔例〕＝

❸ 侵入者警報装置のシーケンス図とタイムチャート

侵入者警報装置のシーケンス図とタイムチャート

❄工場やビルあるいは倉庫などの入口に光電スイッチを設置しておきます．いま，外部から人または自動車が入って来て，光電スイッチの投光器からの光（発光ダイオードを用いた不可視光線）を遮断しますと，光電スイッチが動作して警報ベルが鳴ります．

❄下図は，侵入者警報装置の実際の配線図を，シーケンス図に書き換え，そのタイムチャートを示したものです．

侵入者警報装置のシーケンス図とタイムチャート〔例〕

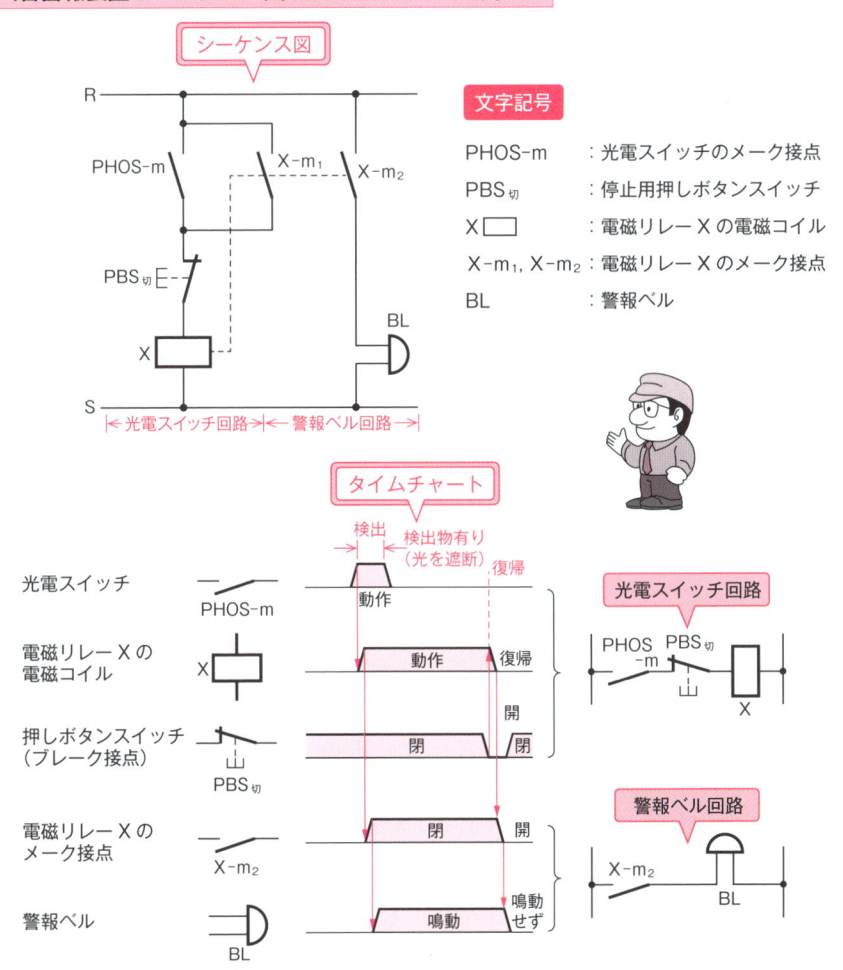

文字記号

PHOS-m ：光電スイッチのメーク接点
PBS切 ：停止用押しボタンスイッチ
X▭ ：電磁リレー X の電磁コイル
X-m₁, X-m₂ ：電磁リレー X のメーク接点
BL ：警報ベル

133

❹ 侵入者警報装置のシーケンス動作

光電スイッチ回路の動作　　　　　　　　　　　　●順序〔1〕●

▶（1）　光電スイッチの投光器からの光（不可視光線）を，人がさえぎります．

▶（2）　投光器からの光がさえぎられますと，光電スイッチのコントロールボックスに内蔵する電磁リレーが動作してメーク接点 PHOS-m が閉じます．

▶（3）　コントロールボックスに内蔵する電磁リレーのメーク接点 PHOS-m が閉じますと，電磁リレーの電磁コイル X ▨ に電流が流れ，付勢して動作します．

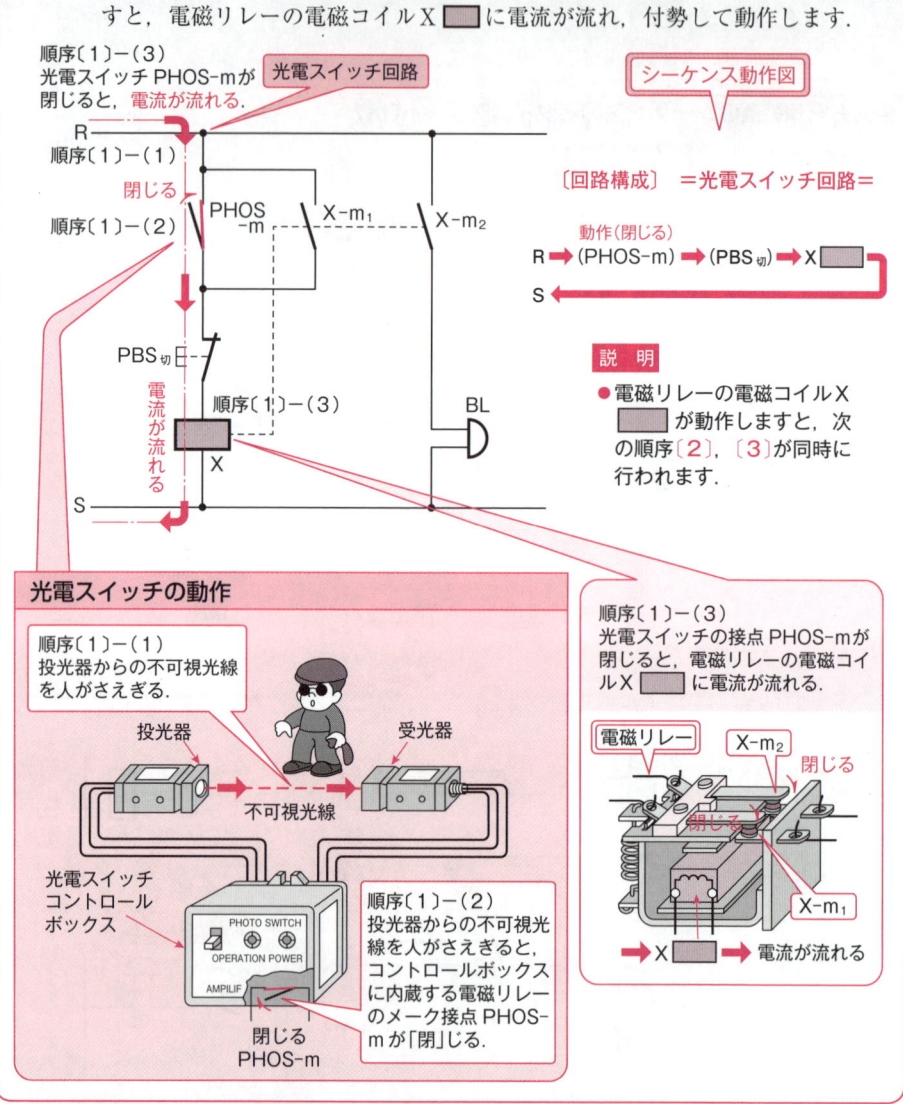

順序〔1〕-（3）
光電スイッチ PHOS-m が
閉じると，電流が流れる．

光電スイッチ回路

シーケンス動作図

〔回路構成〕 ＝光電スイッチ回路＝

動作（閉じる）
R ➡ （PHOS-m） ➡ （PBS切） ➡ X ▨
S ⬅

順序〔1〕-（1）

閉じる

順序〔1〕-（2）

PHOS -m　　X-m₁　　X-m₂

PBS切

順序〔1〕-（3）

BL

電流が流れる

X

S

説　明

●電磁リレーの電磁コイル X ▨ が動作しますと，次の順序〔2〕，〔3〕が同時に行われます．

光電スイッチの動作

順序〔1〕-（1）
投光器からの不可視光線を人がさえぎる．

投光器　　　　　　　受光器

不可視光線

光電スイッチ
コントロール
ボックス

PHOTO SWITCH
OPERATION POWER
AMPILIF

閉じる
PHOS-m

順序〔1〕-（2）
投光器からの不可視光線を人がさえぎると，コントロールボックスに内蔵する電磁リレーのメーク接点 PHOS-m が「閉」じる．

順序〔1〕-（3）
光電スイッチの接点 PHOS-m が閉じると，電磁リレーの電磁コイル X ▨ に電流が流れる．

電磁リレー　　　X-m₂

閉じる

閉じる

X-m₁

➡ X ▨ ➡ 電流が流れる

▶（1） 電磁リレーの電磁コイル X □ に電流が流れますと，警報ベル回路の電磁リレーのメーク接点 $X\text{-}m_2$ が閉じます．

▶（2） 電磁リレーのメーク接点 $X\text{-}m_2$ が閉じますと，警報ベル BL に電流が流れますので，ベルが鳴り出します．

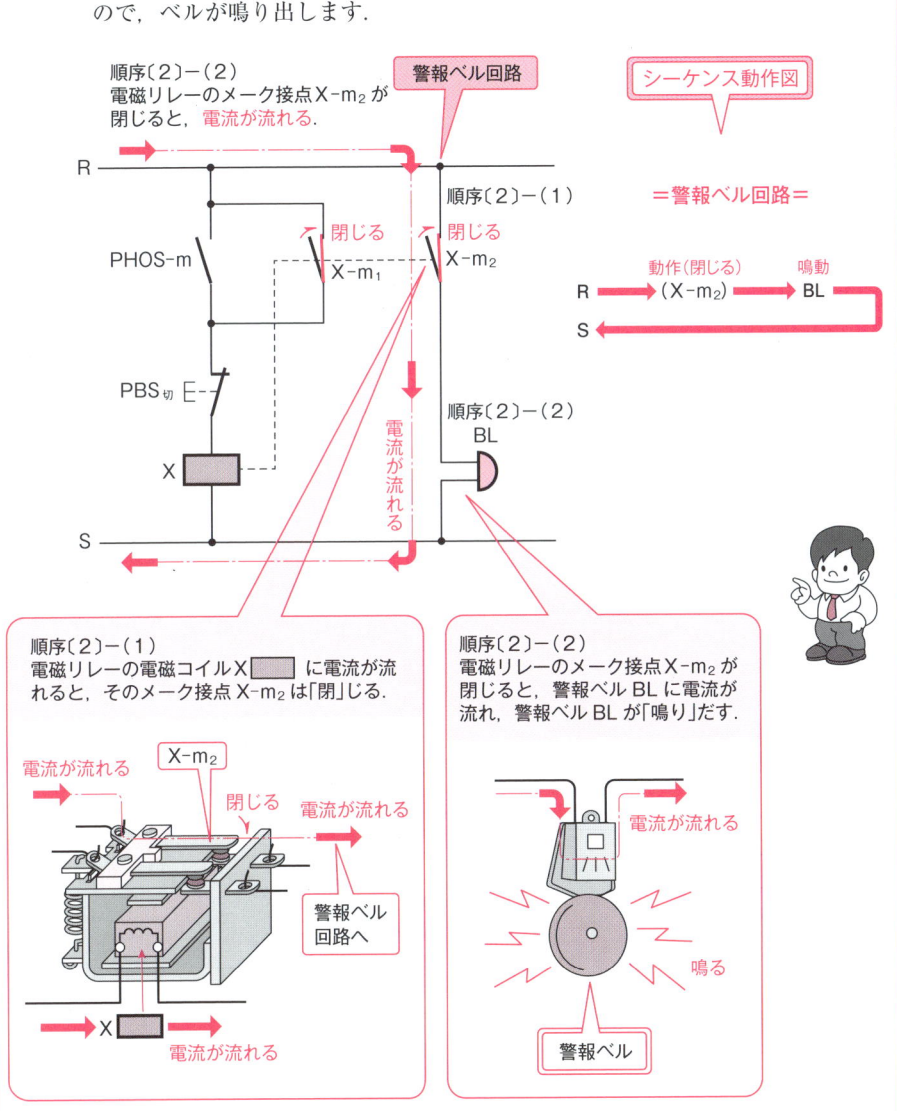

順序〔2〕－（2）
電磁リレーのメーク接点 $X\text{-}m_2$ が閉じると，電流が流れる．

警報ベル回路

シーケンス動作図

＝警報ベル回路＝

順序〔2〕－（1）

R
PHOS-m 閉じる $X\text{-}m_1$ 閉じる $X\text{-}m_2$
PBS切
X
S

電流が流れる

順序〔2〕－（2）
BL

動作（閉じる） 鳴動
R ──→（$X\text{-}m_2$）──→ BL
S ←───────────

順序〔2〕－（1）
電磁リレーの電磁コイル X □ に電流が流れると，そのメーク接点 $X\text{-}m_2$ は「閉」じる．

電流が流れる
$X\text{-}m_2$
閉じる
電流が流れる
警報ベル回路へ
X
電流が流れる

順序〔2〕－（2）
電磁リレーのメーク接点 $X\text{-}m_2$ が閉じると，警報ベル BL に電流が流れ，警報ベル BL が「鳴り」だす．

電流が流れる
鳴る
警報ベル

135

第8章 実例で見るシーケンス制御の動作機構

自己保持回路の動作 ●順序〔３〕●

▶（１） 電磁リレーの電磁コイルX 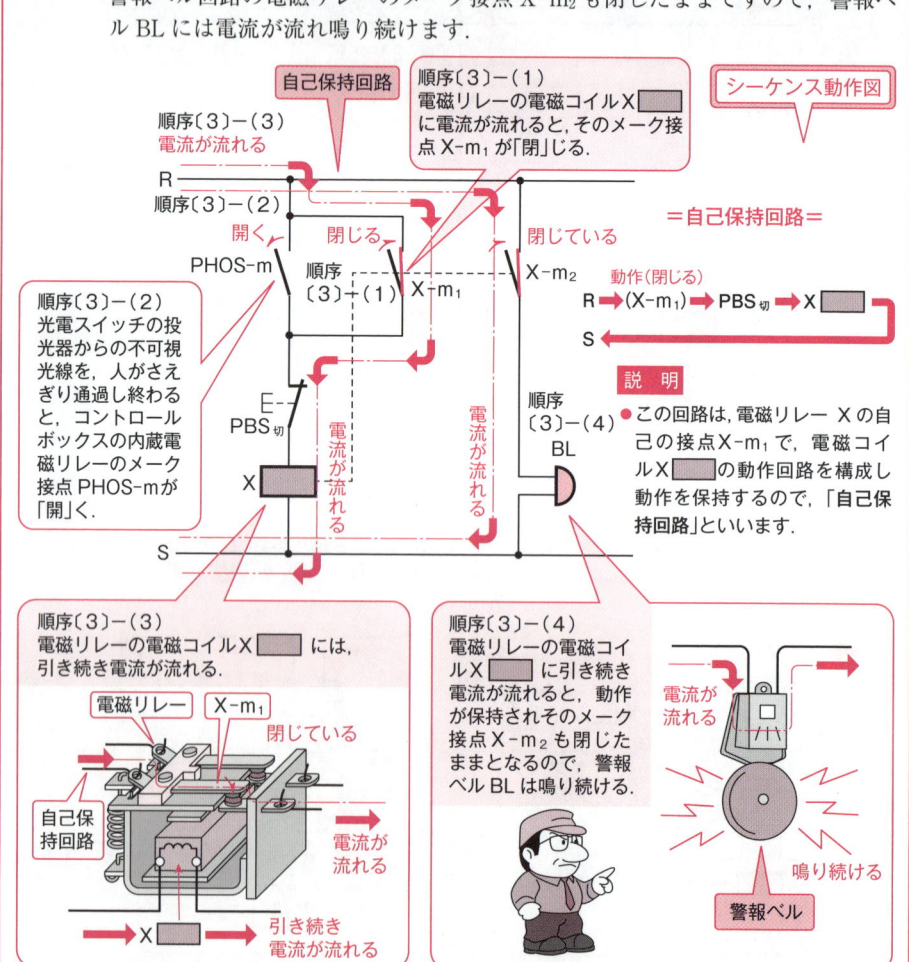 に電流が流れますと，自己保持回路の電磁リレーのメーク接点 X-m₁ が閉じます．

▶（２） 光電スイッチの投光器からの不可視光線を，人がさえぎり通過し終わりますと，コントロールボックスの内蔵電磁リレーのメーク接点PHOS-m は復帰して開きます．

▶（３） 光電スイッチの接点 PHOS-m が開いても，電磁リレーの電磁コイルX には，自己保持回路のメーク接点 X-m₁ を通って，電流が引き続き流れます．

▶（４） 電磁リレーの電磁コイルX に引き続き電流が流れますと，動作が保持され警報ベル回路の電磁リレーのメーク接点 X-m₂ も閉じたままですので，警報ベル BL には電流が流れ鳴り続けます．

136

8-3　電動機の始動制御

❶　電動機の始動制御のいろいろ

電動機の始動法には，どんな種類があるのでしょう

❖電動機に直接定格電圧を加えて始動しますと，一般に，全負荷電流の数倍（約5〜7倍）の始動電流が流れます．電動機の容量が大きいと，この始動電流は，電源に支障を及ぼすとともに，電動機を加熱し，機械的衝撃を与えることにもなります．そこで，この対策として，電動機の始動時に，低い電圧が加わるようにする**減電圧始動法**がとられます．この減電圧始動法には，**スターデルタ始動法**，**リアクトル始動法**，**始動補償器始動法**などがあります．

電動機の「じか入れ始動法」とは，どういうものでしょう

＝じか入れ始動法とは＝

❖電動機の「**じか入れ始動法**」とは，電動機に最初から電源電圧を加えて始動する方式で，「**全電圧始動法**」ともいい，比較的容量の小さい電動機に多く用いられます．というのは，小容量の電動機では，全電圧を加えて始動しても，始動電流そのものが小さいので，電源および電動機に対する影響が少ないからです．

❖この「じか入れ始動法」は，特別の始動装置を用いることなく，開閉器を投入するだけの，最も簡単な操作で，大きな始動トルクが得られることから，電源の容量が電動機の容量に比べて，充分余裕のある場合には，相当大きな電動機まで，この方式を用いることがあります．

電動機のじか入れ始動法の実際配線図〔例〕

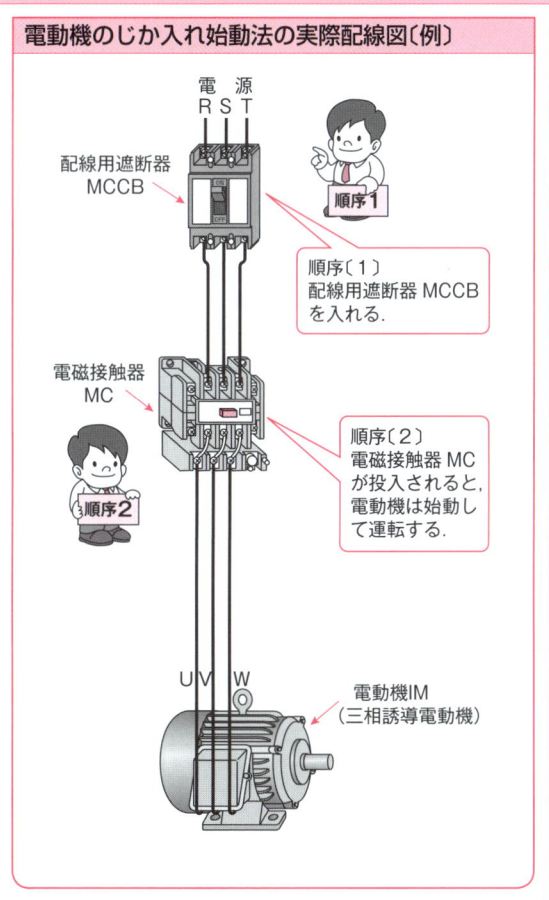

電源
R S T

配線用遮断器
MCCB

順序1

順序〔1〕
配線用遮断器 MCCB を入れる．

電磁接触器
MC

順序2

順序〔2〕
電磁接触器 MC が投入されると，電動機は始動して運転する．

U V W

電動機IM
（三相誘導電動機）

●最近は電源スイッチとして，ナイフスイッチのかわりに配線用遮断器 MCCB が多く用いられております．

137

❶ 電動機の始動制御のいろいろ（つづき）

電動機のスターデルタ始動法とは　　　　　　　　　　●減電圧始動法●

❋**電動機のスターデルタ始動法**とは，電動機の各相の固定子巻線両端から，口出線を6本引き出しておきます．そして，始動時には，電動機の固定子巻線をスター（Y）結線として，各相の巻線に電源電圧の $1/\sqrt{3}$ に等しい減電圧を加えることにより始動電流を小さくします．電動機が加速したら，すばやくデルタ（△）結線に切り換え，全電源電圧を加えて，運転に入る方式をいいます．

❋この場合，始動電流は全負荷電流の150〜200％程度で，始動トルクは全負荷トルクの40〜50％程度ですので，ある程度の始動トルクを要し，しかも，始動電流を制御したい場合に採用され，旋盤，スライス盤，ボール盤などの工作機械，ウィンチ（巻揚機），クラッシャ（破砕機）などの荷役機器などに用いられます．

❋なお，11-2項(224〜243ページ)に電動機のスターデルタ始動制御について，詳しく説明しておきましたので，参考にしてください．

スターデルタ始動法の実際配線図〔例〕

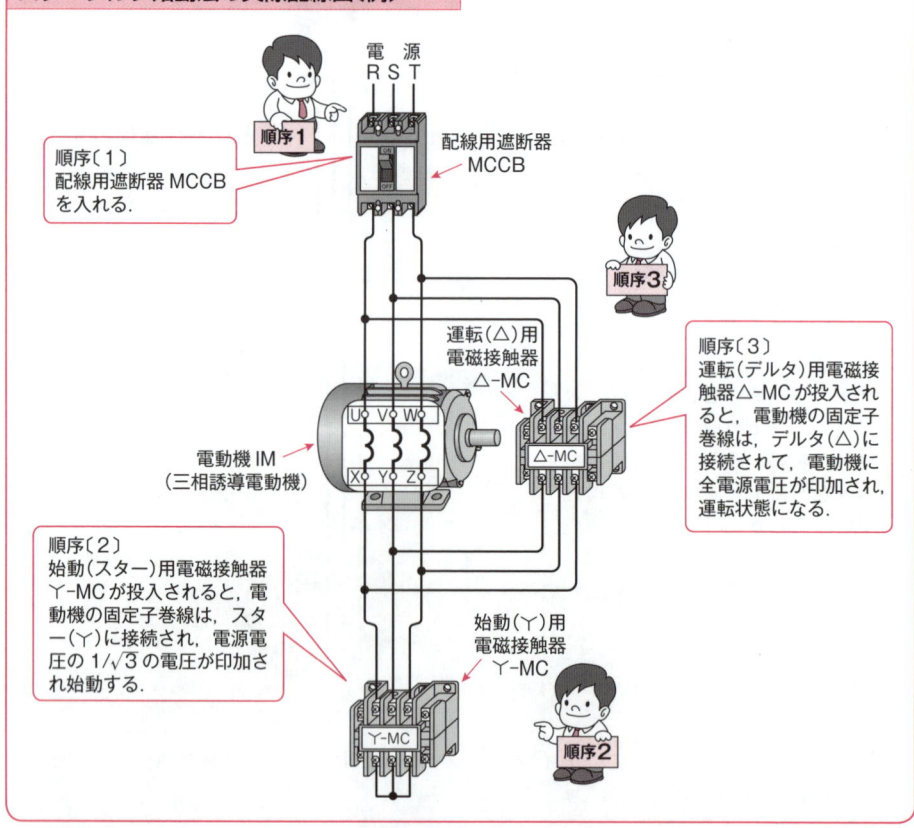

電　源
R S T

順序1

順序〔1〕
配線用遮断器 MCCB
を入れる．

配線用遮断器
MCCB

順序3

運転（△）用
電磁接触器
△-MC

順序〔3〕
運転（デルタ）用電磁接触器△-MC が投入されると，電動機の固定子巻線は，デルタ（△）に接続されて，電動機に全電源電圧が印加され，運転状態になる．

電動機 IM
（三相誘導電動機）

U V W
X Y Z

順序〔2〕
始動（スター）用電磁接触器Y-MC が投入されると，電動機の固定子巻線は，スター（Y）に接続され，電源電圧の $1/\sqrt{3}$ の電圧が印加され始動する．

始動（Y）用
電磁接触器
Y-MC

Y-MC

順序2

138

電動機のリアクトル始動法とは ● 減電圧始動法 ●

❖ **電動機のリアクトル始動法**とは，電動機と電源との間に，始動用リアクトル（鉄心入りリアクトル）を挿入しておきます．そして，始動時には，始動電流によって生ずるリアクタンス降下分だけ，電動機に加わる電圧を電源電圧より下げ，速度が加速したのち，始動用リアクトルを短絡して，全電源電圧を直接印加する方式をいいます．

❖ リアクトル始動法は，電動機の加速が進んで，始動電流が小さくなりますと，リアクトルでの電圧降下分が減少し，それにつれて，電動機の印加電圧も上昇しますので，加速がなめらかに行われることから，ポンプ，ファンなどの**流体機器**，エレベータ，エスカレータなどの**運搬機器**などに用いられます．

リアクトル始動法の実際配線図〔例〕

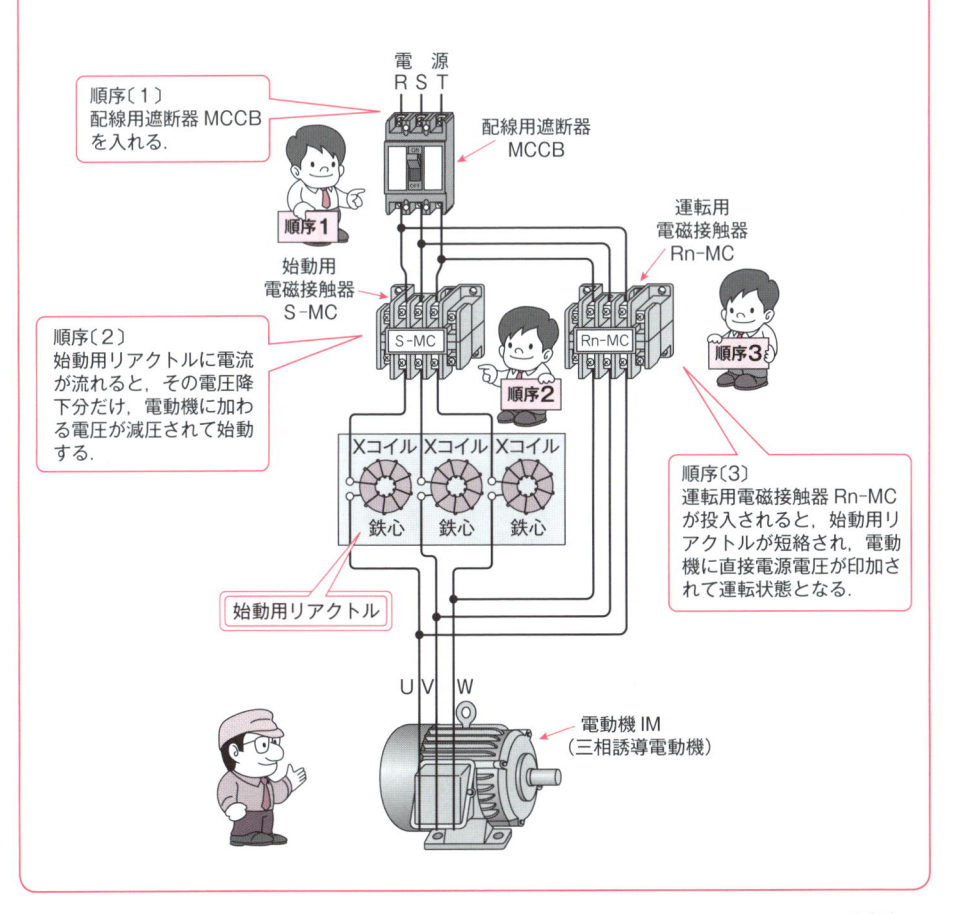

電源
R S T

順序〔1〕
配線用遮断器 MCCB
を入れる．

順序1

配線用遮断器
MCCB

運転用
電磁接触器
Rn-MC

始動用
電磁接触器
S-MC

順序〔2〕
始動用リアクトルに電流
が流れると，その電圧降
下分だけ，電動機に加わ
る電圧が減圧されて始動
する．

S-MC

順序2

Rn-MC

順序3

Xコイル Xコイル Xコイル

鉄心 鉄心 鉄心

順序〔3〕
運転用電磁接触器 Rn-MC
が投入されると，始動用リ
アクトルが短絡され，電動
機に直接電源電圧が印加さ
れて運転状態となる．

始動用リアクトル

U V W

電動機 IM
（三相誘導電動機）

139

電動機の始動補償器始動法とは　　　　　　　● 減電圧始動法 ●

※ **電動機の始動補償器始動法**とは，電動機と電源との間に，単巻変圧器（始動補償器）を接続しておきます．始動の際は，この単巻変圧器により電源電圧を降圧した電圧を電動機に印加し，電動機が加速したら，単巻変圧器を切り離して短絡し，電源電圧に切り換えて運転に入る方式をいいます．この方式は，同じ始動電流に対して，始動トルクが高くなりますので，比較的高いトルクを要する用途に適しております．

始動補償器始動法の実際配線図（例）

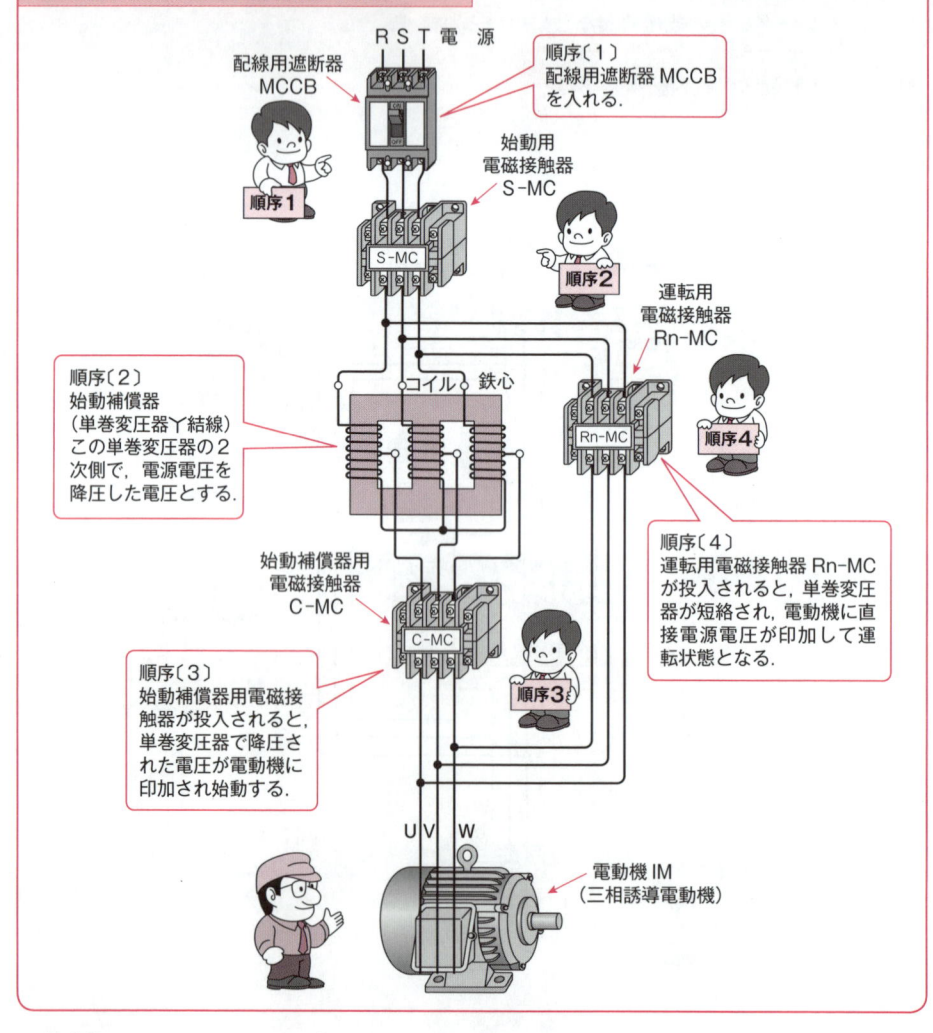

R S T 電　源

配線用遮断器
MCCB

順序1

順序〔1〕
配線用遮断器 MCCB
を入れる．

始動用
電磁接触器
S-MC

S-MC

順序2

運転用
電磁接触器
Rn-MC

順序〔2〕
始動補償器
（単巻変圧器丫結線）
この単巻変圧器の2
次側で，電源電圧を
降圧した電圧とする．

コイル　鉄心

Rn-MC

順序4

順序〔4〕
運転用電磁接触器 Rn-MC
が投入されると，単巻変圧
器が短絡され，電動機に直
接電源電圧が印加して運
転状態となる．

始動補償器用
電磁接触器
C-MC

C-MC

順序3

順序〔3〕
始動補償器用電磁接
触器が投入されると，
単巻変圧器で降圧さ
れた電圧が電動機に
印加され始動する．

U V W

電動機 IM
（三相誘導電動機）

❷ 電動機のじか入れ始動法の実際配線図とフローチャート

電動機のじか入れ始動法の実際の配線図

❖電動機のじか入れ始動法の実際の配線図の一例を下図に示します．電源スイッチとして，配線用遮断器MCCBを用い，電動機回路の開閉は，電磁接触器MCで行います．そして，この電磁接触器の開閉動作は，2個の押しボタンスイッチPBS入とPBS切で操作し，電動機の運転時には赤色ランプRLが点灯し，停止時には緑色ランプGLが点灯するようにします．

電動機のじか入れ始動法の実際の配線図〔例〕

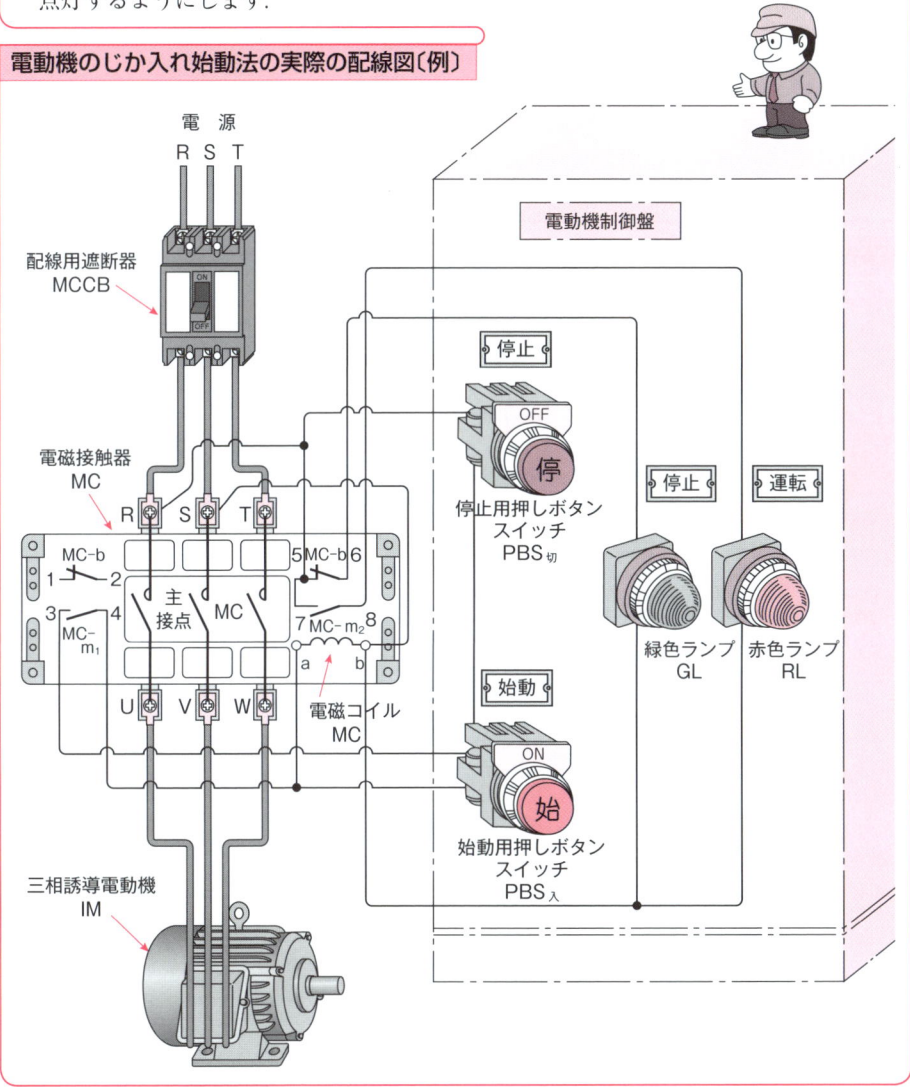

❷ 電動機のじか入れ始動法の実際配線図とフローチャート(つづき)

電動機の始動・停止のフローチャート　　●電動機のじか入れ始動法●

❋電動機のじか入れ始動法の動作の順序をフローチャートで示してみましょう. 下左図は電動機の始動のフローチャートを示したものです. まず, 配線用断遮器 MCCB を投入します. すると, 緑色ランプ GL が点灯します. 次に, 始動用押しボタンスイッチ PBS入を押しますと, 押しボタンスイッチのメーク接点 PBS入が閉じます. これにより, 電磁接触器 MC が動作して, **電動機は始動し回転しだします.** と同時に, 赤色ランプ RL が点灯し, 緑色ランプ GL が消えることを示しております.

❋また, 停止のフローチャートを示したのが下右図です. まず, 停止用押しボタンスイッチ PBS切は, 実体配線図 (143ページ) をご覧になれば, おわかりになるように, ブレーク接点となっておりますから, 押しボタンを押せば接点が開きます. すると, 電磁接触器 MC が復帰して, 主接点回路を開きますので, **電動機は停止します.** と同時に, 赤色ランプ RL が消えて, 緑色ランプ GL が点灯することを示しております.

電動機の始動フローチャート〔例〕　　　　電動機の停止フローチャート〔例〕

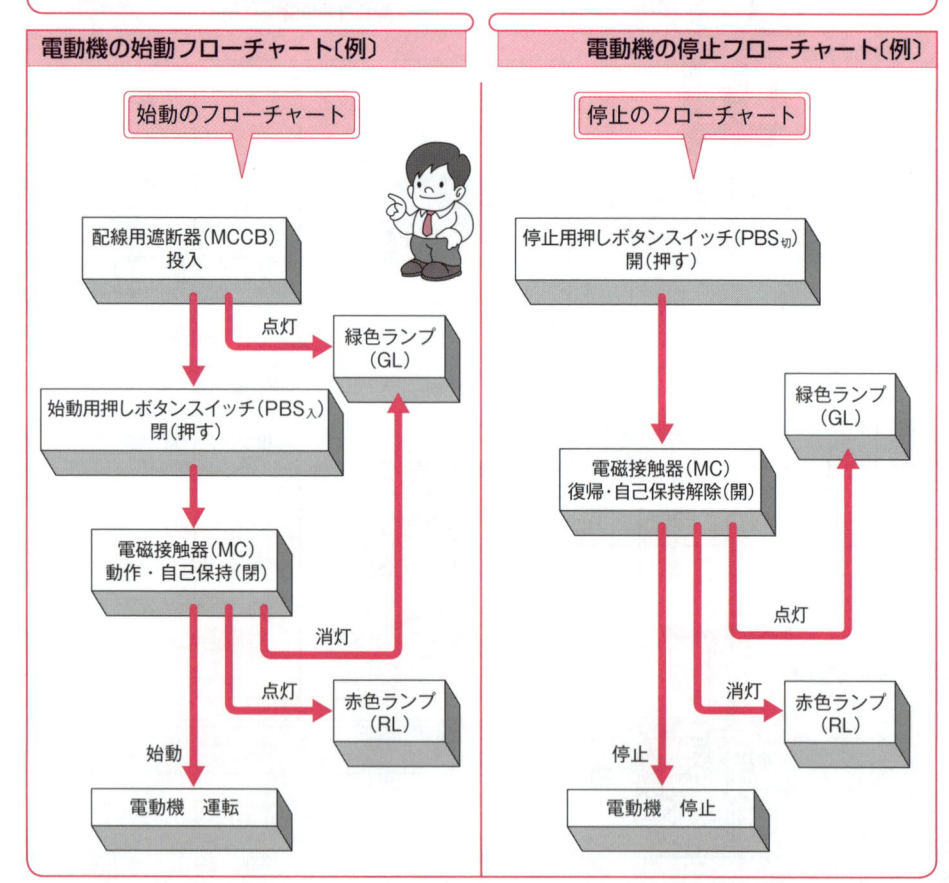

❸ 電動機のじか入れ始動法のシーケンス図

電動機のじか入れ始動法の実体配線図

❖ 下図は，電動機のじか入れ始動法において，電磁接触器の内部接続と押しボタンスイッチ，ランプなどの器具との関係を電気用図記号を用いて示した実体配線図です.

● 電動機のじか入れ始動法の実体配線図〔例〕●

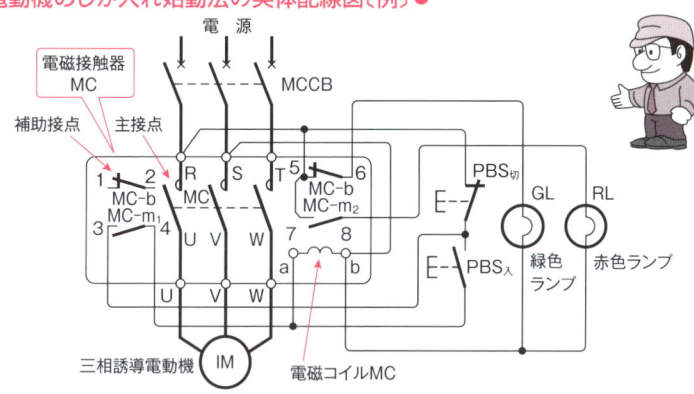

電動機のじか入れ始動法のシーケンス図

❖ 下図は，電動機のじか入れ始動法の実際の配線図を，シーケンス図に書きなおしたものです. 実体配線をたどって，同じ回路になっているかを，確認してみてください.

❖ 下図において，始動用押しボタンを押すと，自動的に電磁接触器が投入され，あらかじめ定められた順序に従って，電動機は始動，運転されます. また停止用押しボタンを押せば電動機は停止します. では，どのような順序で，電動機の始動，停止のシーケンス制御が進められていくかを，次にその動作の段階を追って説明いたしましょう.

● 電動機のじか入れ始動法のシーケンス図〔例〕●

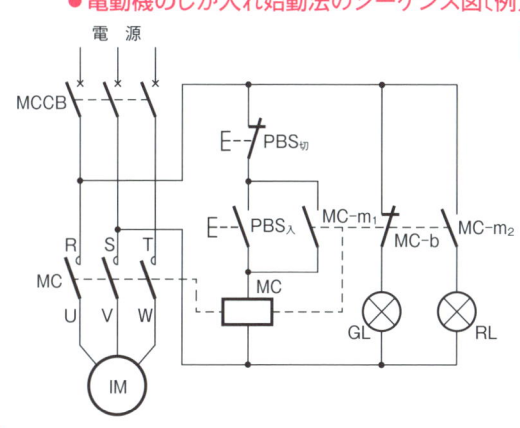

文字記号

MCCB	：配線用遮断器
PBS切	：停止用押しボタンスイッチ
PBS入	：始動用押しボタンスイッチ
MC▭	：電磁接触器の電磁コイル
MC	：電磁接触器の主接点
MC-m₁ MC-m₂	：電磁接触器の補助接点（メーク接点）
MC-b	：電磁接触器の補助接点（ブレーク接点）
GL⊗	：緑色ランプ
RL⊗	：赤色ランプ
Ⓜ	：三相誘導電動機

143

❹ 電動機のじか入れ始動法の始動シーケンス動作—〔1〕

電源回路の動作　　　　　　　　　　　　　　　　　　　●順序〔1〕●

▶電動機のじか入れ始動法のシーケンス図において，配線用遮断器 MCCB を投入すると，電源電圧が印加され，緑色ランプ GL に電流が流れて点灯します．

〔回路構成〕 ＝緑色ランプ回路＝　MCCB ➡ (MC-b) ➡ GL ⊗

説　明

●緑色ランプ GL ⊗ の点灯は，電動機 (IM) が停止していても，電源スイッチ MCCB が投入されていることを示します．

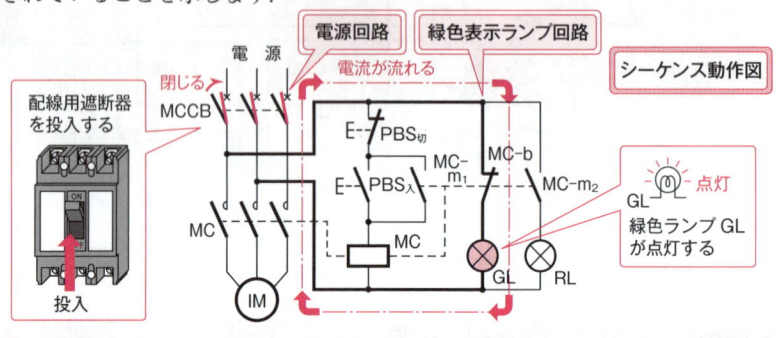

始動制御回路の動作　　　　　　　　　　　　　　　　　●順序〔2〕●

▶始動用押しボタンスイッチ PBS入 を押すと，電磁接触器の電磁コイル MC ▭ に電流が流れ，電磁接触器 MC が動作します．

〔回路構成〕 ＝始動制御回路＝　MCCB ➡ PBS切 ➡ PBS入 ➡ MC▭

説　明

●電磁接触器の電磁コイル MC ▭ に電流が流れると，次の順序〔3〕，〔4〕，〔5〕の動作が同時に行われます．

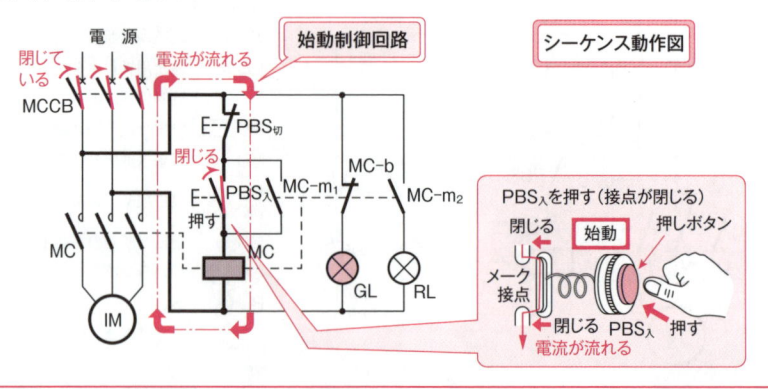

電動機主回路の動作　　●順序〔3〕●

▶電磁コイル MC ▭ に電流が流れると，電磁接触器の主接点 MC が閉じます．

▶電磁接触器の主接点 MC が閉じると，電動機 ⓘⓜ に電源電圧が印加されますので，電動機は始動し，回転し始めます．

〔回路構成〕　＝電動機主回路＝

$$\text{MCCB} \longrightarrow (\text{主接点 MC}) \longrightarrow \text{IM}$$

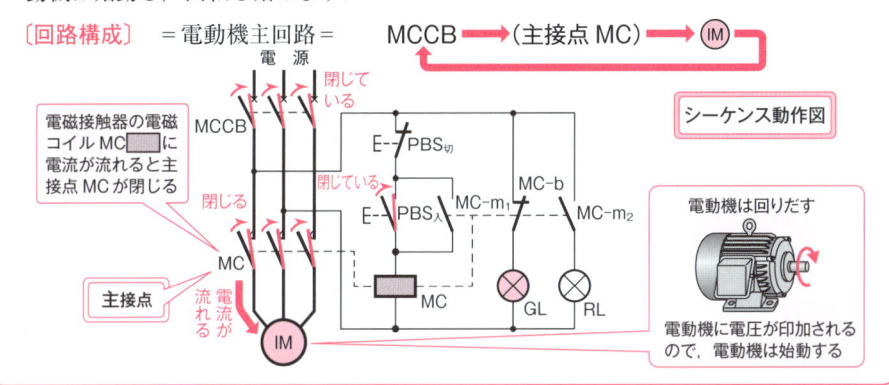

電磁接触器の電磁コイル MC ▭ に電流が流れると主接点 MC が閉じる

主接点

シーケンス動作図

電動機は回りだす

電動機に電圧が印加されるので，電動機は始動する

自己保持回路の動作　　●順序〔4〕●

▶電磁コイル MC ▭ に電流が流れ，主接点 MC が閉じると同時に，押しボタンスイッチ $PBS_入$ と並列に接続されている電磁接触器の補助メーク接点 $MC-m_1$ が閉じます．

▶$PBS_入$ の押す手を離しても，電磁接触器の補助メーク接点 $MC-m_1$ を通って，電磁コイル MC ▭ に電流が流れ自己保持するので，電動機は回転し続けます．

〔回路構成〕　＝自己保持回路＝

$$\text{MCCB} \longrightarrow \text{PBS}_切 \longrightarrow \text{MC-m}_1$$
$$\text{MC} \blacksquare \longleftarrow$$

説　明

●この回路は電磁接触器の自己の接点で，電磁コイルの動作回路を構成し，動作を保持しますので，これを**自己保持回路**といいます．

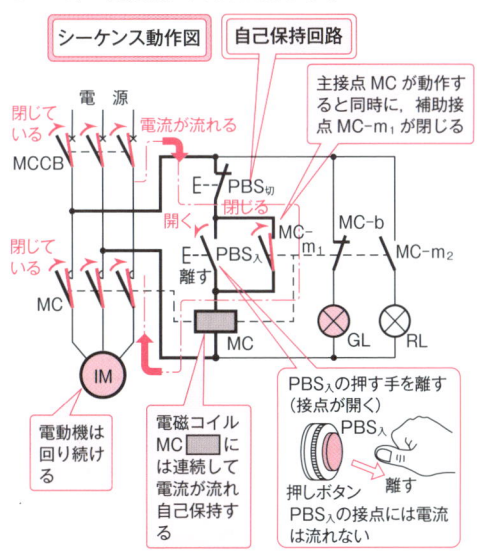

シーケンス動作図　　自己保持回路

主接点 MC が動作すると同時に，補助接点 $MC-m_1$ が閉じる

電動機は回り続ける

電磁コイル MC ▭ には連続して電流が流れ自己保持する

$PBS_入$ の押す手を離す（接点が開く）

押しボタン　離す
$PBS_入$ の接点には電流は流れない

❹ 電動機のじか入れ始動法の始動シーケンス動作―〔1〕（つづき）

ランプ表示回路の動作 ●順序〔5〕●

▶電磁コイル MC � に電流が流れると，電磁接触器が動作し，その補助ブレーク接点 MC-b が開き，補助メーク接点 MC-m_2 が閉じて，緑色ランプ GL ⊗は消灯し，赤色ランプ RL ⊗は点灯します．

〔回路構成〕

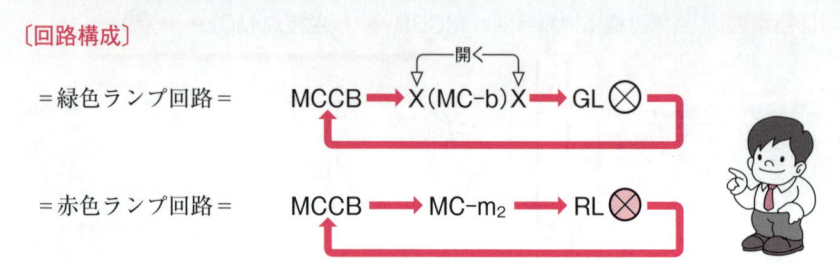

=緑色ランプ回路=　　MCCB ➡ X(MC-b)X ➡ GL ⊗

=赤色ランプ回路=　　MCCB ➡ MC-m_2 ➡ RL ⊗

説　明

- 赤色ランプ回路の補助接点 MC-m_2 はメーク接点ですから，電磁接触器 MC の動作により閉路し，電流が流れて赤色ランプ RL ⊗は点灯します．
- 緑色ランプ回路の補助接点 MC-b はブレーク接点ですから，電磁接触器 MC の動作により開路し，電流は流れず緑色ランプ GL ⊗は消灯します．

シーケンス動作図

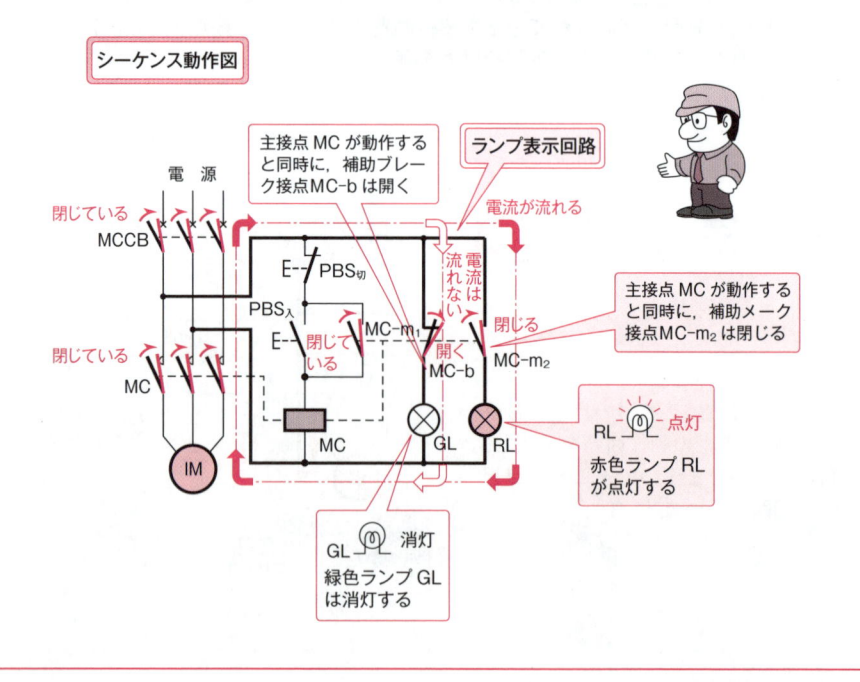

主接点 MC が動作すると同時に，補助ブレーク接点MC-b は開く

ランプ表示回路

電流が流れる

電 源

閉じている　MCCB

E-/ PBS切

電流は流れない

PBS入

E-/ 閉じている　MC-m_1

開く　MC-b

閉じる　MC-m_2

主接点 MC が動作すると同時に，補助メーク接点MC-m_2 は閉じる

閉じている　MC

IM

MC

GL　RL

RL 点灯

赤色ランプ RL が点灯する

GL 消灯

緑色ランプ GL は消灯する

❺ 電動機のじか入れ始動法の停止シーケンス動作―〔2〕

停止制御回路の動作　●順序〔6〕

▶停止用押しボタンスイッチ PBS切 を押すとブレーク接点が開路し，電磁接触器の電磁コイル MC □ に電流が流れなくなりますので，電磁接触器 MC は復帰します.

〔回路構成〕

= 停止制御回路 =

MCCB ➡ X(PBS切)X ➡ (MC-m₁) ➡ MC □

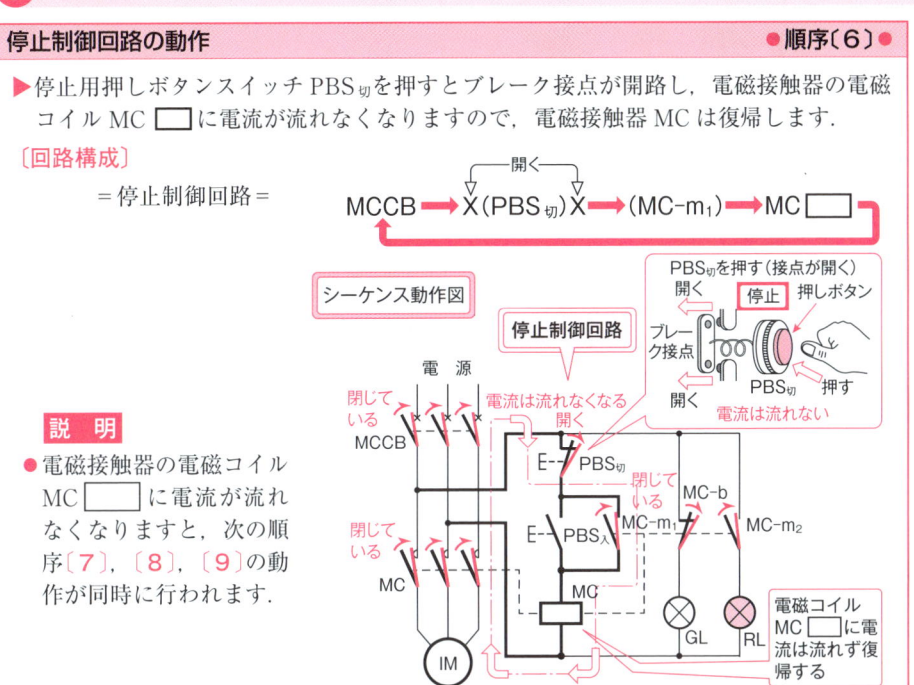

説明

●電磁接触器の電磁コイル MC □ に電流が流れなくなりますと，次の順序〔7〕，〔8〕，〔9〕の動作が同時に行われます.

電動機主回路の動作　●順序〔7〕

▶電磁接触器の電磁コイル MC □ に電流が流れないと，主接点 MC が開きます.
▶主接点 MC が開くと，電動機 IM に電圧が印加されないので，電動機は停止します.

〔回路構成〕

= 電動機主回路 =

MCCB ➡ X(主接点 MC)X ➡ IM

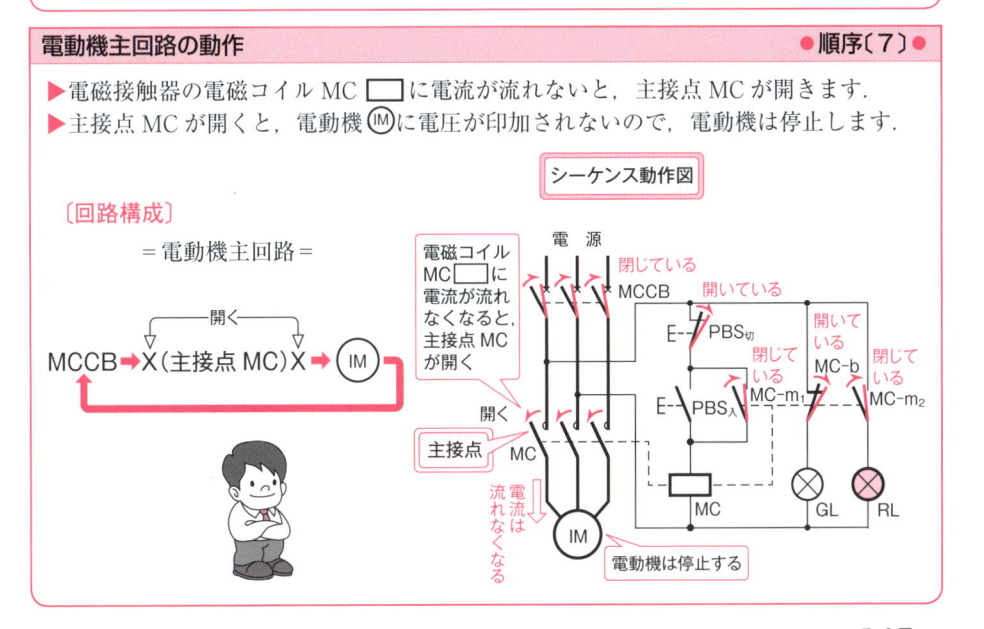

147

❺ 電動機のじか入れ始動法の停止シーケンス動作—〔2〕（つづき）

自己保持回路の動作　　　　　　　　　　　　　●順序〔8〕●

▶ 電磁接触器の電磁コイル MC □ に電流が流れないと，押しボタンスイッチ PBS$_入$ と並列に接続されている自己保持の補助メーク接点 MC-m$_1$ が復帰し，開路します．

▶ 電磁接触器の補助メーク接点 MC-m$_1$ が開くと，PBS$_切$ の押しボタンスイッチの押す手を離して，ブレーク接点が閉じても，電磁コイル MC □ には，電流は流れないので，電動機は停止したままです．

説 明

● この動作を，**自己保持が解ける**といいます．

〔回路構成〕　= 自己保持回路 =

$$MCCB \rightarrow PBS_切 \rightarrow X(MC\text{-}m_1)X \rightarrow MC \square$$
（開く）

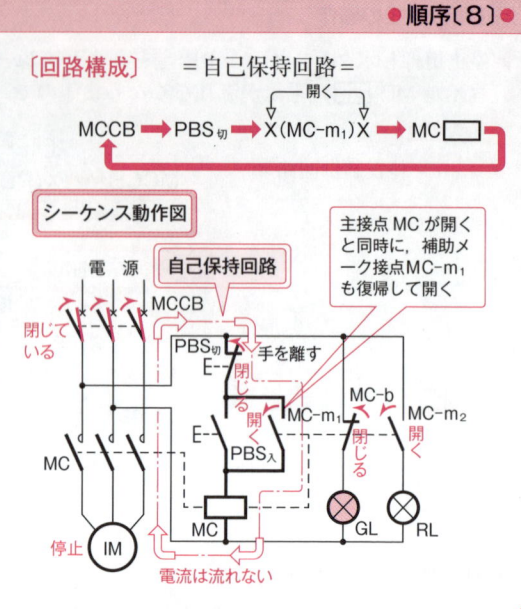

シーケンス動作図

自己保持回路

主接点 MC が開くと同時に，補助メーク接点MC-m$_1$ も復帰して開く

電源
MCCB
閉じている
PBS$_切$
手を離す
E-　閉じる
開く　MC-m$_1$　MC-b　MC-m$_2$
E-　PBS$_入$　閉じる　開く
MC
停止　IM　MC　GL　RL
電流は流れない

ランプ表示回路の動作　　　　　　　　　　　　●順序〔9〕●

▶ 電磁接触器の電磁コイル MC □ に電流が流れず復帰すると，赤色ランプ RL ⊗ が消灯し，緑色ランプ GL ⊗ が点灯します．

● これで，すべての回路が，もとの状態に戻ったことになります．

説 明

● 赤色ランプ回路の MC-m$_2$ は，メーク接点ですから，電磁接触器 MC の復帰により，この接点も復帰して開路し，赤色ランプ RL ⊗ には電流が流れず消灯します．

● 緑色ランプ回路の MC-b は，ブレーク接点ですから，電磁接触器 MC の復帰により，この接点も復帰して閉路し，緑色ランプ GL ⊗ は電流が流れて点灯します．

〔回路構成〕

= 赤色ランプ回路 =

$$MCCB \rightarrow X(MC\text{-}m_2)X \rightarrow RL \otimes$$
（開く）

= 緑色ランプ回路 =

$$MCCB \rightarrow (MC\text{-}b) \rightarrow GL \otimes$$

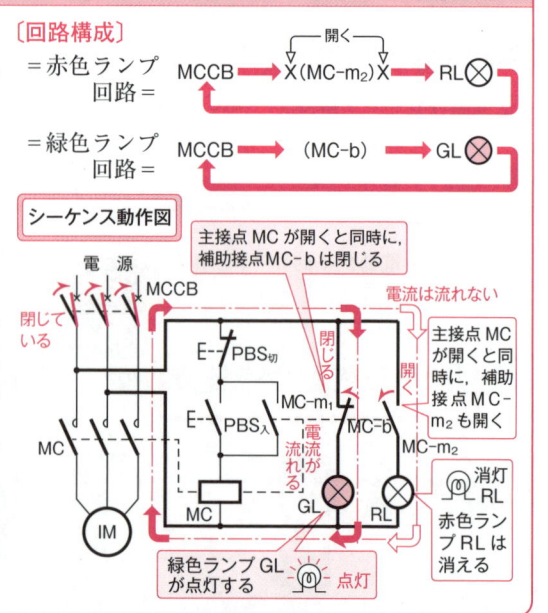

シーケンス動作図

主接点 MC が開くと同時に，補助接点MC-b は閉じる

電源
MCCB
閉じている
電流は流れない
E-7 PBS$_切$　閉じる
主接点 MC が開くと同時に，補助接点 MC-m$_2$ も開く
E-　PBS$_入$　開く
MC-m$_1$　MC-b
電流が流れる
MC-m$_2$
MC
IM　MC　GL　RL
消灯 RL
赤色ランプ RL は消える
緑色ランプ GL が点灯する　点灯

8-4 自動揚水装置の制御

❶ 自動揚水装置の動作機構

自動揚水装置とはどういうものか

❖ **自動揚水装置**とは，給水源（水道または井戸）から，電動ポンプにより，水を水槽にくみ上げ，各所に配水する装置をいいます．

❖ この装置は，水槽の水位に上限と下限とを定め，液面スイッチを用いて，水位が下限に達したときに，電動ポンプを始動させ，上限に達したら，電動ポンプを停止させて，水位が下限になるまで，休止させておくようにしたものです．これにより，水槽の水が使用されても，自動的に給水されるため，常にある一定量以上の水を蓄えておくことができます．

自動揚水装置〔例〕

❖ 電動ポンプによる自動揚水装置の液面制御は，ビル，病院，学校などの上水タンクの自動給水，下水槽の排水，工業用冷却水などの自動給排水に用いられております．

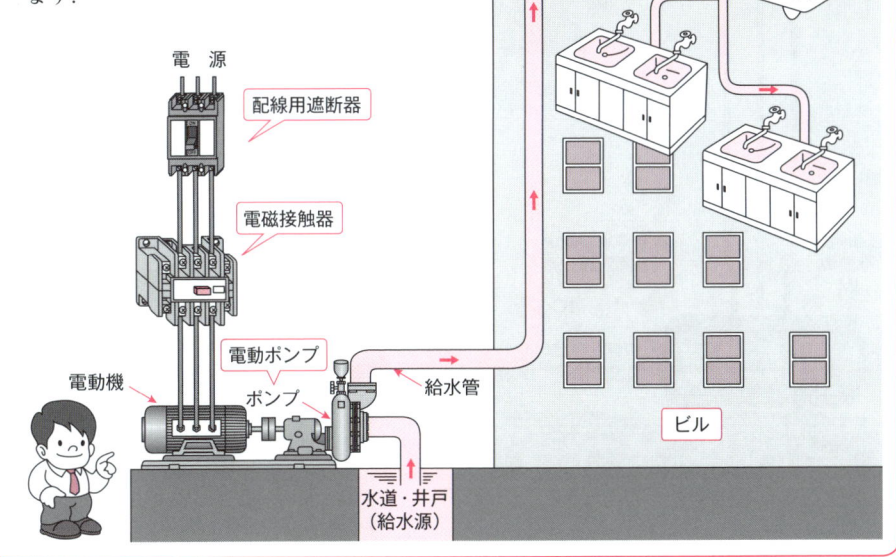

149

❶ 自動揚水装置の動作機構（つづき）

自動揚水装置の実際の配線図〔例〕

※下図は電動ポンプにより，給水源（井戸）から水を水槽にくみ上げ，各所に配水する自動揚水装置の実際の配線図の一例を示したものです.

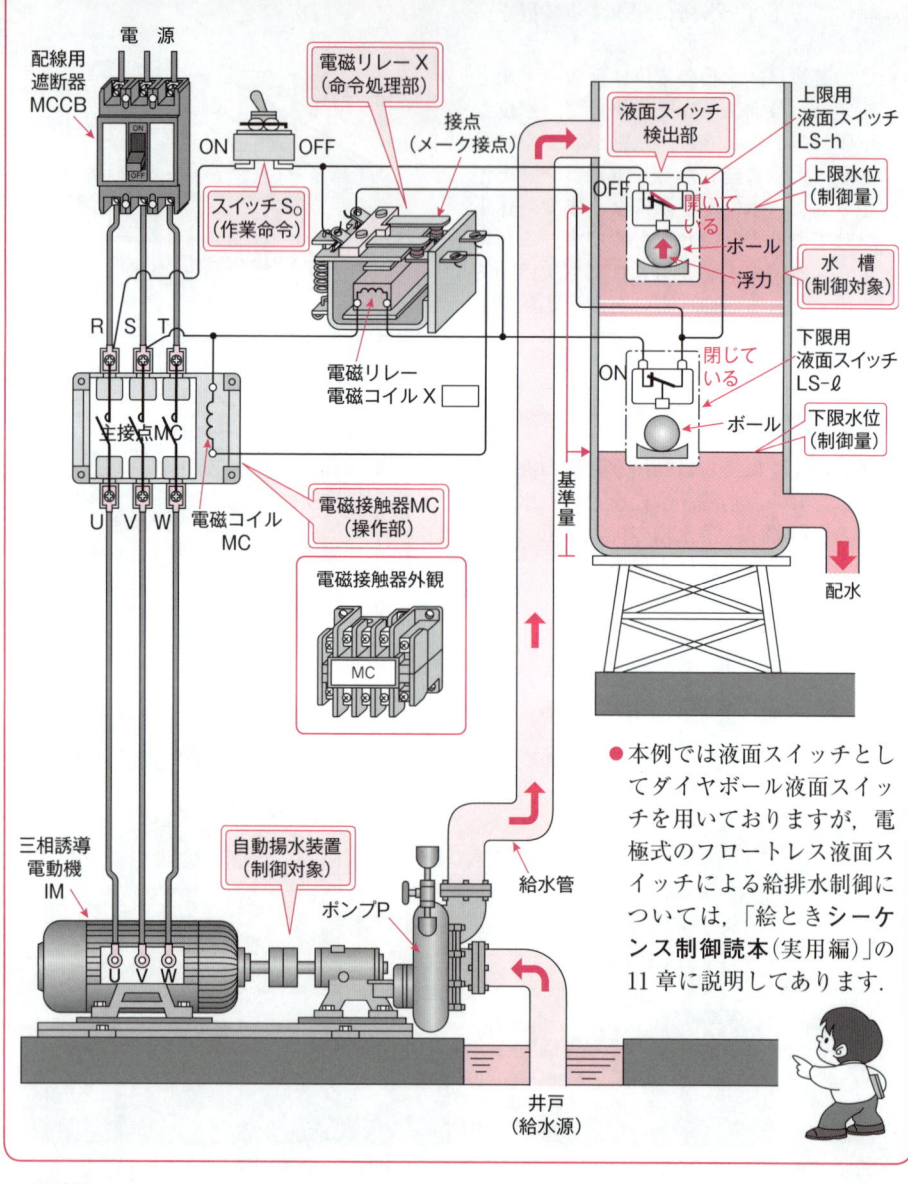

配線用遮断器 MCCB

電源

ON OFF

電磁リレー X（命令処理部）

接点（メーク接点）

スイッチ S_0（作業命令）

液面スイッチ検出部

上限用液面スイッチ LS-h

上限水位（制御量）

開いている

OFF

ボール

浮力

水槽（制御対象）

R S T

電磁リレー 電磁コイル X

主接点MC

電磁接触器MC（操作部）

電磁コイル MC

U V W

下限用液面スイッチ LS-ℓ

閉じている

ON

ボール

下限水位（制御量）

基準量

電磁接触器外観

MC

配水

三相誘導電動機 IM

自動揚水装置（制御対象）

ポンプP

給水管

井戸（給水源）

● 本例では液面スイッチとしてダイヤボール液面スイッチを用いておりますが，電極式のフロートレス液面スイッチによる給排水制御については，「絵ときシーケンス制御読本（実用編）」の11章に説明してあります.

150

自動揚水装置の動作機構図〔例〕

※自動揚水装置の動作機構図を示したのが下図です．一般的なシーケンス制御の動作機構図（8-1 項 130 ページ）と対比して，ご覧ください．

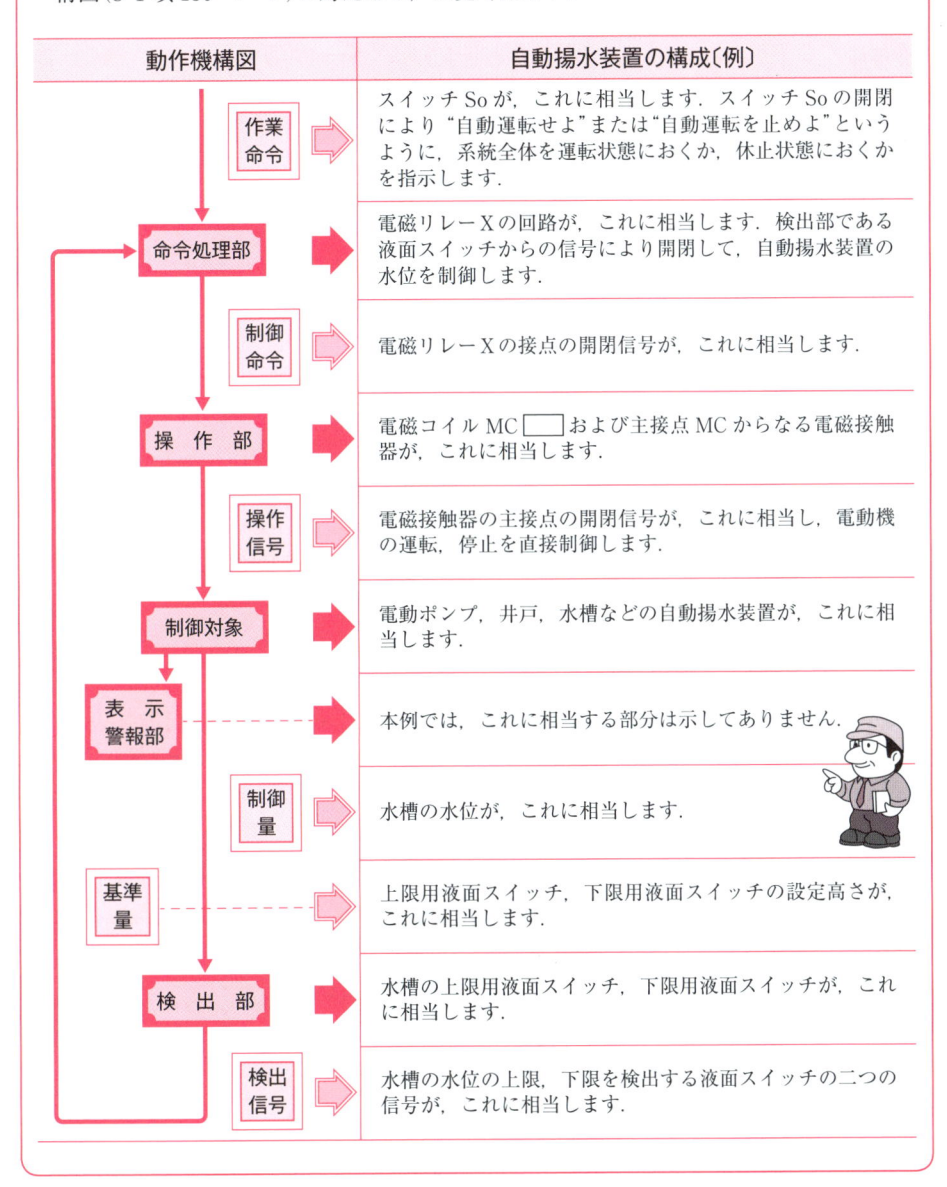

動作機構図	自動揚水装置の構成〔例〕
作業命令 ⇨	スイッチ So が，これに相当します．スイッチ So の開閉により "自動運転せよ" または "自動運転を止めよ" というように，系統全体を運転状態におくか，休止状態におくかを指示します．
命令処理部 ⇨	電磁リレー X の回路が，これに相当します．検出部である液面スイッチからの信号により開閉して，自動揚水装置の水位を制御します．
制御命令 ⇨	電磁リレー X の接点の開閉信号が，これに相当します．
操 作 部 ⇨	電磁コイル MC □ および主接点 MC からなる電磁接触器が，これに相当します．
操作信号 ⇨	電磁接触器の主接点の開閉信号が，これに相当し，電動機の運転，停止を直接制御します．
制御対象 ⇨	電動ポンプ，井戸，水槽などの自動揚水装置が，これに相当します．
表示警報部 ⇨	本例では，これに相当する部分は示してありません．
制御量 ⇨	水槽の水位が，これに相当します．
基準量 ⇨	上限用液面スイッチ，下限用液面スイッチの設定高さが，これに相当します．
検 出 部 ⇨	水槽の上限用液面スイッチ，下限用液面スイッチが，これに相当します．
検出信号 ⇨	水槽の水位の上限，下限を検出する液面スイッチの二つの信号が，これに相当します．

151

❷ 液面スイッチの原理とその動作

液面スイッチ

❖いろいろな物質の表面と基準面との距離を検出することをレベルの検出といい，レベル検出機器を，一般に**レベルスイッチ**といいます．主として，液体を検出するため，**液面スイッチ**ともいいます．

❖液面スイッチには，いろいろの種類がありますが，ボールの浮力によって，内蔵するマイクロスイッチを動作させるダイヤボール液面スイッチについて説明しましょう．

液面スイッチが水中にある場合の動作

❖液面スイッチ（ダイヤボール液面スイッチ）の内蔵マイクロスイッチの接点を「ブレーク接点」としますと，常時閉路，動作時開路形となります．下図のように，液面スイッチが水中にありますと，ボールの浮力によって，マイクロスイッチのブレーク接点は動作して開路します．

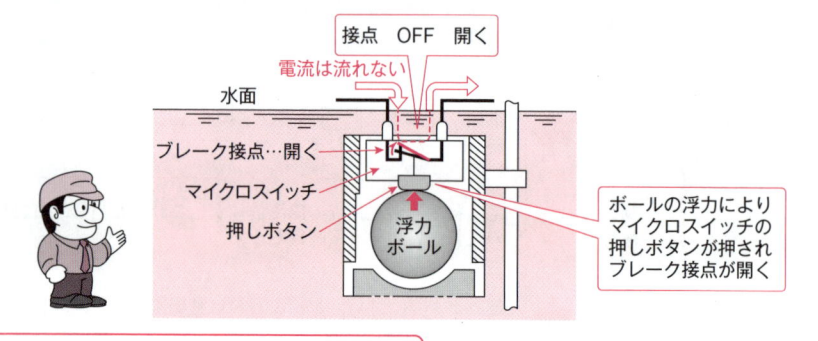

液面スイッチが水面上にある場合の動作

❖下図のように，液面スイッチ（ダイヤボール液面スイッチ）が水面上にありますと，ボールの浮力が生じないため，マイクロスイッチの押しボタンは押されず，ブレーク接点は復帰した状態になり，閉路します．

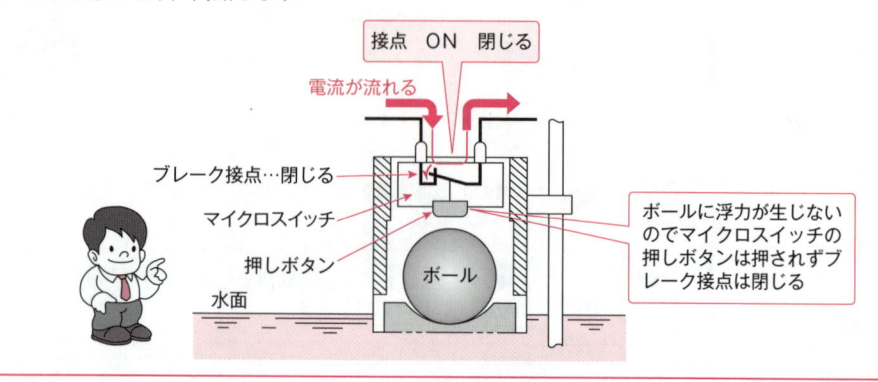

❸ 水槽の水位が「下限」の場合のシーケンス動作

水槽の水位が「下限」の場合のシーケンス図

※自動揚水装置において水槽
の水位が「下限」になった場
合のシーケンス図を示した
のが右図です．下図の実際
の配線図と，よく対比して
ご覧ください．

文字記号

LS-h	：上限用液面スイッチ
LS-ℓ	：下限用液面スイッチ
Ⓟ	：ポンプ
X ☐	：電磁リレー X の電磁コイル
X-m₁, X-m₂	：電磁リレー X のメーク接点
MC ☐	：電磁接触器 MC の電磁コイル
MC	：電磁接触器 MC の主接点

● 水槽の水位が「下限」の場合のシーケンス図 ●

● 水槽の水位が「下限」の場合の実際配線図 ●

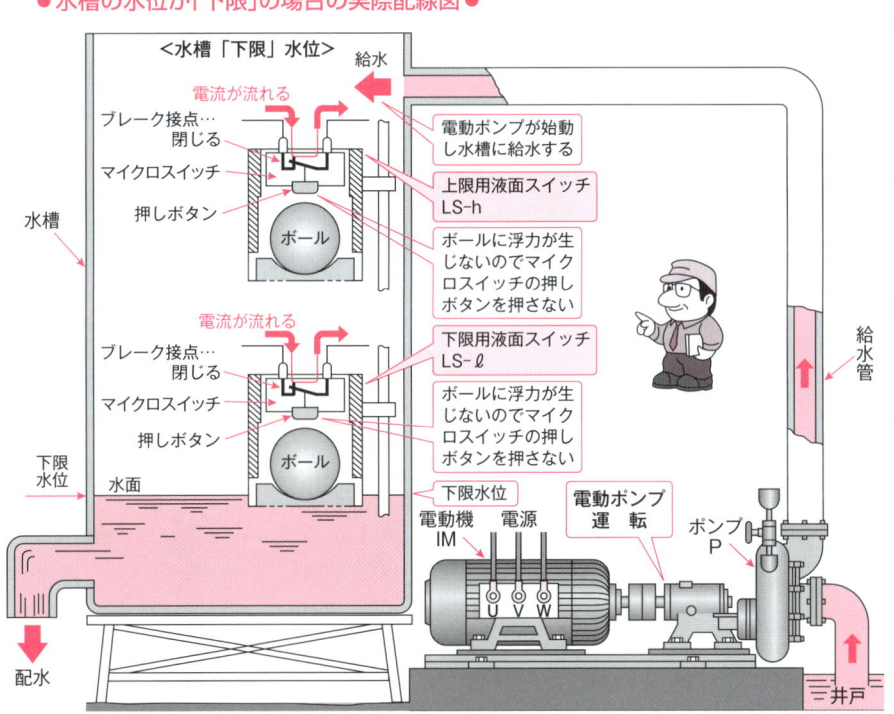

153

❸ 水槽の水位が「下限」の場合のシーケンス動作（つづき）

電動ポンプの始動・運転動作〈水槽の水位が「下限」の場合〉

※自動揚水装置の水槽の水位が下限になりますと，電動ポンプは始動，運転され，水を水槽にくみ上げます．

電源回路・下限用液面スイッチ回路の動作　　　　　　　　●順序〔1〕●

▶（1）　配線用断遮器 MCCB を投入し閉じます．

▶（2）　スイッチ So を閉じます．

▶（3）　水槽の水位が低下して，「下限水位」になりますと，下限用液面スイッチ LS-ℓ のボールの浮力が生じなくなり，ブレーク接点は復帰して閉路します．

▶（4）　LS-ℓ が閉じると電磁リレーの電磁コイル X ▭ に電流が流れ，動作します．

〔回路構成〕　＝下限用液面
　　　　　　　スイッチ回路＝

MCCB ➡ So ➡ (LS-h) ➡ (LS-ℓ) ➡ X▭

シーケンス動作図

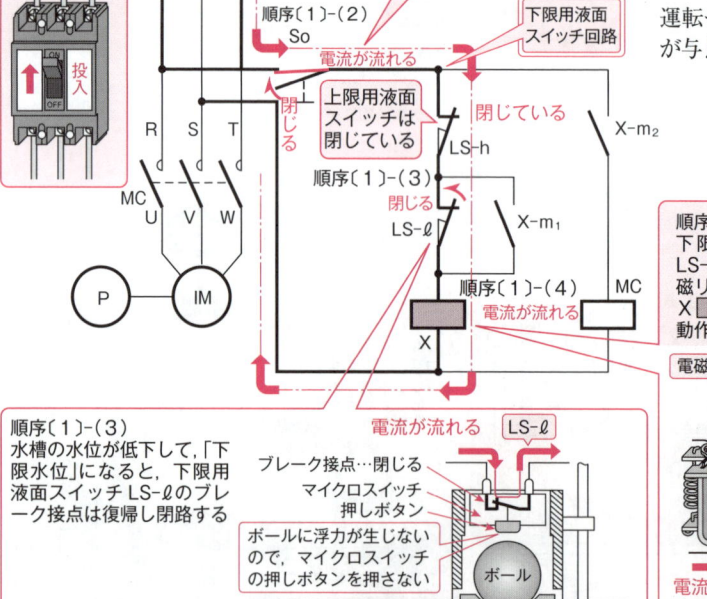

順序〔1〕-(1)
配線用遮断器を投入する

順序〔1〕-(2)
スイッチ So を入れ閉じる

順序〔1〕-(2)
So

順序〔1〕-(3)
水槽の水位が低下して，「下限水位」になると，下限用液面スイッチ LS-ℓ のブレーク接点は復帰し閉路する

順序〔1〕-(4)
下限用液面スイッチ LS-ℓ が閉じると，電磁リレーの電磁コイル X ▭ に電流が流れ，動作する

説　明

●スイッチ So を閉じることにより，制御回路が構成され，「自動運転せよ」の作業命令が与えられます．

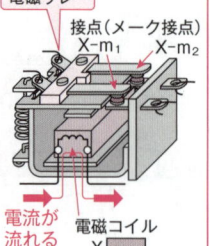

電磁リレー
接点（メーク接点）
X-m₁　　X-m₂
電流が流れる
電磁コイル X▭

電磁接触器回路・主回路の動作 ●順序〔2〕●

- ▶（1） 電磁リレーXが動作すると，そのメーク接点$X\text{-}m_2$が閉じます．
- ▶（2） 電磁リレーのメーク接点$X\text{-}m_2$が閉じると，電磁接触器の電磁コイル MC □ に電流が流れ，動作します．
- ▶（3） 電磁接触器が動作すると，主接点MCが閉じます．
- ▶（4） 主接点MCが閉じると，電動機 (IM) に電圧が印加され，電動機は始動します．
- ▶（5） 電動機が始動すると，ポンプ (P) は回転し，水槽に水をくみ上げます．

〔回路構成〕 ＝電磁接触器回路＝ MCCB ⟶ So ⟶ $X\text{-}m_2$ ⟶ MC □

＝主 回 路＝ MCCB ⟶（主接点 MC）⟶ (IM)

シーケンス動作図

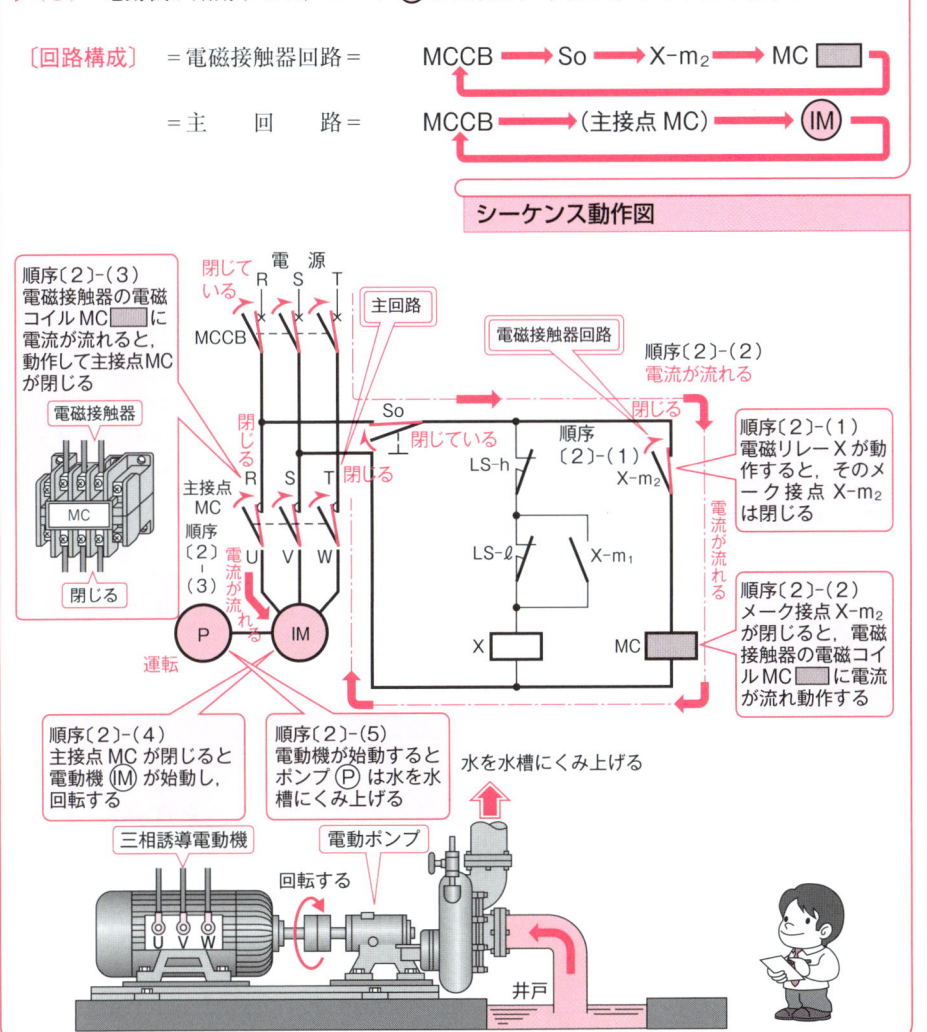

順序〔2〕-（3）
電磁接触器の電磁コイル MC □ に電流が流れると，動作して主接点MCが閉じる

電磁接触器

順序〔2〕-（2）
電流が流れる

順序〔2〕-（1）
電磁リレーXが動作すると，そのメーク接点 $X\text{-}m_2$ は閉じる

順序〔2〕-（2）
メーク接点 $X\text{-}m_2$ が閉じると，電磁接触器の電磁コイルMC □ に電流が流れ動作する

順序〔2〕-（4）
主接点 MC が閉じると電動機 (IM) が始動し，回転する

順序〔2〕-（5）
電動機が始動するとポンプ (P) は水を水槽にくみ上げる

水を水槽にくみ上げる

三相誘導電動機　電動ポンプ

回転する

井戸

155

❸ 水槽の水位が「下限」の場合のシーケンス動作（つづき）

自己保持回路の動作　　　　　　　　　　　　●順序〔3〕●

▶（1）　電磁リレーX の動作により，LS-ℓ と並列に接続されている接点 X-m₁ も閉じます．

▶（2）　電動ポンプの始動により，水槽の水位が上昇すると，下限用液面スイッチ LS-ℓ のブレーク接点が動作して開きます．

▶（3）　液面スイッチ LS-ℓ のブレーク接点が開いても，電磁リレーX のメーク接点 X-m₁ を通って電磁コイル X ☐ に電流が流れ自己保持するので，電動ポンプ は連続して運転し続けます．

〔回路構成〕 ＝自己保持回路＝　MCCB ⟶ So ⟶ （LS-h） ⟶ （X-m₁） ⟶ X☐

＝下限用液面スイッチ回路＝

MCCB ⟶ So ⟶（LS-h）⟶ X（LS-ℓ）X ⟶ X☐　　（開く）

シーケンス動作図

説　明

●この回路は電磁リレーの自己の接点で，電磁コイルの動作回路を保持しますので，これを**自己保持回路**といいます．

電　源
R　S　T
閉じている　X　X　X
MCCB

順序〔3〕-（3）
電流が流れる

自己保持回路

閉じる　X-m₂
順序〔3〕-（3）
電流が流れる

So
閉じている
LS-h

順序〔3〕-（2）
開く
LS-ℓ
閉じる

順序〔3〕-（1）
X-m₁

順序〔3〕-（1）
電磁リレーが動作するとメーク接点 X-m₁ は閉じ自己保持する

R　S　T
閉じている　X　X　X
MC
U　V　W

P　　IM
運転

順序〔3〕-（3）
電動ポンプは，連続して回転し続ける

X　　MC

順序〔3〕-（3）
電磁リレーの電磁コイル X には，引き続き電流が流れる

順序〔3〕-（2）
電動ポンプが始動して，水槽の水位が上昇すると，下限用液面スイッチ LS-ℓ のブレーク接点は動作して開路する

水面
電流は流れない　LS-ℓ
ブレーク接点…開く
マイクロスイッチ
押しボタン
ボールの浮力によりマイクロスイッチの押しボタンを押す
浮力ボール

電磁リレー
接点（メーク接点）
X-m₂

X-m₁

電流が流れる　電磁コイル X

156

❹ 水槽の水位が「上限」の場合のシーケンス動作

水槽の水位が「上限」の場合のシーケンス図

※自動揚水装置において，水槽の水位が「上限」になった場合のシーケンス図を示したの
が下の右図です．左図の実際の配線図と，よく対比してご覧ください．

● 水槽の水位が「上限」の場合の実際配線図とシーケンス図 ●

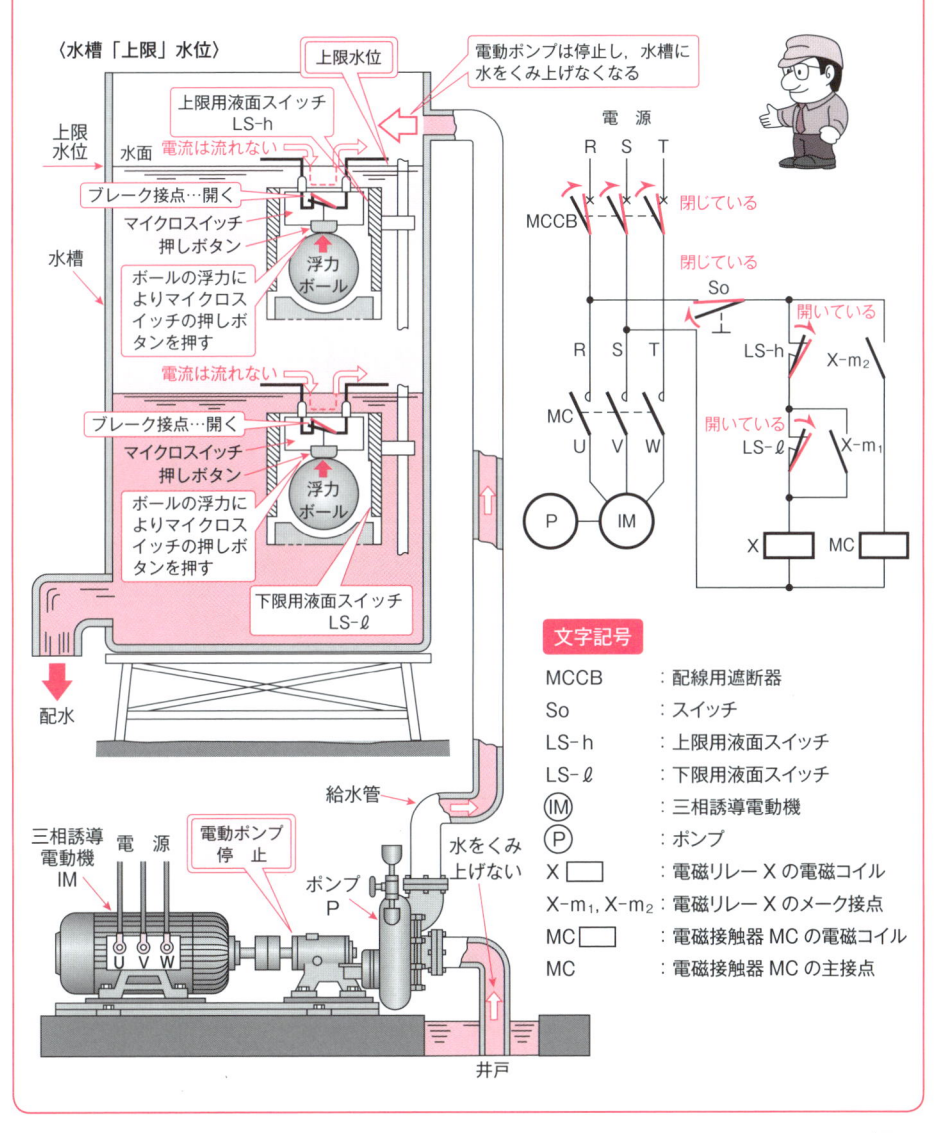

〈水槽「上限」水位〉

上限水位

電動ポンプは停止し，水槽に
水をくみ上げなくなる

上限用液面スイッチ
LS-h

上限
水位

水面 電流は流れない

ブレーク接点…開く

マイクロスイッチ
押しボタン

浮力
ボール

ボールの浮力に
よりマイクロス
イッチの押しボ
タンを押す

水槽

電流は流れない

ブレーク接点…開く

マイクロスイッチ
押しボタン

浮力
ボール

ボールの浮力に
よりマイクロス
イッチの押しボ
タンを押す

下限用液面スイッチ
LS-ℓ

配水

給水管

水をくみ
上げない

三相誘導
電動機
IM

電源

電動ポンプ
停止

ポンプ
P

井戸

電源

MCCB 閉じている

閉じている

So

LS-h 開いている X-m₂

LS-ℓ 開いている X-m₁

X MC

文字記号

MCCB	：配線用遮断器
So	：スイッチ
LS-h	：上限用液面スイッチ
LS-ℓ	：下限用液面スイッチ
(IM)	：三相誘導電動機
(P)	：ポンプ
X ☐	：電磁リレー X の電磁コイル
X-m₁, X-m₂	：電磁リレー X のメーク接点
MC ☐	：電磁接触器 MC の電磁コイル
MC	：電磁接触器 MC の主接点

157

❹ 水槽の水位が「上限」の場合のシーケンス動作（つづき）

電動ポンプの停止動作〈水槽の水位が「上限」の場合〉

※自動揚水装置の水槽の水位が上限になりますと，電動ポンプは停止し，水を水槽にくみ上げなくなります．

上限用液面スイッチ回路の動作　　　　　　　　　　●順序〔1〕●

▶（1）　電動ポンプの運転により水槽の水位が上昇し，「上限水位」に達すると，上限用液面スイッチ LS-h のボールの浮力により，ブレーク接点が動作して開路します．

▶（2）　上限用液面スイッチ LS-h のブレーク接点が開路すると，電磁リレーの電磁コイル X □ に電流は流れなくなり，復帰します．

〔回路構成〕　＝上限用液面スイッチ回路＝

$$\text{MCCB} \Longrightarrow \text{So} \Longrightarrow \overset{\text{開く}}{\text{X(LS-h)X}} \Longrightarrow \text{(X-m}_1\text{)} \Longrightarrow \text{X}\square$$

●電磁リレー X が復帰すると，次の順序〔2〕，〔3〕の動作が同時に行われます．

シーケンス動作図

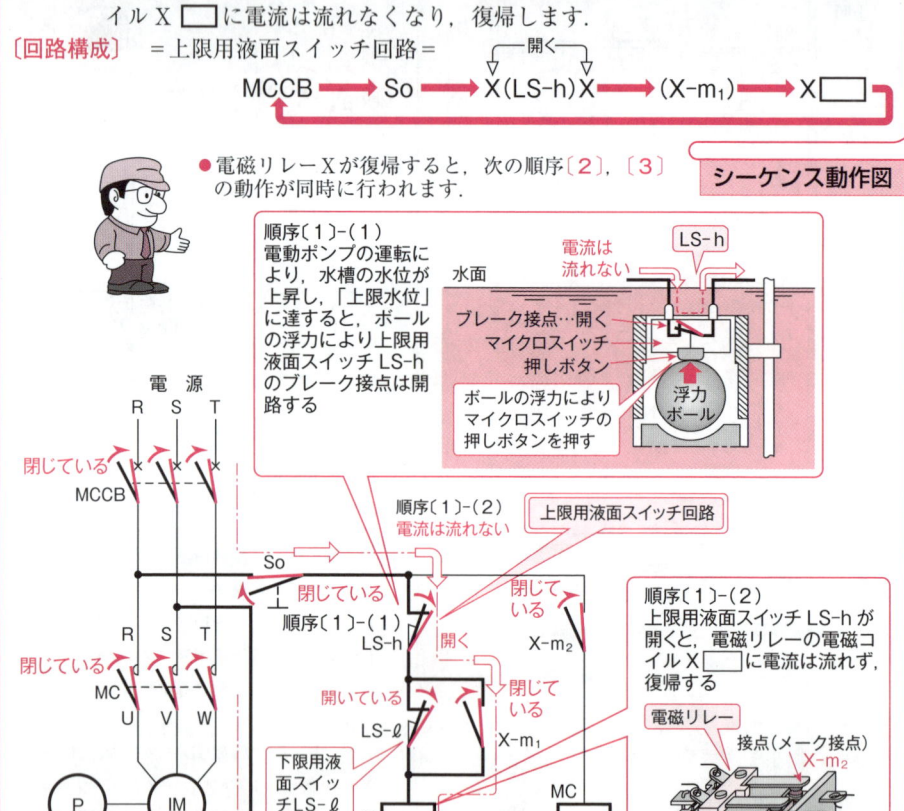

順序〔1〕-（1）
電動ポンプの運転により，水槽の水位が上昇し，「上限水位」に達すると，ボールの浮力により上限用液面スイッチ LS-h のブレーク接点は開路する

LS-h
電流は流れない
水面
ブレーク接点…開く
マイクロスイッチ
押しボタン
ボールの浮力によりマイクロスイッチの押しボタンを押す
浮力ボール

電源
R S T

閉じている X X X
MCCB

閉じている R S T
MC
U V W

P　IM

So
閉じている
順序〔1〕-（1）
LS-h
開く

順序〔1〕-（2）
電流は流れない
上限用液面スイッチ回路

閉じている
X-m₂

開いている
LS-ℓ
閉じている
X-m₁

下限用液面スイッチ LS-ℓ は開いている

X
順序〔1〕-（2）
電流は流れない
MC

順序〔1〕-（2）
上限用液面スイッチ LS-h が開くと，電磁リレーの電磁コイル X □ に電流は流れず，復帰する

電磁リレー
接点（メーク接点）
X-m₂
X-m₁

電流は流れない
電磁コイル X □

158

電磁接触器回路・主回路の動作　●順序〔2〕●

▶（1）　電磁リレーX が復帰すると，そのメーク接点 X-m₂ が開きます．

▶（2）　電磁リレーX のメーク接点 X-m₂ が開くと，電磁接触器の電磁コイル MC □ に電流は流れなくなり，復帰します．

▶（3）　電磁接触器 MC が復帰すると，主接点 MC が開きます．

▶（4）　電磁接触器の主接点 MC が開くと，電動機 Ⓜ に電圧が印加されなくなるので，電動機は停止します．

▶（5）　電動機が停止すると，ポンプ Ⓟ も停止し，水槽に水をくみ上げなくなります．

〔回路構成〕

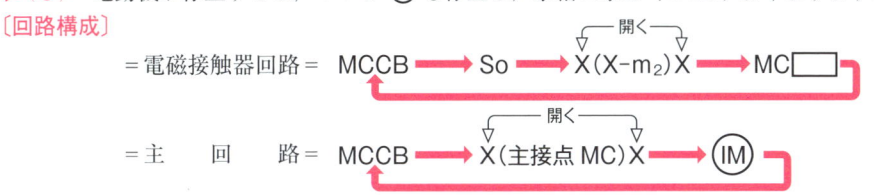

= 電磁接触器回路 = MCCB ⟶ So ⟶ 開く X(X-m₂)X ⟶ MC□

= 主　回　路 = MCCB ⟶ 開く X(主接点 MC)X ⟶ Ⓜ

シーケンス動作図

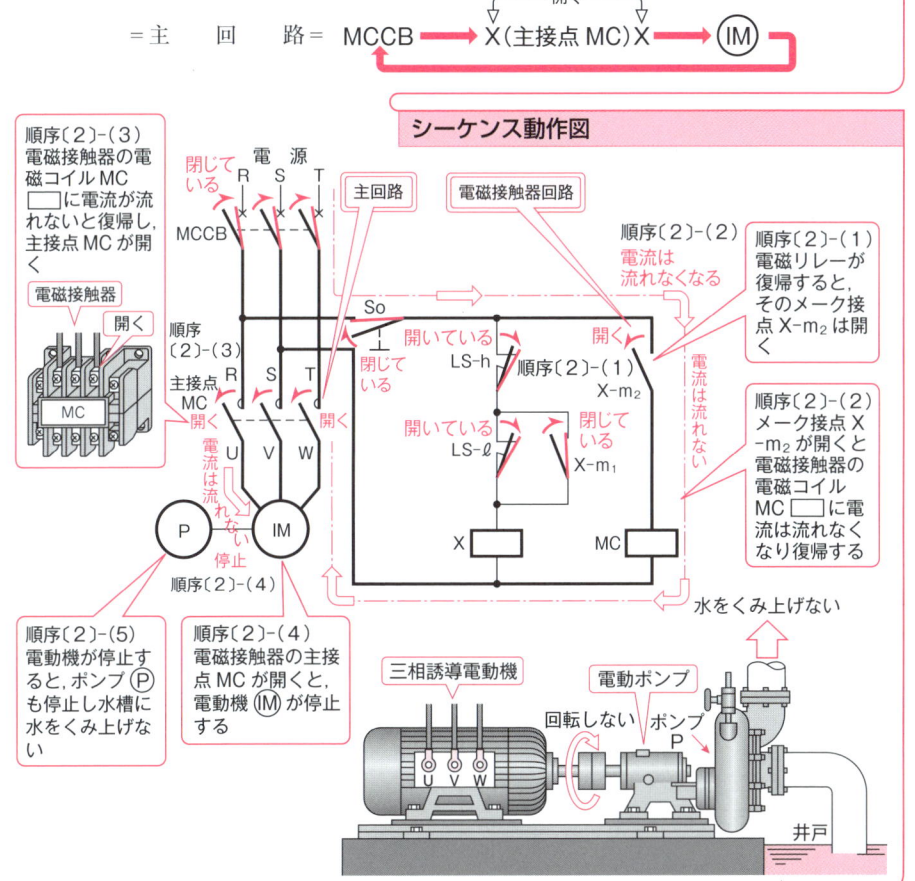

順序〔2〕-（3）電磁接触器の電磁コイル MC □ に電流が流れないと復帰し，主接点 MC が開く

電磁接触器　開く　MC

順序〔2〕-（3）主接点 MC　開く

閉じている　電源　R S T　MCCB　主回路　電磁接触器回路

順序〔2〕-（2）電流は流れなくなる

順序〔2〕-（1）電磁リレーが復帰すると，そのメーク接点 X-m₂ は開く

So　開いている　閉じている　LS-h　順序〔2〕-（1）X-m₂

開いている　LS-ℓ　閉じている　X-m₁

電流は流れない

順序〔2〕-（2）メーク接点 X-m₂ が開くと電磁接触器の電磁コイル MC □ に電流は流れなくなり復帰する

R S T　電流は流れない　U V W　P　IM　停止　順序〔2〕-（4）

X　MC

水をくみ上げない

順序〔2〕-（5）電動機が停止すると，ポンプ Ⓟ も停止し水槽に水をくみ上げない

順序〔2〕-（4）電磁接触器の主接点 MC が開くと，電動機 Ⓜ が停止する

三相誘導電動機　U V W　回転しない　電動ポンプ　ポンプ P　井戸

159

❹ 水槽の水位が「上限」の場合のシーケンス動作（つづき）

自己保持回路の動作　　　　　　　　　　　　　　　　　　　　● 順序〔3〕●

▶（1）　電磁リレーX の復帰により，LS-ℓ と並列に接続されている接点X-m$_1$ も開きます．

▶（2）　水槽の水の使用により，水位が低下すると，上限用液面スイッチ LS-h は復帰し，ブレーク接点を閉じます．

▶（3）　下限用液面スイッチ LS-ℓ のブレーク接点および，電磁リレーX のメーク接点 X-m$_1$ が両方開いているので，電磁コイルX □ に電流は流れず復帰しています．

▶（4）　電動ポンプに電圧が印加されませんから，水位が下限に達するまで，停止したままとなります．

〔回路構成〕　＝自己保持回路＝

$$\text{MCCB} \longrightarrow \text{So} \longrightarrow (\text{LS-h}) \longrightarrow \overset{\overbrace{\qquad \text{開く} \qquad}}{\text{X}(\text{X-m}_1)\text{X}} \longrightarrow \text{X}\,\square$$

　　　　　　　＝上限用液面スイッチ回路＝

$$\text{MCCB} \longrightarrow \text{So} \longrightarrow (\text{LS-h}) \longrightarrow \overset{\overbrace{\qquad \text{開く} \qquad}}{\text{X}(\text{LS-}\ell)\text{X}} \longrightarrow \text{X}\,\square$$

シーケンス動作図

説　明

● この動作を，**自己保持が解ける**といいます．

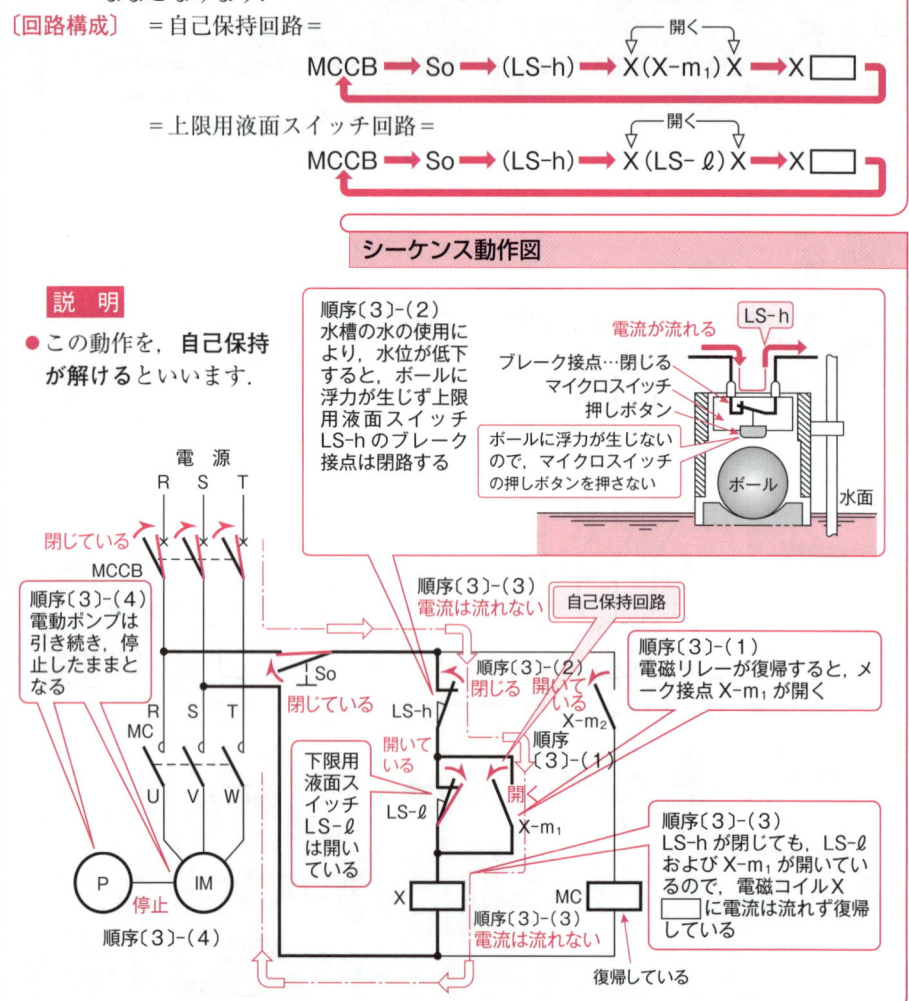

順序〔3〕-（2）
水槽の水の使用により，水位が低下すると，ボールに浮力が生じず上限用液面スイッチ LS-h のブレーク接点は閉路する

電流が流れる　LS-h
ブレーク接点…閉じる
マイクロスイッチ
押しボタン
ボールに浮力が生じないので，マイクロスイッチの押しボタンを押さない
ボール　水面

電源
R　S　T
閉じている
MCCB

順序〔3〕-（4）
電動ポンプは引き続き，停止したままとなる

So
閉じている

順序〔3〕-（3）
電流は流れない　自己保持回路

順序〔3〕-（2）
閉じる　開いている
LS-h　X-m$_2$

順序〔3〕-（1）
電磁リレーが復帰すると，メーク接点 X-m$_1$ が開く

R　S　T
MC
U　V　W

開いている
下限用液面スイッチ LS-ℓ は開いている

順序〔3〕-（1）
開く
LS-ℓ　X-m$_1$

順序〔3〕-（3）
LS-h が閉じても，LS-ℓ および X-m$_1$ が開いているので，電磁コイルX □ に電流は流れず復帰している

P　IM
停止
順序〔3〕-（4）

X
順序〔3〕-（3）
電流は流れない

MC

復帰している

第 9 章

時間差の入った
シーケンス制御

❖ 最近の自動化，省力化の動きに伴い，時間差の入ったシーケンス制御は，産業機器はもとより，一般家庭電気機器に至るまで，広範囲にわたって用いられております．

❖ 時間差の入ったシーケンス制御には「タイマ（Timer）」が，重要な役割を果しております．そこで，**タイマ**とは，「入力信号が入ってから出力信号が出るまでの間に，一定の時間を持たせたもので，電気的に付勢または消勢した後，一定の時間遅れをもって動作するリレー」をいいます．

❖ タイマは，その単体の機能だけで装置の制御を行うのではなく，他の各種スイッチ，補助リレーなど，電気的ならびに機械的機器と組み合わせて，はじめて，その機能を発揮するもので，信号の伝達に際し，時間遅れを持たせることを目的としたリレーをいいます．

この章のポイント

　この章では，時間差の入ったシーケンス制御の基本であるタイマと，限時動作および限時復帰について，充分理解してもらうのが目的です．

1. タイマ，とくにモータ式タイマについては，その構造と実際の配線図を示して，タイマ自身のシーケンスと動作機構を順序だって説明してあります．
2. 限時動作接点と限時復帰接点の電気用図記号の書き方と，そのタイムチャートを示してあります．
3. タイマによる限時動作および限時復帰について，ランプ点滅回路，ブザー鳴動回路を例として，その動作のもようを詳しく記してあります．

9-1 タイマとはどういうものか

❶ タイマの働きとその種類

タイマとはどういうものでしょう

❊タイマとは，電気的または機械的な入力信号が与えられることによって，あらかじめ定められた時間を経過したのちに，回路を電気的に閉(ON)または開(OFF)するような接点を持ったリレーをいいます．

❊ふつうの電磁リレーでは，入力信号が与えられて，電磁コイルに電流が流れますと，その出力(可動)接点は，ほとんど瞬間的に切り換わります．ところが，一般にタイマと総称される限時リレーは，所定の入力信号が与えられても，ただちに出力接点の開閉切換動作を行わず，時間的に遅れて出力接点が切り換わるリレーをいいます．

タイマの種類と特長

種　類	動作原理	特　長
モータ式タイマ	❊電気的な入力信号により，電動機(モータ)を回転させ，その機械的な動きにより，所定の時間経過後に，出力接点の開閉を行う．	● 短時間から長時間まで整定可能である． ● 動作時間の経過表示が可動指針によってできる． ● 温度変化，電圧変動の影響が少ない．
電子式タイマ	❊コンデンサと抵抗の組み合わせによる充放電特性を利用して，所定の時間遅れをとり，出力接点の開閉を行う．	● 微小時間の整定ができる． ● 高頻度の動作が可能で，機械的寿命が長い． ● 無接点出力方式，時間整定部分離方式ができる．
制動式タイマ(空気式タイマ)オイル・ダッシュ・ポットタイマ	❊空気，油などの流体による制動を利用して，時間遅れをとり，これと電磁リレーとを組み合わせて，接点の開閉を行う．	● 空気式では，操作回路が開放されてから，限時動作をする方式が可能である． ● 動作時間の精度が劣る．

タイマの外観図〔例〕

●モータ式タイマ●

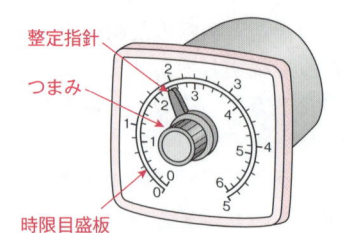

整定指針 / つまみ / 時限目盛板

時限の整定法

つまみを回して，整定指針を時限目盛板の所要整定時限に合わせる．

●電子式タイマ●

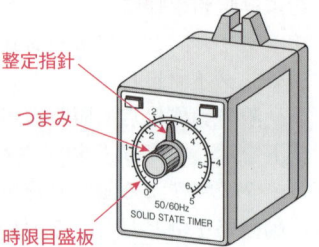

整定指針 / つまみ / 時限目盛板 / 50/60Hz SOLID STATE TIMER

9-2 モータ式タイマの配線図と動作展開図

① モータ式タイマの配線図

モータ式タイマの配線図

※**モータ式タイマ**は，同期電動機（ワーレンモータなど）の電源周波数に比例した，一定回転数を時限の基準とするもので，短時限から長時限まで，広範囲に用いられ，周波数さえ安定ならば，比較的高い精度が得られるのが特徴です．

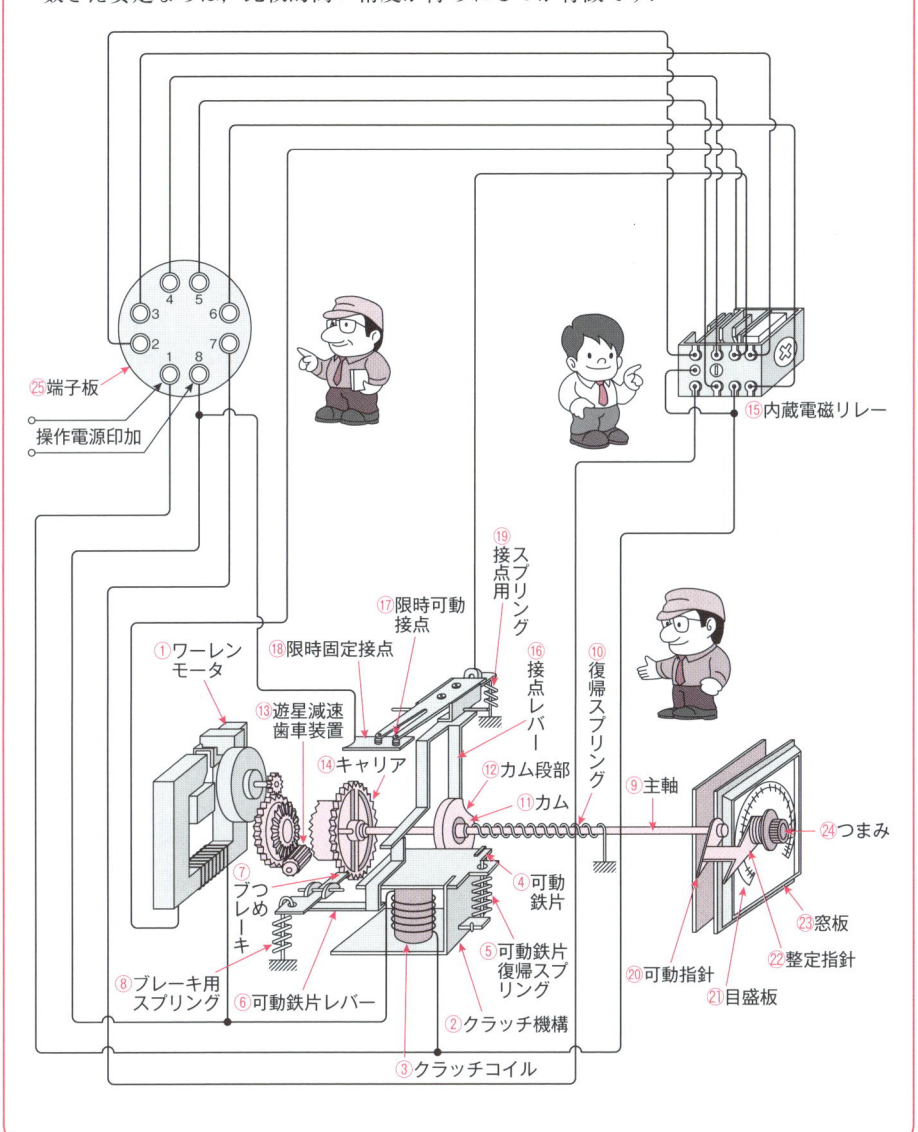

❷ モータ式タイマの動作展開図と動作順序

モータ式タイマの動作展開図と動作順序

※下図は，モータ式タイマの動作展開図を示したものです．
※163 ページの実際の配線図と対比しながら見てください．

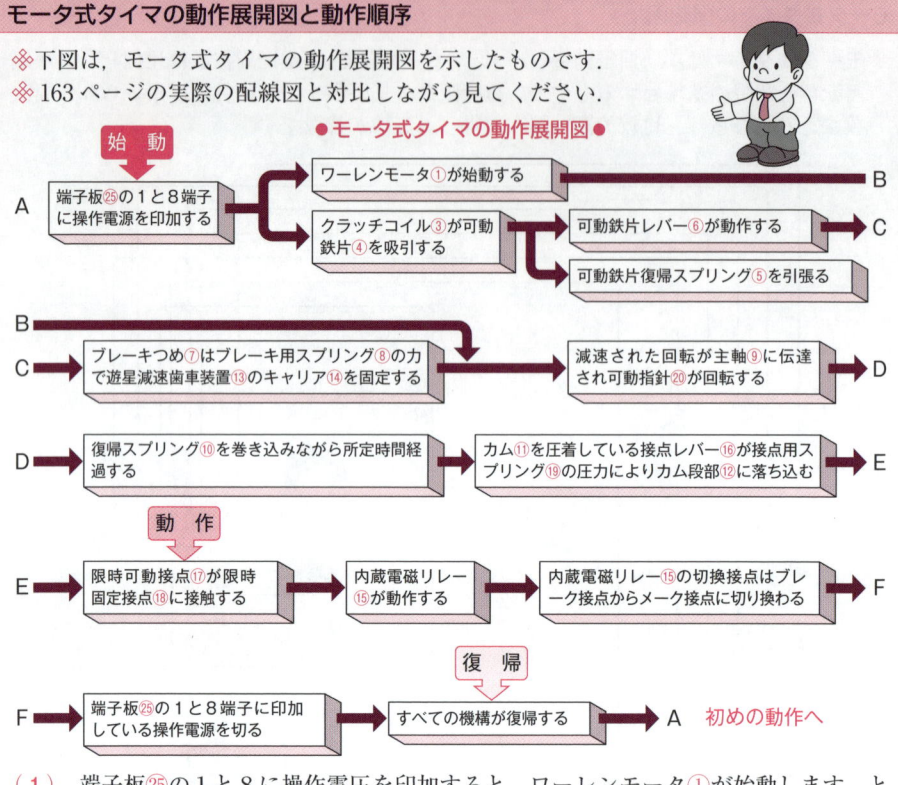

●モータ式タイマの動作展開図●

（1）　端子板㉕の1と8に操作電圧を印加すると，ワーレンモータ①が始動します．と同時に，クラッチコイル③が，励磁されて可動鉄片④を吸引します．

（2）　可動鉄片④の吸引により，ブレーキつめ⑦は遊星減速歯車装置⑬のキャリア⑭を固定します．この場合，キャリア⑭は固定されますが，主軸⑨はラッチ機構により回るような構造になっております．

（3）　ワーレンモータ①の回転は，遊星減速歯車装置⑬で減速されて，主軸⑨に伝達され，復帰スプリング⑩を巻き込みます．

（4）　所要時間が経過すると，カム段部⑫に接点レバー⑯が落ち込み，限時可動接点⑰を動作させます．

（5）　限時可動接点⑰が閉じると，内蔵電磁リレー⑮のコイルを励磁するので，内蔵電磁リレー⑮の出力接点が動作します．と同時に，ワーレンモータ①の励磁回路が開かれて，モータは停止します．しかし，可動鉄片④は吸引されたままですので，限時可動接点⑰は動作したままの状態を保持します．

（6）　操作電源を除去すると，クラッチコイル③は消勢されて，クラッチがはずれ，動作した各部は初めの状態に復帰します．

❸ モータ式タイマの内部構造とその動作

モータ式タイマの内部構造とその動作

● ワーレンモータ〔例〕●

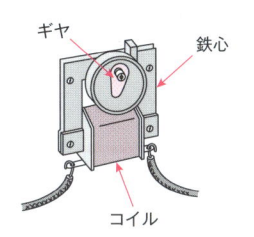

モータ式タイマの時限の基準となる電動機には，同期電動機の一種であるワーレンモータなどが，使用されます．この電動機は電源の周波数に完全に同期して，定速動力が得られるとともに，低い速度でも大きなトルクが発生するので，それだけ減速比を少なくすることができます．

● 遊星減速歯車装置〔例〕●

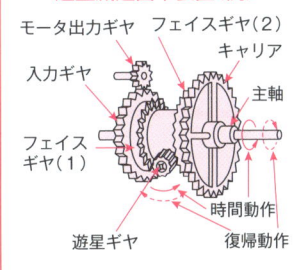

2個のフェイスギヤと1個の平歯車を組み合わせた遊星減速歯車装置です．いま，電動機の駆動が入力ギヤを反時計方向に回転させると，続いて遊星ギヤは自転するようになっています．

〈時間動作〉 モータの始動と同時に，クラッチのブレーキつめによりキャリアが固定されますので，遊星ギヤは自転と同時に公転します．この公転は，入力ギヤ1回転に対し，2分の1回転で，その回転が主軸へ伝達されて，所要の時間作動します．

● クラッチ機構〔例〕●

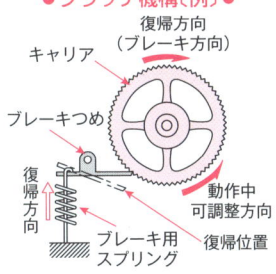

遊星減速歯車装置のキャリアの円周上に鋸状歯を設け，この歯の谷にブレーキつめを引っかけて，復帰方向にブレーキをかけ，キャリアを固定します．

〈復帰動作〉 時間動作が完了し，電源を切ると，クラッチのブレーキつめが離れて，キャリアの固定が解かれ，時計方向に加わる復帰スプリングの力によって，主軸が回転します．主軸の回転により，遊星ギヤは公転，自転して，キャリアは主軸1回転に対して，2回転の比で回転し，主軸は時間整定位置まで復帰します．

● カム電磁石式接点早切装置〔例〕●

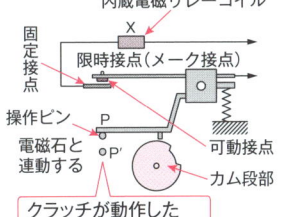

内蔵電磁リレーの出力接点には，限時動作メーク接点と限時動作切換接点があります．限時接点動作は，入力信号が入ると，操作ピンPはP'の位置に移動し，接点レバーをカム山にしゅう動させます．所要時間経過後，カム段部に至ると，接点レバーは拘束を解かれ，急速に段落して，限時接点を動作させ，電磁リレーを付勢します．

165

9-3 モータ式タイマの内部シーケンス

❶ モータ式タイマの始動動作

モータ式タイマの始動動作

※モータ式タイマの内部配線図をシーケンス図に書き換え，シーケンス動作を説明してみましょう．

順序〔1〕 電源の配線用断遮器 MCCB を投入し，端子1と8に電圧を印加する．

〔2〕 端子1と8に電圧を印加すると，クラッチコイル CC に電流が流れ，クラッチ機構が動作する．

〔3〕 ワーレンモータ SM に電流が流れ，モータが始動して回転する．

〔4〕 内蔵電磁リレーXのブレーク接点 $X\text{-}b_1$ 回路に電流が流れ，緑色ランプ GL が点灯する．

〔回 路〕

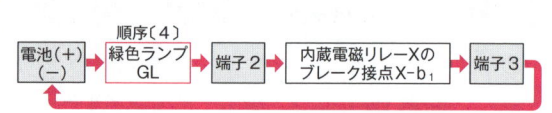

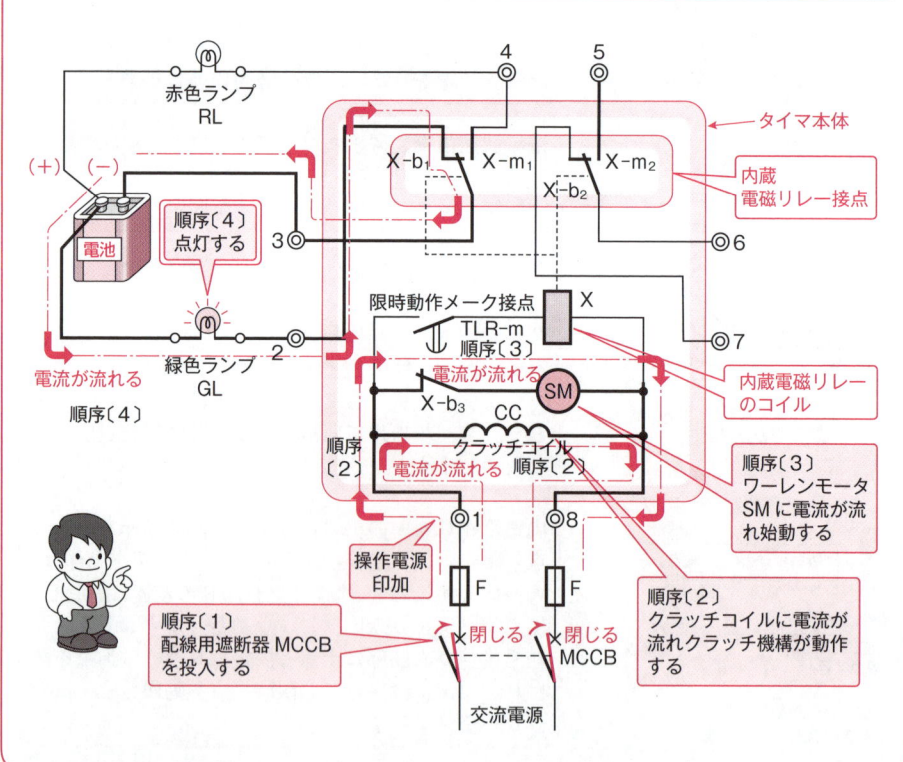

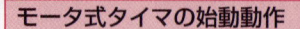

❷ 整定時限経過後の動作

整定時限経過後の動作

順序〔5〕　始動後，整定時限が経過すると，限時動作メーク接点 TLR-m が動作して閉じる.

〔6〕　限時動作メーク接点 TLR-m が動作して閉じると，内蔵電磁リレーのコイル X ▉ に電流が流れ，内蔵電磁リレー X が動作する.

〔回　路〕

端子1 → 限時動作メーク接点 TLR-m（順序〔5〕） → 内蔵電磁リレーのコイルX □（順序〔6〕） → 端子8

内蔵電磁リレー接点

タイマ本体

赤色ランプ RL

（＋）（－）

電池

緑色ランプ GL

X-b₁　X-m₁　X-m₂
X-b₂

3　　6
7

順序〔6〕電流が流れる

順序〔5〕
TLR-m
限時動作メーク接点

閉じる

X-b₃　CC　SM
クラッチコイル

順序〔5〕
整定時限が経過すると限時動作メーク接点 TLR-m が閉じる

順序〔6〕
TLR-mが閉じると内蔵電磁リレー X が動作する

1　8

F　F

閉じている　閉じている　MCCB

交流電源

ミニ知識 ──（シーケンス制御回路の基本的考え方）

※ **フェイル・セーフ（Fail Safe）**… 機器または部品に異常があった場合，異常を最少限に止めるため，常に停止側，または安全側に動作するよう回路やシステムを構成することをフェイル・セーフといいます.

※ **フール・プルーフ（Fool Proof）**… 機器，設備などの操作者は操作を間違えることがあるので，誤って操作をしても動作しないようにするなど，安全のための回路構成が必要です. これをフール・プルーフといいます.

167

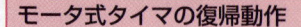

❸ モータ式タイマの復帰動作

モータ式タイマの復帰動作

※内蔵電磁リレー X が動作すると，次の動作が同時に行われます．

順序〔7〕　内蔵電磁リレーの切換接点が，X-b₁ から，X-m₁ に切り換わる．

〔8〕　X-b₁ が開くと緑色ランプ GL が消える．

〔9〕　X-m₁ が閉じ赤色ランプ RL が点灯する．

〔10〕　内蔵電磁リレー X の動作により，X-b₃ 接点が開くので，ワーレンモータ SM に電流が流れず，モータは停止する．

〔11〕　配線用遮断器 MCCB を開けば，タイマのすべての機構がもとに復帰する．

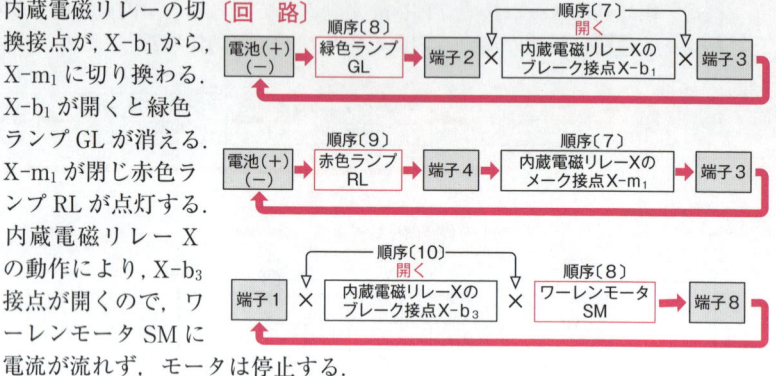

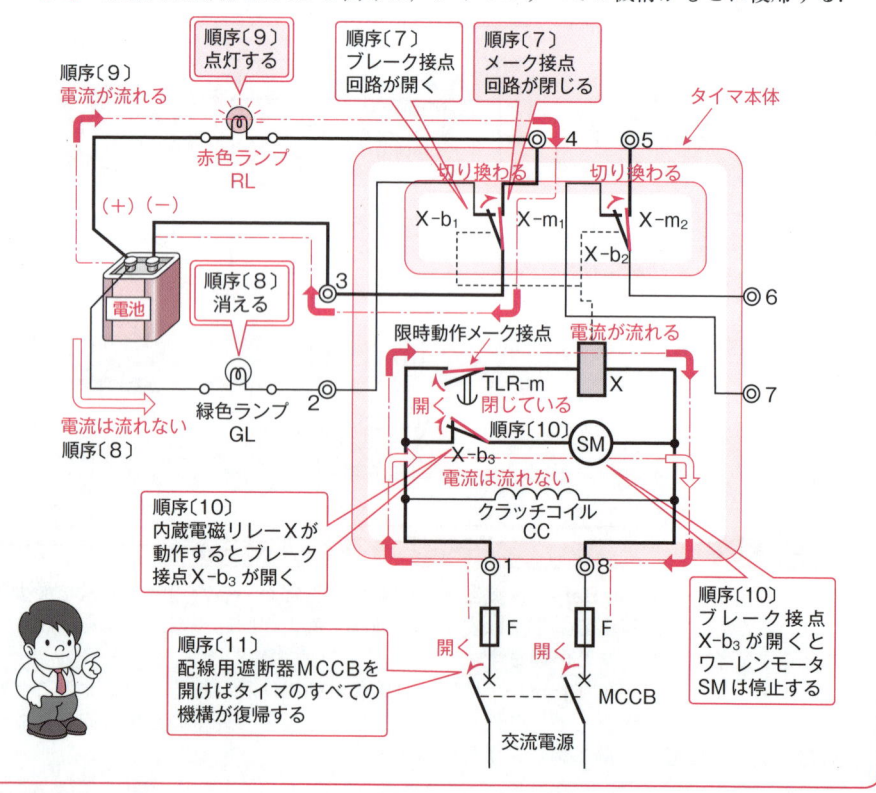

168

9-4　タイマの限時接点の図記号とタイムチャート

❶ タイマの限時接点とその図記号

タイマの限時接点の図記号の書き方

※時間遅れのある限時接点の図記号は，メーク接点，ブレーク接点の接点図記号に，限時動作または限時復帰の遅延機能を示す接点機能図記号を組み合わせて表します．

限時動作瞬時復帰接点の図記号

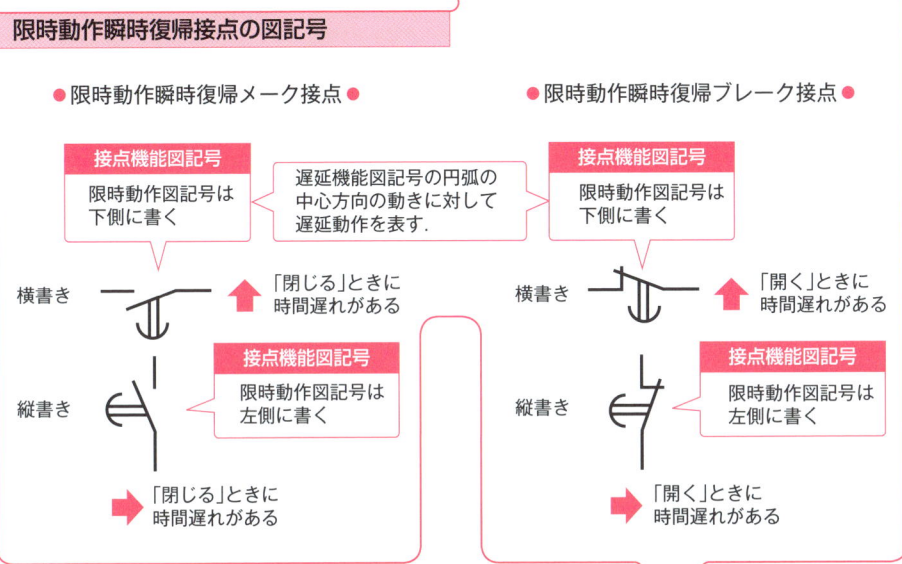

● 限時動作瞬時復帰メーク接点 ●

接点機能図記号
限時動作図記号は下側に書く

遅延機能図記号の円弧の中心方向の動きに対して遅延動作を表す.

横書き　「閉じる」ときに時間遅れがある

接点機能図記号
限時動作図記号は左側に書く

縦書き

「閉じる」ときに時間遅れがある

● 限時動作瞬時復帰ブレーク接点 ●

接点機能図記号
限時動作図記号は下側に書く

横書き　「開く」ときに時間遅れがある

接点機能図記号
限時動作図記号は左側に書く

縦書き

「開く」ときに時間遅れがある

限時復帰接点の図記号

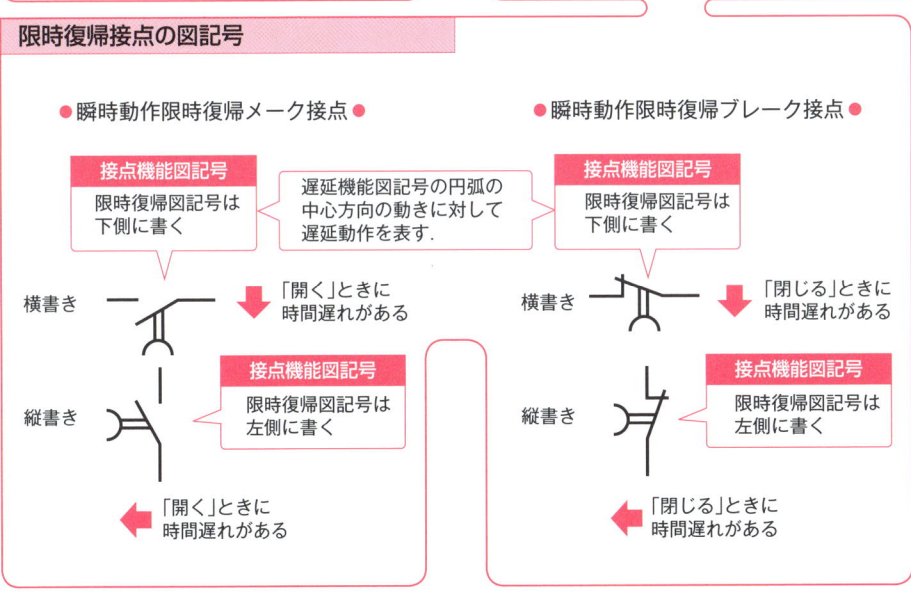

● 瞬時動作限時復帰メーク接点 ●

接点機能図記号
限時復帰図記号は下側に書く

遅延機能図記号の円弧の中心方向の動きに対して遅延動作を表す.

横書き　「開く」ときに時間遅れがある

接点機能図記号
限時復帰図記号は左側に書く

縦書き

「開く」ときに時間遅れがある

● 瞬時動作限時復帰ブレーク接点 ●

接点機能図記号
限時復帰図記号は下側に書く

横書き　「閉じる」ときに時間遅れがある

接点機能図記号
限時復帰図記号は左側に書く

縦書き

「閉じる」ときに時間遅れがある

169

❷ 限時接点のタイムチャート

限時動作瞬時復帰接点のタイムチャート　　　　　　　● 瞬時復帰接点 ●

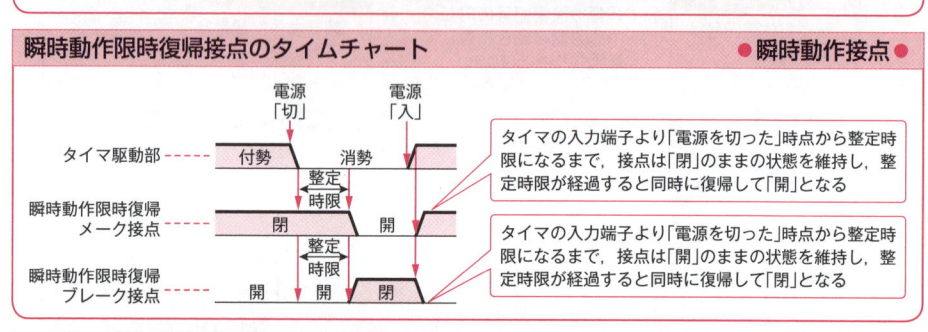

タイマ駆動部 ---- 消勢　付勢

電源「入」　電源「切」

限時動作瞬時復帰メーク接点 ---- 開　開　閉

整定時限

タイマの入力端子に「電圧が印加された」時点から整定時限になるまで，接点は「開」のままの状態を維持し，整定時限が経過すると同時に動作して「閉」となる

限時動作瞬時復帰ブレーク接点 ---- 閉　開　閉

整定時限

タイマの入力端子に「電圧が印加された」時点から整定時限になるまで，接点は「閉」のままの状態を維持し，整定時限が経過すると同時に動作して「開」となる

瞬時動作限時復帰接点のタイムチャート　　　　　　　● 瞬時動作接点 ●

タイマ駆動部 ---- 付勢　消勢

電源「切」　電源「入」

瞬時動作限時復帰メーク接点 ---- 閉　開

整定時限

タイマの入力端子より「電源を切った」時点から整定時限になるまで，接点は「閉」のままの状態を維持し，整定時限が経過すると同時に復帰して「開」となる

瞬時動作限時復帰ブレーク接点 ---- 開　開　閉

整定時限

タイマの入力端子より「電源を切った」時点から整定時限になるまで，接点は「開」のままの状態を維持し，整定時限が経過すると同時に復帰して「閉」となる

「瞬時動作瞬時復帰接点」と「限時接点」との比較

※普通の電磁リレーの接点は，「**瞬時動作瞬時復帰接点**」といいます．そこで，電磁リレーの接点と，タイマの限時動作接点（瞬時復帰接点）および限時復帰接点（瞬時動作接点）の時間的な動作内容を，タイムチャートにより，比較して表したのが下図です．

限時接点とその
タイムチャート

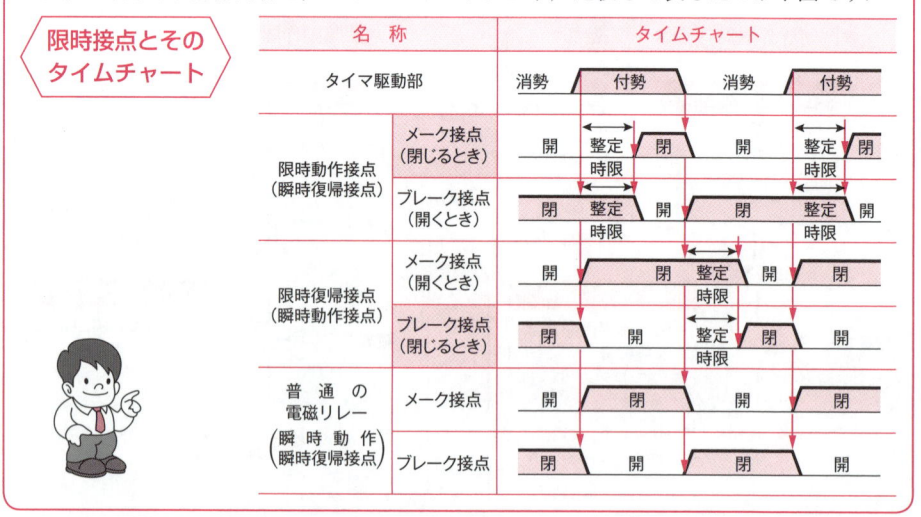

名　称		タイムチャート			
タイマ駆動部		消勢	付勢	消勢	付勢
限時動作接点（瞬時復帰接点）	メーク接点（閉じるとき）	開	整定時限　閉	開	整定時限　閉
	ブレーク接点（開くとき）	閉	整定時限　開	閉	整定時限　開
限時復帰接点（瞬時動作接点）	メーク接点（開くとき）	開	閉　整定時限　開		閉
	ブレーク接点（閉じるとき）	閉	開　整定時限　閉		開
普通の電磁リレー（瞬時動作瞬時復帰接点）	メーク接点	開	閉	開	閉
	ブレーク接点	閉	開	閉	開

9-5 限時動作・ランプ点滅回路

① ランプ点滅回路（限時動作）の実際配線図

限時動作をするランプ点滅回路　　　　　　　　　　●瞬時復帰●

※限時動作接点（瞬時復帰接点）を持つタイマ TLR を用いた，ランプ点滅回路の実際配線図の一例を示したのが下図です．いまタイマの限時動作メーク接点 TLR-m に赤色ランプ RL を，また，限時動作ブレーク接点 TLR-b に緑色ランプ GL を接続します．そして，例えばタイマの整定時限を2分とし，指針を2分のところに合わせます．そこで，押しボタンスイッチ PBS₍入₎ を押してタイマを付勢し，タイマ（モータ式タイマ）内蔵の駆動電動機に電流を流します．すると，**押しボタンスイッチを押した瞬間から，ちょうど整定時限である2分を経過したのちに，**おのおのの出力接点が切り換わって，限時動作メーク接点 TLR-m に接続されている赤色ランプ RL は点灯し，限時動作ブレーク接点 TLR-b に接続されている緑色ランプ GL は消灯するというわけです．この場合，押しボタンスイッチ PBS₍入₎ は押したままとします．このように，おのおのの接点が動作するときに，時間遅れがあるので，**限時動作**というのです．

ランプ点滅回路（限時動作・瞬時復帰）の実際配線図〔例〕

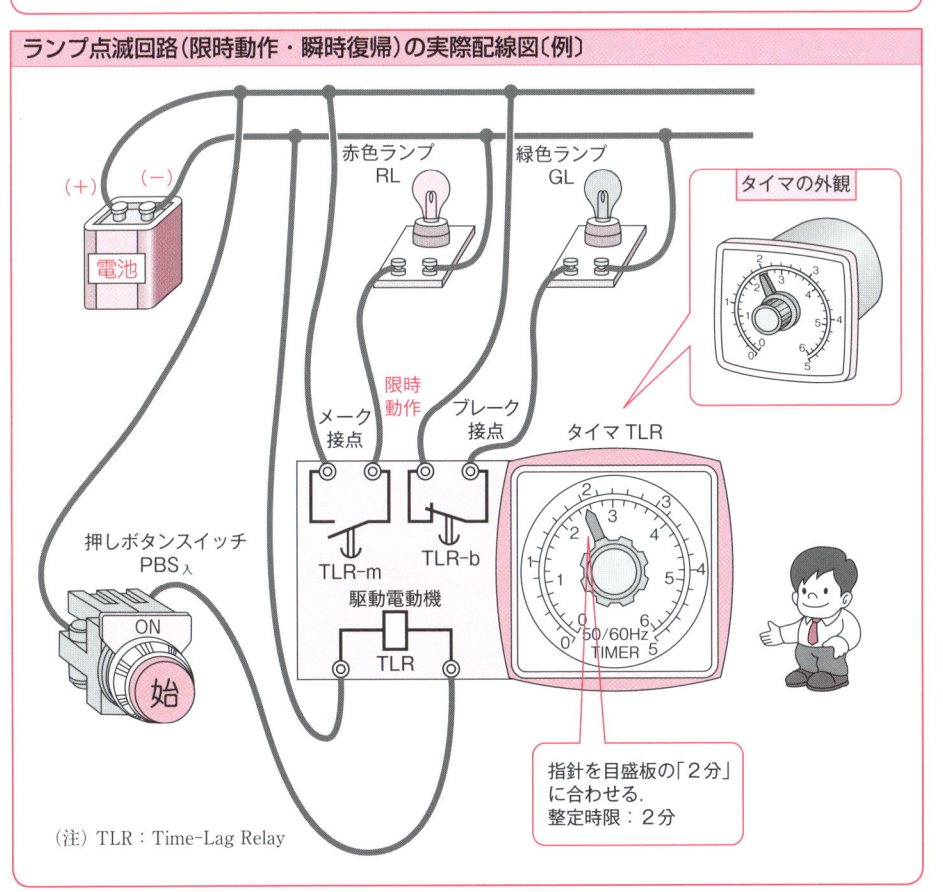

（注）TLR：Time-Lag Relay

❷ ランプ点滅回路のシーケンス図とタイムチャート

ランプ点滅回路のシーケンス図とタイムチャート〔例〕（限時動作・瞬時復帰）

❖ランプ点滅回路（限時動作・瞬時復帰）の実際の配線図（前ページ参照）をシーケンス図に書き換え，そのタイムチャートを示したのが下図です．

シーケンス図	タイムチャート

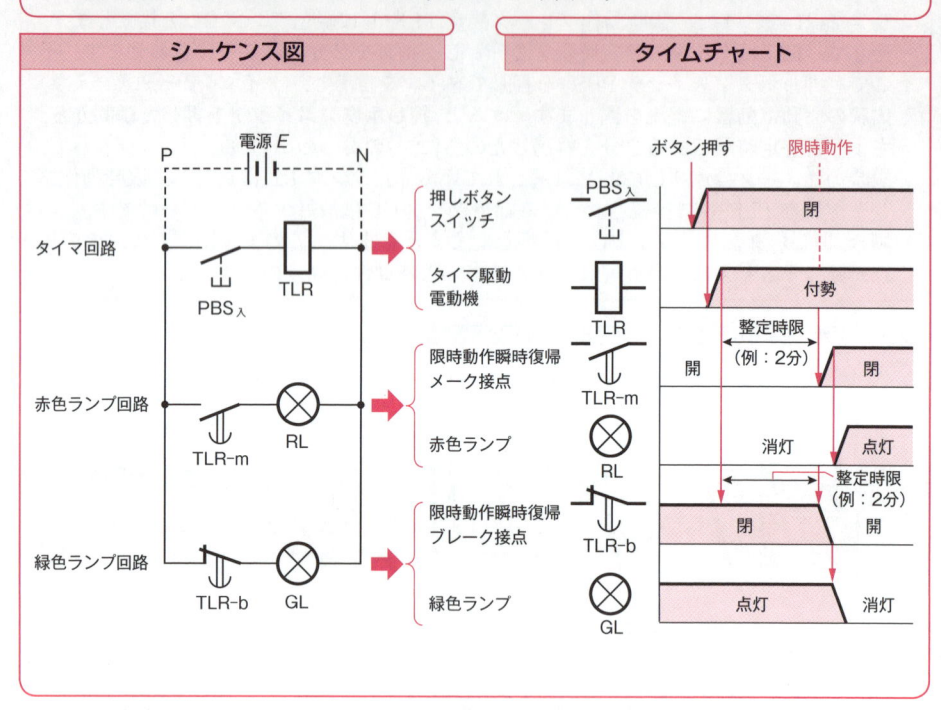

ランプ点滅回路のシーケンス動作　　　　　　●限時動作・瞬時復帰●

❖上図のシーケンス図およびタイムチャートをご覧ください．ランプ点滅回路の限時動作・瞬時復帰のシーケンス動作を簡単に説明いたしましょう．

　　回路名　　　　　　　　　　　　　　　動作説明

- **タイマ回路**…………押しボタンスイッチを押すと同時に，タイマの駆動電動機に電流が流れて付勢し，タイマは駆動しだします．
- **赤色ランプ回路**……押しボタンスイッチを押した瞬間から，タイマの整定時限である2分後に限時動作メーク接点が動作して閉じます．と同時に，赤色ランプに電流が流れて点灯します．
- **緑色ランプ回路**……押しボタンスイッチを押した瞬間から，タイマの整定時限である2分後に限時動作ブレーク接点が動作して開きます．と同時に，緑色ランプには電流は流れず消灯します．

9-6 限時復帰，ベル・ブザー鳴動回路

❶ ベル・ブザー鳴動回路（限時復帰）の実際配線図

限時復帰をするベル・ブザー鳴動回路 ●瞬時動作●

※限時復帰接点（瞬時動作接点）を持つタイマ TLR を用いたベル・ブザーの鳴動回路の実際配線図の一例を示したのが下図です．タイマの限時復帰メーク接点 TLR-m にベル BL を，また，限時復帰ブレーク接点 TLR-b にブザー BZ を接続します．例えば，タイマ（モータ式タイマ）の整定時限を2分とし，指針を2分のところに合わせます．そこで，押しボタンスイッチ PBS入を押しますと，タイマに電流が流れて付勢します．限時復帰接点（瞬時動作接点）は，普通の電磁リレーと同じようにすぐに動作しますので，限時復帰メーク接点 TLR-m は閉じることからベルは鳴りますが，限時復帰ブレーク接点 TLR-b は開くことからブザーは鳴りません．このままの状態でしばらくしてから，**押しボタンスイッチの押す手を離しますと，この瞬間から，ちょうど整定時限である2分ののちに，**タイマのおのおのの出力接点は復帰し，切り換わりますので，限時復帰メーク接点 TLR-m は開くことからベルは鳴りやみ，また限時復帰ブレーク接点 TLR-b は閉じることからブザーが鳴りだします．このように，おのおのの接点が復帰するときに，時間遅れがあるので，**限時復帰**というのです．

ベル・ブザー鳴動回路（瞬時動作・限時復帰）の実際配線図〔例〕

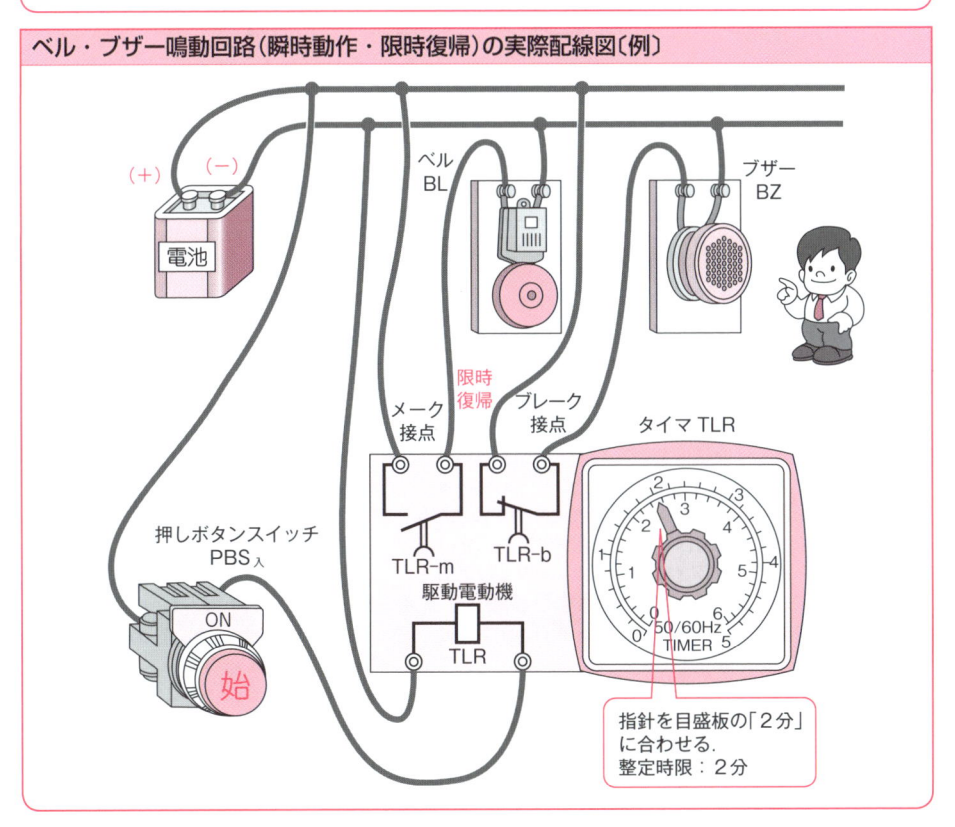

指針を目盛板の「2分」に合わせる．
整定時限：2分

173

❷ ベル・ブザー鳴動回路のシーケンス図とタイムチャート

ベル・ブザー鳴動回路のシーケンス図とタイムチャート〔例〕（瞬時動作・限時復帰）

※ベル・ブザー鳴動回路（瞬時動作・限時復帰）の実際の配線図（前ページ参照）をシーケンス図に書き換え，そのタイムチャートを示したのが下図です．

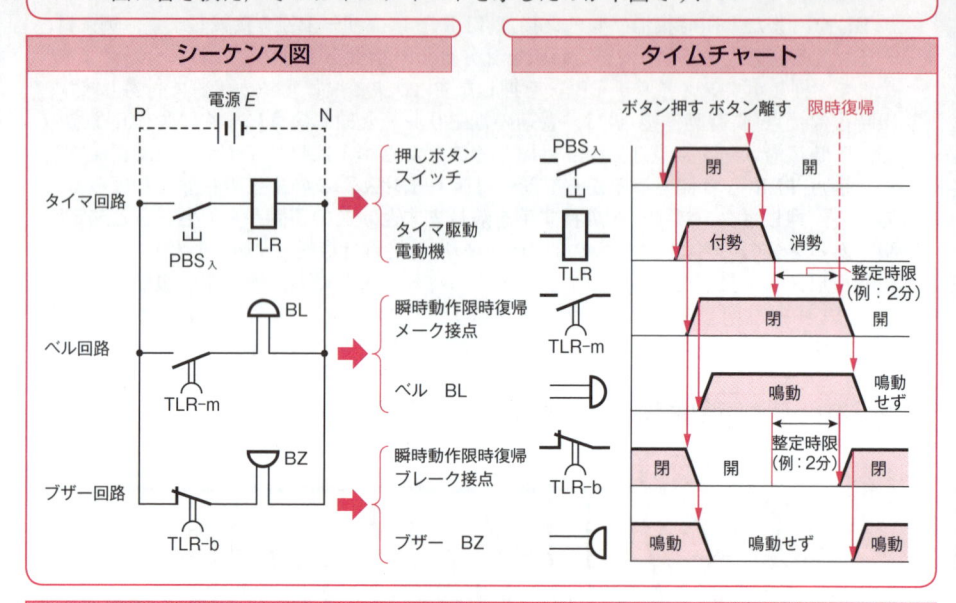

ベル・ブザー鳴動回路（瞬時動作・限時復帰）のシーケンス動作

※上図のシーケンス図およびタイムチャートをご覧ください．ベル・ブザー鳴動回路の瞬時動作・限時復帰のシーケンス動作順序を説明いたしましょう．

　（a）　押しボタンスイッチを押したとき ——〈瞬時動作〉——

● タイマ回路……押しボタンスイッチを押すと同時に，タイマの駆動電動機に電流が流れて付勢し，ふつうの電磁リレーと同じように，おのおのの接点が動作します．

● ベル回路………押しボタンスイッチを押すと同時に，タイマの限時復帰メーク接点 TLR-m は動作し，閉じますので，電流が流れベルは鳴りだします．

● ブザー回路……押しボタンスイッチを押すと同時に，タイマの限時復帰ブレーク接点 TLR-b は動作し，開きますので，電流は流れずブザーは鳴りません．

つまり，タイマが付勢されたときは，ふつうの電磁リレーと同じように瞬時動作をするのです．

　（b）　押しボタンスイッチの押す手を離したとき ——〈限時復帰〉——

● タイマ回路……押しボタンスイッチの押す手を離すと，タイマの駆動電動機に電流が流れず消勢します．と同時に，タイマの時限復帰機構が働きだします．

● ベル回路………押しボタンスイッチの押す手を離した瞬間から，整定時限である2分後に，限時復帰メーク接点 TLR-m は復帰し開きますので，電流は流れずベルは鳴りやみます．

● ブザー回路……押しボタンスイッチの押す手を離した瞬間から，整定時限である2分後に，限時復帰ブレーク接点 TLR-b は復帰し，閉じますので，ブザーは鳴りだします．

第10章

実例で見る時間差の入った シーケンス制御

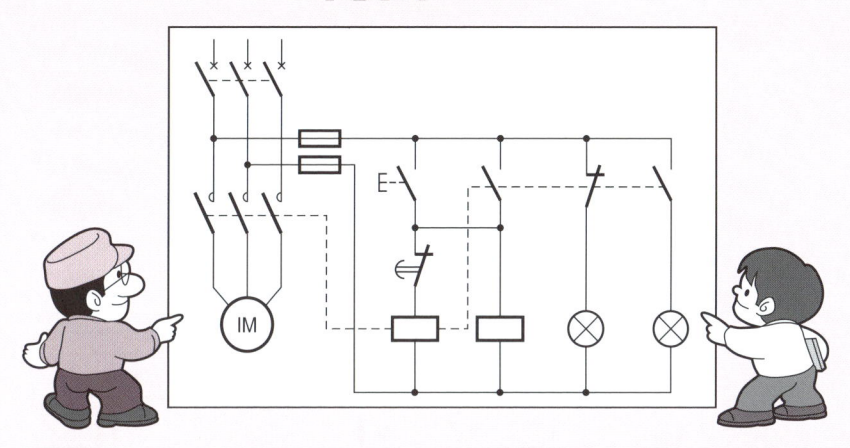

※ タイマを用いた時間差の入ったシーケンス制御，すなわち時限制御は，エレベータ，リフト，コンベアなどの運搬機械，プレス，旋盤などの工作機械，複写機，データ処理機などの事務機器，ジュース，コーヒ，たばこなどの自動販売機，または射撃マシンの標的送り機構などの娯楽機器，さらに電子レンジ，電気洗濯機などの一般家庭電気機器に至るまで，広範囲に用いられております．

※ また，ネオンサインの点滅やパイプオルガンの自動演奏，交差点に設置した交通信号の制御なども，この時限制御によるもので，近代設備には，必要不可欠なものとなっております．

この章のポイント

1. タイマを用いた時間差の入ったシーケンス制御について，実際の装置例をもとに，時間差に関するシーケンス動作を充分に理解しておきましょう．
2. 時限制御の実際例としては，
   （1） タイマを1個用いた「電動機の時限制御」
   （2） タイマを2個用いた「電気熱処理炉の時限制御」
をとりあげてあります．動作順序とともに，タイムチャートなどをもとに，時間的経過をよく調べてみましょう．

10-1 電動機の時限制御

❶ 電動機時限制御の実際の配線図

電動機時限制御の実際の配線図

※下図はタイマの基本回路の一つである一定時間動作回路を用いた電動機の時限制御回路の実際配線図の一例を示したものです．この回路は電動機を一定時間だけ運転し，その時間が過ぎると，自動的に停止するようにしたものです．

電動機の時限制御回路

実際配線図

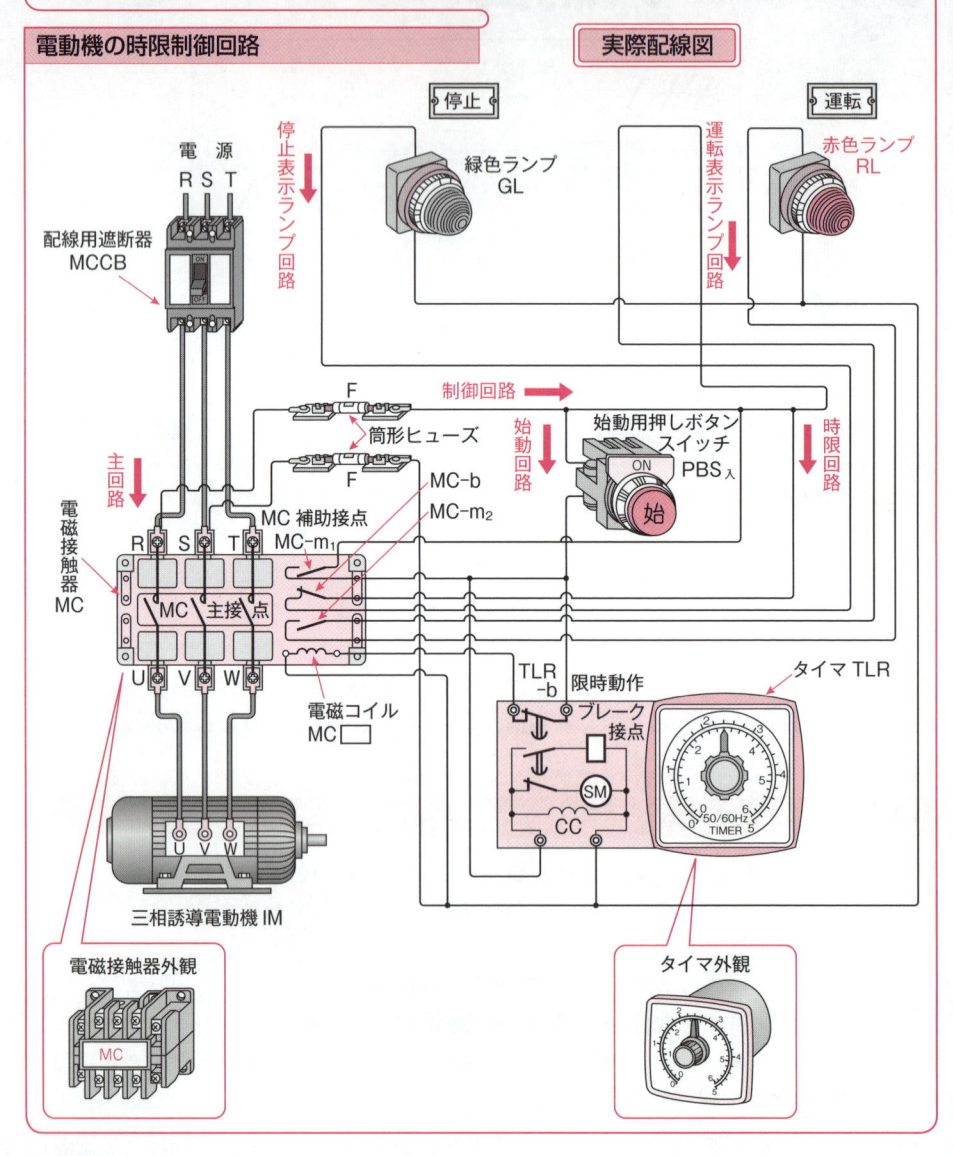

❷ 電動機時限制御のシーケンス図

電動機時限制御のシーケンス図

❖電動機時限制御は電源スイッチとして，配線用遮断器 MCCB を用い，電動機主回路
の開閉は，電磁接触器 MC で行います．この電磁接触器の投入は押しボタンスイッ
チ PBS_入 で操作し，タイマ TLR の整定時限が経過しますと，その限時動作ブレーク
接点 TLR-b が動作して電磁接触器の電磁コイル MC 🔲 回路を開くので，電動機
は停止します．そして，電動機の運転時には赤色ランプ RL，停止時には緑色ランプ
GL が点灯するようになっております．
❖これをシーケンス図にしたのが下図で，色線の枠取り部分が一定時間動作回路です．

シーケンス図

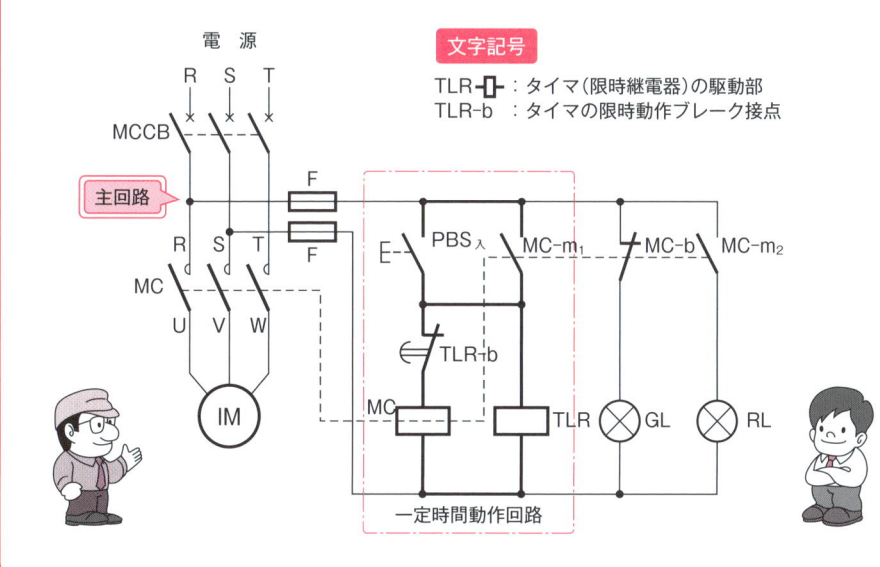

「時限」と「限時」はどう違うか

❖随所に「時限」と「限時」という用語が用いられておりますので，限時継電器(タイマ)と
時限との関係をお話ししましょう．まず，**限時継電器**とは，所定の入力信号が与えら
れてから，出力接点が閉路または開路するまでの間に，とくに時間間隔を設けた継電
器です．この入力信号が与えられてから，出力接点が動作するまでの，何分間とか何
秒間とかの時間間隔を「**時限**」といいます．時限つまり時間間隔(時間遅れ)を持った継
電器を限時継電器といい，その出力接点を「**限時接点**」というのです．そして，この限
時接点には，動作するときに時限がある限時動作接点と，復帰するときに時限がある
限時復帰接点とがあります．

177

❸ 電動機時限制御のタイムチャート

電動機時限制御のタイムチャート

※電動機の時限制御の時間的な変化をタイムチャートにしたのが下図です．この動作を簡単に説明しますと，次のとおりです．

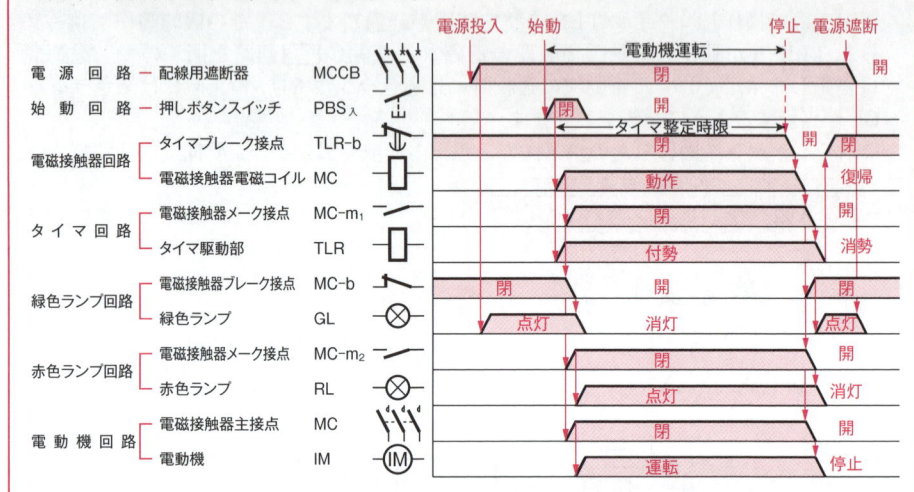

- **電磁接触器回路**……配線用遮断器 MCCB を投入し，押しボタンスイッチ PBS$_\lambda$を押すと電磁接触器の電磁コイル MC ▮ に電流が流れ付勢し動作します．タイマの整定時限が経過すると，その限時動作ブレーク接点 TLR-b が開くので電磁コイル MC ▯ は消勢し復帰します．
- **タイマ回路**…………押しボタンスイッチ PBS$_\lambda$を押すと閉じて，タイマ TLR 駆動部に電流が流れるので，タイマは付勢し，駆動しだします．タイマ駆動部の整定時限が経過すると，限時動作ブレーク接点 TLR-b が開いて電磁コイル MC ▯ に電流が流れず消勢し復帰して，補助メーク接点 MC-m$_1$が開くので，タイマも消勢されます．
- **緑色ランプ回路**……電磁コイル MC ▮ が付勢し動作すると，補助ブレーク接点 MC-b が開くので，緑色ランプは消えます．タイマの整定時限が経過すると，限時動作ブレーク接点 TLR-b が開いて電磁接触器 MC が復帰し補助接点 MC-b は閉じるので，緑色ランプは点灯します．
- **赤色ランプ回路**……電磁コイル MC ▮ が付勢し動作すると，補助接点 MC-m$_2$が閉じるので赤色ランプは点灯します．タイマ整定時限が経過すると，補助接点 MC-m$_2$は復帰して開くので，赤色ランプは消灯します．
- **電動機回路**…………電磁コイル MC ▮ が付勢し動作すると同時に，主接点 MC が閉じるので，電流が流れ電動機は始動して回転します．タイマ整定時限が経過すると，電磁コイル MC ▯ が消勢し復帰して，主接点 MC が開くので，電流が流れず電動機は停止します．

④ 電動機の始動シーケンス動作

電源回路の動作とシーケンス動作図 ●順序〔1〕●

❋配線用遮断器 MCCB を投入し閉じると，電源電圧が印加され，緑色ランプ GL が点灯します．

〔回路構成〕 ＝緑色ランプ回路＝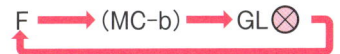

説 明

● 緑色ランプ GL ⊗ の点灯は，電動機 Ⓜ が停止していても，配線用遮断器 MCCB が投入され，電源電圧が印加されていることを示します．

シーケンス動作図

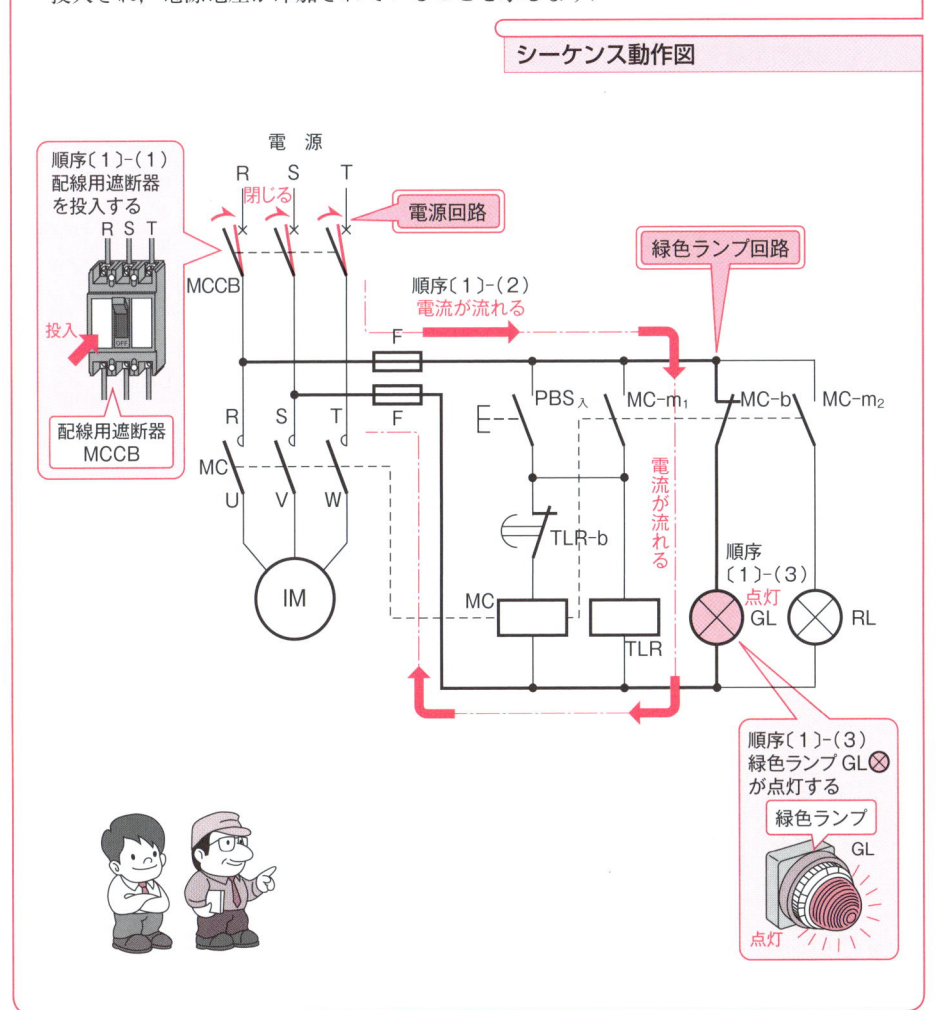

❹ 電動機の始動シーケンス動作（つづき）

始動制御回路の動作とシーケンス動作図 ●順序〔2〕●

※始動用押しボタンスイッチ$PBS_入$を押すと閉じて，電磁接触器の電磁コイル MC ▦
に電流が流れ動作するとともに，タイマ TLR ▭ にも電流が流れて付勢します．

〔回路構成〕

＝電磁コイル回路＝　　F ➡ $PBS_入$ ➡ (TLR-b) ➡ MC ▭

＝タイマ回路＝　　　　F ➡ $PBS_入$ ➡ TLR ▭

説 明

● タイマは付勢されても，すぐには接点の開閉動作を行わず，整定時限が経過したのち
に接点の開閉動作をします．

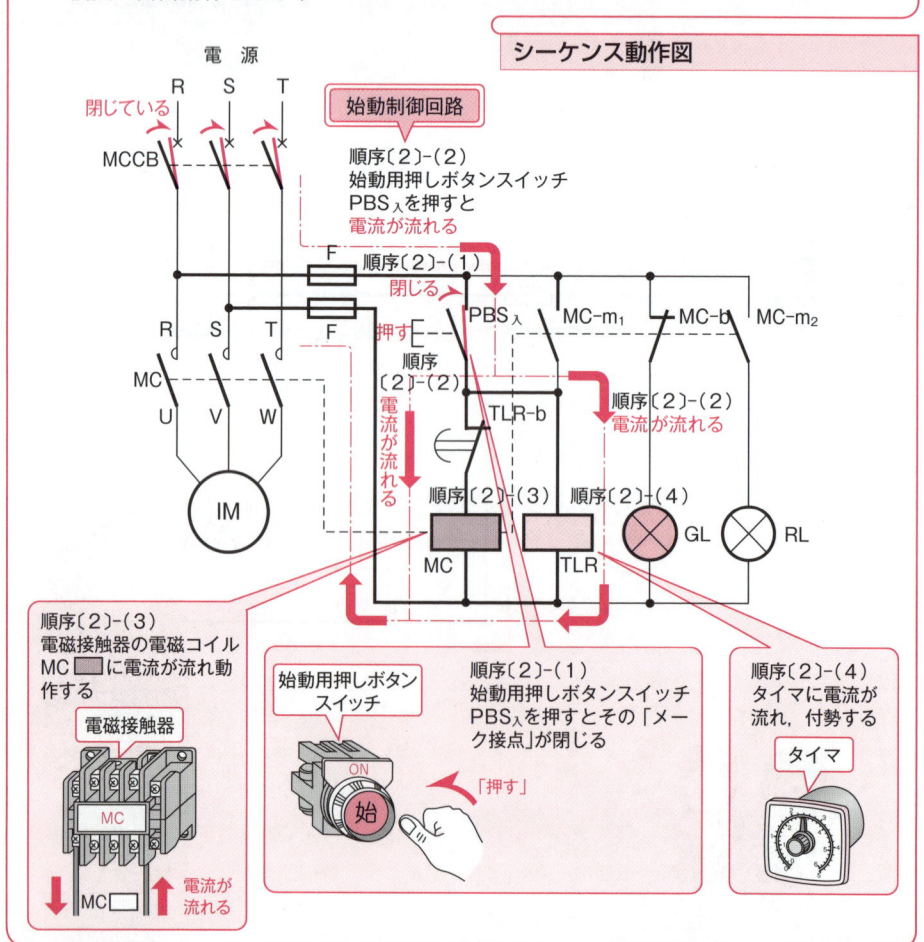

シーケンス動作図

電 源

閉じている

MCCB

始動制御回路

順序〔2〕-(2)
始動用押しボタンスイッチ
$PBS_入$を押すと
電流が流れる

順序〔2〕-(1)
閉じる　$PBS_入$　MC-m_1　MC-b　MC-m_2
押す

順序〔2〕-(2)
電流が流れる　TLR-b　順序〔2〕-(2)
電流が流れる

IM

電流が流れる

順序〔2〕-(3)　順序〔2〕-(4)
MC　TLR　GL　RL

順序〔2〕-(3)
電磁接触器の電磁コイル
MC ▭ に電流が流れ動
作する

電磁接触器

MC

MC ▭　電流が
流れる

始動用押しボタン
スイッチ

順序〔2〕-(1)
始動用押しボタンスイッチ
$PBS_入$を押すとその「メー
ク接点」が閉じる

ON
始「押す」

順序〔2〕-(4)
タイマに電流が
流れ，付勢する

タイマ

※電磁接触器の電磁コイル MC ▨ に電流が流れると動作し，その主接点 MC が閉じるので，電動機 Ⓜ に電源電圧が印加され，電動機は始動して回転します．

〔回路構成〕

＝電動機主回路＝　　MCCB ➡（主接点 MC）➡ Ⓜ

シーケンス動作図

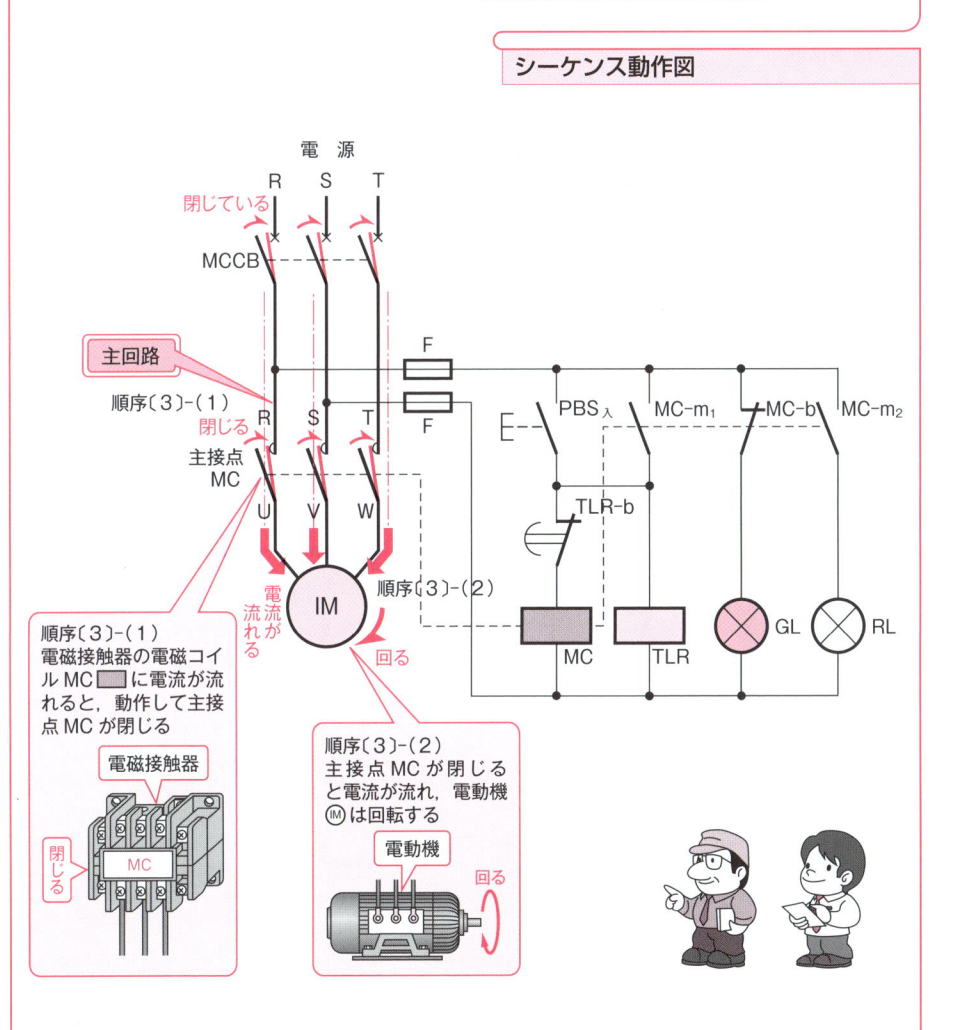

順序〔3〕-（1）
電磁接触器の電磁コイル MC ▨ に電流が流れると，動作して主接点 MC が閉じる

電磁接触器

閉じる　MC

順序〔3〕-（2）
主接点 MC が閉じると電流が流れ，電動機 Ⓜ は回転する

電動機

回る

181

❹ 電動機の始動シーケンス動作（つづき）

自己保持回路の動作とシーケンス動作図　　　　●順序〔４〕●

❖ 電磁接触器の電磁コイル MC ▢ に電流が流れると動作し，押しボタンスイッチ PBS入と並列に接続されている電磁接触器の補助メーク接点 MC-m₁ が閉じます．

❖ PBS入の押す手を離して開いても，接点 MC-m₁ を通って，電磁コイル MC ▢ に電流が流れ動作を継続し主接点 MC が閉じているので，電動機は回転しつづけます．

❖ PBS入の押す手を離して開いても，接点 MC-m₁ を通って，タイマ TLR ▢ に電流が流れるので，タイマは付勢されつづけます．この回路を「自己保持回路」といいます．

〔回路構成〕

＝電磁コイル回路＝　　F ➡ (MC-m₁) ➡ (TLR-b) ➡ MC▢

＝タイマ回路＝　　F ➡ MC-m₁ ➡ TLR▢

シーケンス動作図

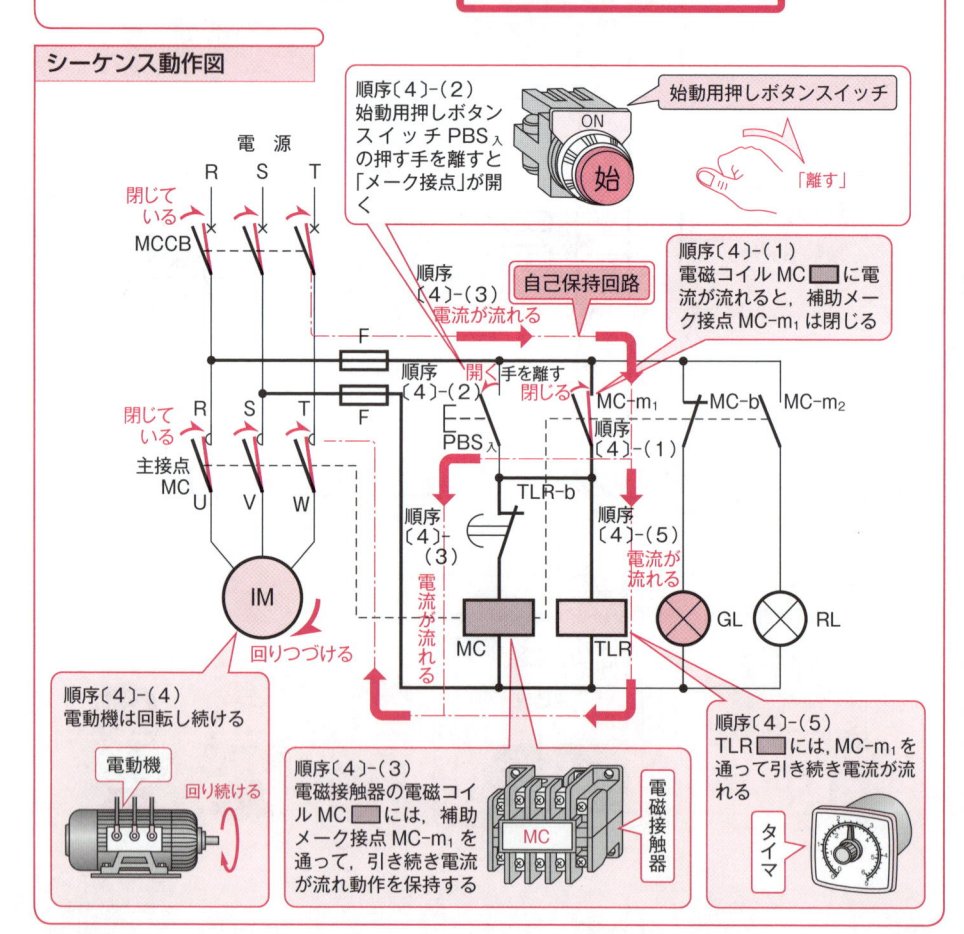

順序〔４〕-（２）始動用押しボタンスイッチ PBS入 の押す手を離すと「メーク接点」が開く

始動用押しボタンスイッチ　「離す」

順序〔４〕-（１）電磁コイル MC ▢ に電流が流れると，補助メーク接点 MC-m₁ は閉じる

順序〔４〕-（３）電流が流れる

自己保持回路

順序〔４〕-（２）開く 手を離す 閉じる

順序〔４〕-（５）電流が流れる

順序〔４〕-（４）電動機は回転し続ける

電動機 回り続ける

順序〔４〕-（３）電磁接触器の電磁コイル MC ▢ には，補助メーク接点 MC-m₁ を通って，引き続き電流が流れ動作を保持する

電磁接触器

順序〔４〕-（５）TLR ▢ には，MC-m₁ を通って引き続き電流が流れる

タイマ

182

ランプ表示回路の動作とシーケンス動作図 ●順序〔5〕●

※電磁接触器の電磁コイル MC ▭ に電流が流れると動作し，その補助接点 MC-b が開き，緑色ランプ GL ⊗ は消灯し，MC-m₂ が閉じて，赤色ランプ RL ⊗ は点灯します．

〔回路構成〕

```
                            ┌───開く───┐
＝緑色ランプ回路＝   F ━━▶ X （MC-b） X ━━▶ GL⊗

＝赤色ランプ回路＝   F ━━▶ （MC-m₂） ━━━▶ RL⊗
```

説 明

● 緑色ランプ回路の補助接点 MC-b はブレーク接点ですから，電磁接触器 MC の動作により開路し，緑色ランプ GL ⊗ は電流が流れず消灯します．

● 赤色ランプ回路の補助接点 MC-m₂ はメーク接点ですから，電磁接触器 MC の動作により閉路し，赤色ランプ RL ⊗ は電流が流れ点灯します．

シーケンス動作図

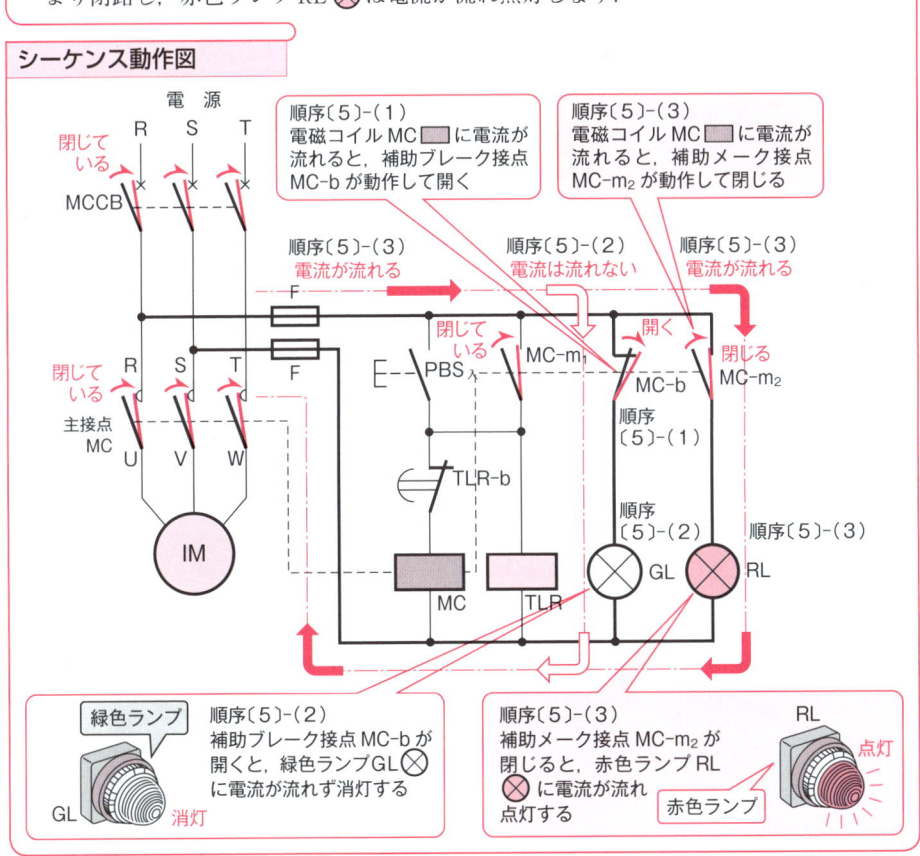

183

❺ 電動機の停止シーケンス動作

タイマ回路の動作とシーケンス動作図　　　　　●順序〔6〕●

❈タイマ TLR は，あらかじめ設定された一定時間（整定時限）が経過すると動作し，限時動作ブレーク接点 TLR-b が開きます．

❈限時動作ブレーク接点 TLR-b が開くと，電磁接触器の電磁コイル MC □ に電流は流れなくなり復帰します．

〔回路構成〕

=タイマ限時接点回路=　　　　　　　　　　　　　　　　開く
F → (MC-m₁) → X (TLR-b) X → MC □

$$F \longrightarrow (MC\text{-}m_1) \longrightarrow X\,(TLR\text{-}b)\,X \longrightarrow MC\,\square$$

説 明

● 電磁接触器の電磁コイル MC □ に電流が流れなくなり復帰すると，次の順序〔7〕，〔8〕，〔9〕の動作が，同時に行われます．

シーケンス動作図

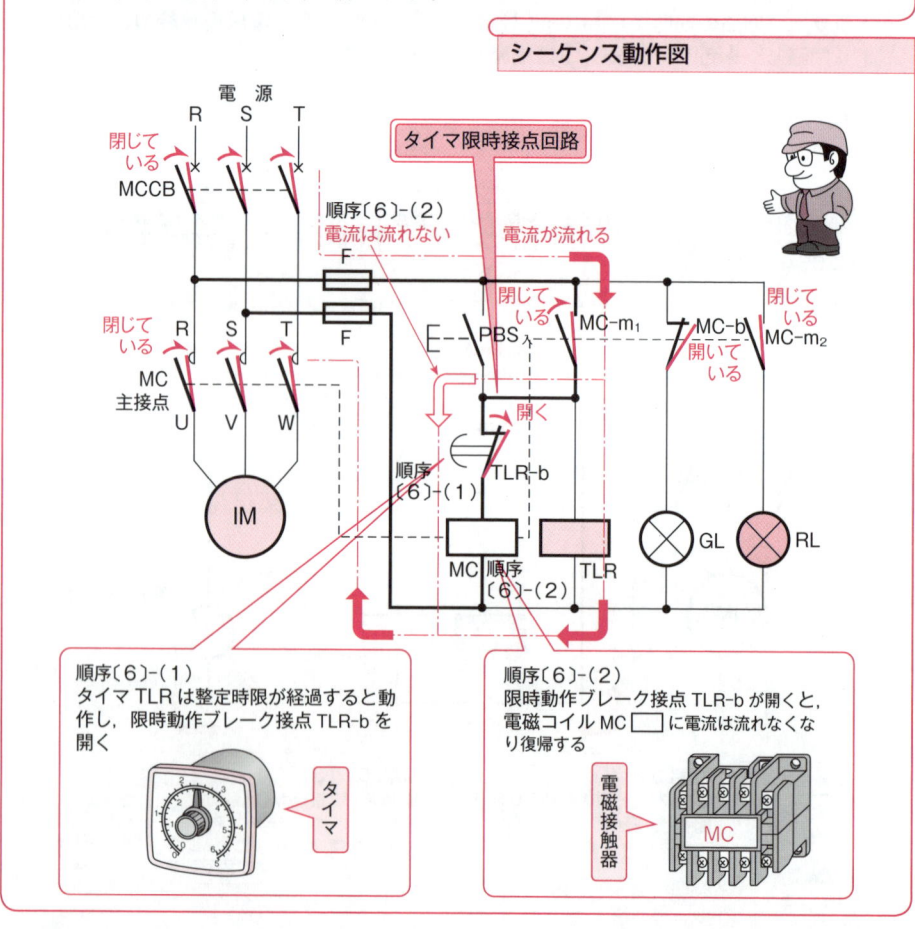

順序〔6〕-（1）
タイマ TLR は整定時限が経過すると動作し，限時動作ブレーク接点 TLR-b を開く

タイマ

順序〔6〕-（2）
限時動作ブレーク接点 TLR-b が開くと，電磁コイル MC □ に電流は流れなくなり復帰する

電磁接触器　MC

❖電磁接触器の電磁コイル MC ☐ に電流が流れないと復帰し，その主接点 MC が開き，電動機 ⓘⓂ に電源電圧が印加されないので，電動機は停止します．

〔回路構成〕

＝電動機主回路＝ MCCB ➡ X （主接点 MC）X ➡ ⓘⓂ
開く

シーケンス動作図

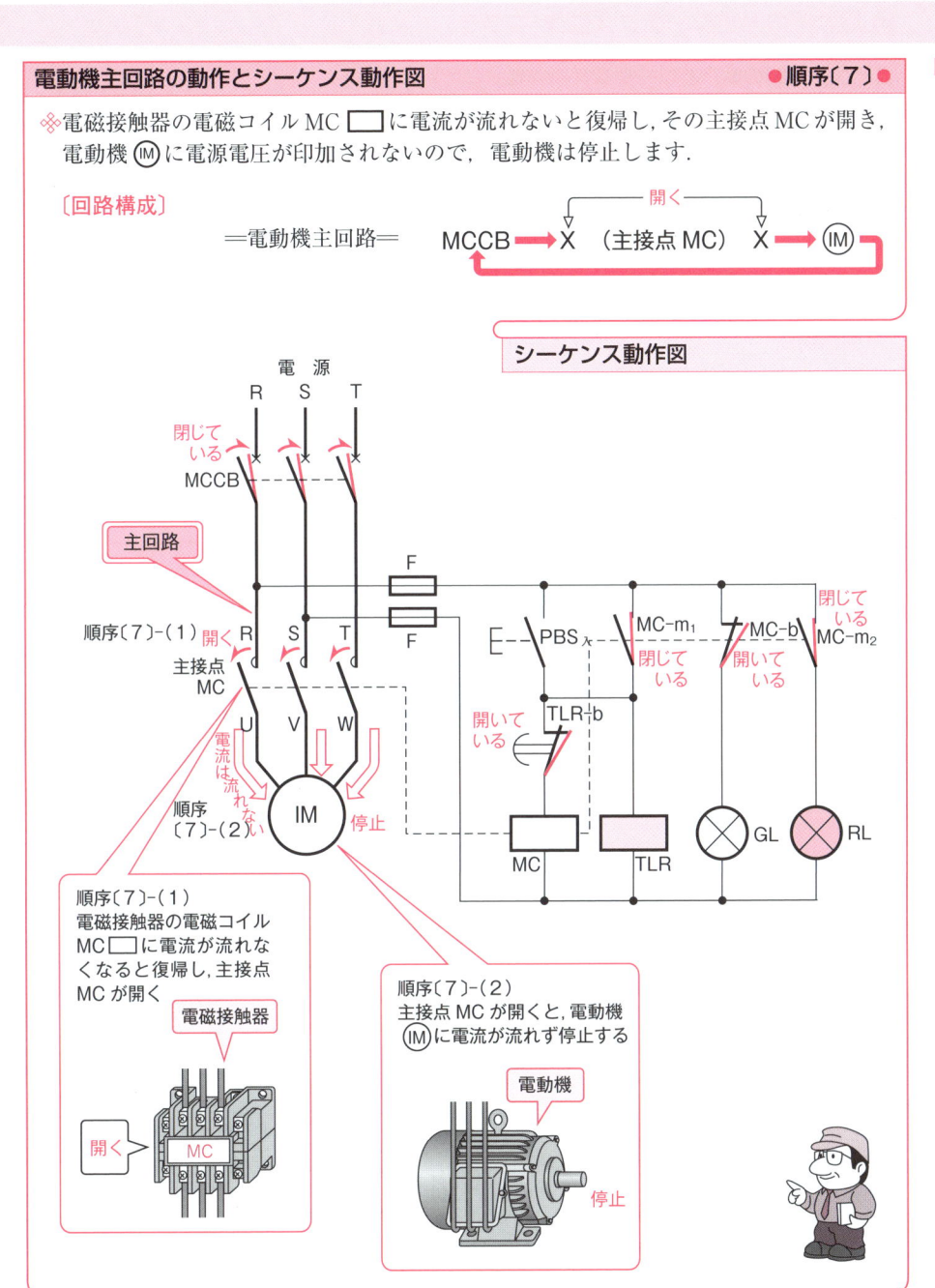

順序〔7〕-(1)
電磁接触器の電磁コイル MC☐ に電流が流れなくなると復帰し，主接点 MC が開く

電磁接触器
開く　MC

順序〔7〕-(2)
主接点 MC が開くと，電動機 ⓘⓂ に電流が流れず停止する

電動機
停止

185

自己保持回路の動作とシーケンス動作図 　　　　　　　　●順序〔8〕●

❖電磁接触器の電磁コイル MC □ に電流が流れないと復帰し，押しボタンスイッチ PBS₍₊₎と並列に接続されている補助メーク接点 MC-m₁ が開路します。

❖電磁接触器の補助メーク接点 MC-m₁ が開くと，タイマ TLR □ に電流が流れなくなって復帰し，限時動作ブレーク接点 TLR-b は閉じます。

❖限時動作ブレーク接点 TLR-b が閉じても，電磁接触器の補助メーク接点 MC-m₁ が開いているので，電磁コイル MC □ には，引き続き電流は流れず復帰しています。この動作を「**自己保持が解ける**」といいます。

〔回路構成〕

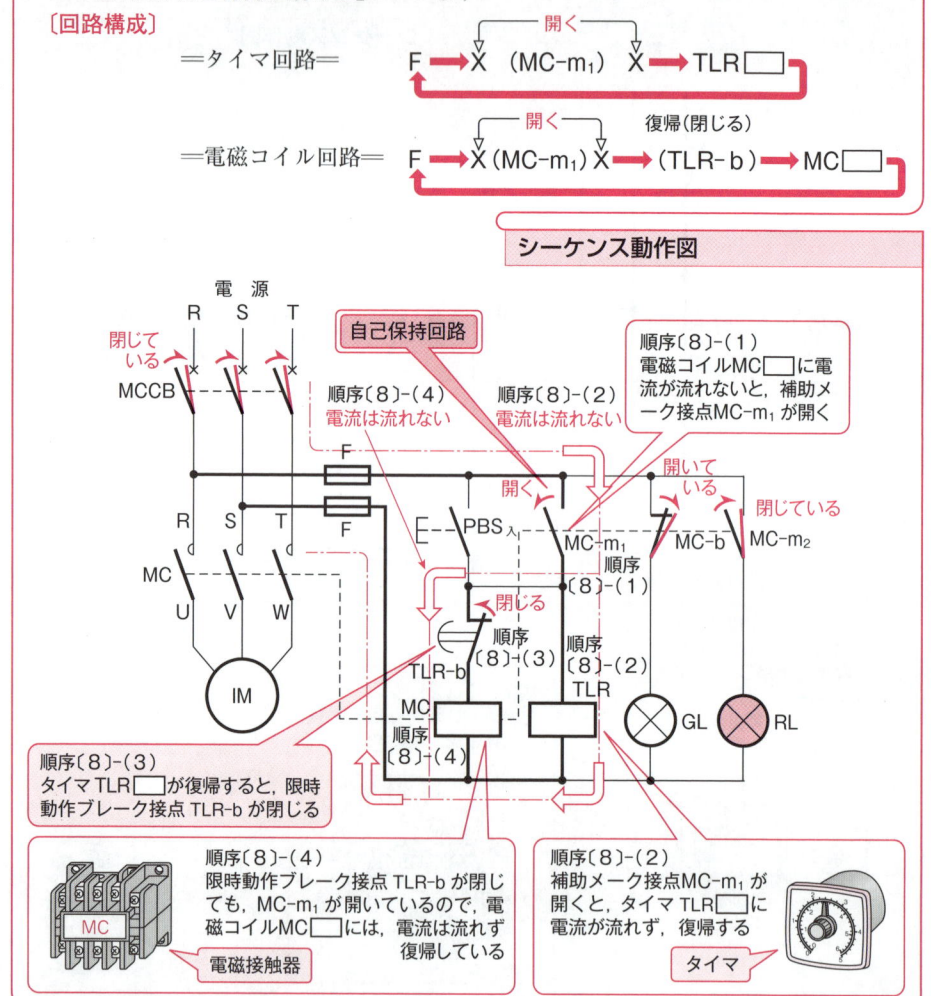

ランプ表示回路の動作とシーケンス動作図

※電磁接触器の電磁コイル MC □ に電流が流れないと復帰し，$MC-m_2$ が開いて，赤色ランプ RL ⊗ が消灯し，MC-b が閉じて，緑色ランプ GL ⊗ が点灯します．

〔回路構成〕

開く

=赤色ランプ回路= F ➡ X（$MC-m_2$） X ➡ RL ⊗

=緑色ランプ回路= F ➡ （MC-b） ➡ GL ⊗

説　明

- 赤色ランプ回路の補助接点 $MC-m_2$ はメーク接点ですから，電磁接触器 MC の復帰により開路し，赤色ランプ RL ⊗ は電流が流れず消灯します．
- 緑色ランプ回路の補助接点 MC-b はブレーク接点ですから，電磁接触器 MC の復帰により閉路し，緑色ランプ GL ⊗ は電流が流れ点灯します．

シーケンス動作図

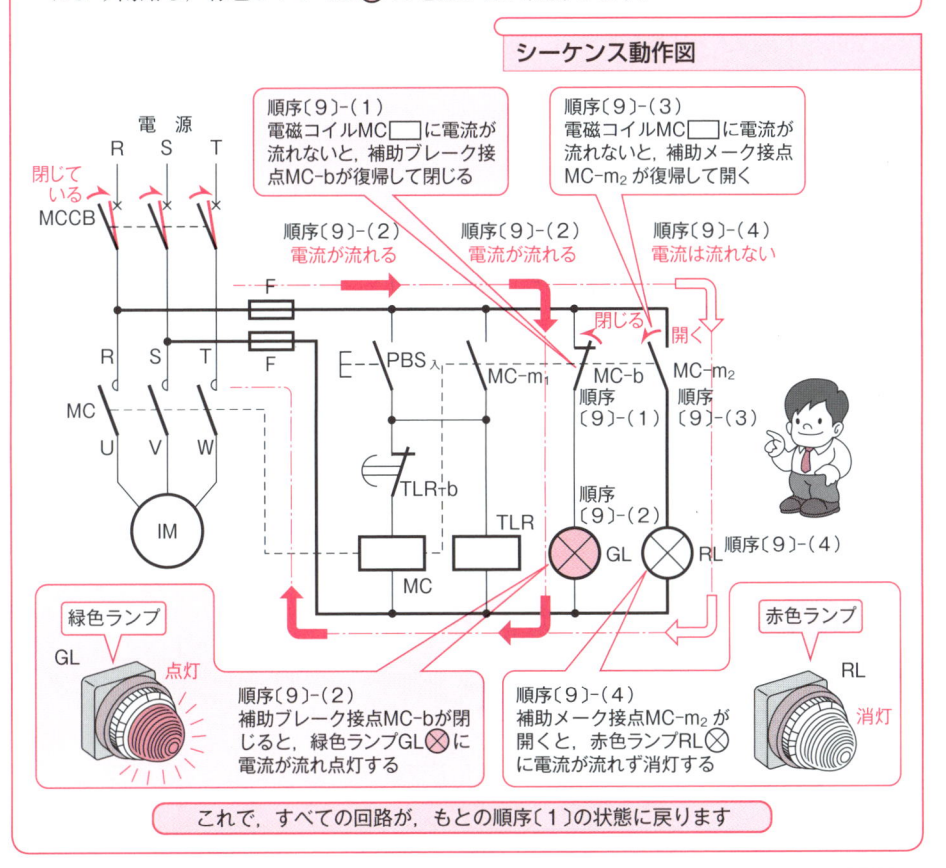

順序〔9〕-（1）
電磁コイルMC□に電流が流れないと，補助ブレーク接点MC-bが復帰して閉じる

順序〔9〕-（3）
電磁コイルMC□に電流が流れないと，補助メーク接点$MC-m_2$ が復帰して開く

電　源
R　S　T

閉じている
MCCB

順序〔9〕-（2）
電流が流れる

順序〔9〕-（2）
電流が流れる

順序〔9〕-（4）
電流は流れない

F

閉じる　開く

R　S　T
F

MC
U　V　W

E-PBS入

MC-m₁

MC-b
順序〔9〕-（1）

MC-m₂
順序〔9〕-（3）

IM

TLR-b

TLR

順序〔9〕-（2）

GL　RL　順序〔9〕-（4）

MC

緑色ランプ
GL　点灯

順序〔9〕-（2）
補助ブレーク接点MC-bが閉じると，緑色ランプGL⊗に電流が流れ点灯する

順序〔9〕-（4）
補助メーク接点$MC-m_2$が開くと，赤色ランプRL⊗に電流が流れず消灯する

赤色ランプ
RL　消灯

これで，すべての回路が，もとの順序〔1〕の状態に戻ります

10-2　電気熱処理炉の時限制御

❶ 電気熱処理炉の実際の配線図

電気熱処理炉の実際の配線図〔例〕

※下図は2個のタイマを用いた電気熱処理炉の時限制御について，その実際の配線図の一例を示したものです．電気熱処理炉では，処理時間が長く深夜にわたることもあることから，作業者が帰宅時に，始動用押しボタンスイッチを押すだけで，あとは自動的に一定時間後（待ち時間）に所要時間（加熱時間）だけ熱処理を行い，これらがすべて完了すると，自動的に停止するようにしたものです．

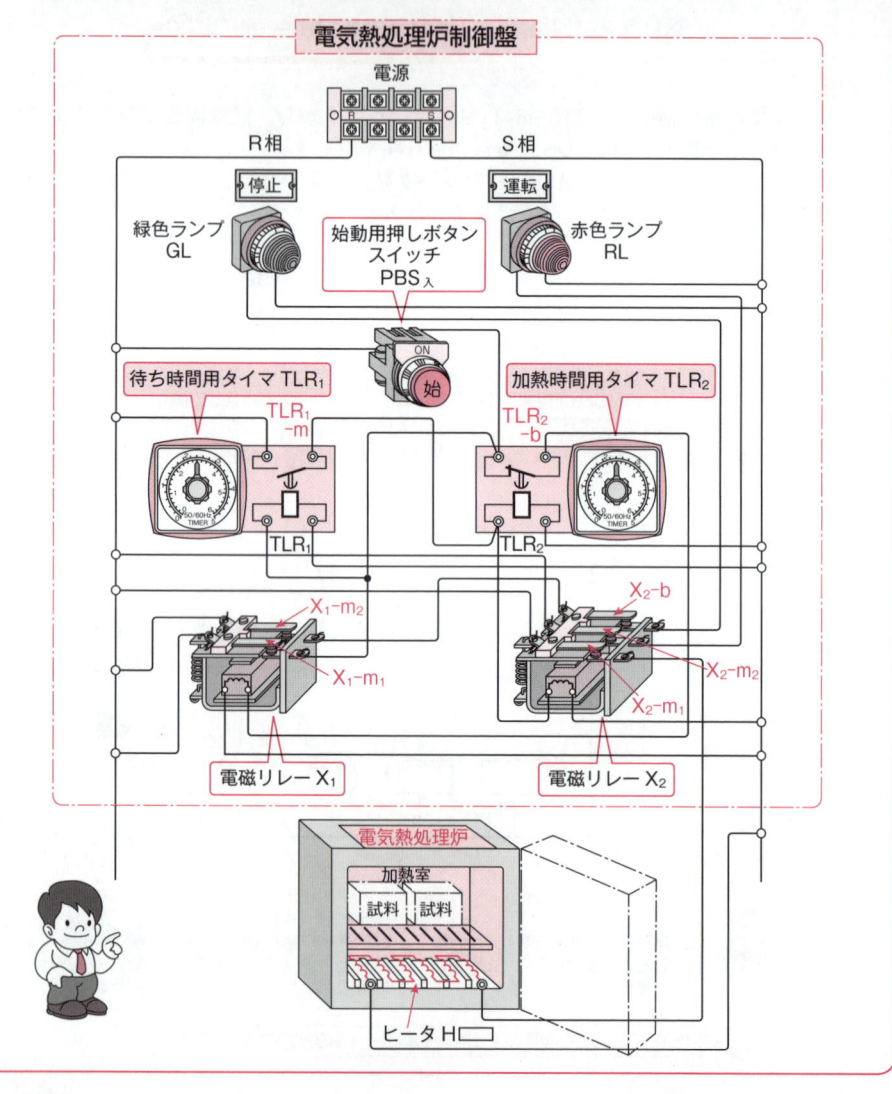

❷ 電気熱処理炉のシーケンス図とタイムチャート

電気熱処理炉のシーケンス図

❀電気熱処理炉の実際の配線図を横書きのシーケンス図に書き換えたのが下図です．よく実際の配線図をたどってシーケンス図と比較しながら，ご覧になってください．

横書きシーケンス図

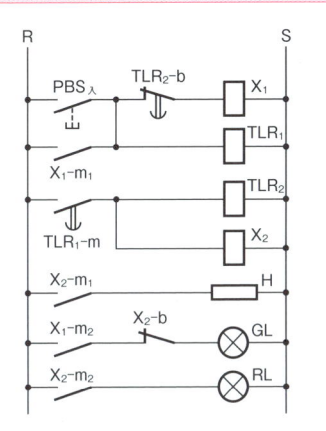

文字記号

PBS$_入$	：始動用押しボタンスイッチ
X$_1$	：電磁リレーX$_1$の電磁コイル
X$_1$-m$_1$ X$_1$-m$_2$	：電磁リレーX$_1$のメーク接点
TLR$_1$	：待ち時間用タイマの駆動部
TLR$_1$-m	待ち時間用タイマの限時動作メーク接点
X$_2$	：電磁リレーX$_2$の電磁コイル
X$_2$-m$_1$	：電磁リレーX$_2$のメーク接点
X$_2$-b	：電磁リレーX$_2$のブレーク接点
TLR$_2$	：加熱時間用タイマの駆動部
TLR$_2$-b	：加熱時間用タイマの限時動作ブレーク接点
H	：電気熱処理炉のヒータ
GL	：緑色ランプ
RL	：赤色ランプ

電気熱処理炉のタイムチャート

❀電気熱処理炉の待ち時間，加熱時間など，その時間的変化をタイムチャートに示したのが下図です．

タイムチャート

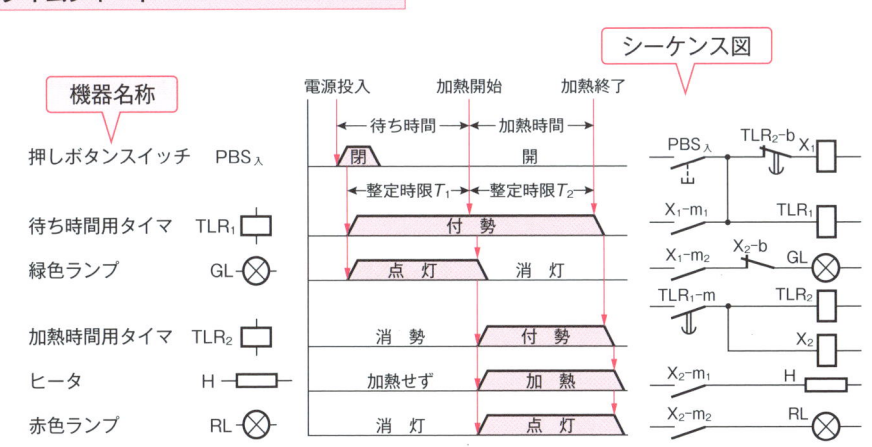

❸ シーケンス動作　—待ち時間動作—

電気熱処理炉の動作のしかた

※電気熱処理炉の操作としては，まず，作業者が帰宅してから何時間後に，熱処理を開始するのかの時間に合わせて，待ち時間用タイマ TLR_1 の整定時限(T_1)を設定します．次に，電気熱処理炉が，実際に熱処理を行うための加熱時間に合わせて，加熱時間用タイマ TLR_2 の整定時限(T_2)を設定します．

※電気熱処理炉Hの動作としては，まず，始動用押しボタンスイッチ $PBS_入$ を押しますと，待ち時間用タイマ TLR_1 が付勢されると同時に，緑色ランプ GL（電源投入電熱処理炉停止ランプ）が点灯します．そして，待ち時間用タイマ TLR_1 の整定時限 T_1 が経過しますと，その限時動作メーク接点 TLR_1-m が動作して閉路します．これにより加熱時間用タイマ TLR_2 が付勢され，電磁リレー X_2 が動作して電気熱処理炉Hが加熱し，同時に緑色ランプ GL が消えて，赤色ランプ RL（運転ランプ）が点灯します．加熱時間用タイマ TLR_2 の整定時限 T_2 が経過しますと，その限時動作ブレーク接点 TLR_2-b が動作して開路しますので，電気熱処理炉は自動的に停止いたします．

始動回路の動作　　　　　　　　　　　　　　　　　　　●順序〔1〕●

▶（1）　始動用押しボタンスイッチ $PBS_入$ を押すとメーク接点が閉じます．

▶（2）　始動用押しボタンスイッチ $PBS_入$ を押し閉じますと，①の回路ができて，待ち時間用タイマ TLR_1 に電流が流れ，タイマ TLR_1 は付勢されます．

▶（3）　始動用押しボタンスイッチ $PBS_入$ を押し閉じますと，②の回路ができて，電磁リレー X_1 の電磁コイル X_1 ▨ に電流が流れ，付勢され動作します．

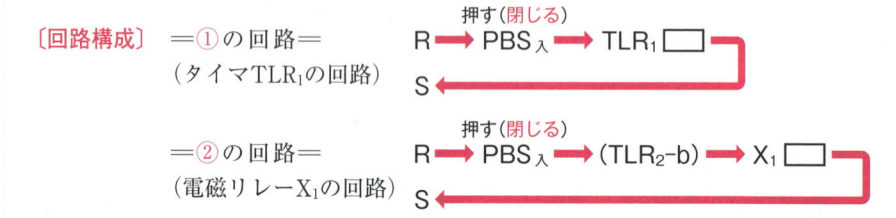

〔回路構成〕　＝①の回路＝　　　　　　　　　　押す(閉じる)
　　　　　　　（タイマ TLR_1 の回路）　　R ➡ $PBS_入$ ➡ TLR_1 ☐

　　　　　　　＝②の回路＝　　　　　　　　　押す(閉じる)
　　　　　　　（電磁リレー X_1 の回路）　　R ➡ $PBS_入$ ➡ (TLR_2-b) ➡ X_1 ☐

　　説　明

●待ち時間用タイマ TLR_1 は，付勢されても，すぐには接点の開閉動作を行わず，整定時限 T_1 が経過したのちに接点の開閉動作をします．

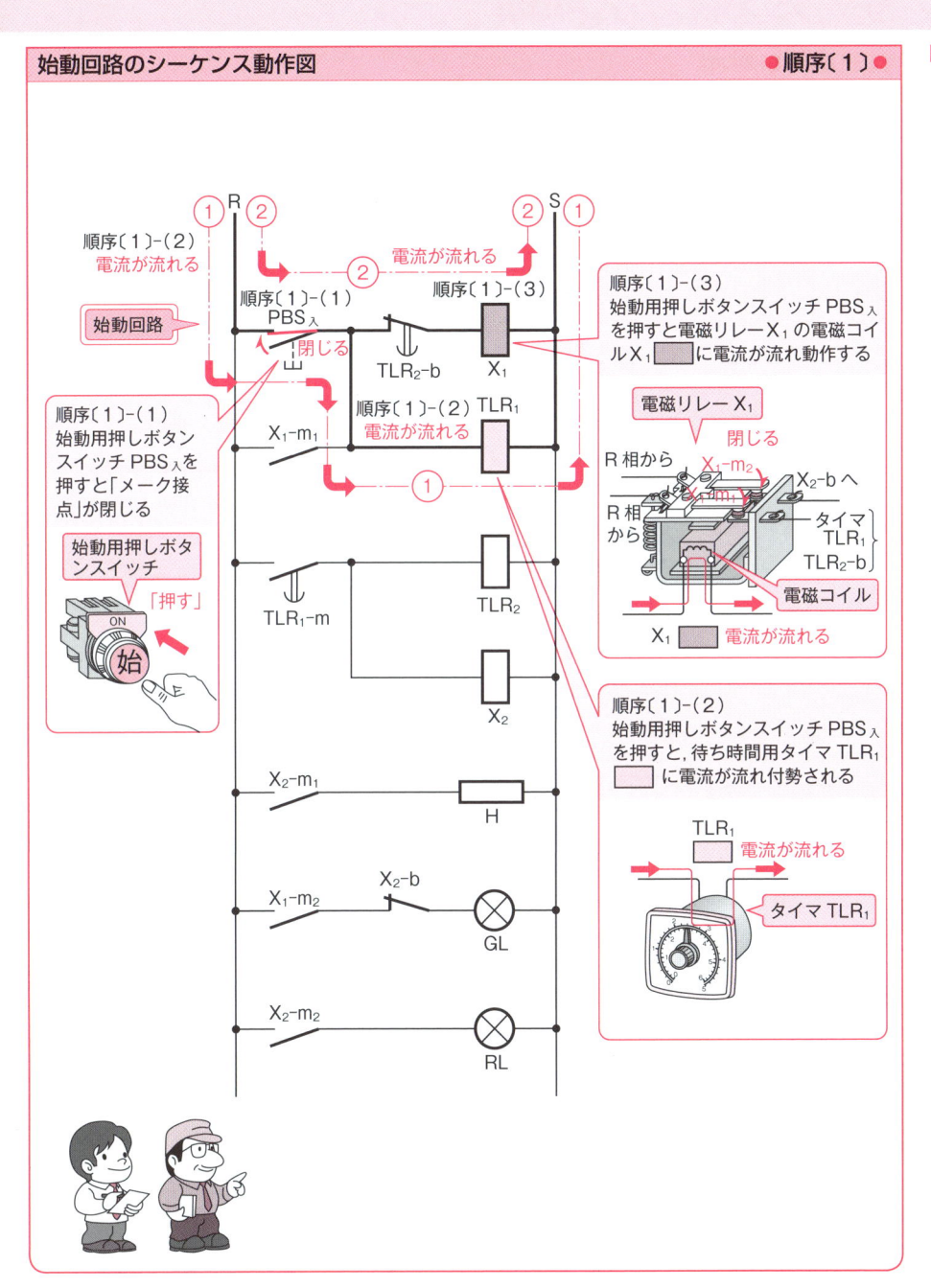

順序〔1〕-（2）
電流が流れる

電流が流れる

始動回路

順序〔1〕-（1）
PBS入

順序〔1〕-（3）

順序〔1〕-（1）
始動用押しボタン
スイッチ PBS入 を
押すと「メーク接
点」が閉じる

始動用押しボタ
ンスイッチ

「押す」
ON
始

順序〔1〕-（3）
始動用押しボタンスイッチ PBS入
を押すと電磁リレーX₁ の電磁コイ
ルX₁ に電流が流れ動作する

電磁リレーX₁
閉じる

R 相から
R 相
から

X₂-b へ

タイマ
TLR₁
TLR₂-b

電磁コイル

X₁ 電流が流れる

閉じる

TLR₂-b
X₁

X₁-m₁
順序〔1〕-（2）TLR₁
電流が流れる

①

TLR₁-m
TLR₂

X₂

X₂-m₁
H

X₁-m₂
X₂-b
GL

X₂-m₂
RL

順序〔1〕-（2）
始動用押しボタンスイッチ PBS入
を押すと，待ち時間用タイマ TLR₁
に電流が流れ付勢される

TLR₁
電流が流れる

タイマ TLR₁

❸ シーケンス動作　—待ち時間動作—（つづき）

自己保持回路の動作　　　　　　　　　　　　　　　　●順序〔2〕●

▶（1）　電磁リレーX_1 が付勢され動作すると，自己保持回路の電磁リレーX_1のメーク接点 X_1-m_1 が閉じ自己保持します．

▶（2）　始動用押しボタンスイッチの押す手を離すとメーク接点が開きます．

▶（3）　始動用押しボタンスイッチの押す手を離し開いても，電磁リレーX_1のメーク接点 X_1-m_1 が閉じておりますので，③の回路ができ，電磁リレーX_1 の電磁コイル X_1 ▢ には引き続き電流が流れ，付勢され続けて動作が保持されます．

▶（4）　始動用押しボタンスイッチの押す手を離し開いても，電磁リレーX_1のメーク接点 X_1-m_1 が閉じておりますので，④の回路ができ，待ち時間用タイマ TLR_1 ▢ には，引き続き電流が流れ，付勢され続けます．

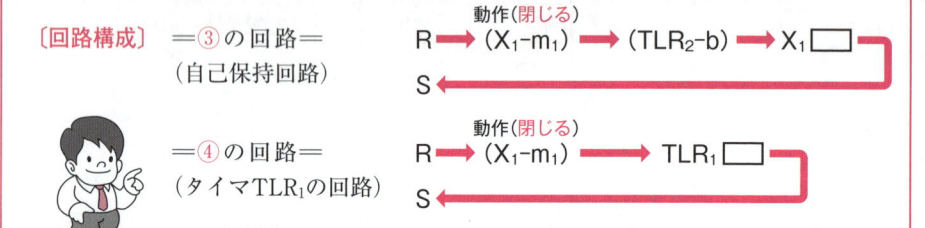

〔回路構成〕　＝③の回路＝
（自己保持回路）

動作（閉じる）
$R \longrightarrow (X_1\text{-}m_1) \longrightarrow (TLR_2\text{-}b) \longrightarrow X_1 \square$
$S \longleftarrow$

＝④の回路＝
（タイマTLR_1の回路）

動作（閉じる）
$R \longrightarrow (X_1\text{-}m_1) \longrightarrow TLR_1 \square$
$S \longleftarrow$

［説　明］

● ③の回路は，電磁リレー X_1 の自己のメーク接点 X_1-m_1 で，電磁コイル X_1 ▢ の動作回路を構成し，動作を保持しますので，これを「**自己保持回路**」といいます．

ランプ表示回路の動作　　　　　　　　　　　　　　　●順序〔3〕●

▶（1）　電磁リレーX_1 が付勢され動作しますと，緑色ランプ表示回路の電磁リレーX_1のメーク接点 X_1-m_2 が閉じます．

▶（2）　電磁リレーX_1 のメーク接点 X_1-m_2 が閉じますと，⑤の回路ができ，緑色ランプ GL ⊗ に電流が流れ，点灯します．

〔回路構成〕　＝⑤の回路＝
（緑色ランプ表示回路）

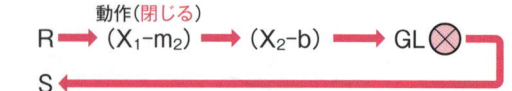

動作（閉じる）
$R \longrightarrow (X_1\text{-}m_2) \longrightarrow (X_2\text{-}b) \longrightarrow GL \otimes$
$S \longleftarrow$

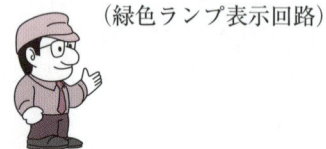

［説　明］

● 緑色ランプ GL ⊗ の点灯は，電気熱処理炉が停止していても，その制御回路には，電源電圧が印加されていることを示します．

192

自己保持回路の動作図 ●順序〔2〕● ランプ表示回路 ●順序〔3〕●

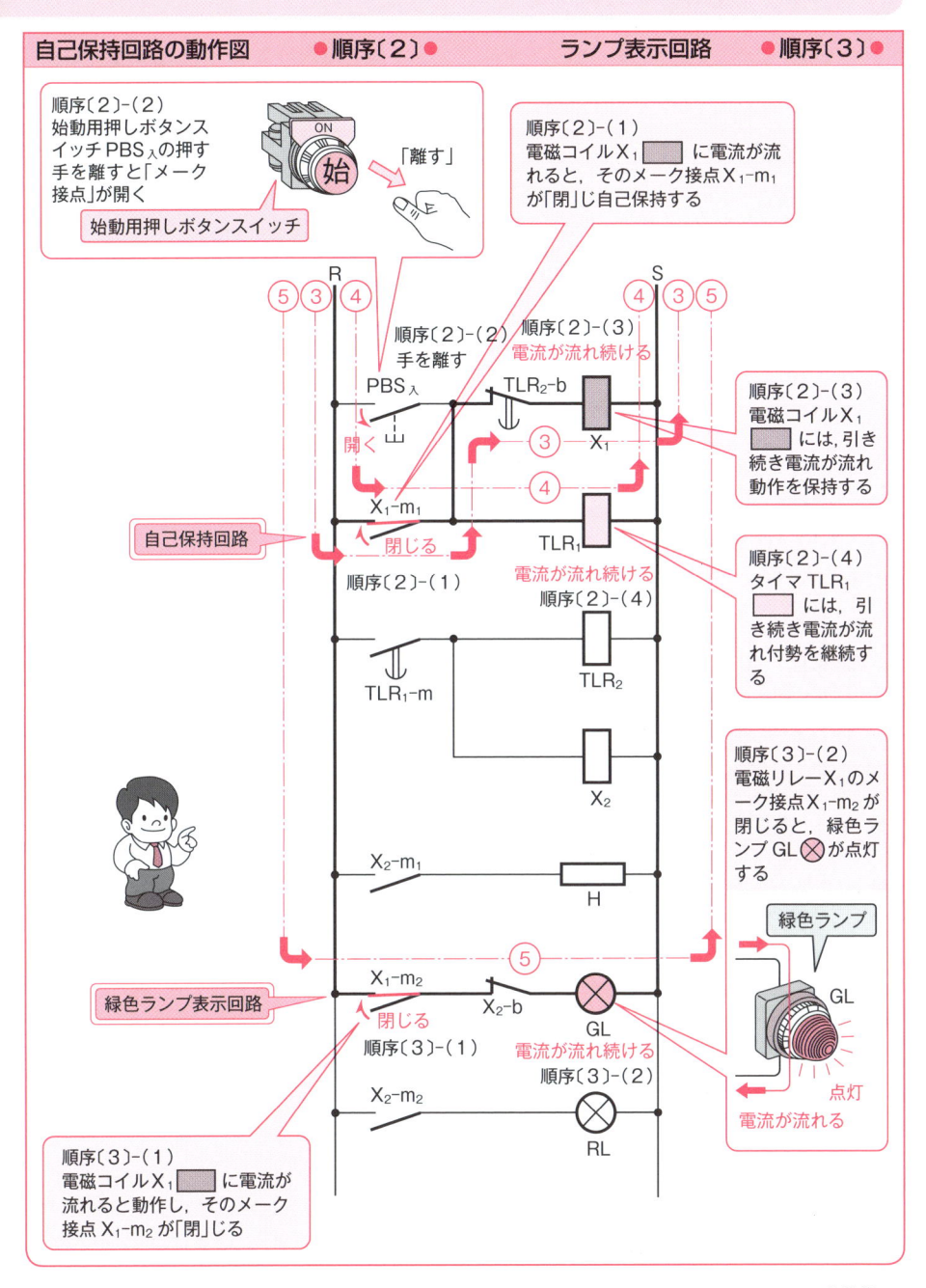

順序〔2〕-(2)
始動用押しボタンスイッチ PBS入 の押す手を離すと「メーク接点」が開く

ON
始

「離す」

始動用押しボタンスイッチ

順序〔2〕-(1)
電磁コイルX1 ▨ に電流が流れると，そのメーク接点 X_1-m_1 が「閉」じ自己保持する

R

⑤ ③ ④

順序〔2〕-(2)
手を離す

PBS入

開く

X_1-m_1

自己保持回路

閉じる

順序〔2〕-(1)

S

④ ③ ⑤

順序〔2〕-(3)
電流が流れ続ける

TLR2-b ③ X_1

④

TLR1

電流が流れ続ける

順序〔2〕-(4)

順序〔2〕-(3)
電磁コイル X_1 ▢ には，引き続き電流が流れ動作を保持する

順序〔2〕-(4)
タイマ TLR1 ▢ には，引き続き電流が流れ付勢を継続する

TLR1-m TLR2

X_2

順序〔3〕-(2)
電磁リレー X_1 のメーク接点 X_1-m_2 が閉じると，緑色ランプ GL⊗ が点灯する

X_2-m_1 H

緑色ランプ

⑤

X_1-m_2 X_2-b GL

GL

緑色ランプ表示回路

閉じる

順序〔3〕-(1)

点灯

電流が流れ続ける

順序〔3〕-(2)

電流が流れる

X_2-m_2

RL

順序〔3〕-(1)
電磁コイル X_1 ▨ に電流が流れると動作し，そのメーク接点 X_1-m_2 が「閉」じる

193

❹ シーケンス動作　―運転動作―

※始動用押しボタンスイッチ $PBS_入$ を押してから，待ち時間用タイマ TLR_1 の整定時限 T_1 が経過しますと，次の順序〔4〕，〔5〕，〔6〕の動作が，同時に行われます.

時限回路の動作　　　　　　　　　　　　　　　　　●順序〔4〕●

▶（1）　待ち時間用タイマ TLR_1 の整定時限 T_1 が経過しますと，自動的にその限時動作メーク接点 TLR_1-m が動作して閉じます.

▶（2）　待ち時間用タイマ TLR_1 の限時動作メーク接点 TLR_1-m が閉じますと，⑥の回路ができ，時限回路の加熱時間用タイマ TLR_2 に電流が流れ，付勢されます.

▶（3）　待ち時間用タイマ TLR_1 の限時動作メーク接点 TLR_1-m が閉じますと，⑦の回路ができ，電磁リレー X_2 の電磁コイル X_2 ▨ に電流が流れ，付勢され動作します.

〔回路構成〕　＝⑥の回路＝
　　　　　　　（タイマ TLR_2 の回路）

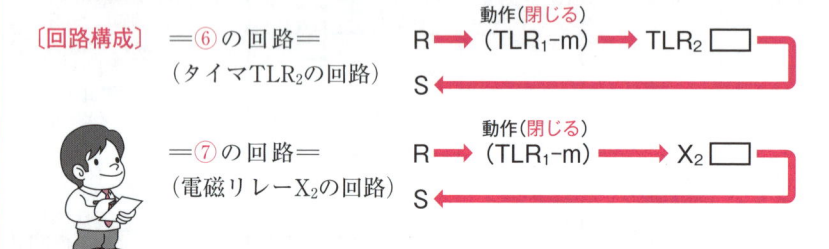

　　　　　　　＝⑦の回路＝
　　　　　　　（電磁リレー X_2 の回路）

　　■説　明■
● 加熱時間用タイマ TLR_2 は，付勢されても，すぐには接点の開閉動作を行わず，整定時限 T_2 が，経過したのち接点の開閉動作をします.

ヒータ回路の動作　　　　　　　　　　　　　　　　　●順序〔5〕●

▶（1）　電磁リレー X_2 が付勢され動作しますと，電気熱処理炉のヒータ回路の電磁リレー X_2 のメーク接点 X_2-m_1 が閉じます.

▶（2）　電磁リレー X_2 のメーク接点 X_2-m_1 が閉じますと，⑧の回路ができ，電気熱処理炉のヒータ H ▰ に電流が流れ，加熱されます.

〔回路構成〕　＝⑧の回路＝
　　　　　　　（ヒータ H の回路）

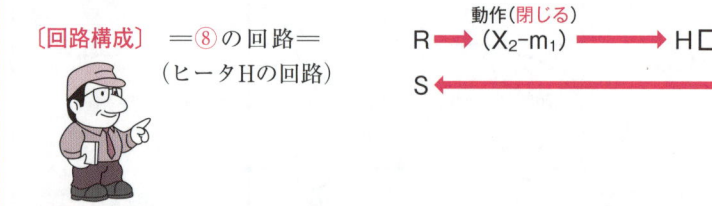

　　■説　明■
● 電気熱処理炉のヒータ H ▰ には，加熱時間用タイマ TLR_2 の整定時限 T_2 が経過するまで，電流が流れますので，加熱が続けられます.

194

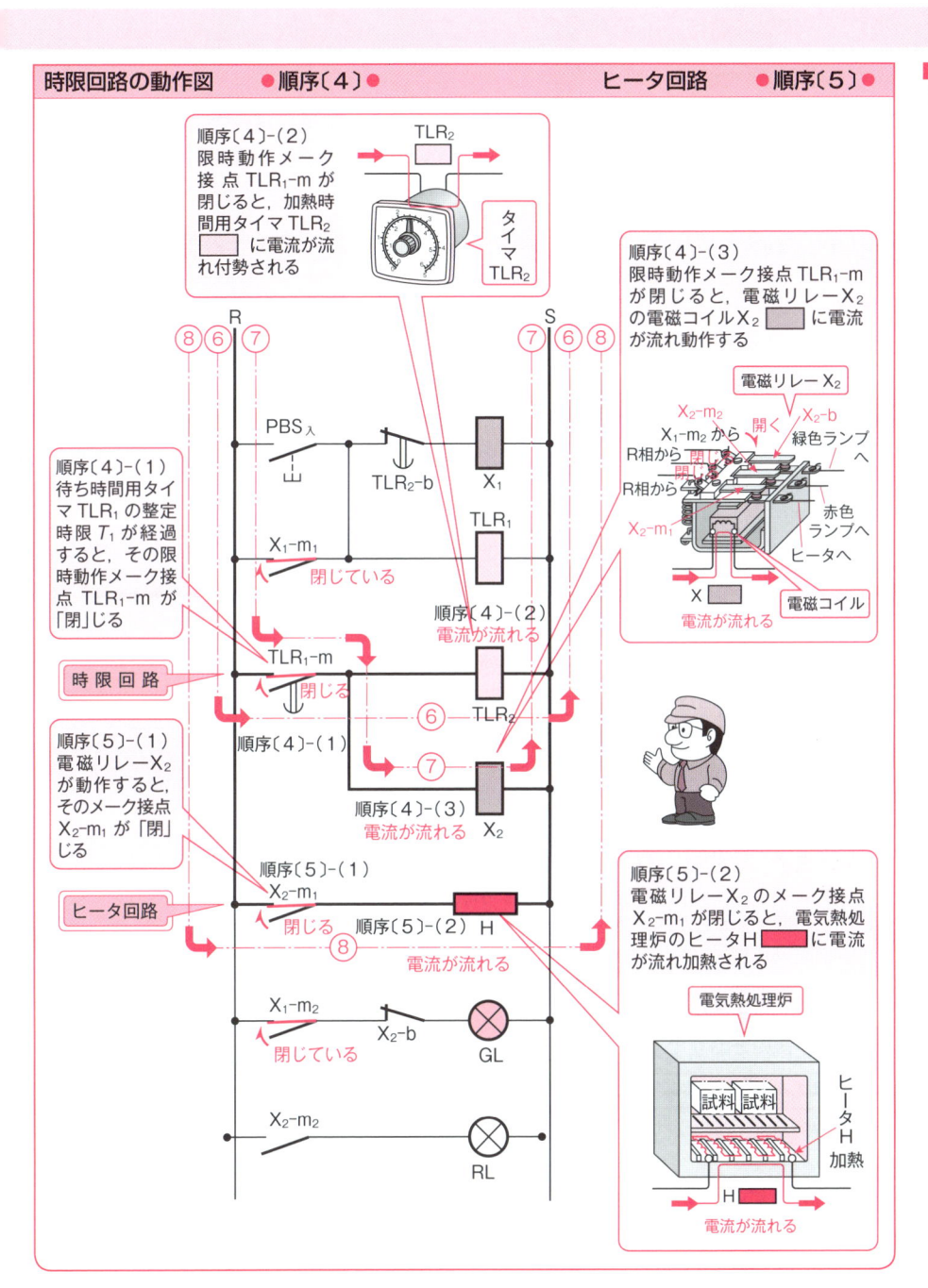

順序〔4〕-(2)
限時動作メーク
接点 TLR_1-m が
閉じると，加熱時
間用タイマ TLR_2
　　に電流が流
れ付勢される

タイマ
TLR_2

R　　　　　　　　　　　　　　　　　S
⑧⑥⑦　　　　　　　　　　　　⑦⑥⑧

順序〔4〕-(3)
限時動作メーク接点 TLR_1-m
が閉じると，電磁リレー X_2
の電磁コイル X_2　　に電流
が流れ動作する

電磁リレー X_2

X_2-m₂
X_1-m₂ から　開く
R相から　閉
R相から

X_2-b
緑色ランプへ

赤色
ランプへ
ヒータへ

X_2-m₁

X　　　　電磁コイル
電流が流れる

PBS入

TLR_2-b　　X_1

順序〔4〕-(1)
待ち時間用タイ
マ TLR_1 の整定
時限 T_1 が経過
すると，その限
時動作メーク接
点 TLR_1-m が
「閉」じる

X_1-m₁　　　TLR_1
閉じている

TLR_1-m
時限回路
閉じる

順序〔4〕-(2)
電流が流れる

⑥　TLR_2

順序〔5〕-(1)
電磁リレー X_2
が動作すると，
そのメーク接点
X_2-m₁ が「閉」
じる

順序〔4〕-(1)
⑦

順序〔4〕-(3)
電流が流れる　X_2

順序〔5〕-(1)
X_2-m₁

ヒータ回路
閉じる　　順序〔5〕-(2) H
⑧　　　電流が流れる

順序〔5〕-(2)
電磁リレー X_2 のメーク接点
X_2-m₁ が閉じると，電気熱処
理炉のヒータH　　に電流
が流れ加熱される

電気熱処理炉

X_1-m₂　　X_2-b　　⊗
閉じている　　　　GL

X_2-m₂　　　　　⊗
RL

試料　試料

ヒ
ー
タ
H
加熱

H
電流が流れる

195

ランプ表示回路の動作　　　　　　　　　●順序〔6〕●

▶（1）　電磁リレー X_2 が付勢し動作しますと，ランプ表示回路の電磁リレー X_2 のメーク接点 $X_2\text{-}m_2$ が閉じます．

▶（2）　電磁リレー X_2 のメーク接点 $X_2\text{-}m_2$ が閉じますと，⑨の回路ができ，赤色ランプRL⊗に電流が流れ，赤色ランプは点灯します．

▶（3）　電磁リレー X_2 が付勢し動作しますと，ランプ表示回路の電磁リレー X_2 のブレーク接点 $X_2\text{-}b$ が開きます．

▶（4）　ブレーク接点 $X_2\text{-}b$ が開きますと，⑩の回路が開路するため，緑色ランプGL⊗に電流が流れなくなりますから，緑色ランプは消灯します．

〔回路構成〕

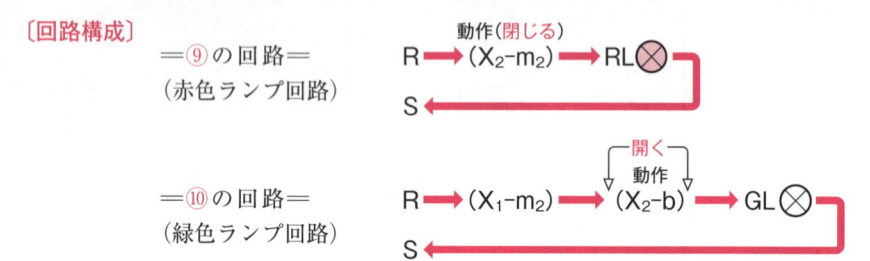

　　　　＝⑨の回路＝　　　　　　　　動作（閉じる）
　　　　（赤色ランプ回路）　　R ➡ $(X_2\text{-}m_2)$ ➡ RL⊗
　　　　　　　　　　　　　　　S ⬅

　　　　＝⑩の回路＝　　　　　　　　　　　　開く
　　　　（緑色ランプ回路）　　　　　　　　　動作
　　　　　　　　　　　　　　　R ➡ $(X_1\text{-}m_2)$ ➡ $(X_2\text{-}b)$ ➡ GL⊗
　　　　　　　　　　　　　　　S ⬅

説　明

● 赤色ランプRL⊗の点灯は，電気熱処理炉が「運転」状態にあることを示します．

ミ ニ 知 識　　　表示灯のシーケンス回路への適用

※シーケンス制御回路での表示灯の主な目的は，"状態表示""異常表示""注意表示"などに使用されます．

　状態表示…動作中か停止中か，手動か自動か，上昇中か下降中かなどの表示
　異常表示…過電流，過電圧などの異常事態発生の予告または発生表示など
　注意表示…危険作業中表示，使用中表示(暗室など)，非常口表示など

※表示灯は目的に応じて色別し，所定の動作中に電圧がかかるところに接続します．

＝状態表示〔例〕＝

電動機の始動制御において，電源表示，運転表示，停止表示を行う場合の例を示すと，次のとおりです．

表示の種類	表示灯の色〔例〕
電源の表示	白〔WL〕
運転の表示	赤〔RL〕
停止の表示	緑〔GL〕
警報の表示	橙〔OL〕

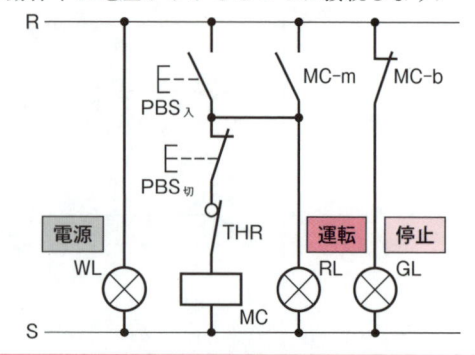

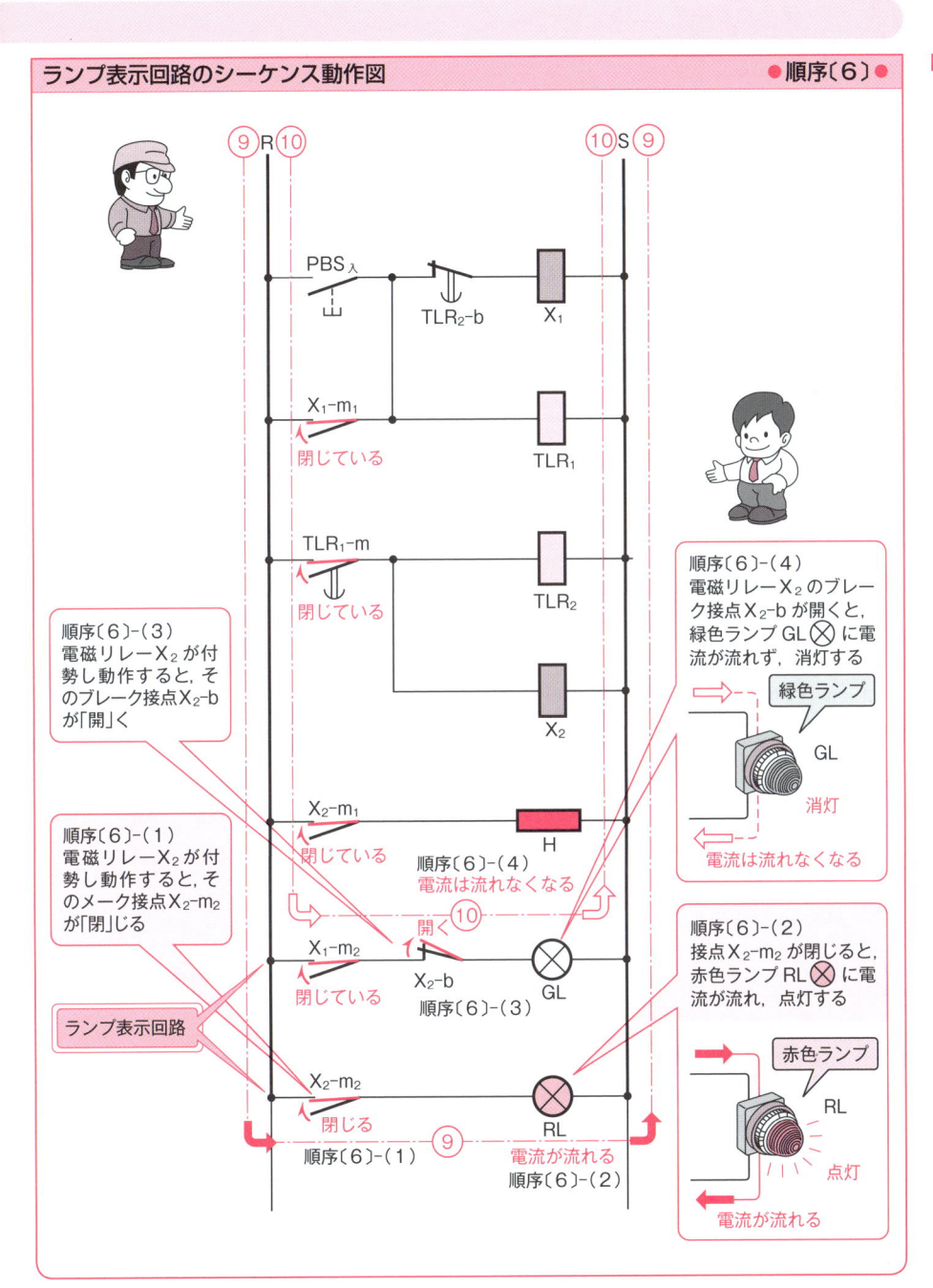

順序〔6〕-(3)
電磁リレーX₂が付勢し動作すると, そのブレーク接点X₂-bが「開」く

順序〔6〕-(1)
電磁リレーX₂が付勢し動作すると, そのメーク接点X₂-m₂が「閉」じる

ランプ表示回路

順序〔6〕-(4)
電磁リレーX₂のブレーク接点X₂-bが開くと, 緑色ランプGL⊗に電流が流れず, 消灯する

緑色ランプ
GL
消灯
電流は流れなくなる

順序〔6〕-(2)
接点X₂-m₂が閉じると, 赤色ランプRL⊗に電流が流れ, 点灯する

赤色ランプ
RL
点灯
電流が流れる

❺ シーケンス動作 —停止動作—

※加熱時間用タイマ TLR_2 の整定時限 T_2 が経過しますと，電気熱処理炉Hは，次の順序〔7〕，〔8〕(200ページ参照)の停止動作を行います．

停止回路の動作〔1〕 ●順序〔7〕●

▶(1) 加熱時間用タイマ TLR_2 の整定時限 T_2 が経過しますと，自動的に，その限時動作ブレーク接点 $TLR_2\text{-}b$ が動作して，開きます．

▶(2) タイマ TLR_2 の限時動作ブレーク接点 $TLR_2\text{-}b$ が開きますと，⑪の回路が開路するため，電磁リレーX_1 の電磁コイル X_1 □ に電流が流れず，復帰します．

▶(3) 電磁リレーX_1 が復帰しますと，自己保持回路の電磁リレーX_1 のメーク接点 $X_1\text{-}m_1$ が開き自己保持を解きます．

▶(4) 電磁リレーX_1 のメーク接点 $X_1\text{-}m_1$ が開きますと，⑫の回路が開路するため，待ち時間用タイマ TLR_1 □ に電流が流れず，消勢し復帰します．

▶(5) 電磁リレーX_1 が復帰しますと，緑色ランプ表示回路の電磁リレーX_1 のメーク接点 $X_1\text{-}m_2$ が開きます．

▶(6) 待ち時間用タイマ TLR_1 が復帰しますと，時限回路の待ち時間用タイマ TLR_1 の限時動作メーク接点 $TLR_1\text{-}m$ が開きます．

▶(7) 待ち時間用タイマの限時動作メーク接点 $TLR_1\text{-}m$ が開きますと，⑬の回路が開路するため，加熱時間用タイマ TLR_2 □ に電流が流れず消勢し復帰します．

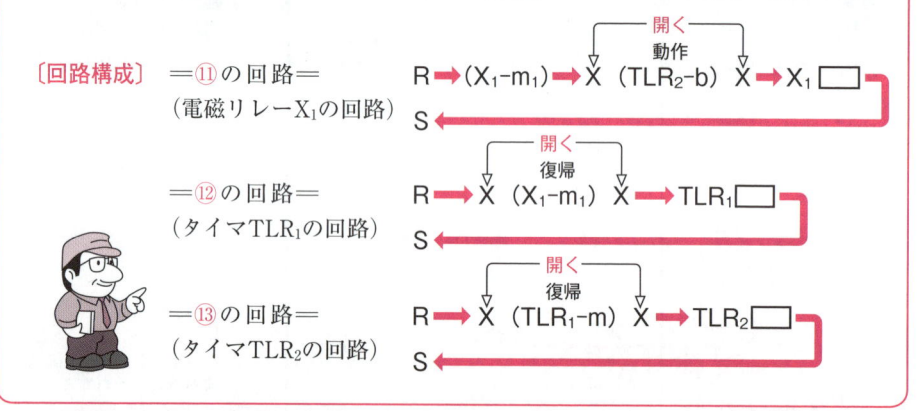

〔回路構成〕　＝⑪の回路＝
（電磁リレーX_1の回路）

＝⑫の回路＝
（タイマTLR_1の回路）

＝⑬の回路＝
（タイマTLR_2の回路）

電気熱処理炉時限制御の機能図〔例〕

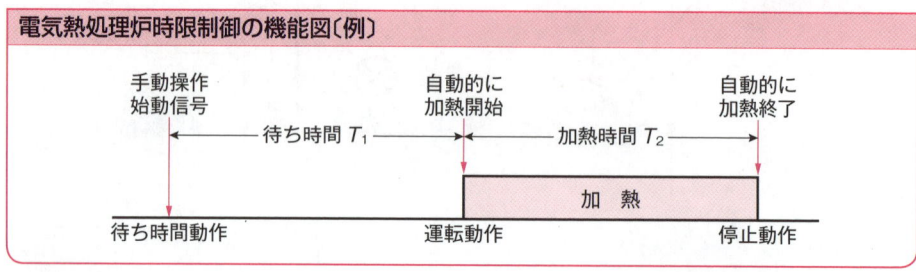

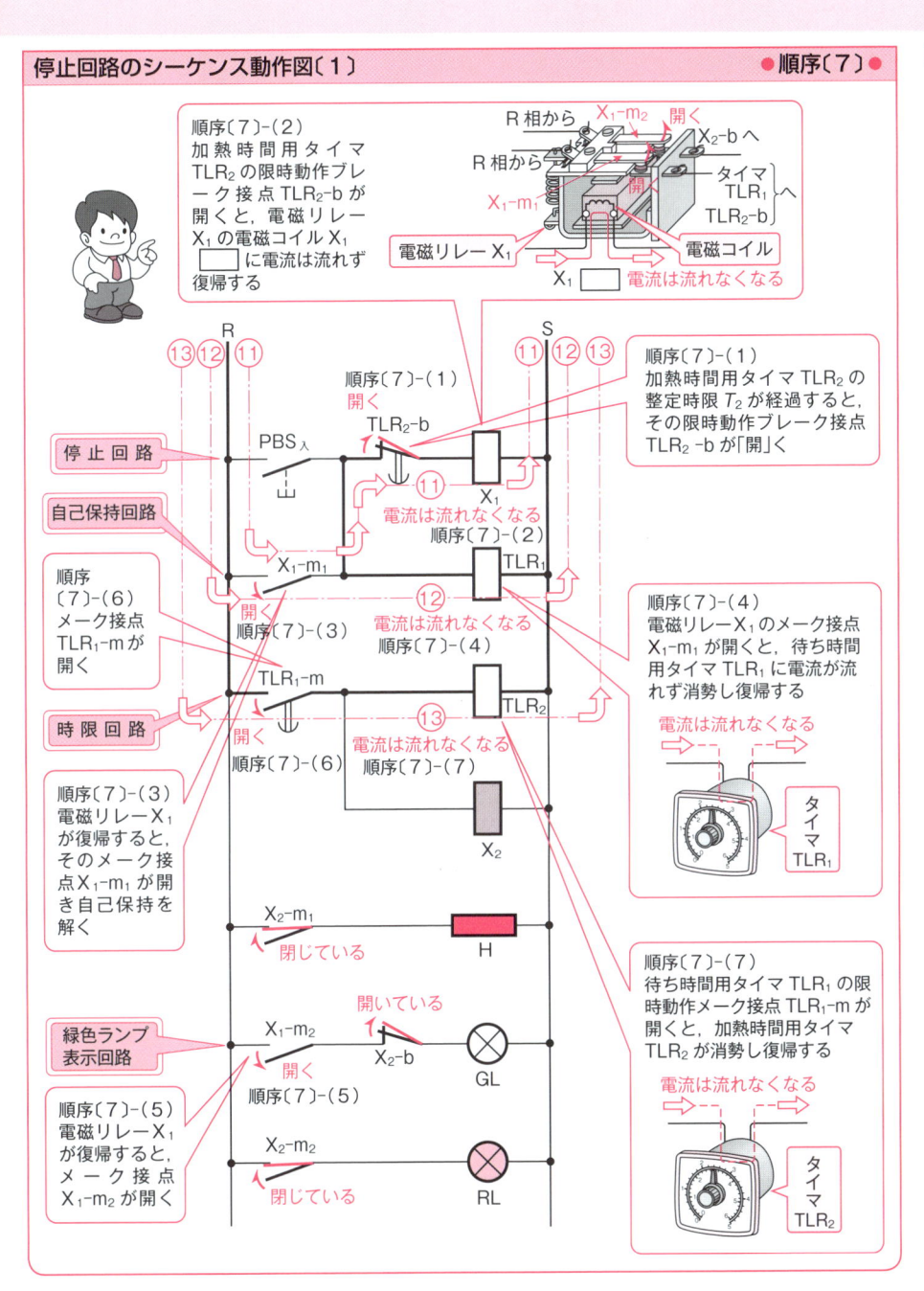

順序〔7〕-(2)
加熱時間用タイマ TLR₂ の限時動作ブレーク接点 TLR₂-b が開くと，電磁リレーX₁ の電磁コイル X₁ □ に電流は流れず復帰する

R 相から　X₁-m₂　開く
R 相から　　　　　　　　X₂-b へ
タイマ TLR₁ へ
TLR₂-b〕
X₁-m₁
電磁リレーX₁　　電磁コイル
X₁ □ 電流は流れなくなる

R　　　　　　　　　　S
⑬⑫⑪　　　　　　⑪⑫⑬

順序〔7〕-(1)
開く
TLR₂-b

順序〔7〕-(1)
加熱時間用タイマ TLR₂ の整定時限 T_2 が経過すると，その限時動作ブレーク接点 TLR₂-b が「開」く

停 止 回 路
PBS入

⑪
X₁
電流は流れなくなる
順序〔7〕-(2)

自己保持回路
X₁-m₁　　　　　　TLR₁

順序〔7〕-(6)
メーク接点 TLR₁-m が開く
開く
順序〔7〕-(3)
⑫
電流は流れなくなる
順序〔7〕-(4)

順序〔7〕-(4)
電磁リレーX₁ のメーク接点 X₁-m₁ が開くと，待ち時間用タイマ TLR₁ に電流が流れず消勢し復帰する

時 限 回 路
TLR₁-m　　　　　TLR₂

電流は流れなくなる
タイマ TLR₁

開く
⑬
電流は流れなくなる
順序〔7〕-(6)　順序〔7〕-(7)

順序〔7〕-(3)
電磁リレーX₁ が復帰すると，そのメーク接点X₁-m₁ が開き自己保持を解く

X₂

X₂-m₁
閉じている　　H

緑色ランプ表示回路
開いている
X₁-m₂
X₂-b
開く
GL
順序〔7〕-(5)

順序〔7〕-(7)
待ち時間用タイマ TLR₁ の限時動作メーク接点 TLR₁-m が開くと，加熱時間用タイマ TLR₂ が消勢し復帰する

電流は流れなくなる
タイマ TLR₂

順序〔7〕-(5)
電磁リレーX₁ が復帰すると，メーク接点 X₁-m₂ が開く

X₂-m₂
閉じている　　RL

停止回路の動作〔2〕

●順序〔8〕●

▶（1） 加熱時間用タイマ TLR_2 が消勢し復帰しますと，停止回路の加熱時間用タイマ TLR_2 の限時動作ブレーク接点 TLR_2-b が閉じます．

▶（2） 時限回路の待ち時間用タイマ TLR_1 の限時動作メーク接点 TLR_1-m が開きますと（順序〔7〕-（6）），⑭の回路が開路するため，電磁リレー X_2 の電磁コイル X_2 ☐ に電流が流れず，復帰します．

▶（3） 電磁リレー X_2 が復帰しますと，電気熱処理炉Hのヒータ回路の電磁リレー X_2 のメーク接点 X_2-m_1 が開きます．

▶（4） 電磁リレー X_2 のメーク接点 X_2-m_1 が開きますと，⑮の回路が開路するため，電気熱処理炉のヒータH☐に電流は流れなくなり，加熱を停止します．

▶（5） 電磁リレー X_2 が復帰しますと，赤色ランプ表示回路の電磁リレー X_2 のメーク接点 X_2-m_2 が開きます．

▶（6） 電磁リレー X_2 のメーク接点 X_2-m_2 が開きますと，⑯の回路が開路するため，赤色ランプ RL⊗ に電流が流れず，消灯します．

▶（7） 緑色ランプ表示回路で電磁リレー X_2 が復帰しますと，そのブレーク接点 X_2-b が閉じます．しかし，順序〔7〕-（5）で電磁リレー X_1 のメーク接点 X_1-m_2 が開いておりますので，緑色ランプ GL⊗ には電流が流れず点灯しません．

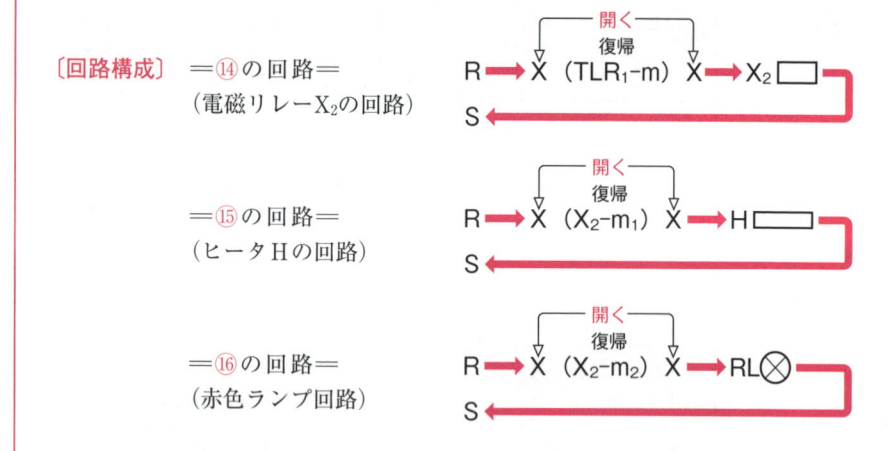

〔回路構成〕 ＝⑭の回路＝
（電磁リレー X_2 の回路）

＝⑮の回路＝
（ヒータHの回路）

＝⑯の回路＝
（赤色ランプ回路）

これで，すべての回路が，

もとの順序〔1〕の状態に戻ります

200

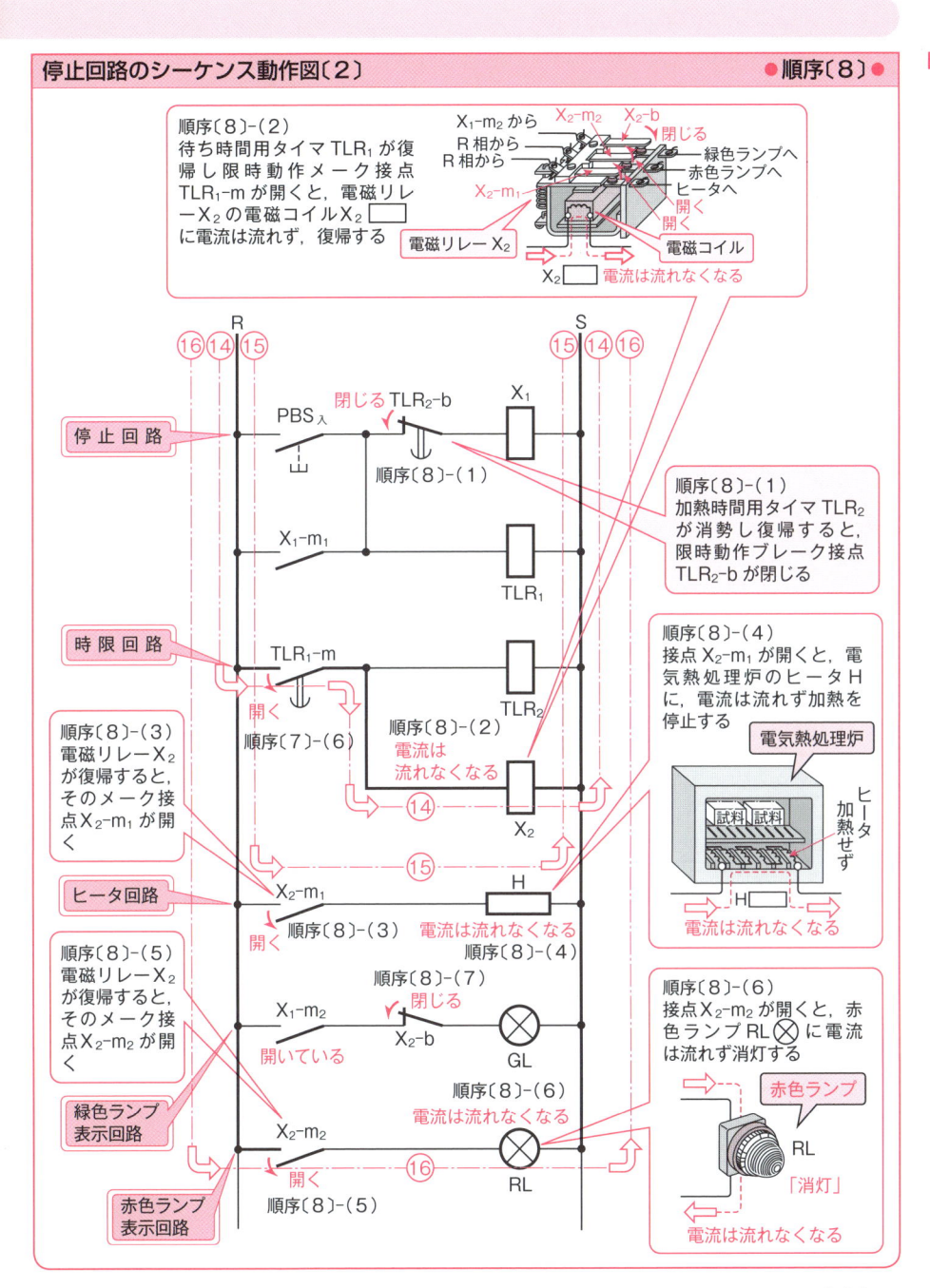

順序〔8〕-(2)
待ち時間用タイマ TLR$_1$ が復帰し限時動作メーク接点 TLR$_1$-m が開くと, 電磁リレー X$_2$ の電磁コイル X$_2$ ☐ に電流は流れず, 復帰する

X$_1$-m$_2$ から　X$_2$-m$_2$　X$_2$-b
R 相から　　　　　　　　　　　閉じる
R 相から　　　　　　　　　　　緑色ランプへ
　　　　　　　　　　　　　　　赤色ランプへ
X$_2$-m$_1$　　　　　　　　　　ヒータへ
　　　　　　　　　　　　　　　開く
　　　　　　　　　　　　　　　開く

電磁リレー X$_2$　　　　　　電磁コイル

X$_2$ ☐ 電流は流れなくなる

停 止 回 路

PBS入　閉じる TLR$_2$-b　X$_1$
順序〔8〕-(1)

順序〔8〕-(1)
加熱時間用タイマ TLR$_2$ が消勢し復帰すると, 限時動作ブレーク接点 TLR$_2$-b が閉じる

X$_1$-m$_1$
TLR$_1$

時 限 回 路

TLR$_1$-m
開く
順序〔7〕-(6)　順序〔8〕-(2)
電流は流れなくなる

TLR$_2$

順序〔8〕-(4)
接点 X$_2$-m$_1$ が開くと, 電気熱処理炉のヒータ H に, 電流は流れず加熱を停止する

電気熱処理炉

順序〔8〕-(3)
電磁リレー X$_2$ が復帰すると, そのメーク接点 X$_2$-m$_1$ が開く

⑭　X$_2$

⑮　H

ヒータ回路

X$_2$-m$_1$
開く　順序〔8〕-(3)　電流は流れなくなる
順序〔8〕-(4)

試料　試料
ヒータ加熱せず
H
電流は流れなくなる

順序〔8〕-(5)
電磁リレー X$_2$ が復帰すると, そのメーク接点 X$_2$-m$_2$ が開く

順序〔8〕-(7)
X$_1$-m$_2$　閉じる
開いている　X$_2$-b
GL

順序〔8〕-(6)
接点 X$_2$-m$_2$ が開くと, 赤色ランプ RL ⊗ に電流は流れず消灯する

緑色ランプ表示回路

順序〔8〕-(6)
電流は流れなくなる

X$_2$-m$_2$

⑯　RL
開く
順序〔8〕-(5)

赤色ランプ表示回路

赤色ランプ
RL
「消灯」
電流は流れなくなる

付 スプリンクラの散水時限制御

シーケンス制御の実例

外観図〔例〕

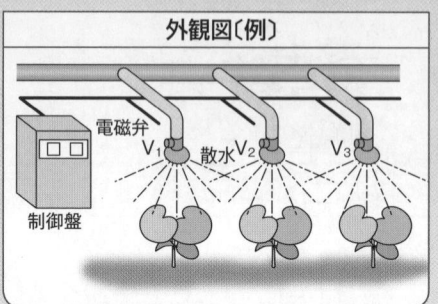

電磁弁 V₁ 散水 V₂ V₃
制御盤

タイムチャート〔例〕

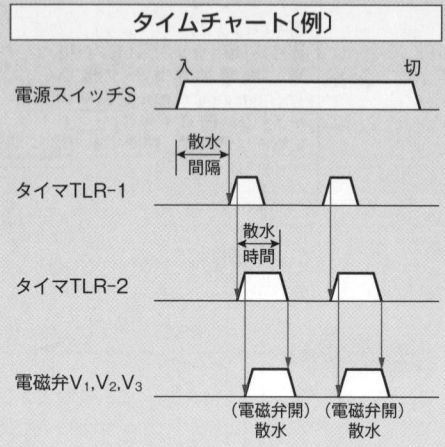

電源スイッチS 入 切

タイマTLR-1 散水間隔

タイマTLR-2 散水時間

電磁弁V₁,V₂,V₃ （電磁弁開）散水 （電磁弁開）散水

※農園関係では，スプリンクラにより，1
　日のうち定められた時間に，一定時間だ
　け，散水させます.

※この回路では，1日の散水開始時間を主
　タイマ TLR-1 で設定し，散水時間は補
　助タイマ TLR-2 で設定して，スプリン
　クラの散水バルブ（電磁弁）を開き散水す
　るようにいたします.

スプリンクラの散水時限制御のシーケンス図〔例〕

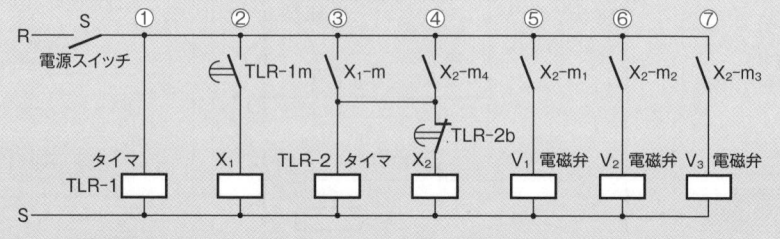

●シーケンス動作●

(1) 電源スイッチ S を投入すると，①回路のタイマ TLR-1 が付勢されます.

(2) タイマ TLR-1 の設定時間が経過すると，②回路の限時動作メーク接点 TLR-1m
　　が閉じ，補助リレー X_1 を動作させます.

(3) 補助リレー X_1 が動作すると，③回路のメーク接点 X_1-m が閉じ，④回路の補助
　　リレー X_2 が動作するとともに，③回路のタイマ TLR-2 が付勢されます.

(4) 補助リレー X_2 が動作すると，⑤，⑥，⑦回路のメーク接点 X_2-m_1, X_2-m_2, X_2-m_3
　　が閉じて，電磁弁 V_1, V_2, V_3 が開いて散水し X_2-m_4 が閉じて自己保持します.

(5) タイマ TLR-2 の設定時間（散水時間）が経過すると，④回路の限時動作ブレーク
　　接点 TLR-2b が開き，補助リレー X_2 が復帰して，電磁弁 V_1, V_2, V_3 を閉じるので，
　　散水を止めます.

202

第 11 章

シーケンス制御の活用例

❖最近は，機器・設備の自動化・省力化に伴い，各分野においてシーケンス制御が用いられております．

シーケンス制御が応用されているもの〔例〕

自動ドア，エレベータ，シャッタ，ボイラ，ポンプ，空気調和装置，ディーゼル発電装置，受電設備，交通信号，広告塔，自動販売機など．

❖今後も，ますますシーケンス制御の活用分野は，広がっていくものと思われますので，これまでの学習で得た知識をもとにして，より一層の活躍を期待いたします．

❖シーケンス制御の実際例については，姉妹書の「**シーケンス制御読本**(実用編)」でも，詳しく解説していますので，参考にしてください．

この章のポイント

　シーケンス制御の基本回路，時間差の入った時限制御など，これまでの各章で得た基礎的な知識の総まとめです．そこで，実際のシーケンス制御例として，

（1）　電動機の正逆転制御

（2）　電動機のスターデルタ始動制御

をとりあげてありますので，ご自分で考えながら，シーケンス制御の動作について順を追って調べることにより，一層理解を深めてください．

11-1 電動機の正逆転制御

❶ 電動機の正転・逆転のしかた

電動機の正逆転制御とは，どういうものでしょう

※電動機の回転を**正方向**（時計方向）から**逆方向**（反時計方向）に，また，**逆方向から正方向**に変えることを**電動機の正逆転制御**といいます．ここで，電動機の回転方向は，とくに指定のない場合には，連結の反対側から見て，時計方向の回転を正方向といたします．それでは，電動機を正方向に運転したり，また，逆方向に運転したりするには，どうしたらよいのかを，次に説明いたしましょう．

電動機の正転運転のしかた

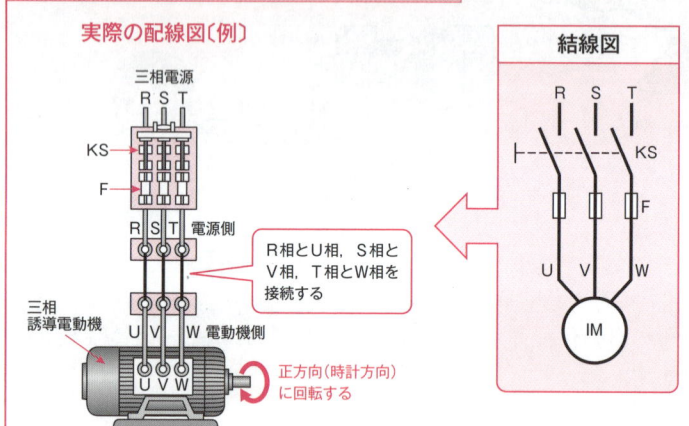

実際の配線図〔例〕

R相とU相，S相とV相，T相とW相を接続する

正方向（時計方向）に回転する

結線図

● 説　明 ●
電動機のU，V，W相が三相電源R，S，T相に対し，R相とU相，S相とV相，T相とW相のように接続したとき，電動機は，正方向に回転します．

電動機の逆転運転のしかた

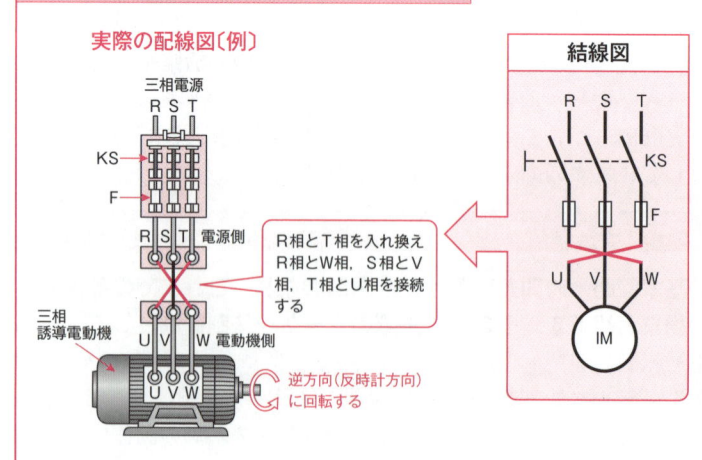

実際の配線図〔例〕

R相とT相を入れ換えR相とW相，S相とV相，T相とU相を接続する

逆方向（反時計方向）に回転する

結線図

● 説　明 ●
三相電源のR，S，T相のうち二相を入れ換えて，電動機の固定子巻線に接続しますと，相回転が反転して，電動機は逆方向に回転します．例えば，R相とT相を入れ換えて，R相とW相，S相とV相，T相とU相とを接続すれば，電動機は逆方向に回転します．

❷ 電動機の正逆転制御の実際配線図とシーケンス図

電動機の正逆転制御の実際の配線図

※電動機の正逆転制御の実際の配線図の一例を示したのが下図です．これは電動機の正転，逆転の回路切換えに，正転用および逆転用の2個の電磁接触器を用い，おのおのの押しボタンスイッチで，正転，逆転および停止の操作ができるようにした図です．

実際の配線図〔例〕

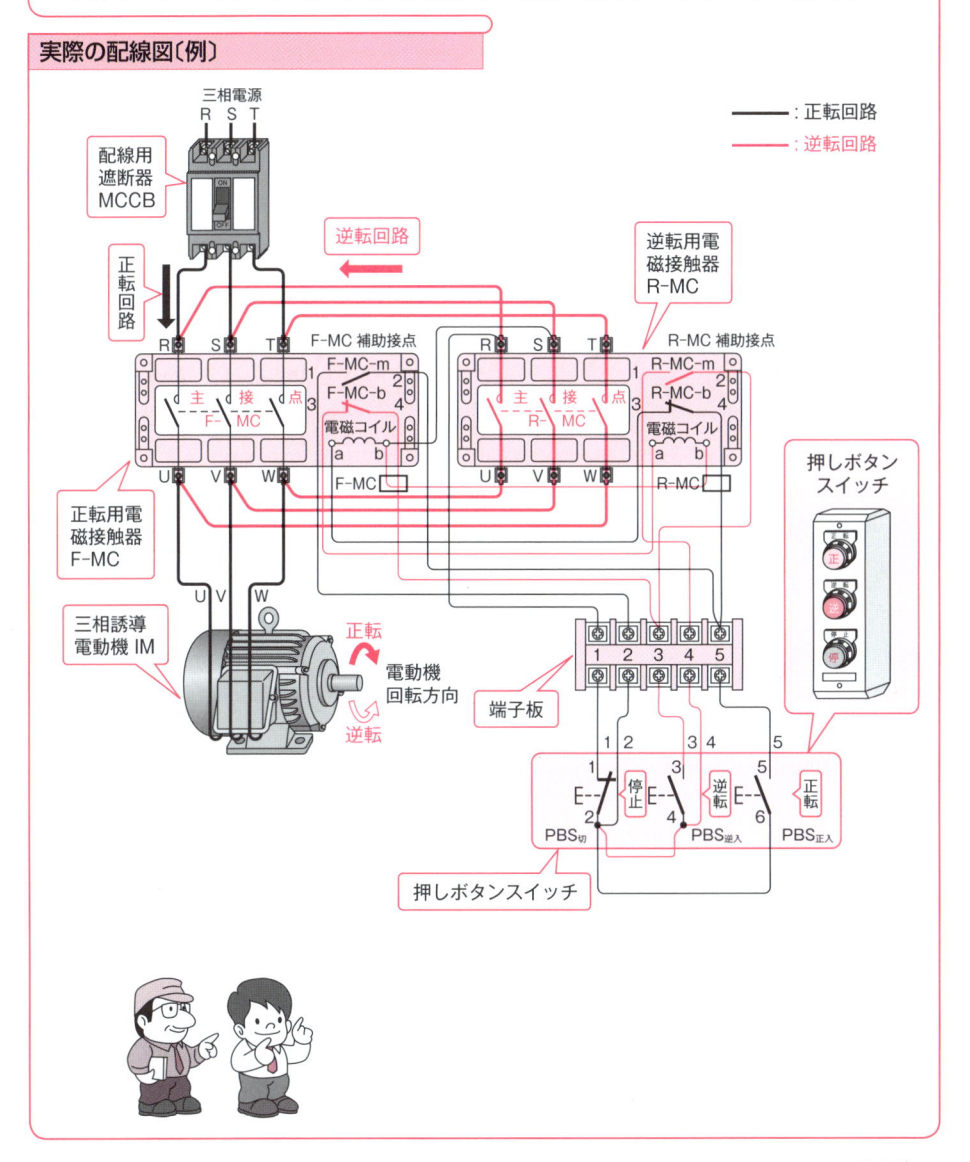

205

電動機の正逆転制御のシーケンス図

❈電動機の正逆転制御の実際の配線図を，シーケンス図に書き換えたのが下図です．よく実際の配線図（前ページ参照）をたどって，シーケンス図と比較してご覧なさい．

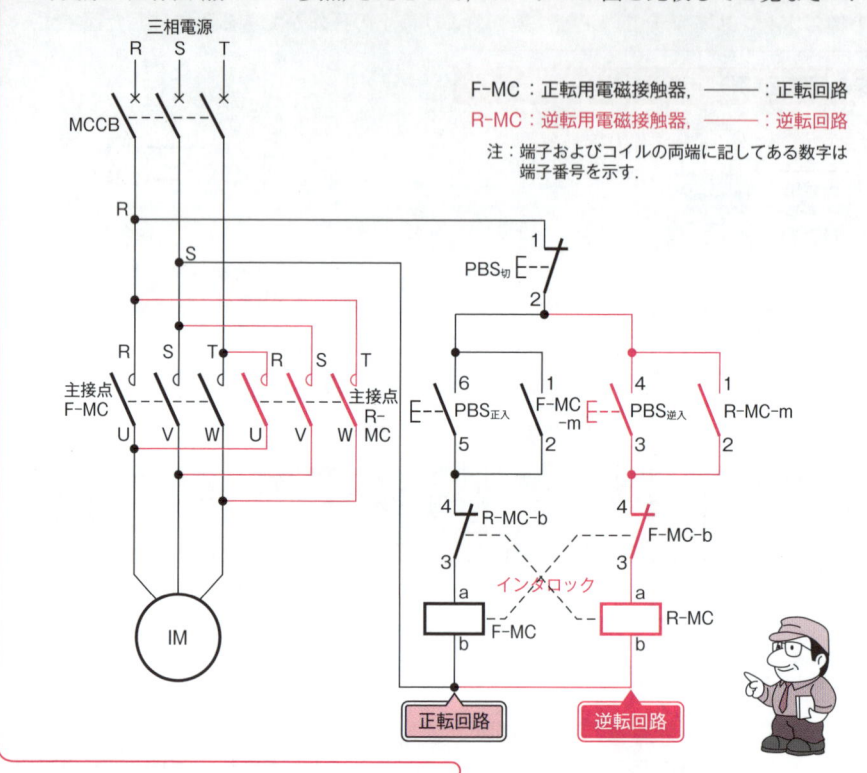

電動機の正転動作

❈正転用押しボタンスイッチ $PBS_{正入}$ を押しますと，**正転用電磁接触器** F-MC が動作します．これにより電源と電動機は，正転用電磁接触器の主接点 F-MC を通じて，R相とU相，S相とV相，T相とW相とが接続されますので，電動機は正方向に回転します．次に，停止用押しボタンスイッチ $PBS_{切}$ を押せば，電動機は停止します．

電動機の逆転動作

❈逆転用押しボタンスイッチ $PBS_{逆入}$ を押しますと，**逆転用電磁接触器** R-MC が動作します．この場合，電源と電動機は，R相とW相，S相とV相，T相とU相が逆転用電磁接触器の主接点 R-MC を通じて接続されR相とT相が入れ換わるので，電動機は逆方向に回転します．停止用押しボタンスイッチ $PBS_{切}$ を押せば電動機は停止します．

206

電動機の正逆転制御のインタロック回路

※電動機の正逆転制御の操作中に，万が一，正転用と逆転用の2個の電磁接触器が，同時に閉路するようなことがありますと，電源回路は**短絡（ショート）事故**を起こすことになり危険です．そのため，いずれか一方の電磁接触器しか動作せず，閉路しないような対策が必要です．そこで，正転用 F-MC の電磁コイル F-MC ☐ と直列に，逆転用 R-MC の補助ブレーク接点 R-MC-b を接続するとともに，逆転用 R-MC の電磁コイル R-MC ☐ と直列に，正転用 F-MC の補助ブレーク接点 F-MC-b を接続します．これにより，例えば，正転用 F-MC が動作しているときは，補助ブレーク接点 F-MC-b が開くことにより逆転回路を開路します．したがって，一方の方向に回転しているときに，反対方向用の始動用押しボタンスイッチを押しても，電源回路が短絡事故を起こすことなく安全に運転されます．これを**電気的インタロック**といいます．

正逆転制御のインタロック回路〔例〕

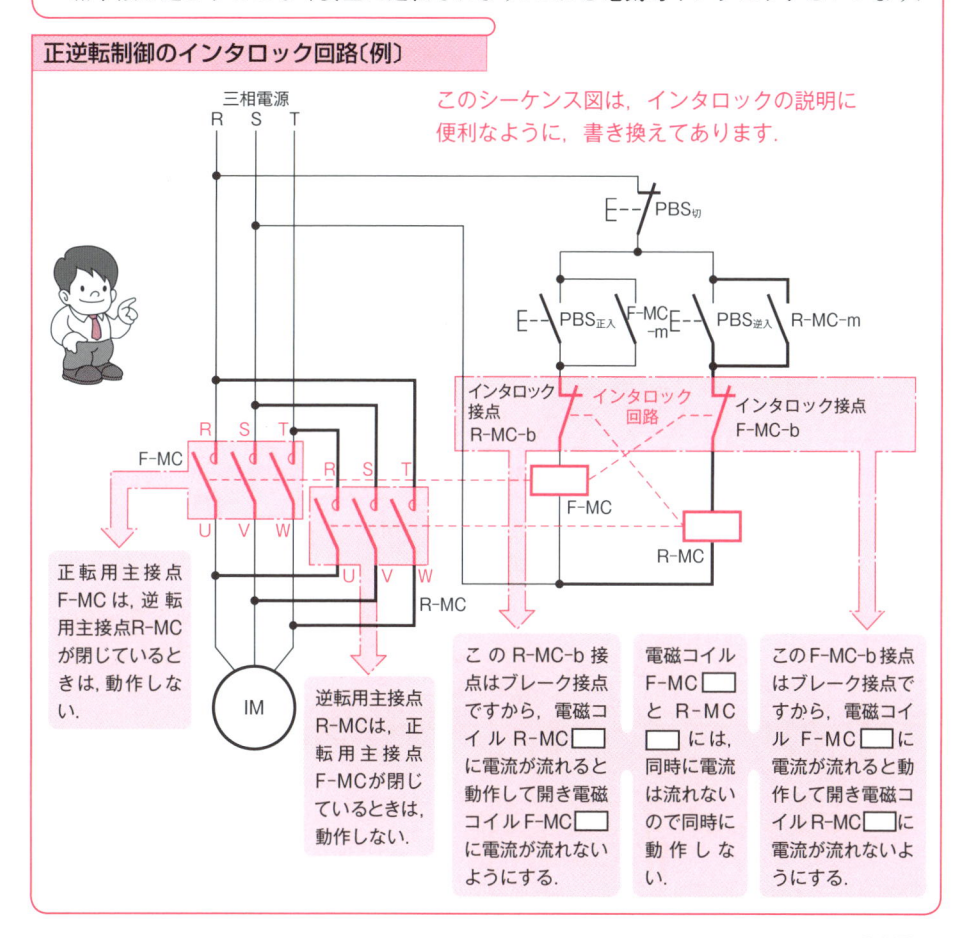

このシーケンス図は，インタロックの説明に便利なように，書き換えてあります．

正転用主接点 F-MC は，逆転用主接点R-MC が閉じているときは，動作しない．

逆転用主接点 R-MC は，正転用主接点 F-MC が閉じているときは，動作しない．

この R-MC-b 接点はブレーク接点ですから，電磁コイル R-MC ☐ に電流が流れると動作して開き電磁コイル F-MC ☐ に電流が流れないようにする．

電磁コイル F-MC ☐ と R-MC ☐ には，同時に電流は流れないので同時に動作しない．

この F-MC-b 接点はブレーク接点ですから，電磁コイル F-MC ☐ に電流が流れると動作して開き電磁コイル R-MC ☐ に電流が流れないようにする．

207

❸ 電動機の正転運転のシーケンス動作

電源回路・正転始動制御回路の動作とシーケンス動作図　　●順序〔1〕●

▶（1）　配線用遮断器 MCCB（電源スイッチ）を投入すると閉じます.

▶（2）　正転用始動押しボタンスイッチ PBS正入 を押すとメーク接点が閉じます.

▶（3）　正転用電磁接触器 F-MC の電磁コイル F-MC □ に電流が流れ動作します.

〔回路構成〕　＝電磁コイル F-MC□回路＝

動作（閉じる）

$$ \text{MCCB(R)} \rightarrow \text{PBS}_{切} \rightarrow \text{PBS}_{正入} \rightarrow \text{R-MC-b} \rightarrow \text{F-MC} \square $$
（S）

説 明

● 正転用電磁接触器 F-MC の電磁コイル F-MC □ に電流が流れると，次の順序〔2〕，〔3〕，〔4〕の動作が，同時に行われます.

シーケンス動作図　電源回路

順序〔1〕-（1）
配線用遮断器を投入する

三相電源

順序〔1〕-（3）
押しボタンスイッチ PBS正入 を押すと，電流が流れる

順序〔1〕-（2）
正転用始動押しボタンスイッチ PBS正入 を押す

正転用始動押しボタンスイッチ

PBS正入
「押す」

PBS正入 の「メーク接点」が閉じる

閉じる
MCCB
投入
配線用断遮器 MCCB

主接点 F-MC

主接点 R-MC

IM

順序〔1〕-（2）
閉じる

押す
PBS正入
電流が流れる
順序〔1〕-（3）

F-MC

R-MC

正転始動制御回路

順序〔1〕-（3）
PBS正入 が閉じると正転用電磁接触器の電磁コイル F-MC□ に電流が流れ動作する

正転用電磁接触器

F-MC

電流が流れる

F-MC

電動機主回路の動作とシーケンス動作図 ●順序〔2〕●

▶（1）　正転用電磁接触器 F-MC の電磁コイル F-MC  に電流が流れ動作すると，正転用電磁接触器の主接点 F-MC が閉じます.

▶（2）　主接点 F-MC が閉じると，電動機 ⓘⓂ に電源電圧が印加され，電動機は始動し，正方向に回転します.

〔回路構成〕

=電動機主回路=

動作（閉じる）

MCCB ➡ （主接点 F-MC） ➡ ⓘⓂ

説　明

● 正転用電磁接触器の主接点 F-MC が閉じると，R 相と U 相，S 相と V 相，T 相と W 相とが接続されますので，電動機は正方向に回転します.

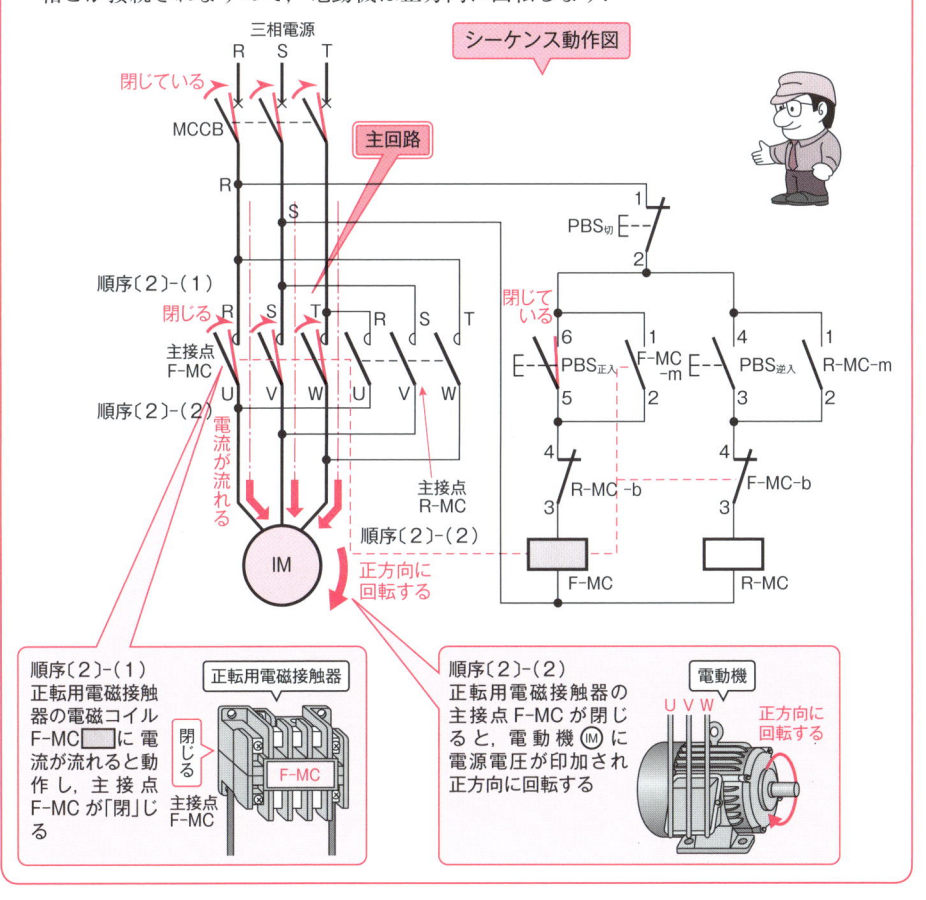

順序〔2〕-（1）
正転用電磁接触器の電磁コイル F-MC □ に電流が流れると動作し，主接点 F-MC が「閉」じる

順序〔2〕-（2）
正転用電磁接触器の主接点 F-MC が閉じると，電動機 ⓘⓂ に電源電圧が印加され正方向に回転する

209

❸ 電動機の正転運転のシーケンス動作（つづき）

自己保持回路の動作　　　　　　　　　　　　　●順序〔３〕●

▶（1）　正転用電磁接触器 F-MC の電磁コイル F-MC ▭ に電流が流れ動作すると，正転用始動押しボタンスイッチ PBS$_{正入}$と，並列に接続されている正転用電磁接触器の補助メーク接点 F-MC-m が閉じ自己保持します．

▶（2）　正転用始動押しボタンスイッチ PBS$_{正入}$の押す手を離すとメーク接点が開きます．

▶（3）　正転用始動押しボタンスイッチ PBS$_{正入}$の押す手を離しても，補助メーク接点 F-MC-m を通って電磁コイル F-MC ▭ に電流が引き続き流れ動作を保持します．

▶（4）　電磁コイル F-MC ▭ に電流が流れ動作を保持しているので，正転用電磁接触器の主接点 F-MC は閉じたままとなり電動機 Ⓜ は正方向に回転し続けます．

〔回路構成〕　＝自己保持回路＝

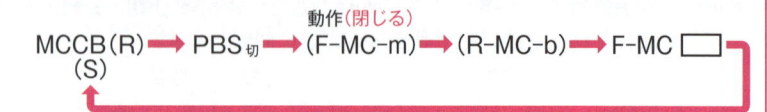

動作（閉じる）

MCCB(R) ➡ PBS$_{切}$ ➡ (F-MC-m) ➡ (R-MC-b) ➡ F-MC ▭
　(S)

説　明

● この回路は，電磁接触器 F-MC の自己の補助メーク接点 F-MC-m により電磁コイル F-MC ▭ の動作回路を保持しますので，これを「**自己保持回路**」といいます．

ミ ニ 知 識　　　牛乳自動販売機

※本機は，硬貨を投入し，選択ボタンを押すことにより，冷たいビン入り牛乳を自動的に販売するものです．

※牛乳ビンは収容溝に収容し，その下にシュータ仕切板が取り付けられております．駆動電動機がビン送り出しの指令を受け，回転を始めますと，これに連動したカムが回転して牛乳ビンをシュータに送り出します．

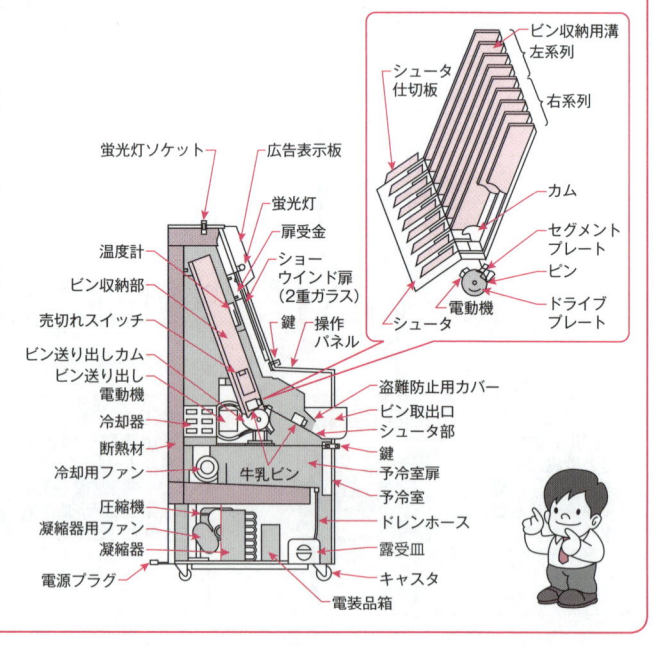

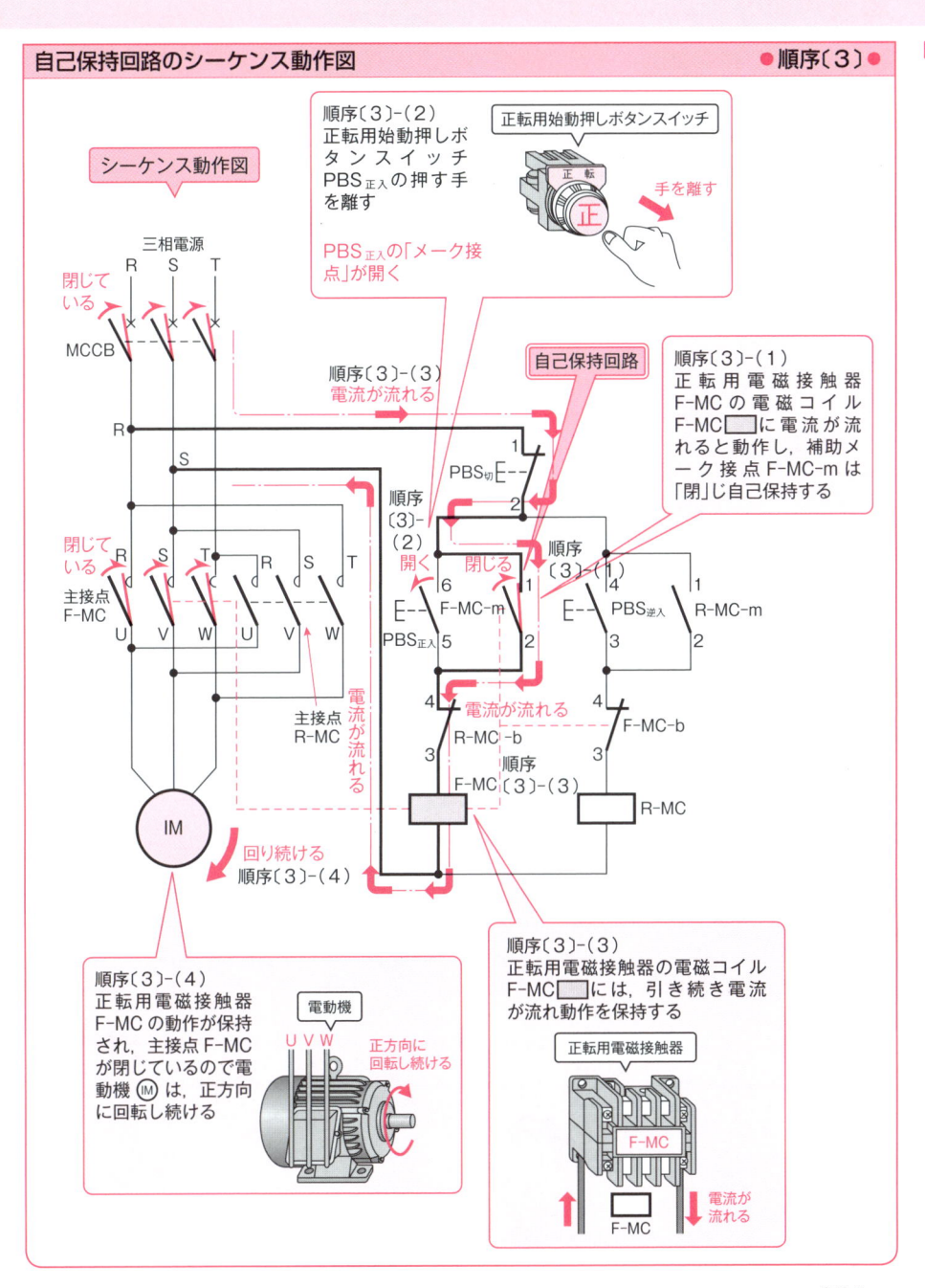

シーケンス動作図

三相電源

閉じて
いる

MCCB

順序〔3〕-(2)
正転用始動押しボ
タ ン ス イ ッ チ
PBS正入の押す手
を離す

正転用始動押しボタンスイッチ

正転

正

手を離す

PBS正入の「メーク接
点」が開く

順序〔3〕-(3)
電流が流れる

自己保持回路

順序〔3〕-(1)
正 転 用 電 磁 接 触 器
F-MC の 電 磁 コイル
F-MC□ に 電 流 が 流
れると動作し，補助メ
ー ク 接 点 F-MC-m は
「閉」じ自己保持する

PBS切

順序
〔3〕-
(2)
開く

順序
〔3〕-(1)

閉じる

閉じて
いる

主接点
F-MC

PBS正入

F-MC-m

PBS逆入

R-MC-m

主接点
R-MC

電
流
が
流
れ
る

電流が流れる

R-MC-b

F-MC-b

IM

順序
F-MC〔3〕-(3)

R-MC

回り続ける
順序〔3〕-(4)

順序〔3〕-(4)
正転用電磁接触器
F-MC の動作が保持
され，主接点 F-MC
が閉じているので電
動機 IM は，正方向
に回転し続ける

電動機

U V W

正方向に
回転し続ける

順序〔3〕-(3)
正転用電磁接触器の電磁コイル
F-MC□ には，引き続き電流
が流れ動作を保持する

正転用電磁接触器

F-MC

F-MC

電流が
流れる

211

インタロック回路の動作　　　　　　　　　　　　　●順序〔4〕●

▶（1）　正転用電磁接触器 F-MC の電磁コイル F-MC ■ に電流が流れ動作すると，逆転用電磁接触器 R-MC の電磁コイル R-MC □ と直列に接続している正転用電磁接触器の補助ブレーク接点 F-MC-b が開きインタロックします．

▶（2）　逆転用始動押しボタンスイッチ PBS 逆入 を押すとメーク接点が閉じます．

▶（3）　PBS 逆入 が閉じても，補助ブレーク接点 F-MC-b が開いているので，逆転用電磁接触器 R-MC の電磁コイル R-MC □ には，電流は流れず動作しません．

〔回路構成〕　＝インタロック回路＝

$$\text{MCCB(R)} \longrightarrow \text{PBS}_{切} \longrightarrow \text{PBS}_{逆入} \longrightarrow \overset{\overset{\text{動作}}{\overset{\text{開く}}{\downarrow}}}{\text{X (F-MC-b) X}} \longrightarrow \text{R-MC}\,\square$$
（S）

説　明

● 電動機 Ⓜ が正方向に回転しているとき，逆転用始動押しボタンスイッチ PBS 逆入 を押しても，逆転用電磁接触器 R-MC の電磁コイル R-MC □ に電流は流れませんから，主接点 R-MC は開いており，インタロックされますので，安全といえます．

ミニ知識　　コーヒー自動販売機

❉ コーヒー自動販売機は，硬貨を投入し，選択ボタンを押すことにより，熱いコーヒーやココアまたは紅茶などを自動的にカップに販売供給するものです．

❉ 本機は，まずカップ機構からカップが供給され，続いて給湯バルブが開いて，カップ一杯分の熱湯がミキシングボールに入り始めます．同時に，ベンドモータが働いて，原料箱から粉末状の原料を供給しますが，そのおのおのの量は，タイマであらかじめ設定したそれぞれのベンドモータの動作時間により決められます．

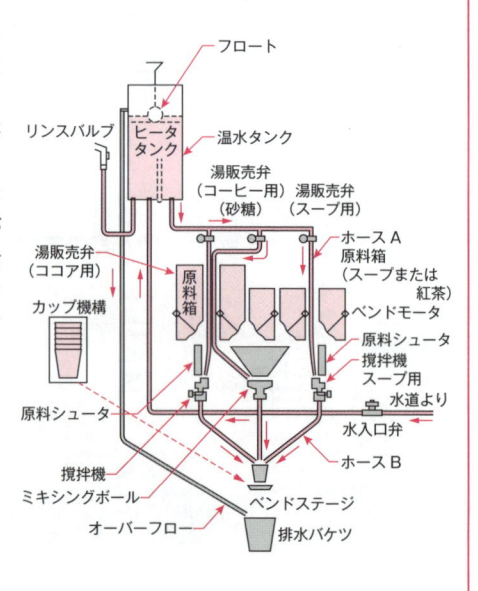

フロート
リンスバルブ
ヒータタンク
温水タンク
湯販売弁（コーヒー用）
湯販売弁（スープ用）（砂糖）
ホース A
原料箱（スープまたは紅茶）
湯販売弁（ココア用）
原料箱
ベンドモータ
カップ機構
原料シュータ
撹拌機スープ用
水道より
原料シュータ
水入口弁
撹拌機
ホース B
ミキシングボール
ベンドステージ
オーバーフロー
排水バケツ

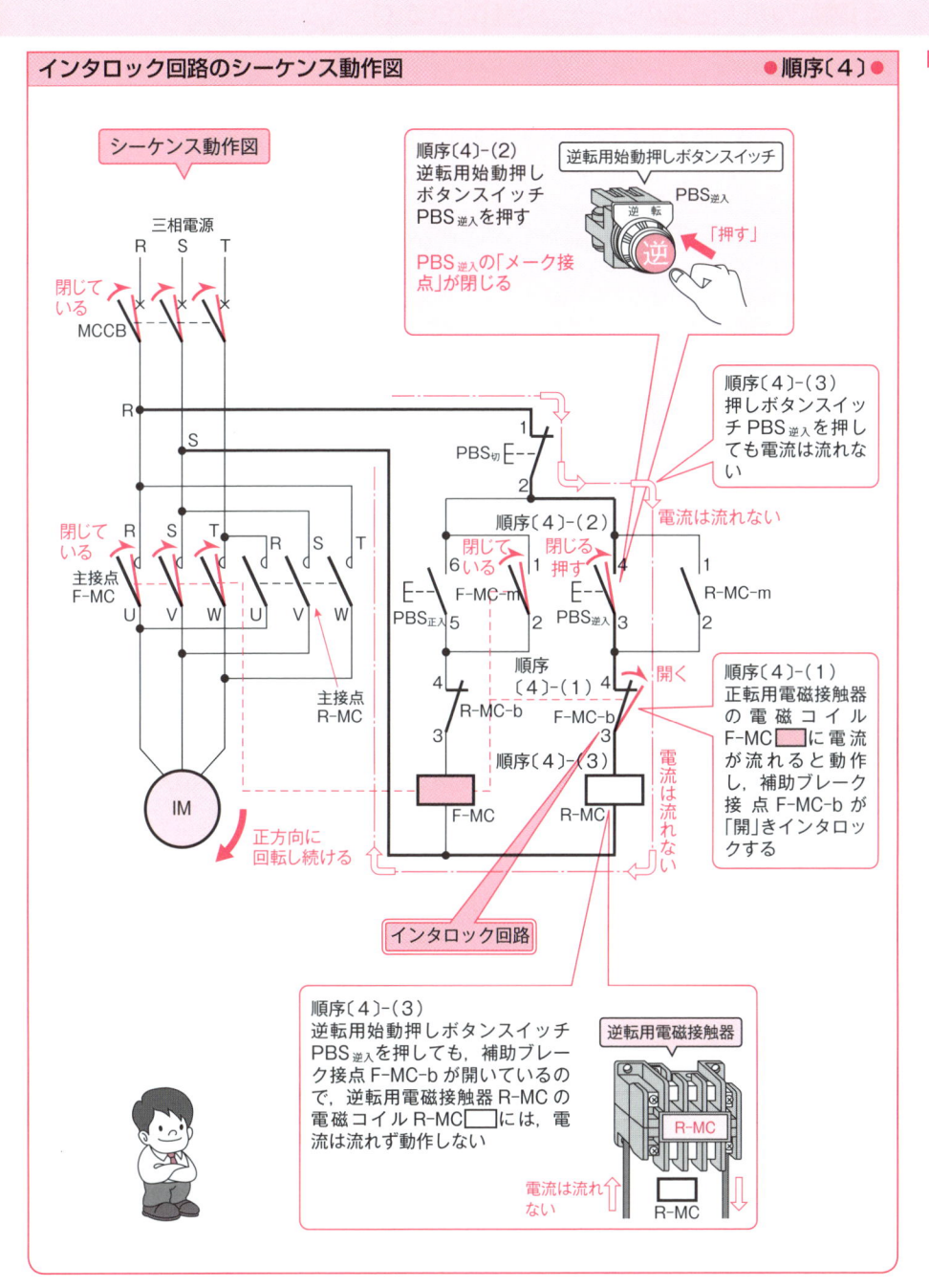

シーケンス動作図

順序〔4〕-(2)
逆転用始動押し
ボタンスイッチ
PBS逆入を押す

逆転用始動押しボタンスイッチ

PBS逆入の「メーク接点」が閉じる

順序〔4〕-(3)
押しボタンスイッチ PBS逆入を押しても電流は流れない

順序〔4〕-(1)
正転用電磁接触器の電磁コイルF-MC□に電流が流れると動作し，補助ブレーク接点 F-MC-b が「開」きインタロックする

インタロック回路

順序〔4〕-(3)
逆転用始動押しボタンスイッチ PBS逆入を押しても，補助ブレーク接点 F-MC-b が開いているので，逆転用電磁接触器 R-MC の電磁コイル R-MC□には，電流は流れず動作しない

逆転用電磁接触器

電流は流れない

213

停止回路の動作 ●順序〔5〕●

▶（1）　停止押しボタンスイッチ PBS切 を押すと，ブレーク接点が開きます．

▶（2）　停止押しボタンスイッチ PBS切 が開くと，正転用電磁接触器 F-MC の電磁コイル F-MC □ に電流が流れなくなり，復帰します．

▶（3）　正転用電磁接触器 F-MC が復帰すると，その主接点 F-MC が開きます．

▶（4）　正転用電磁接触器の主接点 F-MC が開くと，電動機 Ⓜ に電源電圧が印加されませんから，電動機は停止します．

▶（5）　正転用電磁接触器の電磁コイル F-MC □ に電流が流れず復帰すると，補助メーク接点 F-MC-m が開きます（この動作を**自己保持が解ける**といいます）．

▶（6）　正転用電磁接触器の電磁コイル F-MC □ に電流が流れず復帰すると，補助ブレーク接点 F-MC-b が閉じインタロックを解きます．

〔回路構成〕

= 停 止 回 路 =

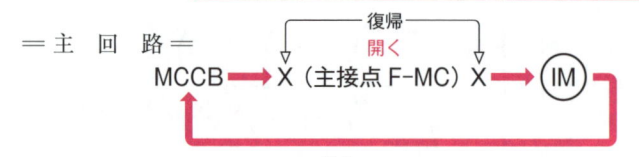

```
                    ┌──動作──┐
                    │  開く  │
                    ↓        ↓
MCCB(R)─→ X PBS切 X ─→(F-MC-m)─→(R-MC-b)─→ F-MC□┐
     (S)                                          │
```

= 主 回 路 =

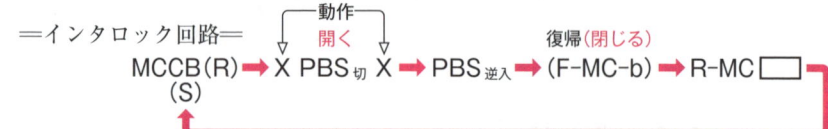

```
              ┌──復帰──┐
              │  開く  │
              ↓        ↓
MCCB ─→ X （主接点 F-MC）X ─→ (IM)
```

=インタロック回路=

```
                          ┌──動作──┐
                          │  開く  │      復帰(閉じる)
                          ↓        ↓
MCCB(R)─→ X PBS切 X ─→ PBS逆入 ─→(F-MC-b)─→ R-MC□┐
     (S)
```

【説　明】

● 正転用電磁接触器 F-MC の電磁コイル F-MC □ に電流が流れなくなりますと復帰し，上記（3），（5），（6）が同時に行われます．

これで，すべての正転運転回路は，もとの順序〔1〕の状態に戻ります．

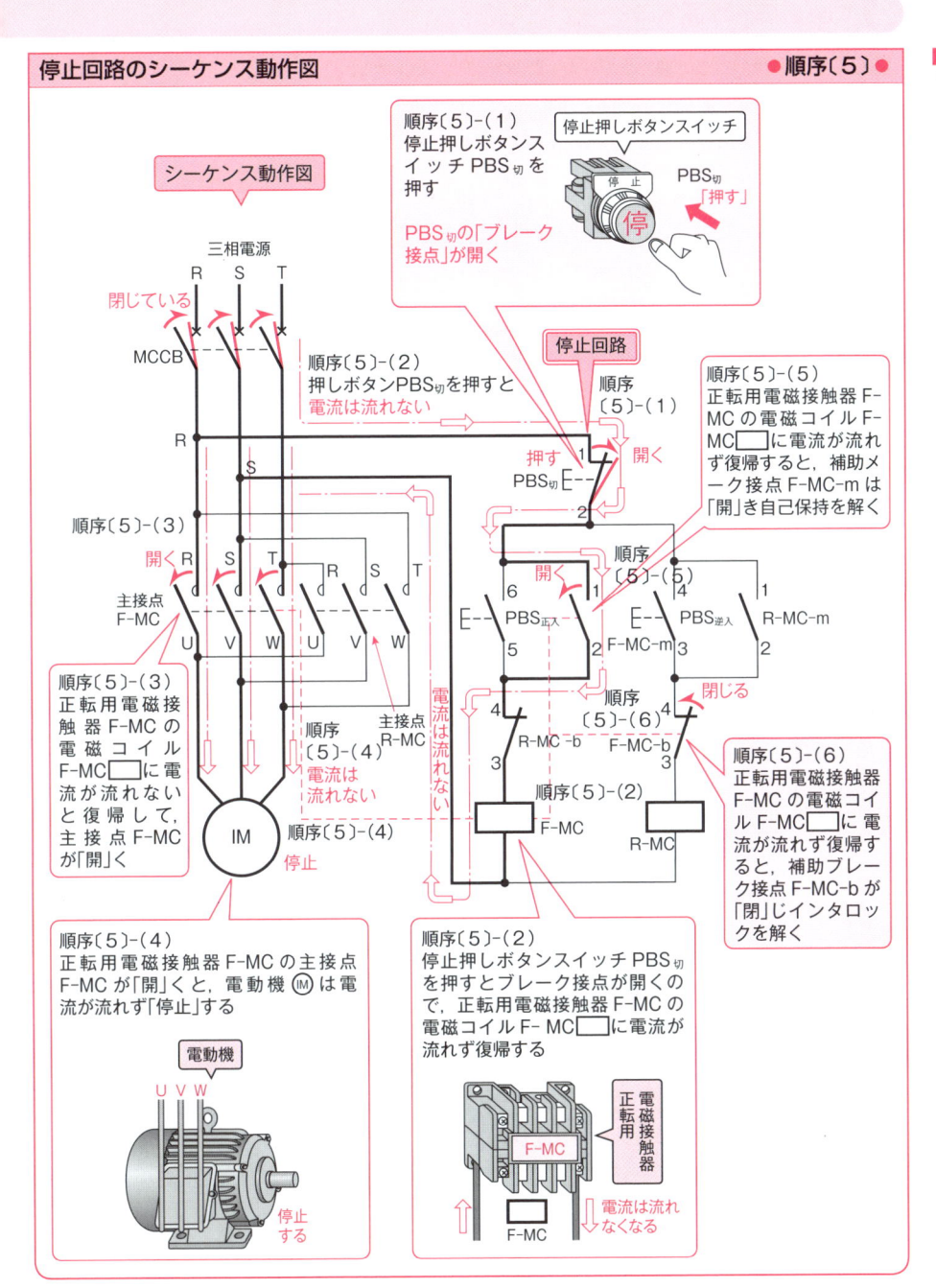

215

④ 電動機の逆転運転のシーケンス動作

電源回路・逆転始動制御回路の動作とシーケンス動作図 ●順序〔1〕●

▶（1） 配線用遮断器 MCCB（電源スイッチ）を投入すると閉じます.
▶（2） 逆転用始動押しボタンスイッチ PBS逆入 を押すとメーク接点が閉じます.
▶（3） 逆転用電磁接触器 R-MC の電磁コイル R-MC ▮ に電流が流れ動作します.

〔回路構成〕 ＝電磁コイル R-MC〔▮〕回路＝

動作（閉じる）

$$MCCB(R) \rightarrow PBS_{切} \rightarrow PBS_{逆入} \rightarrow (F\text{-}MC\text{-}b) \rightarrow R\text{-}MC\,\square$$
$$(S)$$

【説明】

● 逆転用電磁接触器 R-MC の電磁コイル R-MC ▮ に電流が流れ動作すると，次の順序〔2〕，〔3〕，〔4〕の動作が，同時に行われます.

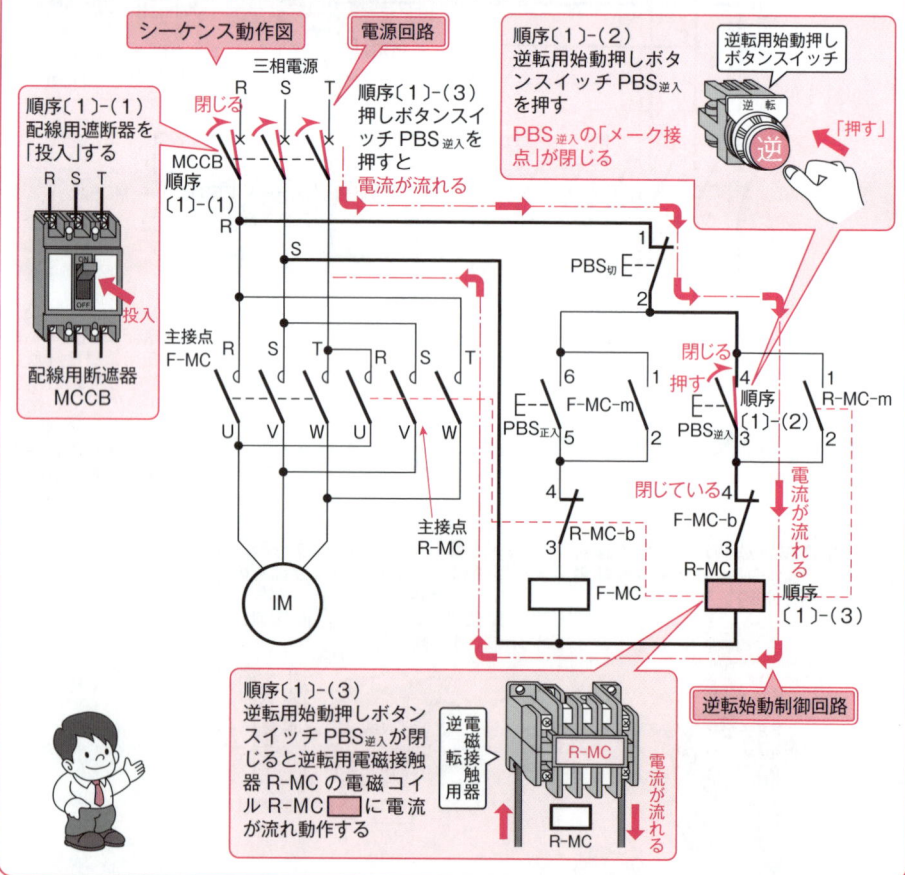

順序〔1〕-（1）
配線用遮断器を「投入」する

順序〔1〕-（2）
逆転用始動押しボタンスイッチ PBS逆入 を押す
PBS逆入 の「メーク接点」が閉じる

順序〔1〕-（3）
逆転用始動押しボタンスイッチ PBS逆入 が閉じると逆転用電磁接触器 R-MC の電磁コイル R-MC ▮ に電流が流れ動作する

シーケンス動作図　電源回路

配線用断路器 MCCB

逆転始動制御回路

▶（1）　逆転用電磁接触器の電磁コイル R-MC ▢ に電流が流れ動作すると，逆転用電磁接触器の主接点 R-MC が閉じます．

▶（2）　逆転用電磁接触器の主接点 R-MC が閉じると，電動機 Ⓜ に電源電圧が印加され，電動機は始動し，逆方向に回転します．

説　明

● 逆転用電磁接触器の主接点 R-MC が閉じると，R 相と W 相，S 相と V 相，T 相と U 相が接続されますので，電動機は逆方向に回転します．

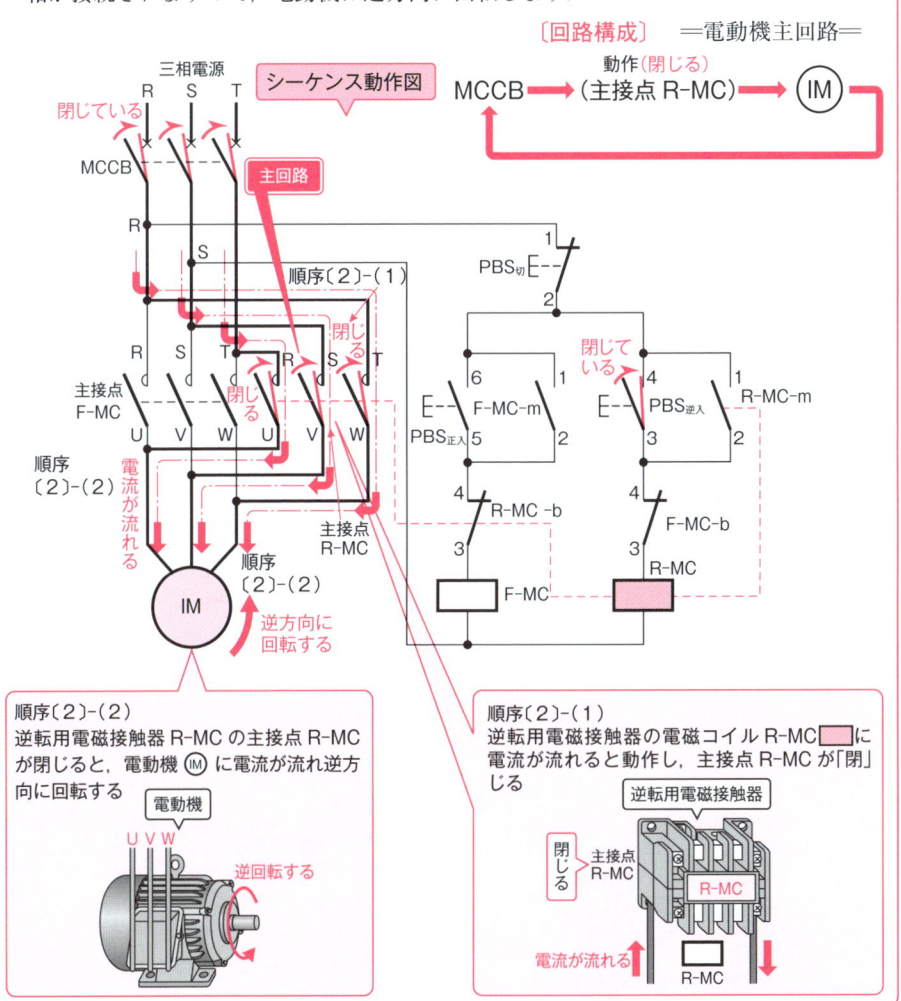

自己保持回路の動作 ●順序〔３〕●

▶（1）　逆転用電磁接触器 R-MC の電磁コイル R-MC ▢ に電流が流れ動作すると，逆転用始動押しボタンスイッチ PBS逆入 と，並列に接続されている逆転用電磁接触器の補助メーク接点 R-MC-m が閉じ自己保持します．

▶（2）　逆転用始動押しボタンスイッチ PBS逆入 の押す手を離すとメーク接点が開きます．

▶（3）　逆転用始動押しボタンスイッチ PBS逆入 の押す手を離し開いても，逆転用電磁接触器の補助メーク接点 R-MC-m を通って，電磁コイル R-MC ▢ に電流が引き続き流れ動作を保持します．

▶（4）　電磁コイル R-MC ▢ に電流が流れ動作を保持しているので，逆転用電磁接触器の主接点 R-MC は閉じたままとなり電動機 Ⓜ は逆方向に回転し続けます．

〔回路構成〕　＝自己保持回路＝

動作（閉じる）

MCCB(R) ➡ PBS切 ➡ (R-MC-m) ➡ (F-MC-b) ➡ R-MC ▢
(S)

説　明

● この回路は，電磁接触器 R-MC の自己の補助メーク接点 R-MC-m により，電磁コイル R-MC ▢ の動作回路を保持しますので，これを「**自己保持回路**」といいます．

ミ 二 知 識　　　ウイスキー自動販売機

※本機は，硬貨を投入し，ボタンを押すことにより，紙製化粧箱入りポケットサイズのウイスキーを自動的に販売するものです．

※ウイスキー箱は，商品棚に収容され，その最下部に取り付けられたプッシャ形商品搬送装置で，プッシャ１ストロークごとに１個ずつ販売され，シュータを通って，取出口に搬出されます．

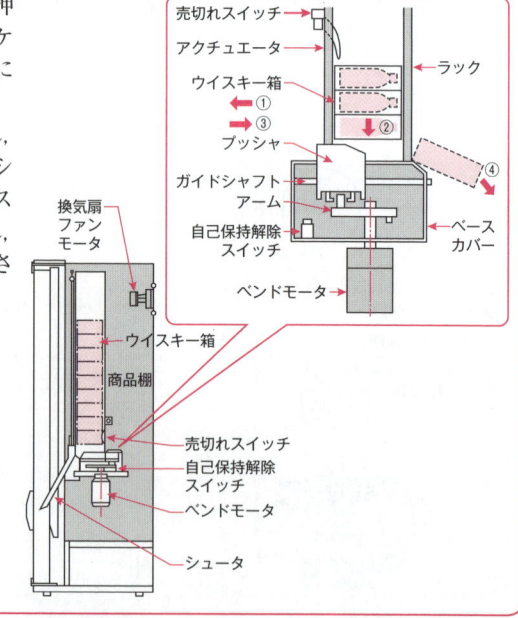

売切れスイッチ
アクチュエータ
ウイスキー箱
ラック
① ②
プッシャ
ガイドシャフト
アーム
④
自己保持解除スイッチ
ベースカバー
ベンドモータ

換気扇ファンモータ
ウイスキー箱
商品棚
売切れスイッチ
自己保持解除スイッチ
ベンドモータ
シュータ

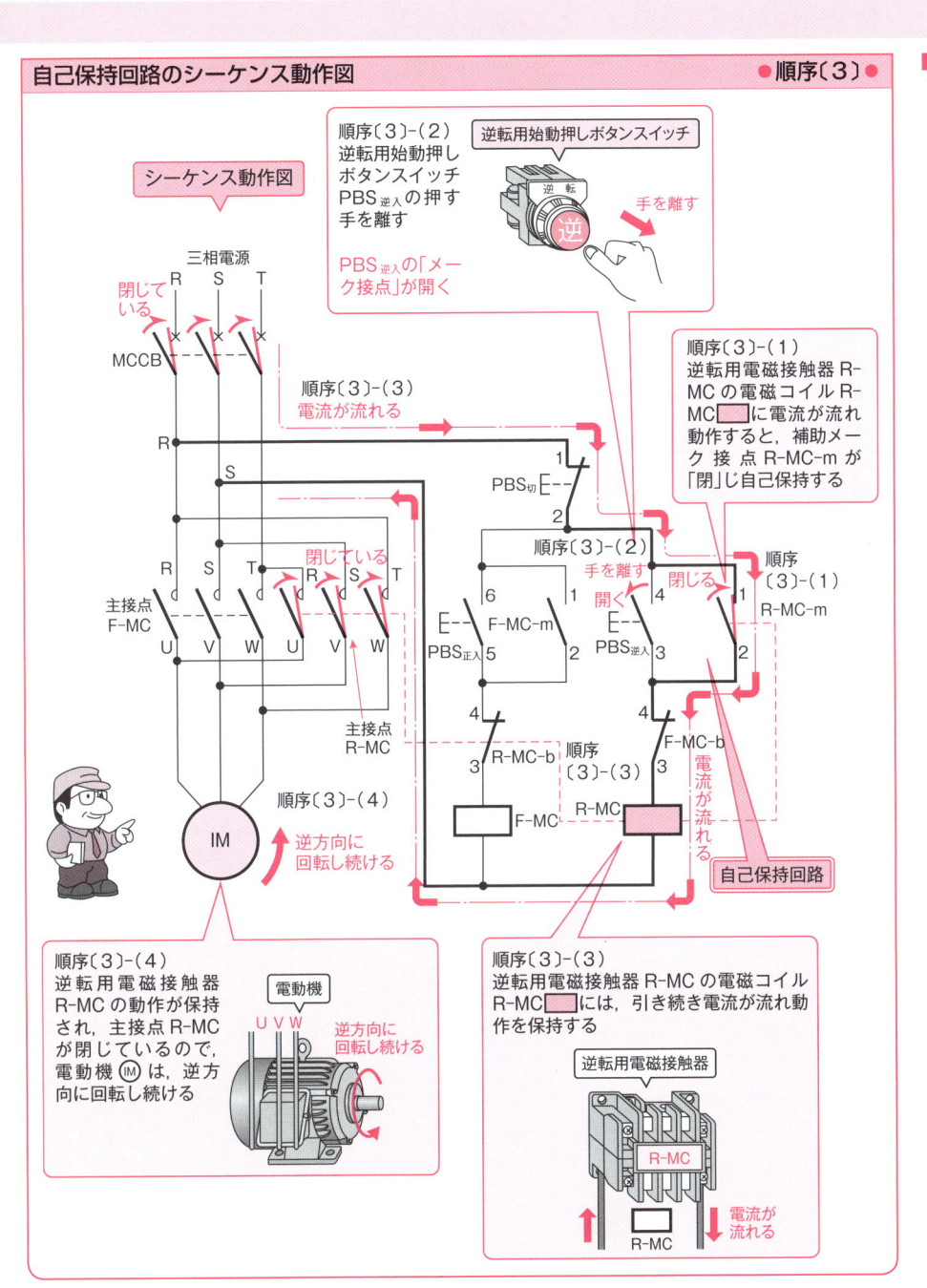

順序〔3〕-(2)
逆転用始動押し
ボタンスイッチ
PBS逆入の押す
手を離す

逆転用始動押しボタンスイッチ

逆転　手を離す

PBS逆入の「メーク接点」が開く

三相電源
R S T
閉じている

MCCB

順序〔3〕-(3)
電流が流れる

R
S

主接点
F-MC
R S T
U V W

閉じている
R S T
U V W

主接点
R-MC

PBS切

順序〔3〕-(2)
手を離す　閉じる
6 F-MC-m 1 開く 4 R-MC-m 1
PBS正入 5 2 PBS逆入 3 2
4 3
3 R-MC-b 4 F-MC-b
F-MC 電流が流れる

順序〔3〕-(3)

R-MC

順序〔3〕-(1)
逆転用電磁接触器 R-MC の電磁コイル R-MC□に電流が流れ動作すると，補助メーク接点 R-MC-m が「閉」じ自己保持する

順序〔3〕-(1)

自己保持回路

IM

順序〔3〕-(4)
逆方向に
回転し続ける

順序〔3〕-(4)
逆転用電磁接触器 R-MC の動作が保持され，主接点 R-MC が閉じているので，電動機 IM は，逆方向に回転し続ける

電動機
U V W
逆方向に
回転し続ける

順序〔3〕-(3)
逆転用電磁接触器 R-MC の電磁コイル R-MC□には，引き続き電流が流れ動作を保持する

逆転用電磁接触器

R-MC

R-MC
電流が
流れる

219

第11章　シーケンス制御の活用例

インタロック回路の動作　　　　　　　　　　　●順序〔4〕●

- ▶（1）逆転用電磁接触器 R-MC の電磁コイル R-MC ▨ に電流が流れ動作すると，正転用電磁接触器 F-MC の電磁コイル F-MC ▢ と直列に接続している逆転用電磁接触器の補助ブレーク接点 R-MC-b が開きインタロックします．
- ▶（2）正転用始動押しボタンスイッチ PBS正入 を押すとメーク接点が閉じます．
- ▶（3）PBS正入 が閉じても，補助ブレーク接点 R-MC-b が開いているので，正転用電磁接触器 F-MC の電磁コイル F-MC ▢ には，電流は流れず動作しません．

〔回路構成〕　＝インタロック回路＝

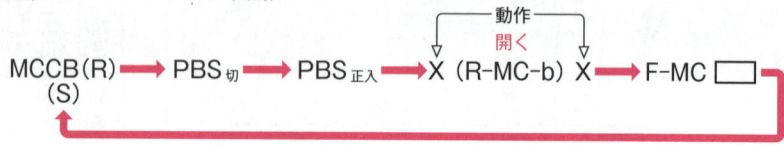

$$MCCB(R) \rightarrow PBS_{切} \rightarrow PBS_{正入} \rightarrow X\ (R\text{-}MC\text{-}b)\ X \rightarrow F\text{-}MC\ \square$$

（S）　　　　　　　　　　　　　　　　　動作 / 開く

説　明

- 電動機 ⓘⓂ が逆方向に回転しているとき，正転用始動押しボタンスイッチ PBS正入 を押しても，正転用電磁接触器 F-MC の電磁コイル F-MC ▢ に電流は流れませんので，主接点 F-MC も動作せず，インタロックされますので，安全といえます．

ミニ知識　炭酸入り清涼飲料のカップ式自動販売機

※本機は，硬貨を投入し，選択ボタンを押すことにより，冷たいオレンジ，グレープ，レモンなどの炭酸入り清涼飲料を自動的にカップに販売供給するものです．

※本機は，水道直結により水は自動給水され，内蔵された炭酸水製造装置で炭酸水となって，冷却貯蔵されたシロップ（濃縮液）と同時に販売口に導かれ，自動供給されたカップ内で混合し，内蔵された製氷装置からの砕氷を注いで飲料といたします．

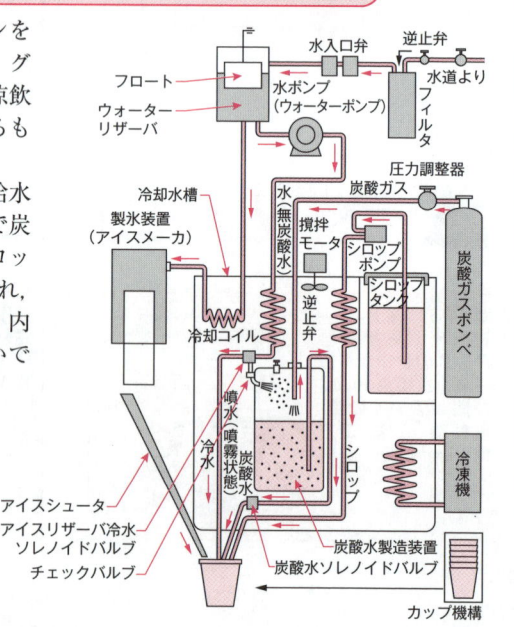

インタロック回路のシーケンス動作図　●順序〔4〕●

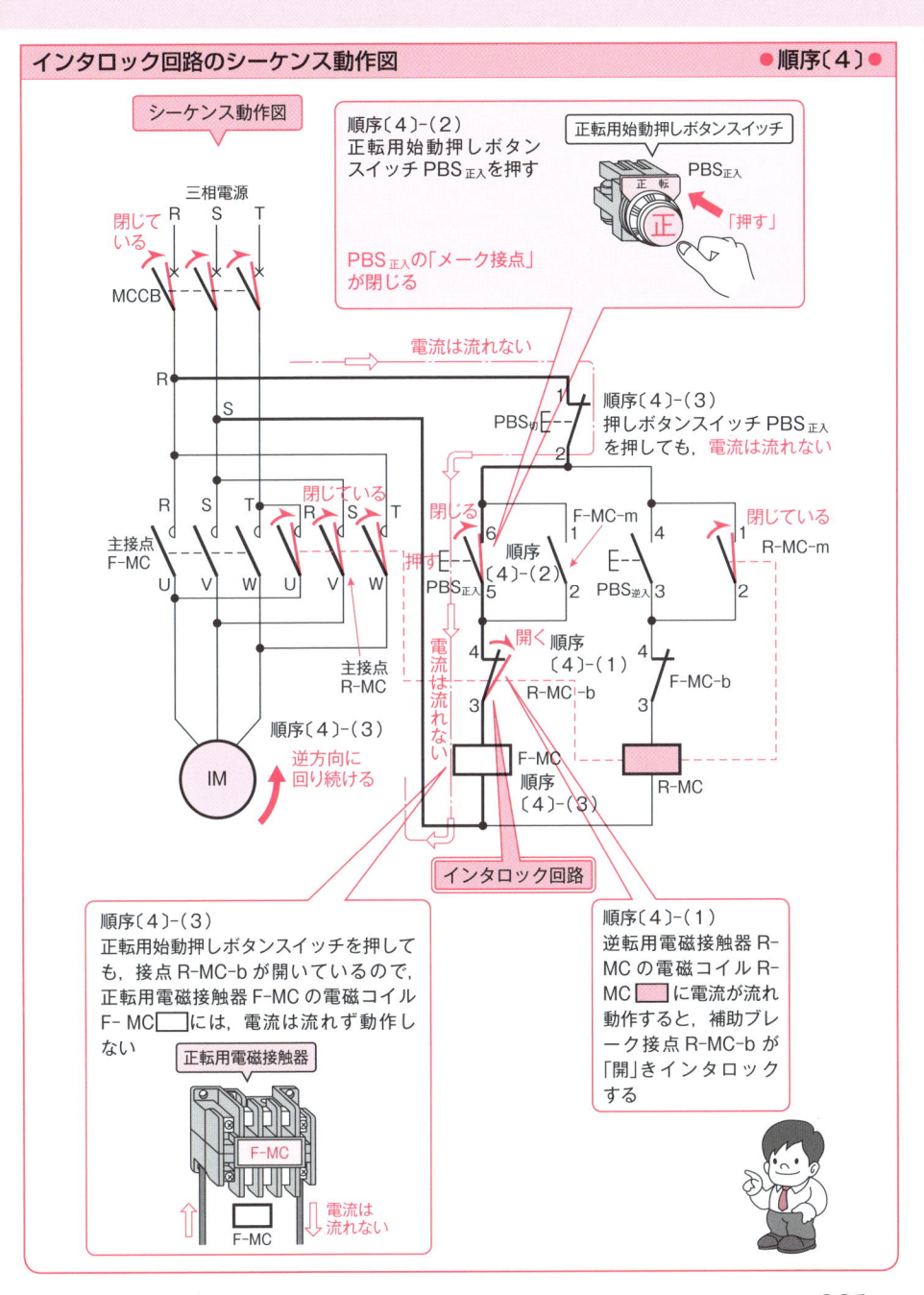

シーケンス動作図

順序〔4〕-(2)
正転用始動押しボタン
スイッチ PBS正入 を押す

正転用始動押しボタンスイッチ

PBS正入

正　転

正

「押す」

PBS正入 の「メーク接点」
が閉じる

三相電源
R　S　T

閉じて
いる

MCCB

電流は流れない

R

S

PBS分

順序〔4〕-(3)
押しボタンスイッチ PBS正入
を押しても, 電流は流れない

閉じている
R　S　T
主接点
F-MC
U　V　W

閉じる

F-MC-m

順序
〔4〕-(2)
PBS正入

閉じている
R-MC-m

押す
PBS逆入

R　S　T
U　V　W

主接点
R-MC

電流
は流
れない

開く順序
〔4〕-(1)

R-MC-b

F-MC-b

IM

順序〔4〕-(3)
逆方向に
回り続ける

F-MC
順序
〔4〕-(3)

R-MC

インタロック回路

順序〔4〕-(3)
正転用始動押しボタンスイッチを押して
も, 接点 R-MC-b が開いているので,
正転用電磁接触器 F-MC の電磁コイル
F-MC□ には, 電流は流れず動作し
ない

正転用電磁接触器

F-MC

F-MC

電流は
流れない

順序〔4〕-(1)
逆転用電磁接触器 R-
MC の電磁コイル R-
MC□ に電流が流れ
動作すると, 補助ブレ
ーク接点 R-MC-b が
「開」きインタロック
する

221

❹ 電動機の逆転運転のシーケンス動作（つづき）

停止回路の動作　　　　　　　　　　　　　　　　　　　　●順序〔５〕●

▶（１）　停止押しボタンスイッチ PBS切 を押すとブレーク接点が開きます．

▶（２）　停止押しボタンスイッチ PBS切 が開くと逆転用電磁接触器 R-MC の電磁コイル
R-MC □ に電流が流れなくなり，復帰します．

▶（３）　逆転用電磁接触器 R-MC が復帰すると，主接点 R-MC が開きます．

▶（４）　逆転用電磁接触器の主接点 R-MC が開くと，電動機 ⓘⓜ に電源電圧が印加され
ませんから，電動機は停止します．

▶（５）　逆転用電磁接触器の電磁コイル R-MC □ に電流が流れず復帰すると，補助メ
ーク接点 R-MC-m が開きます（この動作を**自己保持が解ける**といいます）．

▶（６）　逆転用電磁接触器の電磁コイル R-MC □ に電流が流れず復帰すると，補助
ブレーク接点 R-MC-b が閉じインタロックを解きます．

〔回路構成〕

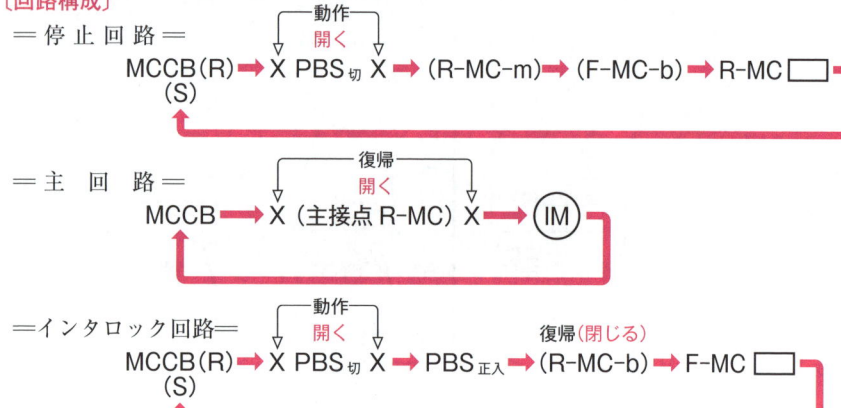

　　　　＝停止回路＝

　　　　　　　　　　　　　　　　　　　動作
　　　　　　　　　　　　　　　　　　　開く
　　　　MCCB(R) ➡ X PBS切 X ➡ (R-MC-m) ➡ (F-MC-b) ➡ R-MC □
　　　　　(S)

　　　　＝主　回　路＝

　　　　　　　　　　　　　　　　　復帰
　　　　　　　　　　　　　　　　　開く
　　　　MCCB ➡ X （主接点 R-MC) X ➡ ⓘⓜ

　　　　＝インタロック回路＝

　　　　　　　　　　　　　　　動作
　　　　　　　　　　　　　　　開く　　　　　　　　　　復帰（閉じる）
　　　　MCCB(R) ➡ X PBS切 X ➡ PBS正入 ➡ (R-MC-b) ➡ F-MC □
　　　　　(S)

説　明

● 逆転用電磁接触器の電磁コイル R-MC □ に電流が流れず復帰しますと，上記の
（３），（５），（６）が，同時に行われます．

これで，すべての逆転運転回路は，もとの順序〔１〕の状態に戻ります．

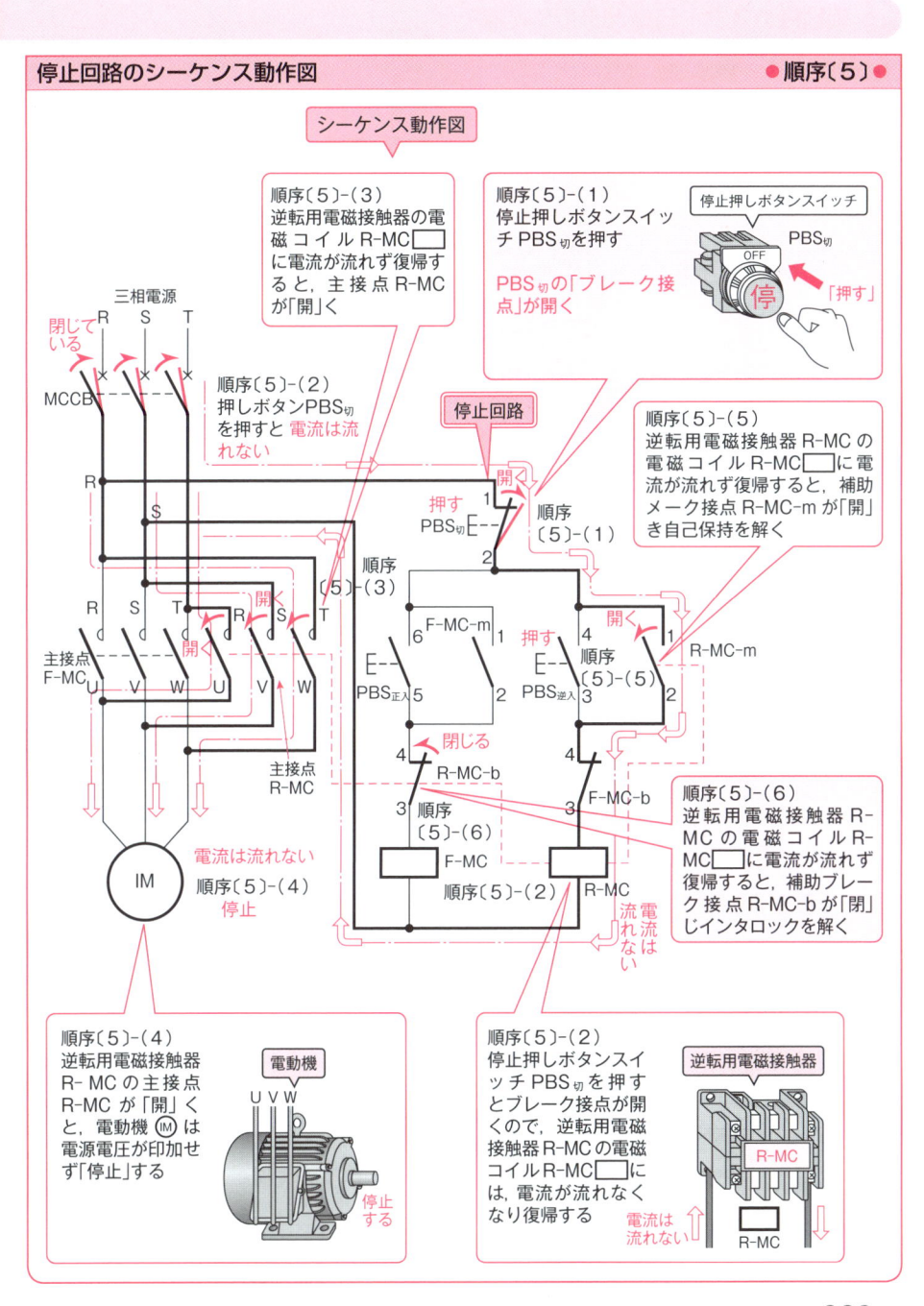

シーケンス動作図

順序〔5〕-（3）
逆転用電磁接触器の電磁コイル R-MC□ に電流が流れず復帰すると，主接点 R-MC が「開」く

順序〔5〕-（1）
停止押しボタンスイッチ PBS切 を押す

PBS切 の「ブレーク接点」が開く

停止押しボタンスイッチ

PBS切

OFF

停 「押す」

三相電源

R　S　T

閉じている

MCCB

順序〔5〕-（2）
押しボタンPBS切 を押すと 電流は流れない

停止回路

順序〔5〕-（5）
逆転用電磁接触器 R-MC の電磁コイル R-MC□ に電流が流れず復帰すると，補助メーク接点 R-MC-m が「開」き自己保持を解く

R

S

開く

1
PBS切 E---
2

順序
〔5〕-（1）

順序
〔5〕-（3）

R　S　T　R　S　T

開く

主接点
F-MC
U　V　W　U　V　W

6 F-MC-m

E---
PBS正入 5　　　2

押す 4
E---
PBS逆入 3
順序
〔5〕-（5）

開く 1

R-MC-m
2

主接点
R-MC

閉じる
4
R-MC-b
3 順序
〔5〕-（6）

4

F-MC-b
3

順序〔5〕-（6）
逆転用電磁接触器 R-MC の電磁コイル R-MC□ に電流が流れず復帰すると，補助ブレーク接点 R-MC-b が「閉」じインタロックを解く

IM

電流は流れない
順序〔5〕-（4）
停止

F-MC

順序〔5〕-（2）

R-MC

電流は流れない

順序〔5〕-（4）
逆転用電磁接触器 R-MC の主接点 R-MC が「開」くと，電動機 Ⓜ は電源電圧が印加せず「停止」する

電動機

U V W

停止する

順序〔5〕-（2）
停止押しボタンスイッチ PBS切 を押すとブレーク接点が開くので，逆転用電磁接触器 R-MC の電磁コイル R-MC□ には，電流が流れなくなり復帰する

電流は流れない

逆転用電磁接触器

R-MC

R-MC

223

11-2 電動機のスターデルタ始動制御

❶ 電動機のスター結線とデルタ結線

電動機のスター結線とは

❋電動機の3組の固定子巻線 U-X，V-Y および W-Z を，それぞれ120°ずつ違った方向に向け，巻線の一方の端子 X，Y，Z を一箇所に集めてつなぎ合わせ，他方の三つの端子 U，V，W から3本の電線を引きだす結線法を**スター（星形）結線**または**Y結線**といいます．

スター結線の電圧・電流の関係

❋電動機の各巻線の端子間の電圧を相電圧，線と線の間の電圧を線間電圧といい，電流を相電流，線電流といって，それぞれ右のような関係があります．

$$相電圧\ V_Y = \frac{線間電圧（電源電圧）}{\sqrt{3}}$$
$$= \frac{V}{\sqrt{3}}\ 〔V〕$$
$$相電流\ I_Y = 線電流\ I\ 〔A〕$$

❋これは U，V，W 相の線間には，電源電圧 V〔V〕が印加されるが，一相の巻線に，実際に加わる電圧は，電源電圧の $1/\sqrt{3}$〔V〕に減圧されることを示します．

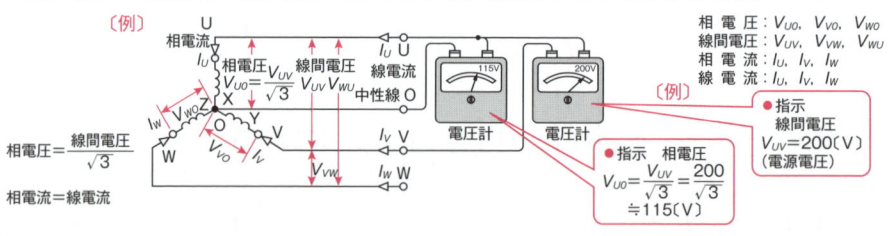

相　電　圧：V_{UO}，V_{VO}，V_{WO}
線間電圧：V_{UV}，V_{VW}，V_{WU}
相　電　流：I_U，I_V，I_W
線　電　流：I_U，I_V，I_W

● 指示　線間電圧
$V_{UV}=200$〔V〕
（電源電圧）

● 指示　相電圧
$V_{UO} = \dfrac{V_{UV}}{\sqrt{3}} = \dfrac{200}{\sqrt{3}}$
$\fallingdotseq 115$〔V〕

電動機のデルタ結線とは

❋電動機の3組の固定子巻線 U-X，V-Y および W-Z を，次々と輪になるように接続し，各巻線のつなぎめから3本の電線を引きだす結線法を**デルタ（三角）結線**または**△結線**といいます．

デルタ結線の電圧・電流の関係

❋電動機をデルタ結線とした場合の電圧，電流の関係は，右のようになります．
❋これは一相の巻線に実際に印加される電圧は，電源電圧に等しいことを示します．

$$相電圧\ V_\triangle = 線間電圧（電源電圧）$$
$$= V\ 〔V〕$$
$$相電流\ I_\triangle = \frac{線電流}{\sqrt{3}} = \frac{I}{\sqrt{3}}\ 〔A〕$$

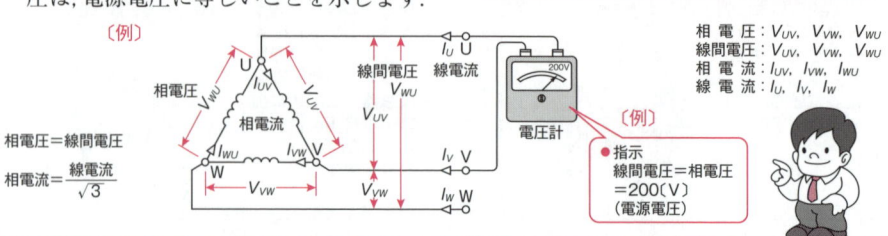

相　電　圧：V_{UV}，V_{VW}，V_{WU}
線間電圧：V_{UV}，V_{VW}，V_{WU}
相　電　流：I_{UV}，I_{VW}，I_{WU}
線　電　流：I_U，I_V，I_W

● 指示
線間電圧＝相電圧
＝200〔V〕
（電源電圧）

スター結線からデルタ結線への切換え方 　　　　●説　明●

始動回路

スター（Y）結線

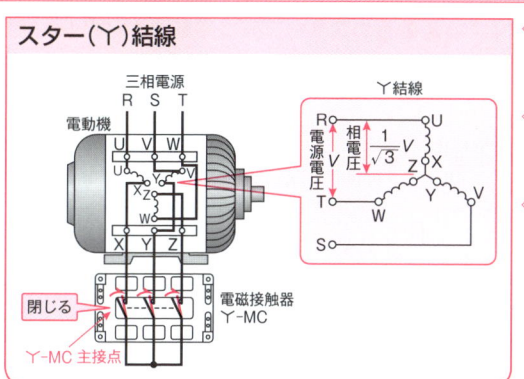

三相電源
R S T

電動機

Y結線

電源電圧 V 　相電圧 $\frac{1}{\sqrt{3}}V$

閉じる

電磁接触器 Y-MC

Y-MC 主接点

※電動機の固定子巻線から一相ごとに，別々に6本の口出線 U, V, W および X, Y, Z を出します．

※電動機の始動時には，電磁接触器 Y-MC の主接点が閉じて，固定子巻線をスター（Y）結線とします．

※電動機の一相の巻線には，電源電圧の $1/\sqrt{3}$〔V〕の電圧しか加わりませんから，始動電流を小さくすることができます．

　　　　●説　明●

始動時間

始動用タイマ

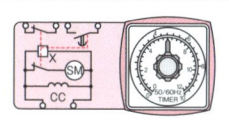

● 始動時間に合わせて，始動用タイマの時限を設定しておく．
● 始動用タイマが動作すると，Y-MC が切れ，△-MC が投入されるようにシーケンスを組む．

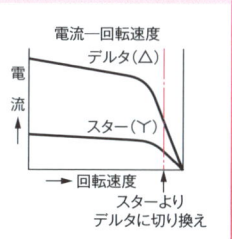

電流—回転速度

電流

デルタ（△）

スター（Y）

→ 回転速度

スターよりデルタに切り換え

※電動機を始動してから，規定の回転速度になるまでの時間を始動時間といいます．

※始動時間に合わせて，スター用電磁接触器 Y-MC を開き，デルタ用電磁接触器△-MC を投入して，スター結線からデルタ結線に切り換えるための時限設定は，限時動作接点を持つタイマにより行います．

　　　　●説　明●

運転回路

デルタ（△）結線

三相電源
R S T

電動機

△結線

電源電圧 V

閉じる

電磁接触器 △-MC

△-MC 主接点

※電動機が加速した時点で，電磁接触器△-MC の主接点を閉じて，電動機の固定子巻線をデルタ（△）結線とします．

※電動機の固定子巻線が△結線となりますと，相電圧は電源電圧と等しくなりますので，平常の運転状態に入ります．

225

❷ 電動機のスターデルタ始動法の実際配線図

電動機のスターデルタ始動法の実際の配線図〔例〕

※下図はタイマを用いた時限制御による電動機のスターデルタ始動法の実際の配線図の一例を示したものです.

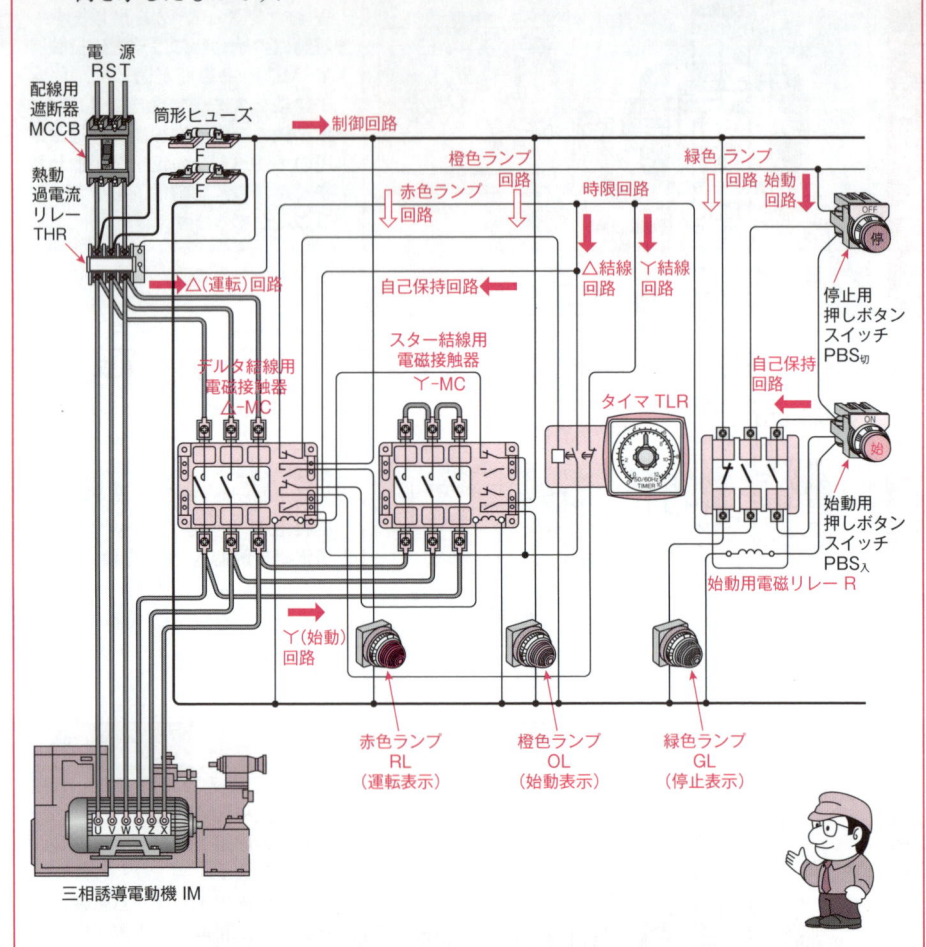

三相誘導電動機 IM

上図では，デルタ結線用電磁接触器△-MC，スター結線用電磁接触器Ｙ-MC，タイマ TLR および始動用電磁リレーR などの接点についての文字記号を省略し，その配線の概要について示してあります.

電動機のスターデルタ始動法とは，どういうものでしょう

❖電動機の**スターデルタ始動法**とは，Y-$\triangle$ **始動法**ともいい，電動機の始動電流を制限する，**減電圧始動法**の一つの方法で，始動時だけ電動機の固定子巻線を，スター（Y）結線とし，各相に電源電圧（定格電圧）の $1/\sqrt{3}$ の電圧を加え，電動機が加速して始動電流が減少したら，すばやくデルタ（$\triangle$）結線に切り換えて，直接電源電圧を印加して運転に入る方式をいいます.

●電動機の減電圧始動法については，8-3 項（137～140 ページ）に詳しく説明してありますので，参考にしてください.

配線の機器構成

❖電動機主回路の開閉は，電磁接触器で行い，Y-MC が**スター（Y）結線用電磁接触器**，$\triangle$-MC が**デルタ（$\triangle$）結線用電磁接触器**です. THR は**熱動過電流リレー**（4-5 項：62 ページ参照）で，主回路に過電流が流れると動作して，接点が開く手動復帰リレーであり，**サーマルリレー**ともいいます. また，始動回路の電磁リレー R は，始動条件が整ったことを確認し，電動機の始動，運転の命令を出す**始動用電磁リレー**です. そして，時限回路の TLR は，限時動作接点を持つ**タイマ**を表します.

「始動」から「運転」への動作

❖電動機を始動するには，電源スイッチである配線用遮断器 MCCB を閉じます. そして，始動用押しボタンスイッチ PBS$_入$を押しますと，始動用電磁リレー R が動作して，電動機はスター（Y）結線で始動し，同時にタイマ TLR も付勢されます.

❖電動機がスター（Y）結線で，しばらく回転したのち，タイマの設定時限が経過しますと，タイマが動作して，電動機はスター（Y）結線からデルタ（$\triangle$）結線に切り換わり，平常運転となります.

表示灯回路の動作

❖電動機の動作状態を表す表示灯回路で，緑色ランプ GL は電源スイッチである配線用遮断器を投入し，始動用押しボタンスイッチ PBS$_入$を押す前の電源投入状態で点灯し，電動機の「停止」状態を示します. 橙色ランプ OL は，スター（Y）結線で，電動機が回転している状態，つまり「始動」中を示します. また，赤色ランプ RL は，デルタ（$\triangle$）結線による，電動機の平常の「運転」状態を示します.

③ 電動機のスターデルタ始動法の電源回路シーケンス動作

電源回路の動作とシーケンス動作図　　　　　　　　　●順序〔1〕●

▶（1）　電源スイッチである配線用遮断器 MCCB を投入すると閉じます．

▶（2）　配線用遮断器 MCCB を投入し閉じますと，電源電圧が印加され，緑色表示灯回路の緑色ランプ GL ⊗ に電流が流れて点灯します．

- 緑色ランプの点灯は，電動機 ⓘ が「停止」していても，電源スイッチである配線用遮断器 MCCB が投入されていることを示します．

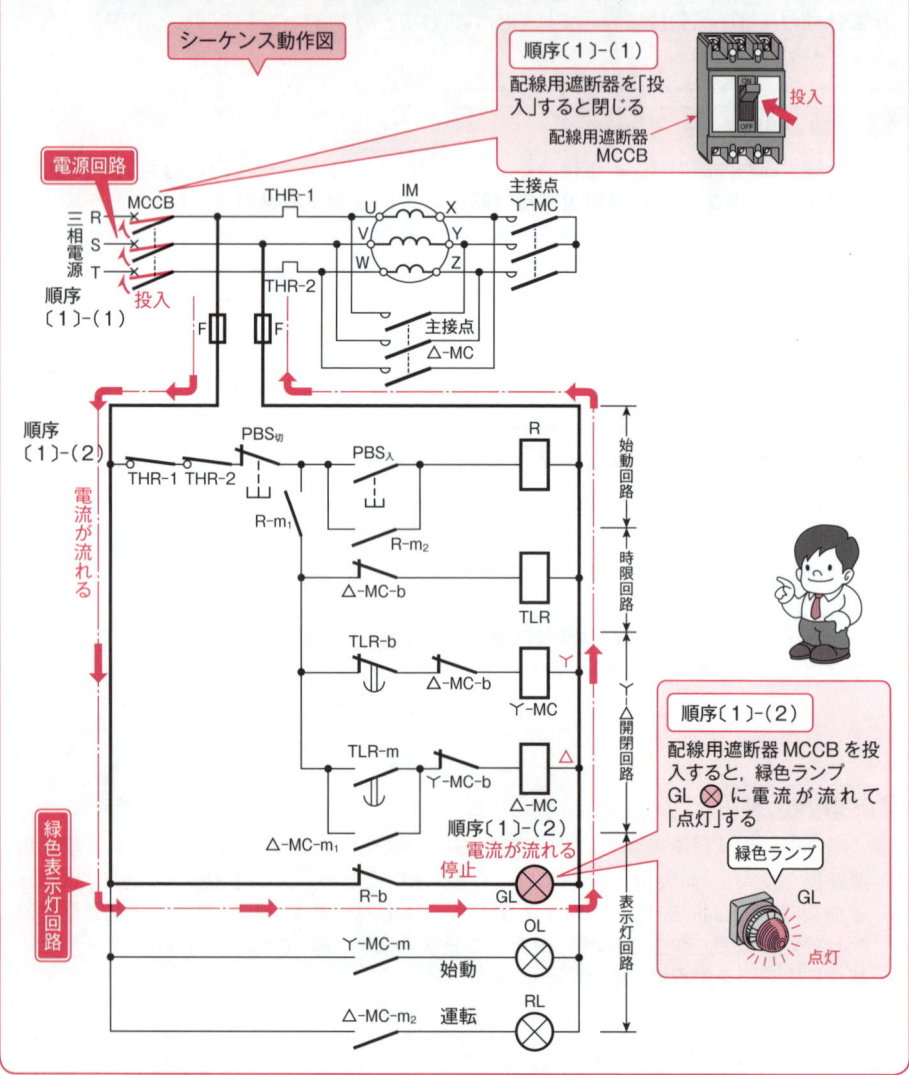

❹ 電動機のスターデルタ始動法の始動回路シーケンス動作

始動回路の動作とシーケンス動作図〔1〕 ●順序〔2〕●

▶（1） 始動回路の始動用押しボタンスイッチ PBS入 を押すと閉じます.

▶（2） 始動用押しボタンスイッチ PBS入 を押して閉じますと，始動用電磁リレー R の電磁コイル R ▨ に電流が流れ，付勢され動作します.

- 始動用電磁リレー R が付勢され動作しますと，次の（3），（5），（6）（次ページ参照）の動作が，同時に行われます.

▶（3） 始動用電磁リレー R が動作すると，始動用押しボタンスイッチ PBS入 と並列に接続されている始動用電磁リレーのメーク接点 R-m₂ が閉路し自己保持します.

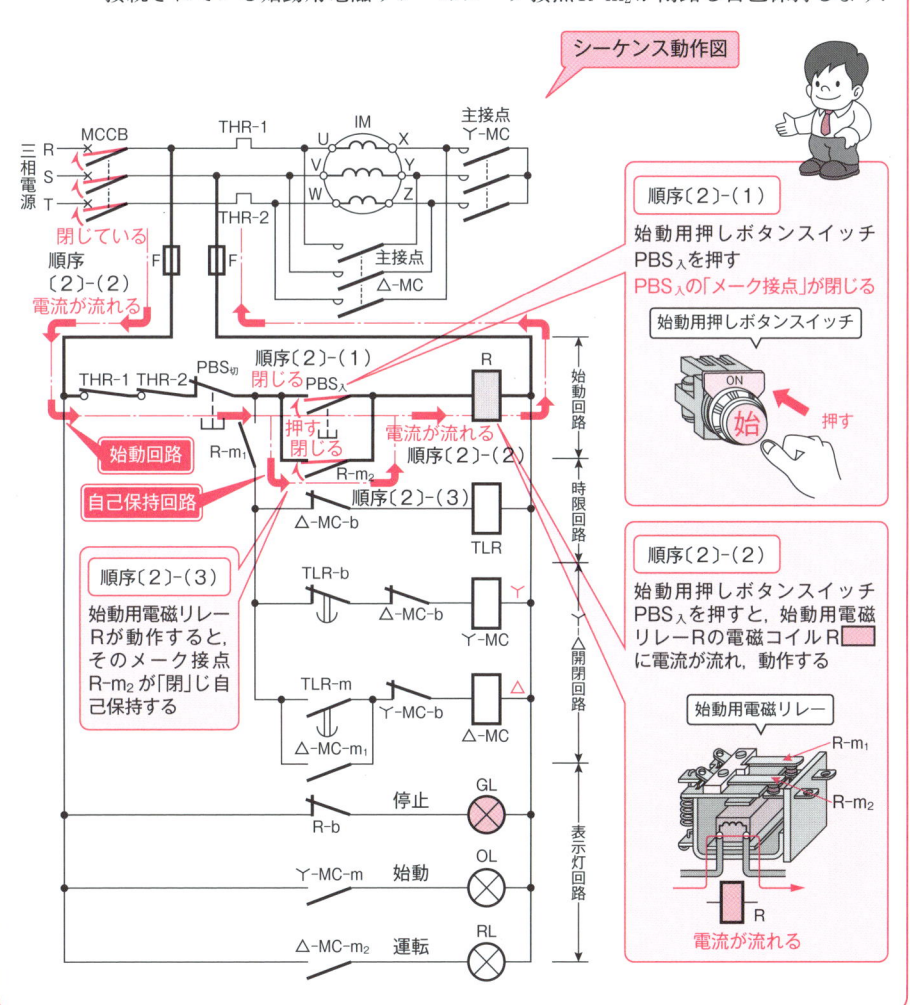

229

始動回路の動作とシーケンス動作図〔2〕　　　●順序〔2〕●

▶（4）　始動用押しボタンスイッチ PBS入 の押す手を離すとメーク接点が開きます．

- 始動用押しボタンスイッチ PBS入 の押す手を離しメーク接点が開いても，始動用電磁リレー R の電磁コイル R ▧ には，自己のメーク接点 R-m2（順序〔2〕-（3）で閉路している）を通って電流が流れますので自己保持し動作が継続されます．

▶（5）　緑色表示灯回路で，始動用電磁リレー R が付勢し動作しますと，そのブレーク接点 R-b が開路します．

▶（6）　緑色表示灯回路で，始動用電磁リレー R のブレーク接点 R-b が開路しますと，緑色ランプ GL ⊗ に電流が流れなくなりますから，消灯します．

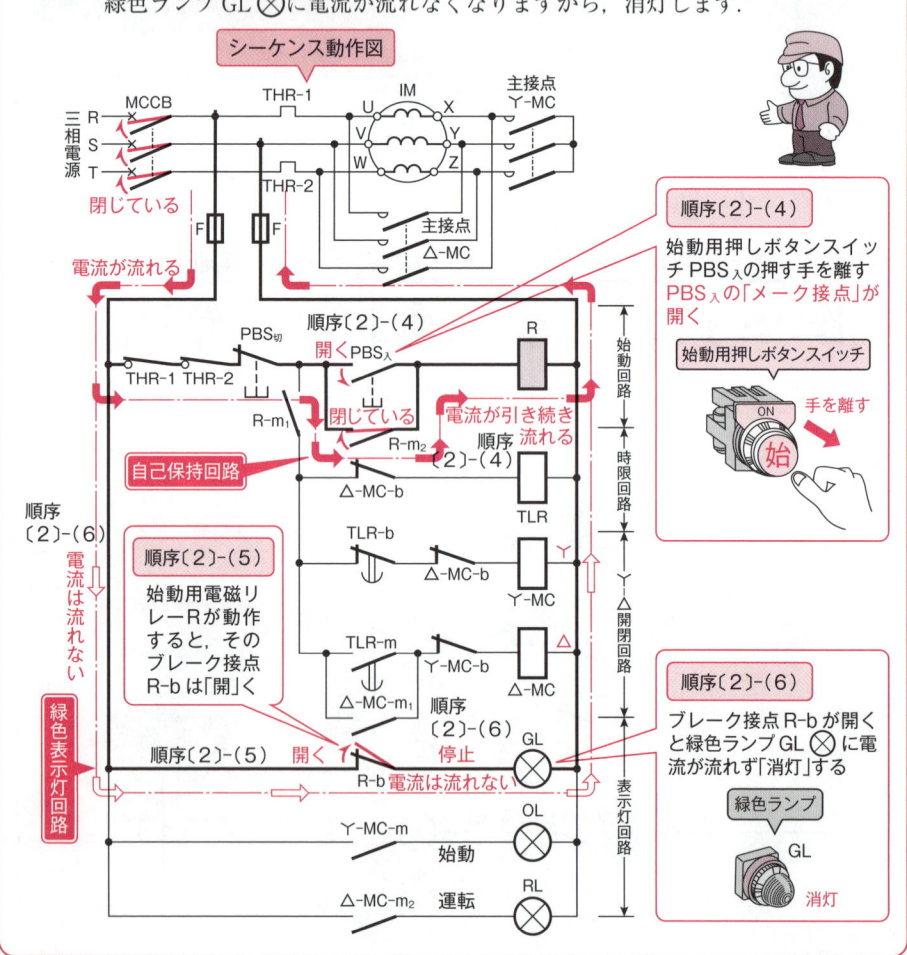

時限回路の動作とシーケンス動作図 ●順序〔3〕●

▶（1）　始動用電磁リレーRが動作しますと，そのメーク接点 R-m$_1$ が閉路します．
- 始動用電磁リレーRのメーク接点 R-m$_1$ が閉路しますと，時限回路およびスター結線回路に電流が流れます．

▶（2）　始動用電磁リレーRのメーク接点 R-m$_1$ が閉じますと，デルタ結線用電磁接触器△-MC の補助ブレーク接点△-MC-b（電磁接触器△-MC は動作していない）が閉じているので，タイマ TLR □ に電流が流れ，付勢されます．
- タイマ TLR □ は，付勢されても，すぐには接点の開閉動作を行わず，設定された整定時限が経過したのちに接点の開閉動作をします．

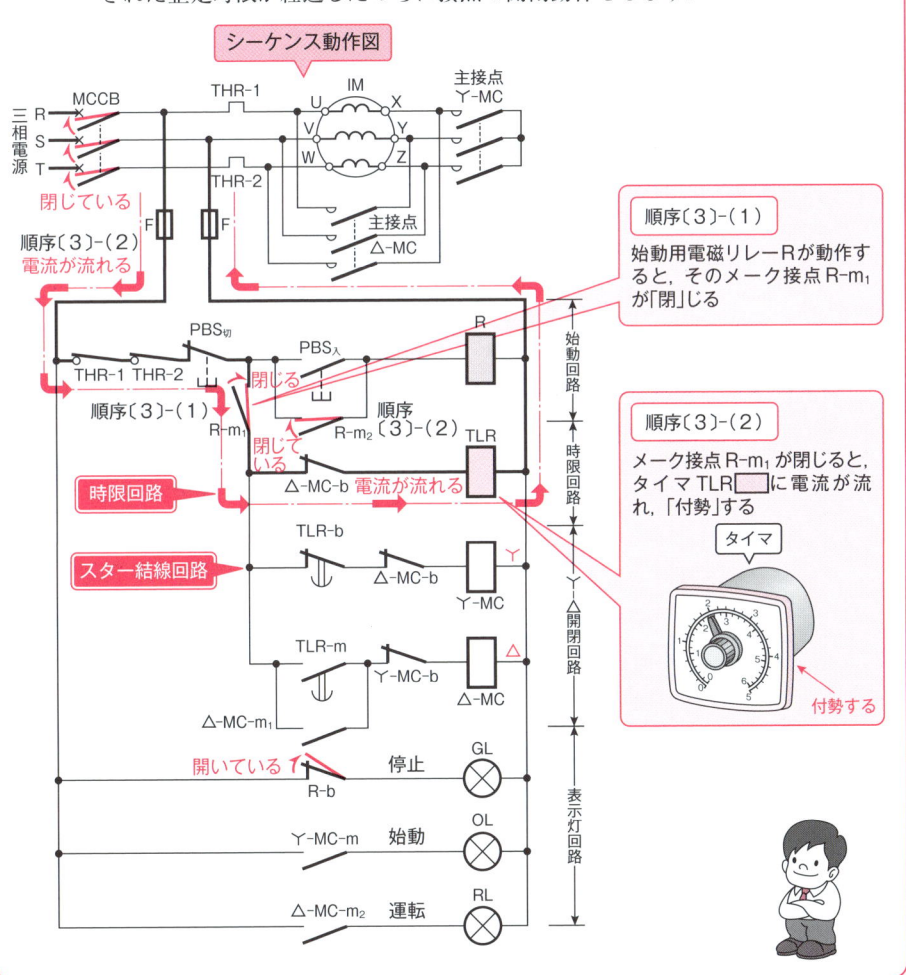

シーケンス動作図

順序〔3〕-（1）
始動用電磁リレーRが動作すると，そのメーク接点 R-m$_1$ が「閉」じる

順序〔3〕-（2）
メーク接点 R-m$_1$ が閉じると，タイマ TLR □ に電流が流れ，「付勢」する

タイマ

付勢する

231

スター結線回路の動作とシーケンス動作図〔1〕　　●順序〔4〕●

▶（1）　スター結線回路において，順序〔3〕-（1）の始動用電磁リレーRのメーク接点 R-m₁ が閉じますと，タイマ TLR □ のブレーク接点 TLR-b（タイマは動作していない）が閉路しており，また，デルタ結線用電磁接触器の補助ブレーク接点△-MC-b（電磁接触器△-MC は動作していない）も閉路していますので，スター結線用電磁接触器の電磁コイル⅄-MC □ に電流が流れ，動作します．

　●スター結線用電磁接触器⅄-MC が動作しますと，次の（2），（4），（5）（次ページ参照）の動作が，同時に行われます．

▶（2）　主回路で，スター結線用電磁接触器⅄-MC が動作すると，その主接点⅄-MC が閉じます．

▶（3）　主回路で，主接点⅄-MC が閉じますと，電動機Ⓜはスター（⅄）結線となり，線間に電源電圧（電動機の固定子巻線の相間には，電源電圧の $1/\sqrt{3}$ の電圧）が印加され，電動機は始動し，回転します．

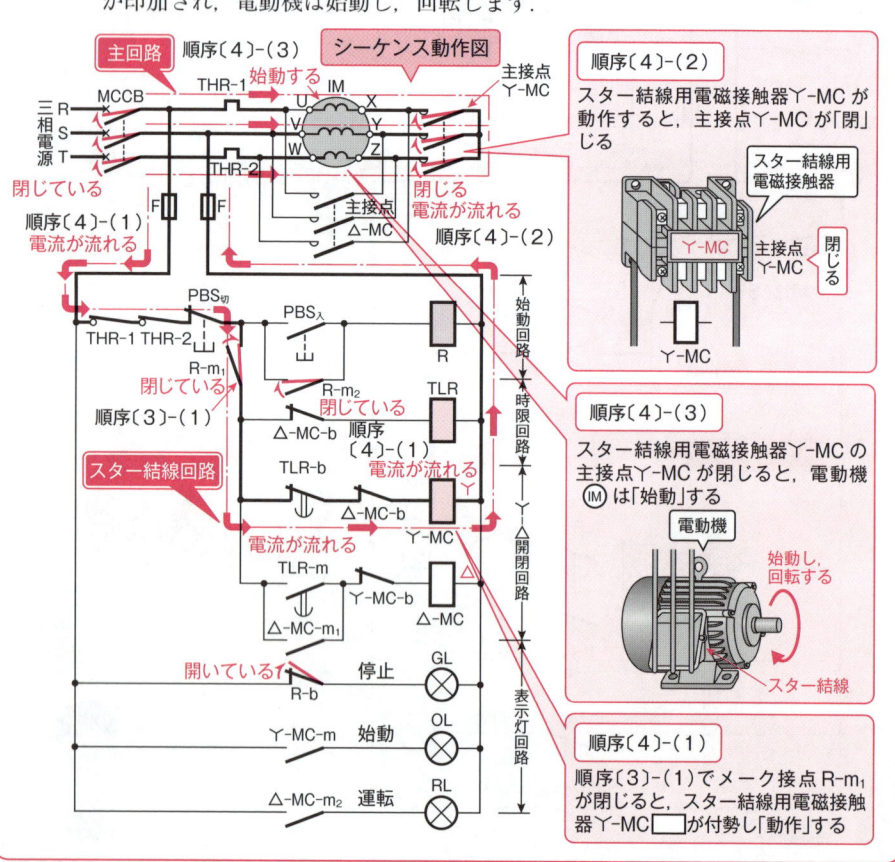

順序〔4〕-（2）
スター結線用電磁接触器⅄-MC が動作すると，主接点⅄-MC が「閉」じる

スター結線用電磁接触器

⅄-MC
主接点 ⅄-MC 閉じる

⅄-MC

順序〔4〕-（3）
スター結線用電磁接触器⅄-MC の主接点⅄-MC が閉じると，電動機Ⓜは「始動」する

電動機
始動し，回転する
スター結線

順序〔4〕-（1）
順序〔3〕-（1）でメーク接点 R-m₁ が閉じると，スター結線用電磁接触器⅄-MC □ が付勢し「動作」する

▶(4)　スター結線用電磁接触器Ｙ-MC が動作すると，デルタ結線回路の補助ブレーク接点Ｙ-MC-b が開路します．

● スター結線用電磁接触器の補助ブレーク接点Ｙ-MC-b が開路しますと，デルタ結線用電磁接触器△-MC の電磁コイル△-MC □□ には，電流が流れませんから，デルタ結線回路はインタロックされます．

▶(5)　スター結線用電磁接触器Ｙ-MC が動作すると，橙色表示灯回路の補助メーク接点Ｙ- MC-m が閉路します．

▶(6)　橙色表示灯回路で，スター結線用電磁接触器の補助メーク接点Ｙ-MC-m が動作して閉じますと，橙色ランプ OL ⊗ に電流が流れ，点灯します．

● 橙色ランプの点灯は，電動機 ⓜ がスター結線で「始動」中であることを示します．

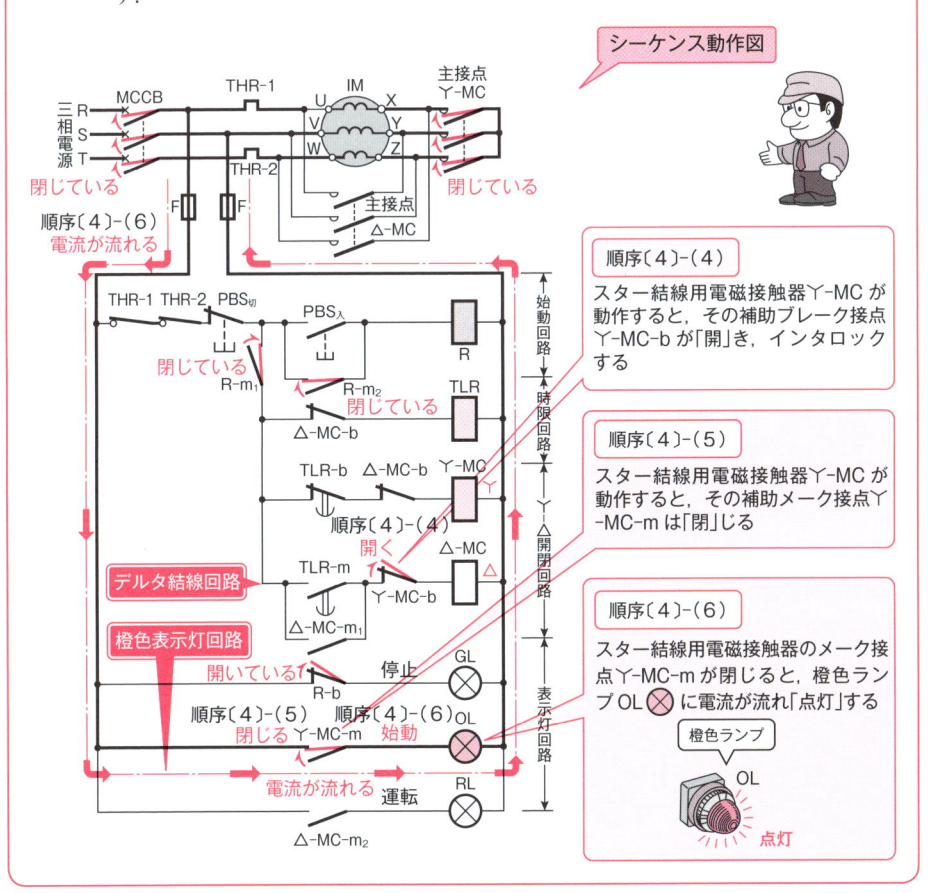

シーケンス動作図

順序〔4〕-(4)
スター結線用電磁接触器Ｙ-MC が動作すると，その補助ブレーク接点Ｙ-MC-b が「開」き，インタロックする

順序〔4〕-(5)
スター結線用電磁接触器Ｙ-MC が動作すると，その補助メーク接点Ｙ-MC-m は「閉」じる

順序〔4〕-(6)
スター結線用電磁接触器のメーク接点Ｙ-MC-m が閉じると，橙色ランプ OL ⊗ に電流が流れ「点灯」する

橙色ランプ
OL
点灯

233

タイマ動作回路の動作　　　　　　　　　　　　　　●順序〔5〕●

▶（1）　付勢されているタイマ TLR □□ は，あらかじめ定めた整定時限が過ぎますと動作します.

　　●タイマ TLR □□ が動作すると，次の（2），（3）の動作が，同時に行われます.

▶（2）　スター結線回路で，タイマ TLR □□ が動作すると，その限時動作ブレーク接点 TLR-b が開路します.

▶（3）　デルタ結線回路で，タイマ TLR □□ が動作すると，その限時動作メーク接点 TLR-m が閉路します.

▶（4）　スター結線回路で，タイマ TLR □□ の限時動作ブレーク接点 TLR-b が開路しますと，スター結線用電磁接触器の電磁コイル Y-MC □□ に電流が流れなくなりますので消勢し，復帰します.

　　●スター結線用電磁接触器 Y-MC が復帰しますと，次の（5），（6），（8）の動作が，同時に行われます.

▶（5）　主回路で，スター結線用電磁接触器 Y-MC □□ が復帰しますと，その主接点 Y-MC が開きます.

　　●主接点 Y-MC が開くと電動機Ⓜのスター結線は開路されますが，順序〔6〕-（3）（236ページ参照）で示すデルタ結線に瞬時に切り換わり運転状態になります.

▶（6）　スター結線用電磁接触器の電磁コイル Y-MC □□ が復帰すると，橙色表示灯回路の補助メーク接点 Y-MC-m が開路します.

▶（7）　橙色表示灯回路で，スター結線用電磁接触器の補助メーク接点 Y-MC-m が開路しますと，橙色ランプ OL⊗ に電流は流れませんから，消灯します.

▶（8）　デルタ結線回路で，スター結線用電磁接触器 Y-MC □□ が復帰しますと，補助ブレーク接点 Y-MC-b が復帰し，閉路します.

　　●補助ブレーク接点 Y-MC-b が閉路したことは，デルタ結線回路のスター結線用電磁接触器 Y-MC とのインタロックが解けたことを表します.

ⓂⒾⓀⓈ　（ タイマを用いた基本回路〔例〕 ）

※タイマを用いた基本的な時限回路には，遅延動作回路と間隔動作回路があります.

＝遅延動作回路＝　入力信号が与えられてから一定時間後に動作する回路をいう.

＝間隔動作回路＝　入力信号を与えると，一定時間だけ動作して自動停止する回路をいう.

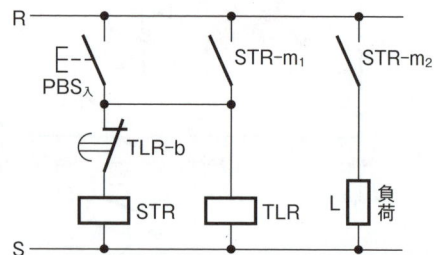

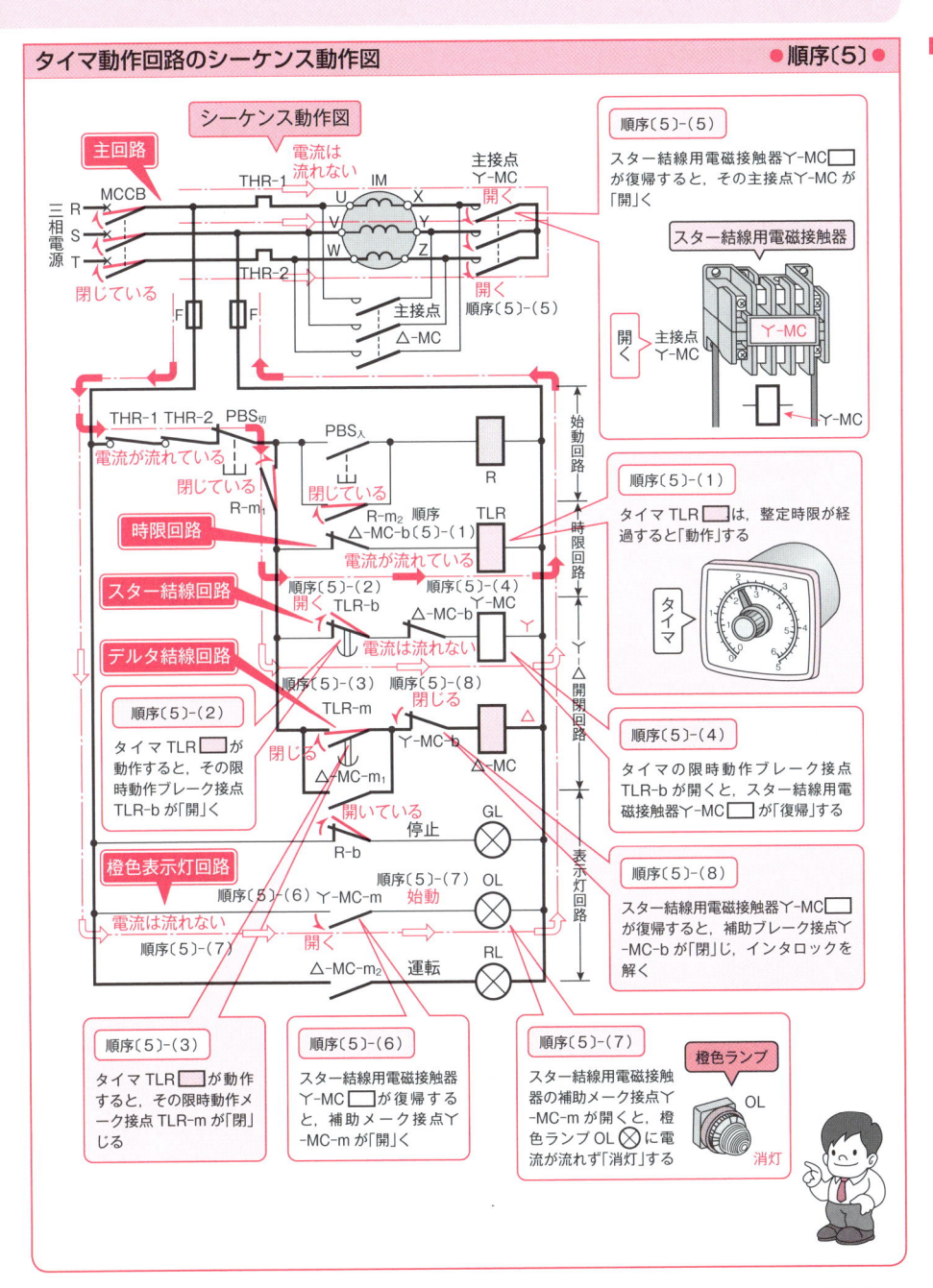

シーケンス動作図

主回路

順序〔5〕-（5）
スター結線用電磁接触器Y-MC□が復帰すると，その主接点Y-MCが「開」く

スター結線用電磁接触器

開く　主接点Y-MC

Y-MC

順序〔5〕-（1）
タイマ TLR□は，整定時限が経過すると「動作」する

タイマ

時限回路

スター結線回路

デルタ結線回路

順序〔5〕-（4）
タイマの限時動作ブレーク接点 TLR-b が開くと，スター結線用電磁接触器Y-MC□が「復帰」する

順序〔5〕-（2）
タイマ TLR□が動作すると，その限時動作ブレーク接点 TLR-b が「開」く

順序〔5〕-（8）
スター結線用電磁接触器Y-MC□が復帰すると，補助ブレーク接点Y-MC-b が「閉」じ，インタロックを解く

橙色表示灯回路

順序〔5〕-（3）
タイマ TLR□が動作すると，その限時動作メーク接点 TLR-m が「閉」じる

順序〔5〕-（6）
スター結線用電磁接触器Y-MC□が復帰すると，補助メーク接点Y-MC-m が「開」く

順序〔5〕-（7）
スター結線用電磁接触器の補助メーク接点Y-MC-m が開くと，橙色ランプ OL ⊗ に電流が流れず「消灯」する

橙色ランプ

OL

消灯

8 電動機のスターデルタ始動法のデルタ結線回路シーケンス動作

デルタ結線回路の動作　　　　　　　　　　　　　●順序〔6〕●

- ▶（1）　順序〔5〕-（3）でTLR-mが閉路し，また順序〔5〕-（8）で電磁接触器Y-MCの補助ブレーク接点Y-MC-bが復帰して，閉路していますので，デルタ結線用電磁接触器△-MCの電磁コイル△-MC □に電流が流れ，動作します.
- ●デルタ結線用電磁接触器△-MCが動作しますと，次の（2），（4），（5），（6），（8）の動作が，同時に行われます.
- ▶（2）　主回路で，デルタ結線用電磁接触器△-MCが動作しますと，その主接点△-MCが閉じます.
- ▶（3）　主回路で，主接点△-MCが閉じますと，電動機⒤⒨はデルタ（△）結線となり，電源電圧が直接，固定子巻線に印加され，運転状態となります.
  - ●電動機の固定子巻線がデルタ（△）結線となり，平常の連続運転状態となります.
- ▶（4）　デルタ結線用電磁接触器△-MCが動作すると，デルタ結線回路の補助メーク接点△-MC-m$_1$が閉路します.
  - ●補助メーク接点△-MC-m$_1$が閉路しますと，デルタ結線用電磁接触器△-MCの電磁コイル△-MC □に電流が流れ，自己保持し動作を継続します.
- ▶（5）　デルタ結線用電磁接触器△-MCが動作すると，スター結線回路の補助ブレーク接点△-MC-bが開路します.
  - ●補助ブレーク接点△-MC-bが開路しますと，スター結線用電磁接触器Y-MCの電磁コイルY-MC □には，電流は流れませんから，スター結線回路はインタロックされます.
- ▶（6）　デルタ結線用電磁接触器△-MCが動作すると，赤色表示灯回路の補助メーク接点△-MC-m$_2$が閉路します.
- ▶（7）　赤色表示灯回路で，デルタ結線用電磁接触器の補助メーク接点△-MC-m$_2$が閉路しますと，赤色ランプRL⊗に電流が流れ，点灯します.
  - ●赤色ランプRL⊗の点灯は，電動機⒤⒨がデルタ（△）結線で，平常の「運転」状態にあることを示します.
- ▶（8）　デルタ結線用電磁接触器△-MCが動作すると，時限回路の補助ブレーク接点△-MC-bが開路します.

ミニ知識 ── スターデルタ電磁開閉器

❖電動機のスターデルタ始動制御回路を構成するに当たって，スター結線用電磁接触器（Y-MC）とデルタ結線用電磁接触器（△-MC）に配線を施し，熱動過電流リレー（サーマルリレー）と組み合わせたスターデルタ電磁開閉器が市販されておりますので，使用すると便利です.

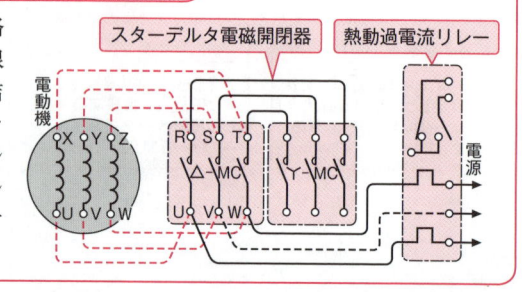

デルタ結線回路のシーケンス動作図　　●順序〔6〕●

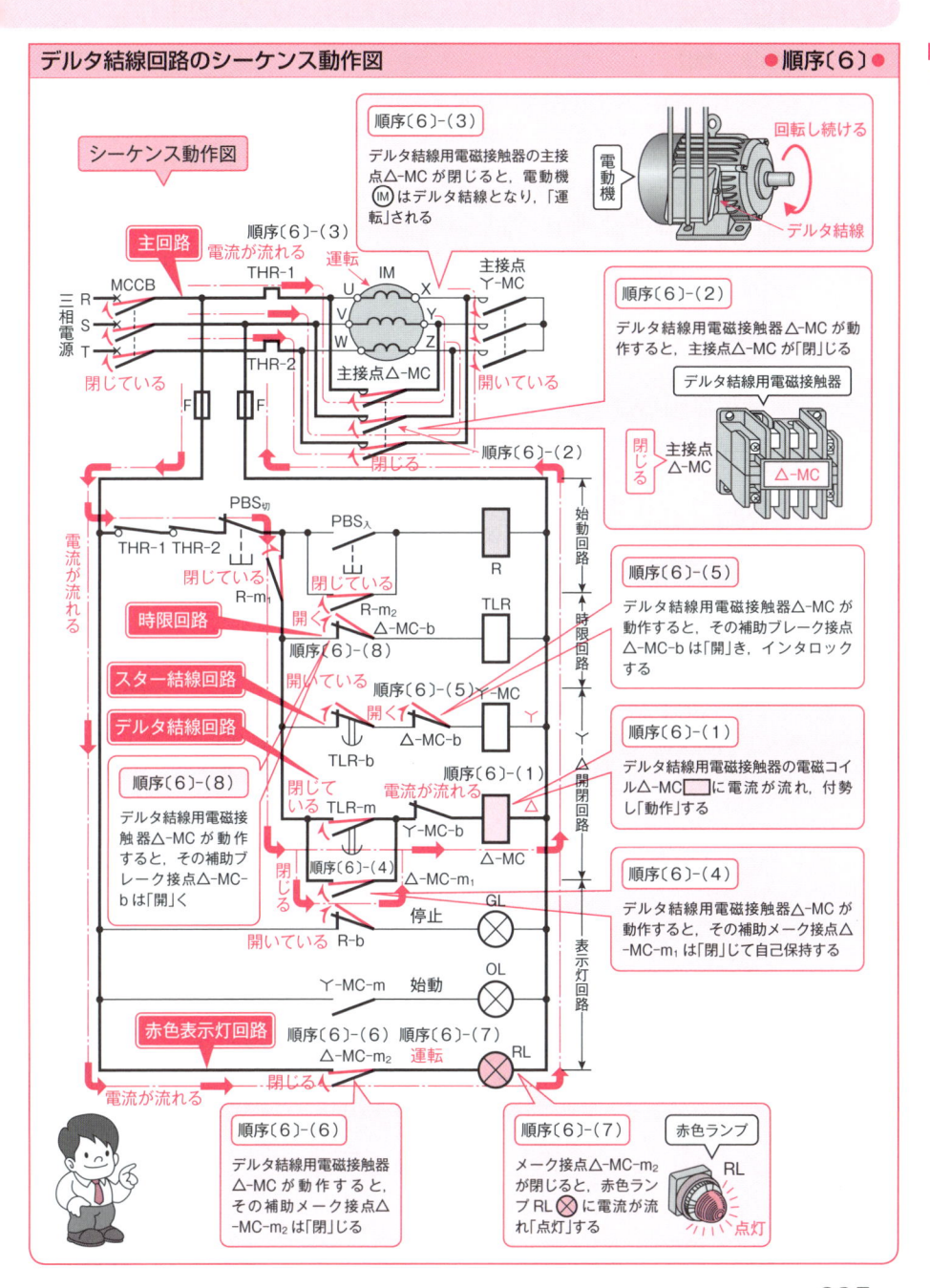

順序〔6〕-（3）
デルタ結線用電磁接触器の主接点△-MC が閉じると，電動機 (IM) はデルタ結線となり，「運転」される

シーケンス動作図

主回路

電流が流れる

順序〔6〕-（2）
デルタ結線用電磁接触器△-MC が動作すると，主接点△-MC が「閉」じる

デルタ結線用電磁接触器

閉じる　主接点 △-MC

順序〔6〕-（5）
デルタ結線用電磁接触器△-MC が動作すると，その補助ブレーク接点△-MC-b は「開」き，インタロックする

時限回路

スター結線回路

デルタ結線回路

順序〔6〕-（1）
デルタ結線用電磁接触器の電磁コイル△-MC□□に電流が流れ，付勢し「動作」する

順序〔6〕-（8）
デルタ結線用電磁接触器△-MC が動作すると，その補助ブレーク接点△-MC-b は「開」く

順序〔6〕-（4）
デルタ結線用電磁接触器△-MC が動作すると，その補助メーク接点△-MC-m₁ は「閉」じて自己保持する

赤色表示灯回路

順序〔6〕-（6）
デルタ結線用電磁接触器△-MC が動作すると，その補助メーク接点△-MC-m₂ は「閉」じる

順序〔6〕-（7）
メーク接点△-MC-m₂ が閉じると，赤色ランプ RL ⊗ に電流が流れ「点灯」する

赤色ランプ　RL　点灯

❾ 電動機のスターデルタ始動法のタイマ復帰回路シーケンス動作

タイマ復帰回路の動作　　　　　　　　　　　　　●順序〔7〕●

▶（1）　時限回路の順序〔6〕-（8）で，デルタ結線用電磁接触器の補助ブレーク接点△-MC-b が開路しますと，タイマ TLR ☐ に電流が流れませんから消勢し，復帰します．

▶（2）　スター結線回路で，タイマ TLR ☐ が復帰しますと，その限時動作ブレーク接点 TLR-b は閉路します．
- スター結線回路で，タイマ TLR ☐ の限時動作ブレーク接点 TLR-b が閉路しても，デルタ結線用電磁接触器の補助ブレーク接点△-MC-b が順序〔6〕-（5）で開いておりますので，スター結線用電磁接触器の電磁コイル丫-MC ☐ には，電流が流れずインタロックされ動作することはありません．

▶（3）　デルタ結線回路で，タイマ TLR ☐ が復帰しますと，その限時動作メーク接点 TLR-m は開路します．
- デルタ結線回路で，タイマ TLR ☐ の限時動作メーク接点 TLR-m が開路しても，順序〔6〕-（4）でデルタ結線用電磁接触器の補助メーク接点△-MC-m₁ が閉路して，自己保持回路を作っているので，デルタ結線用電磁接触器の電磁コイル△-MC ☐ には，自己保持接点△-MC-m₁ を通って電流が流れますので，動作を続けます．

ミ二知識　　（ インタロック回路 ）

※スター結線回路とデルタ結線回路において，二つの電磁接触器丫-MC と△-MC の電磁コイル丫-MC ☐ と△-MC ☐ の上側に，互いに相手側のブレーク接点，△-MC-b と丫-MC-b が接続されております．これは，一方が動作しているときには，他方は動作できないようにしたもので，禁止の条件を作っております．これが，スターデルタ制御におけるインタロック回路です．

※スターデルタ制御におけるインタロック回路は，電動機の主回路において，主接点丫-MC と△-MC が同時に閉じて，電源短絡事故を生ずるのを防止するためです．いま，タイマ TLR ☐ が限時動作ブレーク接点 TLR-b を開いてから，限時動作メーク接点 TLR-m を閉じる正常な開閉動作をすれば，この禁止条件の接点，丫-MC-b と△-MC-b は，不要となります．しかし，タイマの接点，TLR-m と TLR-b において，万一接点動作の異常が生じても主接点丫-MC と△-MC が同時に閉じることのないよう安全のためにインタロックをとっています．

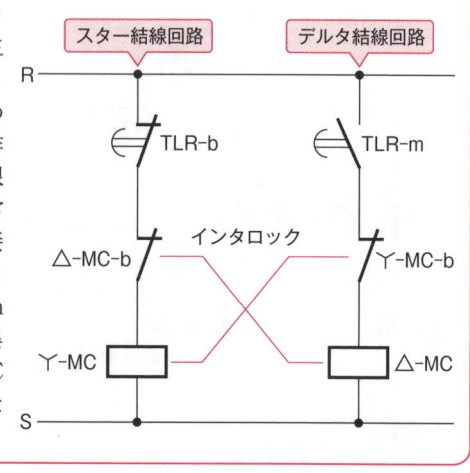

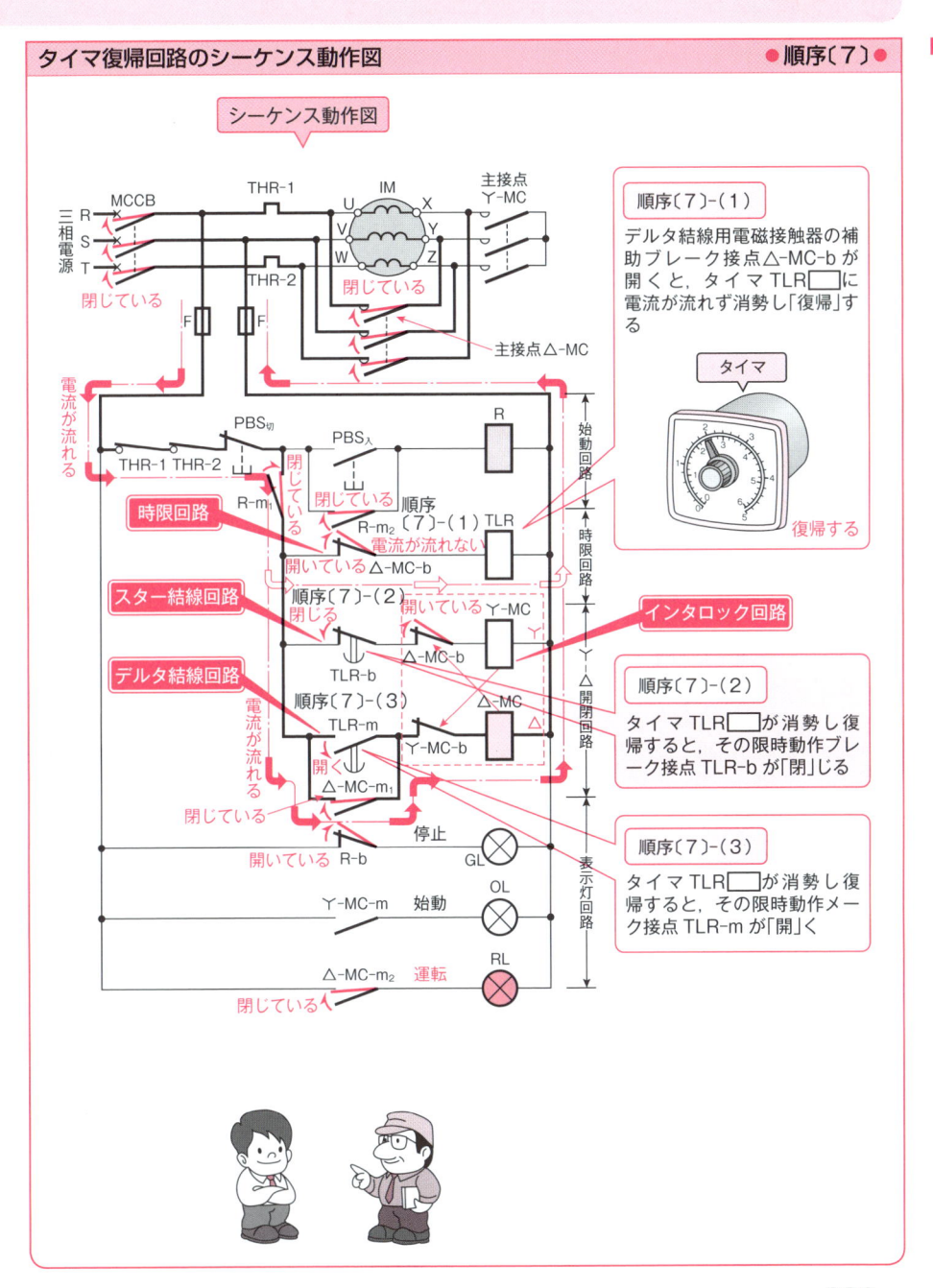

シーケンス動作図

順序〔7〕-（1）

デルタ結線用電磁接触器の補助ブレーク接点△-MC-b が開くと，タイマ TLR□ に電流が流れず消勢し「復帰」する

タイマ

復帰する

時限回路

スター結線回路

デルタ結線回路

インタロック回路

順序〔7〕-（2）

タイマ TLR□ が消勢し復帰すると，その限時動作ブレーク接点 TLR-b が「閉」じる

順序〔7〕-（3）

タイマ TLR□ が消勢し復帰すると，その限時動作メーク接点 TLR-m が「開」く

239

停止回路の動作〔1〕 ●順序〔8〕●

▶（1） 停止回路の停止用押しボタンスイッチPBS切を押すとブレーク接点が開きます.

・停止用押しボタンスイッチを押しますと，次の（2）と（7）（次々ページ参照）の動作が同時に行われます.

▶（2） 停止回路で，停止用押しボタンスイッチ PBS切 を押して開くと，始動用電磁リレーRの電磁コイル R ▢ に電流は流れませんから，消勢して復帰します.

・停止回路 – 自己保持回路の構成

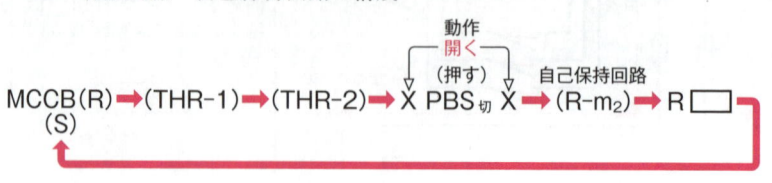

・始動用電磁リレーRが復帰しますと，次の（3），（4），（6）の動作が，同時に行われます.

▶（3） 停止回路で始動用電磁リレーRが復帰しますと，始動用押しボタンスイッチ PBS入 と並列に接続されているメーク接点 R-m₂ が開路します.

・これを始動用電磁リレー R の「**自己保持が解ける**」といいます.

▶（4） 緑色表示灯回路で，始動用電磁リレーRが復帰しますと，そのブレーク接点 R-b が閉路します.

▶（5） 緑色表示灯回路で，始動用電磁リレー R が復帰してブレーク接点 R-b が閉路しますと，緑色ランプ GL ⊗ に電流が流れて点灯します.

▶（6） 始動用電磁リレーRが復帰しますと，そのメーク接点 R-m₁ が開路します.

ミニ知識 　非常停止回路とはどういうものか

※**非常停止回路**とは，シーケンス制御システムの運転中に何らかの異常が発生した場合，操作者の安全はもとより，機器の保護を目的として，ただちにこれらのシステムを停止する回路をいいます. もとより，"非常停止"は，すべての動作に優先します.

※右図は，制御電源回路の電源側に電磁リレーのメーク接点を接続して，非常停止の回路としたシーケンス図の一例を示したものです.

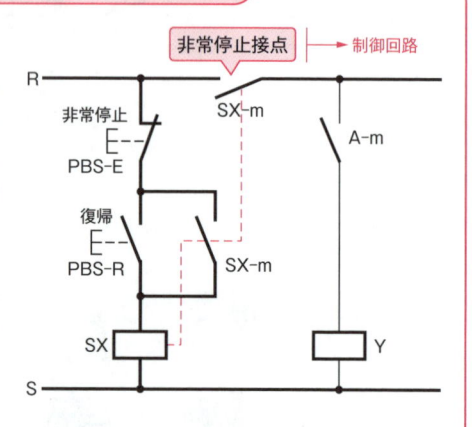

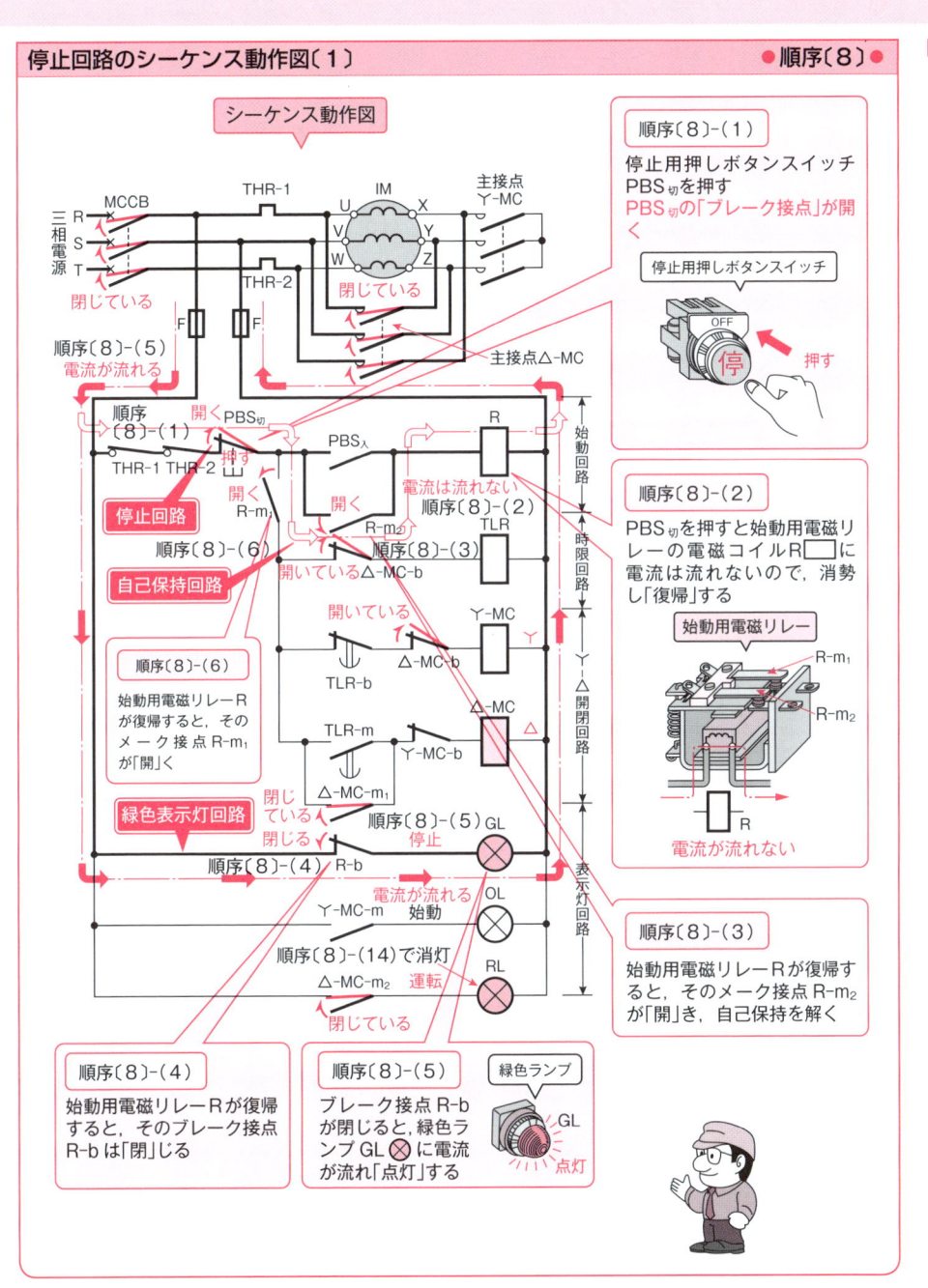

停止回路の動作〔2〕 ● 順序〔8〕●

▶（7） 順序〔8〕-（1）（240ページ参照）で停止用押しボタンスイッチ PBS切 を押しますと，デルタ結線回路で，デルタ結線用電磁接触器の電磁コイル△-MC □ に電流は流れませんから，消勢して復帰します．

- PBS切 を押した時点では，前ページの順序〔8〕-（6）の動作は行われておらず，始動用電磁リレー R のメーク接点 R-m₁ は閉じています．

- 停止回路 – デルタ結線回路の構成

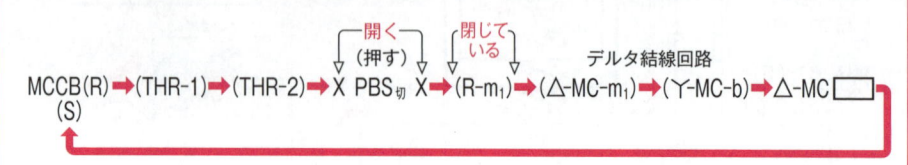

- デルタ結線用電磁接触器△-MC が復帰しますと，次の（8）～（14）の動作が，同時に行われます．

▶（8） 主回路で，デルタ結線用電磁接触器△-MC が復帰しますと，その主接点△-MC が開路します．

▶（9） 主回路で，デルタ結線用電磁接触器の主接点△-MC が開きますと，電動機 Ⓜ に電流が流れませんから，電動機は停止します．

▶（10） デルタ結線回路で，デルタ結線用電磁接触器△-MC が復帰しますと，タイマ TLR □ の限時動作メーク接点 TLR-m と並列に接続されている補助メーク接点△-MC-m₁ が開路します．

- これをデルタ結線用電磁接触器△-MC の「**自己保持が解ける**」といいます．

▶（11） 時限回路で，デルタ結線用電磁接触器△-MC が復帰しますと，その補助ブレーク接点△-MC-b が閉路します

▶（12） スター結線回路で，デルタ結線用電磁接触器△-MC が復帰しますと，その補助ブレーク接点△-MC-b が閉路し，インタロックを解きます．

▶（13） 赤色表示灯回路で，デルタ結線用電磁接触器△-MC が復帰しますと，その補助メーク接点△-MC-m₂ が開路します．

▶（14） 赤色表示灯回路で，デルタ結線用電磁接触器△-MC が復帰すると，その補助メーク接点△-MC-m₂ が開路し，赤色ランプ RL ⊗ に電流が流れず消灯します．

これで，すべての回路が，もとの順序〔1〕の状態に戻ります．

242

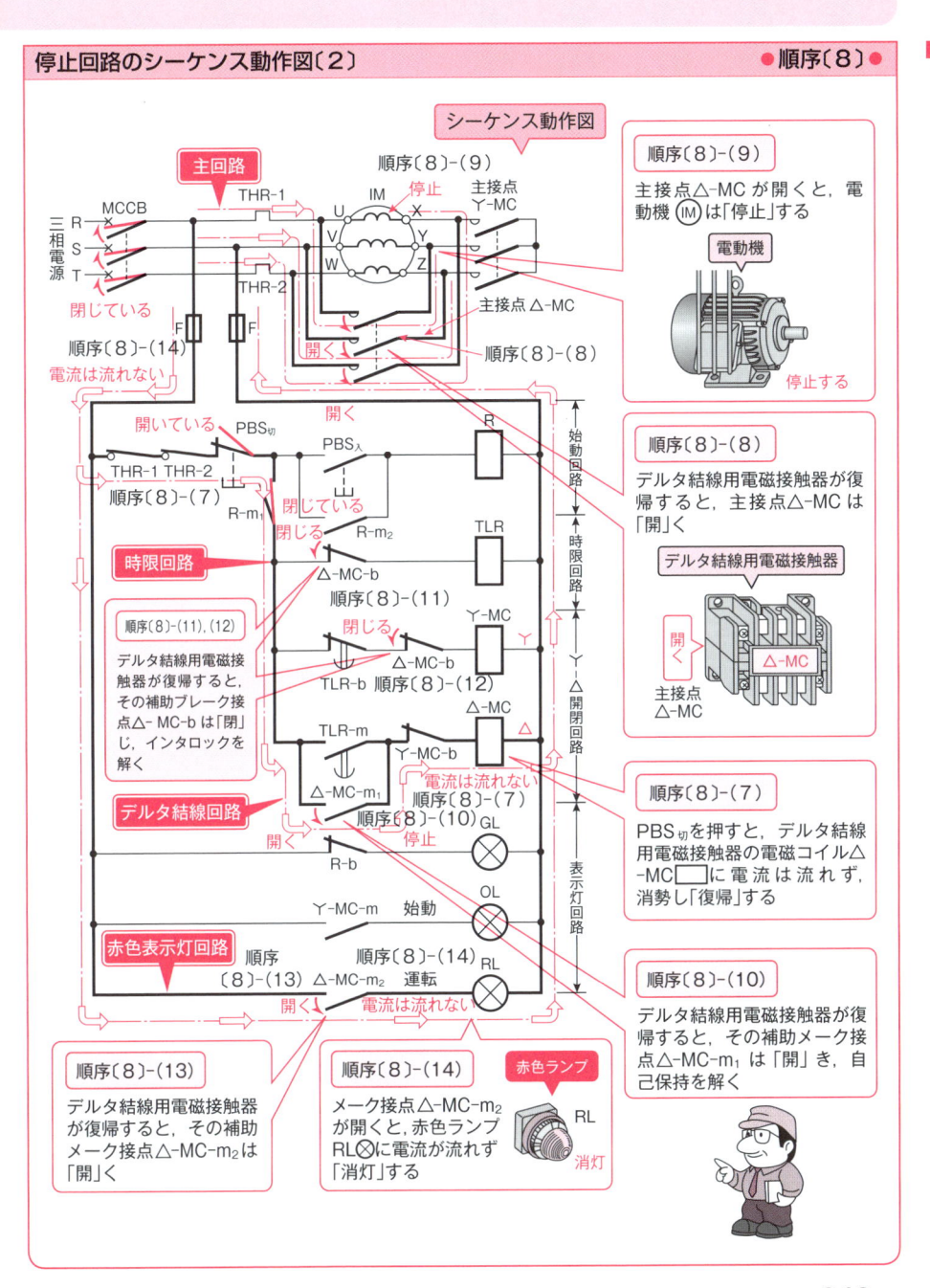

シーケンス動作図

主回路

順序〔8〕-(9)

順序〔8〕-(9)
主接点△-MC が開くと，電動機 (IM) は「停止」する

電動機

停止する

順序〔8〕-(8)
デルタ結線用電磁接触器が復帰すると，主接点△-MC は「開」く

デルタ結線用電磁接触器

開く

主接点 △-MC

△-MC

順序〔8〕-(11),(12)
デルタ結線用電磁接触器が復帰すると，その補助ブレーク接点△- MC-b は「閉」じ，インタロックを解く

時限回路

デルタ結線回路

赤色表示灯回路

順序〔8〕-(7)
PBS切を押すと，デルタ結線用電磁接触器の電磁コイル△-MC□に電流は流れず，消勢し「復帰」する

順序〔8〕-(10)
デルタ結線用電磁接触器が復帰すると，その補助メーク接点△-MC-m₁ は「開」き，自己保持を解く

順序〔8〕-(13)
デルタ結線用電磁接触器が復帰すると，その補助メーク接点△-MC-m₂は「開」く

順序〔8〕-(14)
メーク接点△-MC-m₂が開くと，赤色ランプRL⊗に電流が流れず「消灯」する

赤色ランプ

RL
消灯

243

付録 制御器具番号の基本器具番号と補助記号

① 基本器具番号と器具名称（JEM1090）

基本器具番号	器 具 名 称	説 明
1	主幹制御器又はスイッチ	主要機器の始動・停止を開始するもの
2	始動若しくは閉路限時継電器又は始動若しくは閉路遅延継電器	始動若しくは閉路開始前の時刻設定を行うもの又は 始動若しくは閉路開始前に時間の余裕を与えるもの
3	操作スイッチ	機器を操作するもの
4	主制御回路用制御器又は継電器	主制御回路の開閉を行うもの
5	停止スイッチ又は継電器	機器を停止するもの
6	始動遮断器，スイッチ，接触器又は継電器	機械をその始動回路に接続するもの
7	調整スイッチ	機器を調整するもの
8	制御電源スイッチ	制御電源を開閉するもの
9	界磁転極スイッチ，接触器又は継電器	界磁電流の方向を反対にするもの
10	順序スイッチ又はプログラム制御器	機器の始動又は停止の順序を定めるもの
11	試験スイッチ又は継電器	機器の動作を試験するもの
12	過速度スイッチ又は継電器	過速度で動作するもの
13	同期速度スイッチ又は継電器	同期速度又は同期速度付近で動作するもの
14	低速度スイッチ又は継電器	低速度で動作するもの
15	速度調整装置	回転機の速度を調整するもの
16	表示線監視継電器	表示線の故障を検出するもの
17	表示線継電器	表示線継電方式に使用することを目的とするもの
18	加速若しくは減速接触器又は加速若しくは減速継電器	加速又は減速が予定値になったとき，次の段階に進めるもの
19	始動-運転切換接触器又は継電器	機器を始動から運転に切り換えるもの
20	補機弁	補機の主要弁
21	主機弁	主機の主要弁
22	漏電遮断器，接触器又は継電器	漏電が生じたとき動作又は交流回路を遮断するもの
23	温度調整装置又は継電器	温度を一定の範囲に保つもの
24	タップ切換装置	電気機器のタップを切り換えるもの
25	同期検出装置	交流回路の同期を検出するもの
26	静止器温度スイッチ又は継電器	変圧器，整流器などの温度が予定値以上又は以下になったとき動作するもの

基本器具番号	器 具 名 称	説 明
27	交流不足電圧継電器	交流電圧が不足したとき動作するもの
28	警報装置	警報を出すとき動作するもの
29	消火装置	消火を目的として動作するもの
30	機器の状態又は故障表示装置	機器の動作状態又は故障を表示するもの
31	界磁変更遮断器，スイッチ，接触器又は継電器	界磁回路及び励磁の大きさを変更するもの
32	直流逆流継電器	直流が逆に流れたとき動作するもの
33	位置検出スイッチ又は装置	位置と関連して開閉するもの
34	電動順序制御器	始動又は停止動作中に主要装置の動作順序を定めるもの
35	ブラシ操作装置又はスリップリング短絡装置	ブラシを昇降若しくは移動するもの又はスリップリングを短絡するもの
36	極性継電器	極性によって動作するもの
37	不足電流継電器	電流が不足したとき動作するもの
38	軸受温度スイッチ又は継電器	軸受の温度が予定値以上又は予定値以下となったとき動作するもの
39	機械的異常監視装置又は検出スイッチ	機器の機械的異常を監視又は検出するもの
40	界磁電流継電器又は界磁喪失継電器	界磁電流の有無によって動作するもの又は界磁喪失を検出するもの
41	界磁遮断器，スイッチ又は接触器	機械に励磁を与え又はこれを除くもの
42	運転遮断器，スイッチ又は接触器	機械をその運転回路に接続するもの
43	制御回路切換スイッチ，接触器又は継電器	自動から手動に移すなどのように制御回路を切り換えるもの
44	距離継電器	短絡又は地絡故障点までの距離によって動作するもの
45	直流過電圧継電器	直流の過電圧で動作するもの
46	逆相又は相不平衡電流継電器	逆相又は相不平衡電流で動作するもの
47	欠相又は逆相電圧継電器	欠相又は逆相電圧のとき動作するもの
48	渋滞検出継電器	予定の時間以内に所定の動作が行われないとき動作するもの
49	回転機温度スイッチ若しくは継電器又は過負荷継電器	回転機の温度が予定値以上若しくは以下となったとき動作するもの又は機器が過負荷となったとき動作するもの
50	短絡選択継電器又は地絡選択継電器	短絡又は地絡回路を選択するもの

245

❶ 基本器具番号と器具名称（JEM1090）（つづき）

基本器具番号	器 具 名 称	説 明
51	交流過電流継電器又は地絡過電流継電器	交流の過電流又は地絡過電流で動作するもの
52	交流遮断器又は接触器	交流回路を遮断・開閉するもの
53	励磁継電器又は励弧継電器	励磁又は励弧の予定状態で動作するもの
54	高速度遮断器	直流回路を高速度で遮断するもの
55	自動力率調整器又は力率継電器	力率をある範囲に調整するもの又は予定力率で動作するもの
56	すべり検出器又は脱調継電器	予定のすべりで動作するもの又は同期外れを検出するもの
57	自動電流調整器又は電流継電器	電流をある範囲に調整するもの又は予定電流で動作するもの
58	（予備番号）	———
59	交流過電圧継電器	交流の過電圧で動作するもの
60	自動電圧平衡調整器又は電圧平衡継電器	二回路の電圧差をある範囲に保つもの又は予定電圧差で動作するもの
61	自動電流平衡調整器又は電流平衡継電器	二回路の電流差をある範囲に保つもの又は予定電流差で動作するもの
62	停止若しくは開路限時継電器又は停止若しくは開路遅延継電器	停止若しくは開路前の時刻設定を行うもの又は停止若しくは開路前に時間の余裕を与えるもの
63	圧力スイッチ又は継電器	予定の圧力で動作するもの
64	地絡過電圧継電器	地絡を電圧によって検出するもの
65	調速装置	原動機の速度を調整するもの
66	断続継電器	予定の周期で接点を反復開閉するもの
67	交流電力方向継電器又は地絡方向継電器	交流回路の電力方向又は地絡方向によって動作するもの
68	混入検出器	流体の中にほかの物質が混入したことを検出するもの
69	流量スイッチ又は継電器	流体の流れによって動作するもの
70	加減抵抗器	加減する抵抗器
71	整流素子故障検出装置	整流素子の故障を検出するもの
72	直流遮断器又は接触器	直流回路を遮断・開閉するもの
73	短絡用遮断器又は接触器	電流制限抵抗・振動防止抵抗などを短絡するもの
74	調整弁	流体の流量を調整する弁

基本器具番号	器 具 名 称	説 明
75	制動装置	機械を制動するもの
76	直流過電流継電器	直流の過電流で動作するもの
77	負荷調整装置	負荷を調整するもの
78	搬送保護位相比較継電器	被保護区間各端子の電流の位相差を搬送波によって比較するもの
79	交流再閉路継電器	交流回路の再閉路を制御するもの
80	直流不足電圧継電器	直流電圧が不足したとき動作するもの
81	調速機駆動装置	調速機を駆動する装置
82	直流再閉路継電器	直流回路の再閉路を制御するもの
83	選択スイッチ，接触器又は継電器	ある電源を選択又はある装置の状態を選択するもの
84	電圧継電器	直流又は交流回路の予定電圧で動作するもの
85	信号継電器	送信又は受信継電器
86	ロックアウト継電器	異常が起こったとき装置の応動を阻止するもの
87	差動継電器	短絡又は地絡差電流によって動作するもの
88	補機用遮断器，スイッチ，接触器又は継電器	補機の運転用遮断器，スイッチ，接触器又は継電器
89	断路器又は負荷開閉器	直流若しくは交流回路用断路器又は負荷開閉器
90	自動電圧調整器又は自動電圧調整継電器	電圧をある範囲に調整するもの
91	自動電力調整器又は電力継電器	電力をある範囲に調整するもの又は予定電力で動作するもの
92	扉又はダンパ	出入口扉又は風洞扉など
93	（予備番号）	———
94	引外し自由接触器又は継電器	閉路操作中でも引外し装置の動作は自由にできるもの
95	自動周波数調整器又は周波数継電器	周波数をある範囲に調整するもの又は予定周波数で動作するもの
96	静止器内部故障検出装置	静止器の内部故障を検出するもの
97	ランナ	カプラン水車のランナなど
98	連結装置	二つの装置を連結し動力を伝達するもの
99	自動記録装置	自動オシログラフ，自動動作記録装置，自動故障記録装置，故障点標定器など

247

❷ 基本器具番号と補助記号による構成

基本器具番号と補助記号で構成する場合

※一つの基本器具番号だけで，機器の用途を表現できないときは，それと組み合わせうる基本器具番号をつけますが，該当する基本器具番号がないときには，さらに補助記号をつけます．この場合，基本器具番号と補助記号との間には，ハイフン（−）を用いません．

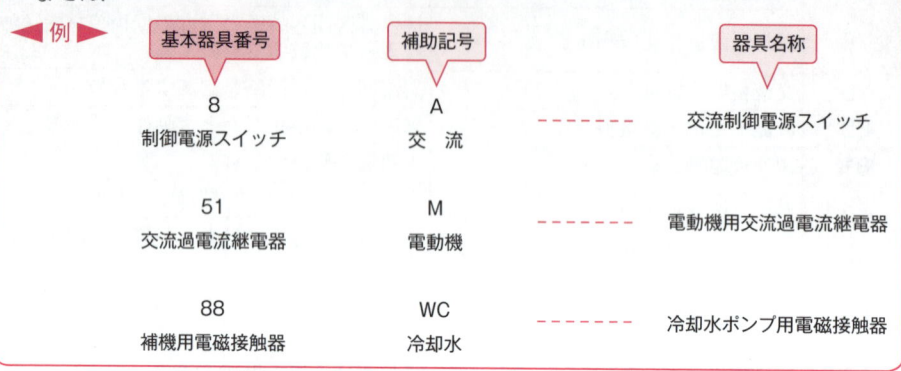

◀例▶

基本器具番号	補助記号		器具名称
8 制御電源スイッチ	A 交　流	-------	交流制御電源スイッチ
51 交流過電流継電器	M 電動機	-------	電動機用交流過電流継電器
88 補機用電磁接触器	WC 冷却水	-------	冷却水ポンプ用電磁接触器

基本器具番号と補助記号，補助記号で構成する場合

※基本器具番号のほかに，補助記号を2種類以上必要とするときは，原則として，次の順序につけます．

（1）　一般の基本器具番号につける補助記号の順序

◀例▶

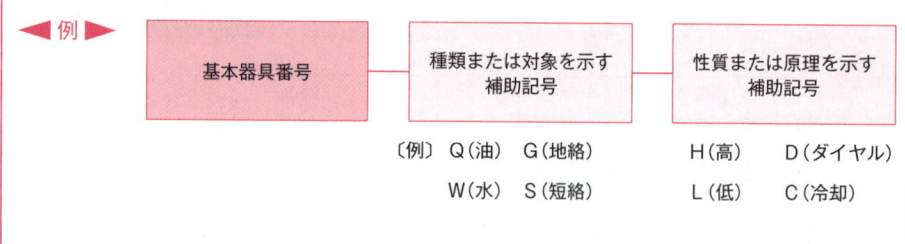

基本器具番号	種類または対象を示す補助記号	性質または原理を示す補助記号
	〔例〕 Q（油）　G（地絡） W（水）　S（短絡）	H（高）　D（ダイヤル） L（低）　C（冷却）

（2）　保護継電器関係の基本器具番号につける補助記号の順序

◀例▶

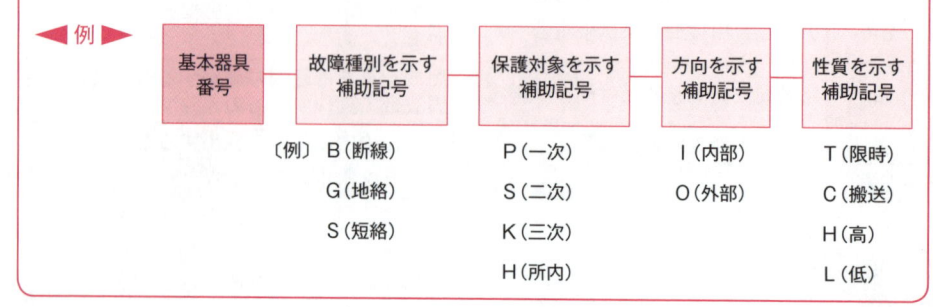

基本器具番号	故障種別を示す補助記号	保護対象を示す補助記号	方向を示す補助記号	性質を示す補助記号
	〔例〕 B（断線） G（地絡） S（短絡）	P（一次） S（二次） K（三次） H（所内）	I（内部） O（外部）	T（限時） C（搬送） H（高） L（低）

248

基本器具番号と補助記号，補助記号で構成する場合〔例〕

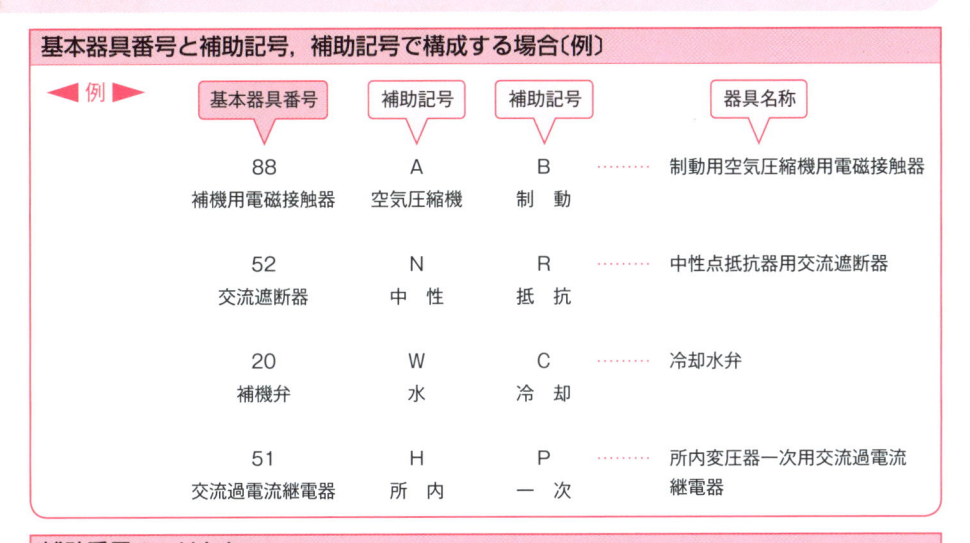

◀例▶

基本器具番号	補助記号	補助記号		器具名称
88 補機用電磁接触器	A 空気圧縮機	B 制　動	………	制動用空気圧縮機用電磁接触器
52 交流遮断器	N 中　性	R 抵　抗	………	中性点抵抗器用交流遮断器
20 補機弁	W 水	C 冷　却	………	冷却水弁
51 交流過電流継電器	H 所　内	P 一　次	………	所内変圧器一次用交流過電流 継電器

補助番号のつけかた

※同一装置内で同じものが，2個以上あるときは，補助番号1，2，3……をつけます．

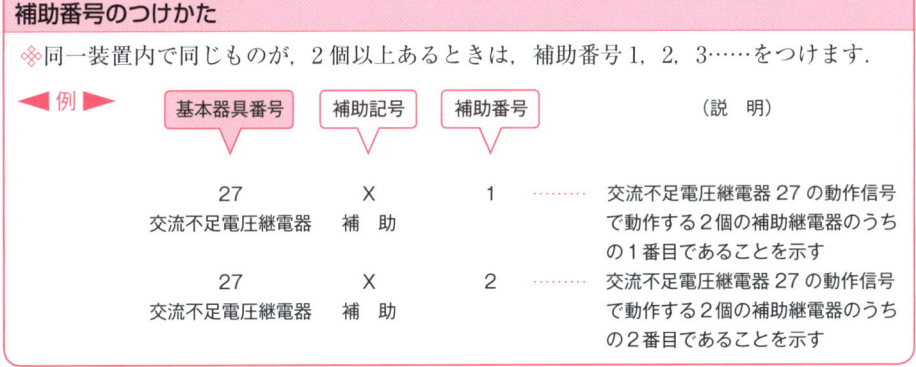

◀例▶

基本器具番号	補助記号	補助番号		（説　明）
27 交流不足電圧継電器	X 補　助	1	………	交流不足電圧継電器 27 の動作信号 で動作する2個の補助継電器のうち の1番目であることを示す
27 交流不足電圧継電器	X 補　助	2	………	交流不足電圧継電器 27 の動作信号 で動作する2個の補助継電器のうち の2番目であることを示す

シーケンス図〔例〕

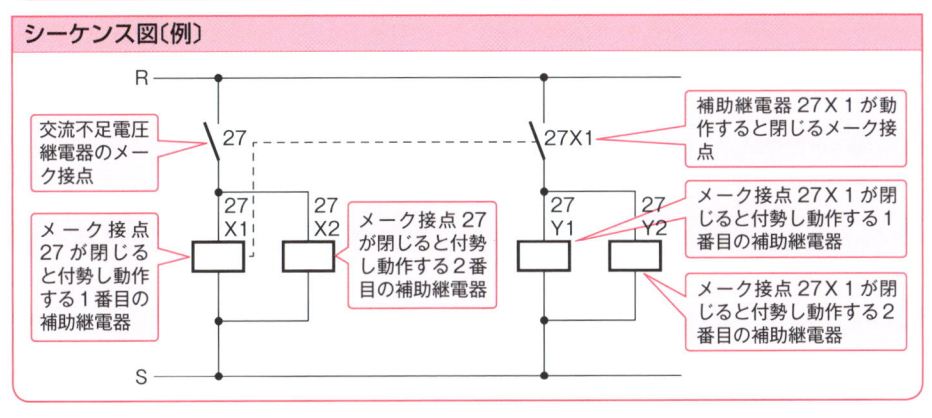

249

絵とき シーケンス制御読本［入門編］

＜著者略歴＞

大浜　庄司（おおはま　しょうじ）

昭和32年　東京電機大学工学部電気工学科卒業
現　　在　•オーエス総合技術研究所・所長
　　　　　•認証機関・JIA-QA センター主任審査員
資　　格　•IRCA 登録プリンシパル審査員（英国）

＜主な著書＞

完全図解 発電・送配電・屋内配線設備早わかり	絵とき 自家用電気技術者実務知識早わかり
絵とき 自家用電気技術者実務読本(第5版)	（改訂2版）
完全図解 空調・給排水衛生設備の基礎知識	電気管理技術者の絵とき実務入門(改訂4版)
早わかり	完全図解 電気理論と電気回路の基礎知識早わかり
完全図解 電気と電子の基礎教室	絵とき シーケンス制御回路の基礎と実務
－回路の理解から制御まで－	図解 シーケンス図を学ぶ人のために
絵で学ぶ ビルメンテナンス入門(改訂2版)	絵とき シーケンス制御読本(実用編)
マンガで学ぶ 自家用電気設備の基礎知識	完全図解 シーケンス制御のすべて
完全図解 自家用電気設備の実務と保守早わかり	など(以上，オーム社)

- 本書の内容に関する質問は，オーム社ホームページの「サポート」から，「お問合せ」の「書籍に関するお問合せ」をご参照いただくか，または書状にてオーム社編集局宛にお願いします．お受けできる質問は本書で紹介した内容に限らせていただきます．なお，電話での質問にはお答えできませんので，あらかじめご了承ください．
- 万一，落丁・乱丁の場合は，送料当社負担でお取替えいたします．当社販売課宛にお送りください．
- 本書の一部の複写複製を希望される場合は，本書扉裏を参照してください．

絵とき シーケンス制御読本－入門編－(改訂4版)

1986 年 12 月 20 日	第 1 版第 1 刷発行
1994 年 7 月 30 日	改 訂 版第 1 刷発行
2000 年 11 月 20 日	改訂 3 版第 1 刷発行
2018 年 8 月 10 日	改訂 4 版第 1 刷発行
2024 年 12 月 10 日	改訂 4 版第 8 刷発行

著　　者　大浜庄司
発 行 者　村上和夫
発 行 所　株式会社オーム社
　　　　　郵便番号　101-8460
　　　　　東京都千代田区神田錦町3-1
　　　　　電話　03(3233)0641(代表)
　　　　　URL　https://www.ohmsha.co.jp/

© 大浜庄司 2018

組版　アトリエ渋谷　　印刷・製本　壮光舎印刷
ISBN 978-4-274-50695-6　Printed in Japan